高等院校药学与制药工程专业规划
宁波市高校特色教材

生物药物的制备与质量控制

PREPARATION AND QUALITY CONTROL OF BIOLOGICAL DRUG

王素芳　等主编

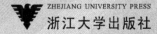
ZHEJIANG UNIVERSITY PRESS
浙江大学出版社

前　言

生物制药是一门既古老又年轻的学科。人类使用生物药物治疗疾病有着悠久的历史；随着科技的发展，世界上生物技术三分之二以上的成果应用于医药领域，生物药物的种类迅速增加。

生物制药已成为当今最活跃和发展最迅速的领域之一。世界各国特别是发达国家非常重视生物制药产业的发展，欧美、亚洲一些国家都出台了全面发展生物技术产业的战略和强有力的扶持政策。在中国，国家和地方政府不断加大政策支持力度，中国的生物制药业发展迅速。鉴于此，各大高校纷纷在生物技术、生物工程专业开设生物制药课程。

在多年的教学实践中，编者发现国内出版的生物制药教材主要分为《生物制药工艺学》与《生物制药技术》两类。《生物制药工艺学》教材偏重传统生物药物工艺的介绍，涉及的前沿技术、前沿药物不多，对药物的质量控制涉及的也很少；《生物制药技术》多是侧重制药过程中使用到的各种生物技术的介绍，不适合生物技术、生物工程专业的学生使用。而且这些教材多是沿用传统的教材编写模式，体现的是以教为主的教学方法。

本教材在内容方面作了全面、实用和前沿的兼顾，以生物药物的种类——生化药物、抗生素、生物制品为主线，介绍了各类生物药物的生产及质量控制方法。一方面，压缩生化药物和抗生素篇幅，避免多数同类教材对类似制备工艺的简单罗列和介绍；另一方面，突出新技术、新工艺在生物制药方面的应用，加大了生物制品类药物的篇幅，如抗体、疫苗、重组蛋白类药物、血液制品等分别作为一章，进行详细介绍；此外，力求紧密结合生物制药行业，多举典型案例，使学生通过案例深化对基本知识理论的理解，提高思考、分析和解决问题的能力。

为了体现以能力培养为核心的教学方法，本教材将合作性学习理念融入教材的编写中。每章都有能力目标，强调能力培养；每章都附有合作讨论题目，可通过合作讨论培养学生自主学习能力，引导学生吸纳生物制药行业中的前沿性知识，提高学生的创新能力和解决问题能力。

此外，教材中有一些前沿的或趣味性的引导案例、知识拓展、延伸阅读模块，有利于提高学生对该课程的学习兴趣，提高学生的学习能力。

利用好本教材可实现学生被动接受知识向主动合作性学习知识的观念转变；实现侧重获取知识的教育向增强创造性教育的转变；实现学科专业素质培养向综合素质教育的转变；实现基础理论知识的掌握与学习能力、合作能力、分析解决问题能力提升的同步。

本教材适用于普通本科生物技术、生物工程、药学等相关专业生物制药方向的三年级或四年级学生使用，也可作为相关专业研究生、生物制药专业学生和科技人员的参考用书。

在本教材编写的过程中，得到了钱国英、尹尚军和陈永富等教授的大力支持和协助。此外，王汇、吴江南等同学为本教材做了大量的文字整理、校对工作。在此，对他们的付出表示衷心的感谢。本书大量参考了书中所列参考文献，借此出版之际，对各位著作者表示诚挚的谢意。

　　敬请各位老师与同学对书中的缺点和错误提出宝贵意见，谢谢！

编　者

2012 年 11 月

目　　录

第一章　绪　论

【知识目标】

掌握生物药物的分类、特点、原料来源和用途；

掌握生物制药的概念及技术分类；

了解生物药物的发展过程及趋势。

【能力目标】

培养学生的学习兴趣、自学能力、分析问题能力；

培养学生的团结协作精神。

【引导案例】

2005 年全球前 20 大畅销生物技术药物销售额超过 370 亿美元

某市场研究公司 La Merie S. L 周一发布报告称，2005 年全球前 20 大畅销生物技术药物中有 19 个药物销售额超过了 10 亿美元。增长最为强劲的一类生物技术药物是治疗性抗体，如贝伐单抗(阿瓦斯丁)增长 141%，阿达木单抗增长 64%，群司珠单抗(赫塞汀)增长 48%。该类药物在前 20 强中占据 6 席。

红细胞生成素仍然是销售额最大的一类生物技术药物(疫苗除外)，但增长已趋缓，并有从素蛋白向长效的糖基化产品转换的趋势。主要的抗肿瘤抗体产品的销售额(67.7 亿美元)已接近 TNF 类产品(76.4 亿美元)。销售额排名前 20 大产品中唯一的一个抗病毒抗体本年度销售首次突破 10 亿美元。

(资料来源:中国医药数字图书馆网.2006 年 2 月 17 日发布)

重组蛋白药物的明星产品——红细胞生长素

EPO 最早由美国安进生物工程公司在上世纪 90 年代初开发上市。该品 1989 首次引入临床后迅速被广大患者所接受,是当时世界范围内临床疗效最显著、销售额最可观的一种生物技术产品。EPO 与干扰素(α 与 β 型)、人胰岛素、人生长激素等合称为美国生物药物中的"四大金刚"。

1989 年安进(Amgen)公司的首个 EPO 产品(Epogen)获得 FDA 的批准,用于由慢性肾衰、多发性骨髓瘤、骨髓异常增殖综合征和艾滋病引起的贫血。1999 年、2000 年销售额已分别近 17.6 亿美元和 19.6 亿美元。2002 年、2003 年销售额更是分别高达 22.6 亿美元和 24.4 亿美元。

安进公司于 2001 年 6 月推出第二代重组促红细胞生成素类药物——"高糖基化"促红素产品阿法贝泊汀（Darbepoetin Alfa），该品在美国和欧洲的商品名分别为 Aranesp 和 Nespo。其结构与 EPO 的重要差异在于它带有两个含烃链唾液酸，故无论是静脉注射，还是皮下注射，其半衰期都延长了 2 倍，这有利于简化给药方案。上市第二年，阿法贝泊汀的全球销售额已达 4.2 亿美元，2003 年飙升为 15.4 亿美元。

安进公司的 EPO 类药物（包括 Aranesp 以及 Epogen）在 2003 年、2006 年的销售额高达 50 亿美元和 70 亿美元，占公司毛收入的一半，是安进最主要的摇钱树，也使 Amgen 公司一跃成为全美最大的生物工程公司。

另外，强生公司的促红细胞生成素 Procrit/Eprex 也表现不俗，2001 年、2002 年和 2003 年销售额分别达 34.42 亿美元、42.69 亿美元和 39.84 亿美元。

在中国，EPO 上市早期，销售占主导地位的厂家为美国安进公司和日本东凌公司。经过几年的发展，目前国产 EPO 成功地占据市场主导地位。国内已有 20 多家单位获准生产红细胞生成素。2007 年，中国 EPO 的年销售额约 5 亿元。

近些年来，以基因工程、细胞工程、酶工程和发酵工程为代表的现代生物技术发展迅猛，已广泛地应用于工业、农牧业、医药、环保等众多领域，产生了巨大的经济和社会效益。其中，医药卫生领域是现代生物技术应用得最广泛、成绩最显著、发展最迅速、潜力也最大的一个领域。目前，有 60% 以上的生物技术成果集中应用于医药产业，用以开发特色新药或对传统医药进行改良，由此引起了医药产业的重大变革，生物制药也得以迅速发展。

第一节　生物药物

生物药物是指利用生物体、生物组织、体液或其代谢产物，综合利用化学、生物技术、分离纯化工程和药学等学科的原理与方法加工、制成的预防、治疗和诊断疾病的药物。

生物药物原料以天然的生物材料为主，包括人体、动物、植物、海洋生物、微生物等。随着生物技术的发展，人工制得的生物材料成为当前生物制药原料的重要来源，如用免疫法制得的动物原料、用基因工程技术制得的微生物或动植物细胞原料。

【知识拓展】

药品、保健品、化妆品与消毒产品区别

目前，很多药店里除了销售药品外，还卖保健品、化妆品和消毒产品，而且这些产品的外包装看上去和药品的差不多。保健品、化妆品、消毒产品与药品有什么区别，怎样区分它们呢？

1.概念的区别

药品是指用于预防、治疗、诊断人的疾病，有目的地调节人的生理机能并规定有适应症或者功能主治、用法和用量的物质。

保健品（功能食品）是食品的一个种类，具有一般食品的共性，能调节人体的机能，适用于特定人群食用，但不以治疗疾病为目的。

化妆品是指以涂抹、喷洒或者其他类似方法，散布于人体表面的任何部位，如皮肤、毛

发、指(趾)甲、唇齿等,以达到清洁、保养、美容、修饰和改变外观,或者修正人体气味,保持良好状态为目的的化学工业品或精细化工产品。

消毒产品是起杀灭和消除病原微生物作用的一种产品。消毒产品包括消毒剂、消毒器械(含生物指示物、化学指示物和灭菌物品包装物)、卫生用品和一次性使用医疗用品。消毒产品是针对环境中的病原微生物,而不是针对人的疾病的一种产品,是一种防病的产品,而不是治病或诊断疾病的产品。

2.审批门槛高低不同

药品的配方必须通过严格的药理、病理和毒理检查和多年的临床实验观察,经国家批准后,方可投入生产和投放市场。其他3种没这么严格的要求,审批相对容易。

3.质量控制不同

药品必须在药厂中进行生产,所有药品的生产必须达到药品生产质量管理标准(GMP),生产工艺严格,终产品应达到国家药品标准,药品说明书详细而完整。其他3种没有这么严格的要求。

4.区分方法

区分它们很简单,主要是看批准文号。药品的批准文号是"国药准字";保健食品的批准文号是以"卫食健字"开头;化妆品的批准文号是以"卫妆特字"或"卫妆进字"开头;消毒产品的批准文号是以"卫消进字"或"卫消字"开头。对于非国药准字的产品,宣传其治疗效果是违反规定的。

一、生物药物的分类

根据生物药物的特点、制备方法等不同,一般将生物药物分为生化药物、生物制品和抗生素三大类。

1.生化药物

生化药物是指从生物体制备的内源性生理活性物质。这类物质都是维持正常生命活动所必需的,包括氨基酸、多肽、蛋白质、糖类、脂类、核酸、维生素及激素等。

正常机体在生命活动中能保持健康状态,就是依赖于机体内不断产生的这类物质的调控作用。机体一旦受到外界环境的影响或其本身老化使某种活性物质的产生或作用受到阻碍时,就会发生与该物质有关的疾病,如胰岛素分泌障碍时就会发生糖尿病。此类药物的特点:一是来源于生物体;二是人体的基本生化成分。因此,医疗应用中显示出高效、合理、毒副作用极小的临床效果,受到极大重视。

由于生物体间存在种属特异性,因而,许多内源性生理活性物质的应用受到了限制。如用人生长素治疗侏儒症有特效,但用猪脑垂体制备的生长素则对人体无效。

2.生物制品

2010年版《中国药典》规定,生物制品是以微生物、细胞、动物或人源组织和体液等为原料,应用传统技术或现代生物技术制成,用于人类疾病的预防、治疗和诊断。生物制品一般具有免疫学反应或平衡生理作用,其制造也有别于生化药物,它更多地涉及免疫学、预防医学与微生物学。

世界卫生组织从检定方面给生物制品下的定义为,效价和安全性检定仅凭物理化学的方法或技术不足以解决问题而必须采用生物学方法检定的制品。根据此定义,抗生素、维生素及激素等不属生物制品的范畴。

人用生物制品包括细菌类疫苗（含类毒素）、病毒类疫苗、抗毒素及抗血清、血液制品、细胞因子、生长因子、酶、体内及体外诊断制品，以及其他生物活性制剂，如毒素、抗原、变态反应原、单克隆抗体、抗原抗体复合物、免疫调节剂及微生态制剂等。如由重组 DNA 技术制成的干扰素（IFN）、白细胞介素（IL）、集落刺激因子（CSF）、红细胞生成素（EPO）等都属于生物制品。

生物制品的质量控制要求特别严格，其生产过程、生产用水、所有原料及辅料除了应符合现行《药品生产质量管理规范》（GMP）和《中华人民共和国药典》要求外，还应符合《中国生物制品规程》和《中国生物制品主要原辅材料质量标准》的要求。采用强毒菌株（鼠疫杆菌、霍乱弧菌、炭疽杆菌等）、芽孢菌、强毒病毒株生产生物制品时，应使用专门设备，设隔离生产区；操作人员应有防护设施。

3. 抗生素

抗生素是指生物在生命活动中产生的（或并用其他方法衍生的）在低微浓度下能选择性地抑制他种生物机能的次级代谢产物及其衍生物。

抗生素的生产主要是利用微生物发酵，有些从植物、海洋生物中提取的抗生物质如小檗碱、海星皂苷也属于抗生素，只能用化学方法合成的抗菌药不是抗生素。此外，在抗生素的定义中还包含一个重要的限制条件，即低微浓度，如乙醇在高浓度下也有杀菌或抑菌作用，但不属于抗生素。

实际上由于各学科的发展、交叉和渗透，并受习惯的影响，生化药物、生物制品和抗生素有时并无明确的界线。像干扰素、白细胞介素等细胞因子也符合生化药物的定义，有人就将其归类为生化药物。随着现代生物制药技术的发展和应用，上述三者（特别是生化药物与生物制品）的关系越来越密切，其内涵也愈来愈接近。

二、生物药物的特性

1. 在生产、制备中的特殊性

（1）原料中的有效物质含量低

杂质种类多且含量高，因此提取、纯化工艺复杂。如胰腺中胰岛素含量仅为 0.002%，还含有多种酶、蛋白质等杂质，提纯工艺就很复杂。

（2）稳定性差

生物药物的分子结构中一般具有特定的活性部位，生物大分子药物是以其严格的空间构象来维持其生物活性功能的，一旦遭到破坏，就失去其药理作用。由于生物药物原料及产品均为营养价值高的物质，因此极易染菌、腐败，从而造成有效物质被破坏，失去活性，并且产生热原或致敏物质等。引起活性破坏的因素有生物性的破坏（如被自身酶水解等）和理化因素的破坏（如温度、压力、pH、重金属等）。因此在生产过程中要注意低温、无菌操作、添加蛋白酶抑制剂、EDTA 等保护剂。

2. 检验上的特殊性

（1）质量控制严格

有些药物（如细胞因子药物）极微量就可产生显著的效应（如 α 干扰素 10～30μg/剂量），任何药物性质或剂量的偏差，都可能贻误病情甚至造成严重危害，因此质量控制非常严格,不仅要有理化检验指标,更要有生物活性检验指标。这也是生物药物生产的关键。

(2)检测方法多样

任何一种单一的分析方法都无法确保药物的安全。它需要综合生物化学、免疫学、微生物学、细胞生物学和分子生物学等多门学科的相关理论和技术,才能切实保证一些药物的安全有效。

(3)检测环节多

特别是对于基因工程药物,除鉴定最终产品外,还要从基因的来源、菌种、原始细胞库等方面进行质量控制,对培养、纯化等每个环节都要严格把关。

三、生物药物的原料来源

生物药物的原料包括人体、植物、动物、微生物以及海洋生物。对于生物技术制药来说,不同原料来源的生物药物对生物技术的要求有所不同。例如人类来源的生物药物对基因工程、蛋白质工程要求较高;植物原料来源的生物药物对植物基因工程、植物细胞培养、植物组织培养要求较高。

1 人体

人体来源的生物药物一般归类于生物制品,主要包括血液制品、胎盘制品和尿液制品三大类。

血液制品包括红细胞、白细胞、血小板和冰冻血浆、血浆成分制品及体细胞活性成分制品。血浆中含有多种蛋白质和多肽成分见表1-1。但目前开发的主要是白蛋白和 IgG 等少数几种产品,其余百余种小量和微量的蛋白、多肽成分还有待于进一步的开发。

此外,人体液细胞(红细胞、白细胞、淋巴细胞、血小板、成纤维细胞等)的生物活性物质具有极重要的生理功能。用人体液细胞生产的活性物质主要有干扰素、白细胞介素-2、超氧化物歧化酶等少数几个品种。对于体液细胞中生长因子等研究的主要意义在于搞清楚其结构和功能,以便用生物技术进行生产,即使已投产的品种,例如干扰素、白细胞介素等,已逐步被基因工程产品取代。

表 1-1 血浆情况表

项 目	含 量
血液占人体体重的量	8%
血浆占全血的量	50%
血浆中水分占血浆的量	92%
血浆中蛋白质占血浆的量	6%~7%
白蛋白+IgG 占血浆总蛋白的量	65%
其他百余种蛋白成分含量占血浆总蛋白的量	35%

人胎盘制品主要有人胎盘丙种球蛋白、人胎盘白蛋白、人胎盘 RNA 酶抑制剂、绒膜促乳激素(HCS)等,它们的研究亦有重要进展。此外,从健康男性尿液中可以制备尿激酶、激肽释放酶、尿抑胃素、蛋白酶抑制剂、睡眠因子、集落刺激因子(CSF)和表皮生长因子(EGF)

等。从妊娠妇女与绝经期妇女的尿液中,可制备绒膜促性腺激素等。

人体来源的生物药物不易产生如免疫反应等副反应,但药物原料的来源有限。

2. 动物

动物原料主要有牛、猪、羊等的器官、组织、腺体、血液、毛角、皮肤等,其次是各种小动物。这类原料的来源丰富且健康、新鲜。这类原料品种繁多,可以制备出人体所需的各种活性物质,是生产生物药物的主要资源。

几十年来,人们从动物资源中开发出的生物药物种类繁多,构成了生物药物的主要部分。用动物原料可以生产酶及辅酶、多肽及蛋白质激素、核酸及其降解物、糖类、脂类药物等多个种类的多种生化药物。

动物与人体的种族差异较大,因此活性物质的结构也有一定的差异。特别是蛋白质类药物在化学结构和空间结构上都会有不同程度的差别,不同来源的蛋白质注射于人体内要产生抗原反应,严重者会有生命危险。因此,对此类药物的安全性研究要特别引起重视,同时也要重视药效问题。

3. 植物

随着现代科学理论与技术的迅速发展,对于植物药物有效成分的研究引起了特别重视,形成了"天然药物化学"研究新领域。根据不完全统计,全世界大约有 40% 的药物来源于植物。

药用植物中具有药物功能的物质种类繁多,结构复杂。除小分子的各种天然有机化合物以外,还含有多种生物大分子活性物质,如蛋白质、多肽、酶、核酸、糖类和脂类等。但目前应用植物作原料制备蛋白质、多脓、酶类的药物品种不多,这是由于这些生物大分子物质在结构上与人体种族差异很大,免疫反应强烈。已有的药物也多用于口服和外用。

4. 微生物

微生物是生物药物的重要来源,其应用给医药工业创造了巨大的医疗价值和经济效益。利用微生物生产的药物有抗生素、多糖、氨基酸、酶以及酶抑制剂、生物调节剂等。

微生物药物的利用是从人们熟知的抗生素开始的。1941 年青霉素在美国开发成功,标志着抗生素时代的开创,也标志着微生物药物时代的到来。

微生物药物的新时代是以酶抑制剂的研究为开端,目前已拓展到免疫调节剂、受体拮抗剂、抗氧化剂等多种生理活性物质的筛选和开发研究,其研究成果令人瞩目。尤其是具有显著降血脂作用的胆固醇生物合成抑制剂 HMG-CoA、还原酶抑制剂洛伐他汀、普伐他汀以及免疫抑制剂环孢菌素 A、雷帕霉素 FK506 等的开发成功,使人们从认为难以自微生物代谢产物中继续找到新抗生素的悲观情绪中得到解放。由于近年来各种新的筛选模型的应用,每年继续有约 500 种新化合物和一些老化合物的新生理活性被发现。从微生物中寻找活性代谢产物仍是获得新药的一个重要途径。

5. 海洋生物

海洋生物来源的药物,又称海洋药物。国外自 20 世纪 60 年代开始对海洋天然药用活性物质进行深入的研究,从海洋藻类、微生物、海绵、棘皮动物、腔肠动物、软体动物、鱼类等海洋生物中分离和鉴定了数千种海洋天然物质,它们的特异化学结构多是陆地天然物质无法比拟的。许多物质具有抗菌、抗病毒、抗肿瘤、抗凝血等药理活性作用,为海洋新药开发研究打下了基础。

目前,已从海洋生物如海藻、腔肠、软体动物中分离了多种活性物质。如从海藻中已生产出褐藻酸钠、烟酸甘露醇酯、六硝基甘露醇等多个品种,用于抗肿瘤、防治心血管疾病等;从海葵中分离出具有抗癌作用的 Polytoxin,从软珊瑚中分离出的具有较强抗癌活性的环二肽;从软体动物中分离的活性物质有多糖、多肽、毒素、酶、凝集素等,它们分别具有抗病毒、抗肿瘤、抗菌、降血脂、止血和平喘等生理功能。

6. 基因重组体

(1)大肠杆菌

由于对大肠杆菌的分子遗传学研究较深入,而且其生长迅速,所以目前它仍是基因工程研究中采用最多的原核表达体系。由于大肠杆菌自身的特点,其表达的重组产物的形式多种多样,有细胞内不溶性表达(包涵体)、细胞内可溶性表达、细胞周质表达等,极少数情况下还可分泌到细胞外。不同的表达形式具有不同的表达水平,且会带来完全不同的杂质。

大肠杆菌中的表达不存在信号肽,产品多为胞内产物,提取时需破碎细胞,故细胞质内其他蛋白质也释放出来,因而造成提取困难。由于分泌能力不足,真核蛋白质常形成不溶性的包涵体,表达产物必须在下游处理过程中经过变性和复性才能恢复其生物活性。在大肠杆菌中的表达不存在翻译后修饰作用,故对蛋白质产物不能糖基化,因此只适于表达不经糖基化等翻译后修饰仍具有生物功能的真核蛋白质,在应用上受到一定限制。由于翻译常从甲硫氨酸的 AUG 密码子开始,故目的蛋白质的 N 端常多余一个甲硫氨酸残基,容易引起免疫反应。此外,大肠杆菌会产生很难除去的内毒素,还会产生蛋白酶而破坏目的蛋白质。

(2)酵母

酵母菌是研究基因表达调控最有效的单细胞真核微生物,其基因组小,仅为大肠杆菌的4 倍,世代时间短,有单倍体、双倍体两种形式。酵母繁殖迅速,可以廉价地大规模培养,而且没有毒性。基因工程操作与原核生物相似。现已在酵母中成功地建立了几种有分泌功能的表达系统,能够将所表达的产物直接分泌出酵母细胞外,从而大大简化了产物的分离纯化工艺。表达产物能糖基化,特别是某些在细菌系统中表达不良的真核基因,在酵母中表达良好。在各种酵母中,以酿酒酵母的应用历史最为悠久,研究资料也最丰富。目前已有不少真核基因已经在酵母中获得成功克隆和表达,如干扰素、乙肝表面抗原基因等。

虽然各种微生物从理论上讲都可以用于基因的表达,但由于克隆载体、DNA 导入方法以及遗传背景等方面的限制,目前使用最广泛的宿主菌仍然是大肠杆菌和酿酒酵母。一方面对它们的遗传背景研究得比较清楚,建立了许多适合于它们的克隆载体和 DNA 导入方法,另一方面许多外源基因已在这两种宿主菌中得到表达成功。

(3)哺乳动物细胞

哺乳动物细胞已成为生物技术药物研发主要采用的基因表达系统。由于外源基因的表达产物可由重组细胞分泌到培养液中,细胞培养液成分完全由人控制,从而使产物纯化变得容易。哺乳动物细胞分泌的基因产物是糖基化的,接近或类似于天然产物。但动物细胞生产慢,因而生产率低,而且培养条件苛刻,费用高,培养液浓度较稀。

哺乳动物细胞已成为生物技术药物最重要的表达或生产系统,这种局面仍将持续并且其所占比例有逐年扩大趋势。FDA 在 2000 年以后批准的创新生物技术药物,用酵母表达的有 2 种,用大肠杆菌表达的产品只有 4 种,而通过动物细胞培养生产的则有 22 种,除了两种组织工程产品外,其余都是蛋白类产品,这些蛋白都是分子量大、二硫键多、空间结构复杂的糖蛋白,只有使用 CHO 等哺乳动物细胞表达系统,这些蛋白的生产才成为可能。美国之所以在生物制药领域遥遥领先,最主要的原因就是其哺乳动物细胞表达和生产的产品是其生物制药的主力军,而我国哺乳动物细胞表达的产品寥寥无几,这也是我国与欧美国家生物制药领域的主要差距。

(4)转基因动物

转基因动物是一种个体表达反应系统,代表了当今药物生产的最新成就,也是最复杂、最具有广阔前景的生物反应系统。就通过转基因动物家畜来生产基因药物而言,最理想的表达场所是乳腺。因为乳腺是一个外分泌器官,乳汁不进入体内循环,不会影响到转基因动物本身的生理代谢反应。

将药用蛋白质基因连接到乳汁蛋白质基因的调节元件下游,将连接产物显微注射到受精卵或胚胎干细胞,转基因胚胎长成个体后,在泌乳期可以源源不断地提供目的基因的产物(药物蛋白质),不但产量高,而且表达的产物已经过充分修饰和加工,具有稳定的生物活性。作为生物反应器的转基因动物又可无限繁殖,故具有成本低、周期短和效益好的优点。

用转基因牛、羊等家畜的乳腺表达人类所需蛋白基因,相当于建一座大型制药厂,这种药物工厂具有投资少、效益高、无公害等优点。目前,多种由转基因家畜乳汁中分离的药物蛋白正用于临床试验。2009 年 2 月,美国食品药品管理局首次批准了用转基因山羊奶研制而成的抗血栓药物 Atryn 上市,治疗一种被称为遗传性抗凝血酶缺乏症的疾病。这种新药的推出,有望拉开用转基因动物器官作为药物工厂的序幕,未来几年类似药物将会相继上市。我国目前已有乳铁蛋白、白蛋白、凝血因子等进入临床试验阶段,首个转基因动物生产的药物有望在 5 年内上市。

(5)转基因植物

此前人们已经开始利用人体细胞或细菌等其他转基因生物体进行实验,并已经成功研发出了一些药物,但利用转基因植物开发药物还相对滞后。

利用转基因植物生产药物,就是先把相关基因引入某种植物中,然后使转基因植物生长繁殖,再从中提取出药物所需的生物活性物质,用来治疗和预防包括艾滋病、狂犬病和肺结核病在内的一些主要疾病。与传统的抗生素和疫苗的生产相比,借助转基因植物制药不仅成本低,而且产量大。作为一种新型生物反应器,转基因植物可以安全、经济、有效地生产各种重组蛋白。目前,以此作为大规模的重组药物生产平台备受瞩目,把一些药用蛋白和疫苗生产移向农场已成为制药产业重点开发的领域。

目前,以转基因植物作反应器,生产价格昂贵的抗体、疫苗、药物等的研究取得了长足的进展,但仍处于实验室研究阶段。例如,美国已在 14 个州试种了 300 多种药用转基因作物,其中有些已获准临床应用,如治疗囊状纤维变性、非何杰金氏淋巴瘤、B 型肝炎的转基因作物,但是还未批准 1 例药用转基因植物商业化应用。表达量低、下游处理复杂、糖基化结构改变是植物反应器中经常遇到的困难,这些困难限制了植物表达重组药物蛋白的商业化发展。

四、生物药物的用途

生物药物广泛用作医疗用品,在医学、预防医学、保健医学等领域都发挥着重要作用。其用途大致可分为四大类:

1. 治疗

治疗疾病是生物药物的主要功能。生物药物对许多常见病、多发病有着很好的疗效。尤其对于疑难杂症，如肿瘤、神经退化性疾病、心脑血管疾病、自身免疫性疾病、冠心病、内分泌障碍等，生物药物的治疗效果是其他药物不可比拟的。

目前肿瘤的治疗主要采用化疗，化疗最大的问题就是"敌我不分"。在杀死癌细胞的同时，也杀死正常细胞。针对这一问题提出的导向治疗就是利用抗体寻找靶标，把药物准确引入病灶，而不伤及其他组织和细胞。目前研发的生物技术药物中有40％用于肿瘤的治疗。

神经退化性疾病如老年痴呆症、帕金森氏症、脑中风的治疗将越来越依靠生物制药的发展。目前治疗这类疾病的有效药物非常有限，尤其是治疗不可逆脑损伤的药物更少，胰岛素生长因子、神经生长因子、溶栓活性酶的研制为克服这些疾病带来了希望。

许多炎症由自身免疫缺陷引起，如哮喘、风湿性关节炎、多发性硬化症，全世界每年用于风湿性关节炎的医疗费用达上千亿美元，治疗这类顽固疾病的高效基因药物市场前景非常广阔。在自身免疫性疾病中，艾滋病（AIDS）是对人类危害最大的恶性疾病之一，人们已将征服艾滋病的希望寄托于生物技术药物。

2. 预防

控制传染性疾病，最主要的手段就是预防，而接种疫苗被认为是最行之有效的措施。已有的几十种细菌性疫苗和病毒性疫苗，如预防结核的卡介苗，用于免疫和控制危害极大的小儿麻痹症的脊髓灰质炎（脊灰）疫苗等，都已取得了良好的效果。人类控制和消灭传染病最成功的范例是天花的免疫预防。全世界联合起来，采用天花疫苗接种预防，世界卫生组织于1979年10月26日宣布世界上已经完全消灭了天花。1988年全球发起根除脊髓灰质炎行动以来，世界范围内脊灰的发病率已降低了99％，从1988年报告的350000例降低到2007年的1300例。

尽管疫苗在大量疾病的预防、治疗中起着非常重要的作用，但目前仍有许多难治之症（如癌症、艾滋病等）没有疫苗或现有疫苗不够理想，需要进行更加深入的研究。新型疫苗的研制是生物药物开发的一个重要内容。

【知识拓展】

天花的预防历史

天花又名痘疮，是一种传染性较强的急性发疹性疾病。我国宋代就有人痘接种萌芽的可能性，到了明代，随着对传染性疾病的认识加深和治疗痘疹经验的丰富，正式发明了人痘接种术。其方法包括：用棉花蘸取痘疮浆液塞入接种儿童鼻孔中；或将痘痂研细，用银管吹入儿童鼻内；或将患痘儿的内衣脱下，着于健康儿身上，使之感染。18世纪中叶，我国所发明的人痘接种术已传遍欧亚各国。

1796年，英国医师爱德华·詹纳，观察到了挤牛奶的工人感染了牛痘（牛痘是牛的一种天然轻型传染病）病毒后，不再得天花的现象，并且用牛痘苗进行实验，发明了牛痘接种法。从此，牛痘接种法逐步取代了人痘接种法，用来预防天花。

1979年10月26日，联合国世界卫生组织在内罗毕宣布，全世界已经消灭了天花病，并且为此举行了庆祝仪式。

3. 诊断

大部分临床诊断试剂都来自生物药物,这也是生物药物的重要用途之一。目前,诊断试剂是生物制品开发中最活跃的领域,许多疾病的诊断、病原体的鉴别、机体中各种代谢物的分析都需要各种诊断测试试剂。如早孕试纸、AIDS 病诊断试剂盒等。生物药物诊断的特点是速度快、灵敏度高和特异性强。现已成功使用的有免疫诊断试剂、单克隆抗体诊断试剂、酶诊断试剂、放射性诊断药物和基因诊断药物等。

根据诊断是否在体内进行,可分为体内诊断和体外诊断。用于体内诊断的有结核菌素、卡介菌纯蛋白衍生物、锡克氏毒素等,利用此类抗原刺激机体产生迟发型变态反应来判断机体感染状态;体外诊断制品通过检测取自机体的某一部分(如血清)来判断疾病或机体功能。

体外生物诊断试剂,按检测方法分类,现市场上主要有酶联免疫诊断试剂、金标快速检测试剂、PCR 分子诊断试剂、检测芯片等。按产品分类,主要有以下几类:病毒性肝炎系列、性传播疾病系列、优生优育系列、其他病毒系列、细菌检测系列、肿瘤标志系列。

以下列表 1-2,主要介绍中国主要的诊断试剂种类和厂家。

表 1-2　中国主要的诊断试剂种类和厂家一览表

品　种	主要厂家
与乙型肝炎病毒检测相关的试剂盒	北京万泰、艾康、厦门新创、北京希波、郑州博赛、上海阿尔法、北京耀华、上海浩源、广州蓝星、华美生物、复星实业、上海明华、上海宏锦、上海科华、厦门安普利、上海申友、深圳匹基、深圳达尔安、爱恩地蓝
与丙型肝炎病毒检测相关的试剂盒	深圳匹基、上海复华、华美生物、上海科华、北京医大肝病所、中山生物、上海飞龙、北京万泰、上海永华、兰州蓝十字、深圳月亮湾、郑州百纳、沈阳惠民、北京现代高达、北京耀华
与结核分支杆菌检测相关的试剂盒	华美生物、上海宏锦、深圳匹基、上海万达、广州蓝星、深圳达尔安、复星实业、厦门安普利、上海奥普
与淋球菌检测相关的试剂盒	上海宏锦、上海申友
与梅毒螺旋体检测相关的试剂盒	上海万兴、爱德生物/北京蓝十字、北京耀华、华美生物、北京和新康、艾康、上海科华、吉比爱、丽珠试剂、北京金豪、北京万泰、厦门新创、中山生物、东瓯生物、北京金伟凯、北京现代高达、沈阳百奥、兰州生物制品所、上海荣盛
与人类免疫缺陷病毒检测相关的试剂盒	厦门新创、上海科华、成都生物制品所、中山生物、吉比爱、北京优耐特、丽珠试剂、华美生物、北京万泰、北京金豪、武汉生物制品所、北京阜金焱、杭州澳亚、中检所
与沙眼衣原体检测相关的试剂盒	深圳匹基、复星实业、上海宏锦、上海万达、广州蓝星、华美生物、上海申友、厦门安普利、深圳达尔安
与幽门螺杆菌检测相关的试剂盒	协和药业、山东潍坊医药、预防医学院科技服务公司、西安联尔、北京贝尔、上海晶莹

(资料来源:来宝网,2007 年 10 月发布,http://www.labbase.net/News/ShowNewsDetails-1-19-A1A7684946563A38.html)

【知识拓展】

什么是锡克氏毒素? 如何使用及判断结果?

锡克氏毒素是经检定合格的用于测定人体对白喉易感性的白喉毒素。

应在左前臂内侧 1/3 处皮内注射 0.1 毫升,注射后间隔 48 和 96 小时观察两次皮肤反应,如局部无任何反应或仅有微痕,则为阴性反应,或者在 48 小时局部虽有环状浸润,但 96 小时已完全消退(这是锡克氏毒素中含有异性蛋白所引起的过敏反应),亦应判为阴性,说明体内已有白喉免疫力。

如果局部有红色浸润,到 96 小时反应才达高峰,随后消退者,则判为阳性反应,说明机体没有白喉免疫力。

4. 其他方面用途

生物药物在其他方面应用也很广泛,如生化试剂、保健品、化妆品、食品、医用材料等。

第二节 生物制药

生物制药,是指利用生物技术(如生化分离技术、发酵工程、基因工程、蛋白质工程、抗体工程)以及结合新兴科技(如生物芯片和纳米技术)开发、研制和生产生物药物(包括传统的生化药物、抗生素、生物制品等)的过程。一般国内所说的生物制药是上述广义的范畴,而国外,特别是美国等国家,生物制药多指利用现代生物技术,如基因工程、蛋白质工程、细胞工程、反义技术等新技术开发、研制和生产新型生物药物(如抗体、重组细胞因子、新型疫苗等)的过程。

无论广义的还是狭义的生物制药,目前,在研发过程中涉及的比较多的是基因工程技术、蛋白质工程技术、抗体工程技术和细胞工程技术等,在生产过程中则较多地使用发酵工程技术、生化分离工程技术等。

一、生物制药技术

1. 生化分离工程

生化分离工程是利用待分离物系中的目标组分与共存杂质之间在物理、化学及生物学性质上的差异,进行生物产品的分离、精制的过程。其技术包括固—液分离、细胞破碎技术、产物的初步分离、产物的提纯和产品的精制等。

早期的生物药物都是采用生化分离手段从生物材料中直接分离的。随着时间的推移,许多新的技术发展起来,但所有生物药物的生产仍然少不了分离纯化,所以生化分离工程仍然发挥着重要的作用。

2. 发酵工程

发酵工程制药就是利用微生物代谢过程生产药物的过程。发酵工程制药涉及的技术包括菌种的选育、培养基的配制、灭菌、扩大培养和接种、发酵过程和产品的分离提纯等方面。

利用发酵工程生产的药物有抗生素、氨基酸、酶、激素等,已广泛应用于很多方面。

3. 酶工程

酶工程就是利用酶催化的作用,在一定的生物反应器中,将相应的原料转化成需要的产品。它是酶学理论与化工技术相结合而形成的一种新技术,包括酶制剂的制备、酶的固定化、酶的修饰与改造及酶反应器等方面内容。酶工程制药包括两个方面:制备酶类药物和利用酶的催化反应生产药物。

目前,生产的酶类药物有多种,如淀粉酶、溶菌酶、蛇毒凝血酶、激肽释放酶、胶原酶、谷氨酰胺酶、尿激酶、唾液腺素等,已广泛应用于治疗胃肠道疾病、炎症、肿瘤、血栓等方面。此外,一些酶在生产药物方面也发挥着重要的作用,如用青霉素酰化酶生产半合成抗生素,用已内酰胺酶生产氨基酸等。

4.细胞工程

细胞工程是指通过某种工程学手段,在细胞水平或细胞器水平上,按照人们的意愿来改变细胞内的遗传物质,从而获得新型生物或特种细胞产品或产物的一门综合性科学技术,与基因工程一起代表着生物技术最新的发展前沿。

5.基因工程

基因工程技术是将目的基因插入载体,拼接后转入新的宿主细胞,构建成工程菌(或细胞),实现遗传物质的重新组合,并使目的基因在工程菌内进行复制和表达的技术。基因工程制药就是利用重组 DNA 技术生产蛋白质或多肽类药物的过程。

20 世纪 70 年代基因工程诞生,并最先应用于医药科学领域。1982 年第一个基因工程产品——人胰岛素在美国问世。随后,人生长素、干扰素、白细胞介素、乙型肝炎疫苗、集落细胞因子、红细胞生成素、肿瘤坏死因子、降钙素等重组药物的生产也获得成功。

基因工程药物制药的主要程序包括:①获得目的基因;②组建重组质粒;③构建工程菌(或细胞);④培养工程菌;⑤产物分离纯化;⑥除菌过滤;⑦半成品检定;⑧成品检定;⑨包装。

6.蛋白质工程

所谓蛋白质工程,就是利用基因工程手段,包括基因的定点突变和基因表达对蛋白质进行修饰、改造、拼接,以期获得性质和功能更加完善的蛋白质分子。蛋白质工程的内容主要有两个方面:根据需要合成具有特定氨基酸序列和空间结构的蛋白质,确定蛋白质化学组成、空间结构与生物功能之间的关系。在此基础之上,实现从氨基酸序列预测蛋白质的空间结构和生物功能,设计合成具有特定生物功能的全新的蛋白质,这也是蛋白质工程最根本的目标之一。

黎孟枫等人通过大肠杆菌表达了脑啡肽 N 端 5 肽与人 α 型干扰素的融合蛋白,该融合蛋白抑制肿瘤细胞生长的活性显著高于单纯的干扰素。通过蛋白质工程技术将人胰岛素 B28 位与 B29 位氨基酸互换,使之不易形成六聚体,迅速发挥作用,该速效胰岛素已通过临床实验。此外,在治癌酶的改造、嵌合抗体和人源化抗体改造方面也取得了不错的进展。

此外,国外有许多研究机构正在致力于研究蛋白质与核酸、酶抑制剂与蛋白质的结合情况,以开发具有高度专一性的药用蛋白质。

7.抗体工程

抗体工程是利用免疫学、动物细胞培养及基因工程技术制备抗体的过程,其内容包括杂交瘤细胞技术与单克隆抗体、基因工程抗体、抗体库技术、利用动物细胞与转基因动植物制备抗体和抗体的分离纯化技术等。

20 世纪 90 年代中期以来,抗体工程蓬勃发展。其突出的标志是用于体内治疗的抗体制剂纷纷上市,成为当前生物技术药物的开发热点。究其原因,首先是由于技术的发展,继抗体工程技术及抗体库技术日臻完善之后,转人 Ig 基因小鼠技术日渐成熟,抗体的人源化及全人源抗体的产生已非难事。其次,抗体的真核高效表达获得突破,足够大量生产的需要。各种分子靶部位及功能的阐明,也为抗体的应用开拓了更为广阔的空间。

抗体工程药物已应用在肿瘤、心血管疾病、病毒感染、免疫系统相关疾病等的治疗及基因治疗中。

二、我国生物制药的发展历史

我国的生物制药产业伴随着新中国成立走过了不平凡的、传奇性的 60 年。前 30 年是在计划经济的体制下，主要是从牲畜原料中提取天然生化药物，并在多肽合成，微生物发酵等方面获得很大进展；后 30 年则处在改革开放的形势下，迎来了世界生物技术药物发展的新势态。

新中国成立前，我国的生物制药仅处于萌芽状态，只有上海的杨氏药厂及广州的明兴药厂等生产少量的生化药物，如口服水解蛋白、维他赐保命（男、女用）、肝注射液、垂体后叶注射液及胃蛋白酶制剂等。这些药物均是利用生物材料简单提取、浓缩、干燥等加工处理制成的粗提取物制剂，技术含量低。

50 年代后期，全国畜牧业生产力获得发展，我国每年向苏联和东欧国家出口冻肉近百万吨，相应地也有近 1∶1 的牲畜副产品产出，如内脏、内分泌腺、体液、毛、蹄甲等，另外社会迫切需要胰岛素、催产素、各种酶制剂等生化药品。在这一大背景下，我国的生物制药工业蓬勃发展起来，取得了成功。1958 年，杨氏药厂更名为上海生化制药厂，成为我国第一家专业生物制药厂。从畜禽资源综合利用逐步发展起来的脏器生化制药在 70 年代中期形成一定规模，随后逐渐形成了较完善的生化制药工业体系。这一时期，主要应用近代生物分离纯化技术从生物体制取具有针对性治疗作用的特异生化成分，如猪胰岛素、胃蛋白酶、胰蛋白酶等。

1982 年美国第一个重组基因工程药物人胰岛素上市。1989 年我国自行研制的IFN α1b获得成功，1993 年上市。自此，中国生物制药的历史又翻开了新的篇章，进入现代生物制药（狭义的生物制药）时期。

以基因重组技术、单克隆抗体为代表的新一代制药技术极大地促进了生物制药的发展。一是，解决了过去用常规方法不能生产或者生产成本特别昂贵的药品的生产技术问题，开发出了一大批新的特效药物，如胰岛素、干扰素（IFN）、白细胞介素-2（IL-2）、组织血溶酶原激活因子（TPA）、肿瘤坏死因子（TNF）、集落刺激因子（CSF）、人生长激素（HGH）、表皮生长因子（EGF）等，这些药品可以分别用以防治肿瘤、心脑肺血管、遗传性、免疫性、内分泌等严重威胁人类健康的疑难病症，而且在避免毒副作用方面明显优于传统药品。二是，研制出了一些灵敏度高、性能专一、实用性强的临床诊断新设备，如体外诊断试剂、免疫诊断试剂盒等，并找到了某些疑难病症的发病原理和医治的崭新方法。此外，基因工程疫苗、菌苗的研制成功直至大规模生产为人类抵制传染病的侵袭提供了保障，如我国使用的乙肝疫苗基本上都是采用基因重组技术生产的。

这一时期的典型特征是，应用先进的现代生物技术生产天然活性物质以及具有比天然物质更高活性的类似物，或与天然物质结构不同的全新的药理活性成分，如基因工程白细胞介素、红细胞生成素、反义 RNA 等。

三、我国生物制药业的现状

近年来，国家政策支持力度不断加大，众多海外人才回国助推本土生物医药产业发展。

目前,中国生物制药产业已形成涵盖前期开发、临床前/临床测试、规模生产、批零销售等各环节的较完整生物制药产业链。国内已经形成以北京、上海、山东、江苏等地为代表的生物制药企业集群,集群内部有明显分工,加速了生物制药产业的发展。"十一五"期间(2006—2010),中国生物制药产业规模增长 272%,新产品、新技术开发成效明显,涌现出一批综合实力较强的大型企业集团。目前国内基本能生产所有常用药品、疫苗和生物制剂,特别在研发外包(CRO)和生物仿制药生产方面表现突出。但与发达国家相比,在新药研发和产业化领域还存在着很大差距。

【知识拓展】

研发外包(CRO)和生物仿制药

CRO 是专业从事医药产品研发的企业,主要依靠承接大型制药企业的新药研发外包合同实现盈利。1996 年加拿大制药公司 MDS Pharma Service 在北京投资设立了中国第一家 CRO 企业,主要提供临床试验服务。1998 年中国国家食品药品监督管理局(SFDA)颁布管理办法,规范药品注册和临床试验管理流程,为 CRO 行业发展提供保障。

此后,大型跨国 CRO 企业 Quintiles、Covance、Kendles 等陆续在国内设立分支机构,带动了中国 CRO 产业发展。目前国内已涌现出一批具有竞争力的 CRO 企业,如药明康德、万全科技、星昊医药等。截至 2009 年底,国内已有专业 CRO 企业 300 余家,主要集中在北京和上海,仅北京地区已有 CRO 企业 100 余家。

生物仿制药是生物专利药的生物等价物(bioequivalence),是近年来兴起的生物制药行业新热点。欧盟 2003 年开放生物仿制药的审批通道(biosimilar pathway)之后,生物仿制药产业发展进入快车道。目前国内已经涌现出一批实力较强的生物仿制药生产企业,其中大部分为中外合资,如中信国健、百泰生物、美恩生物、上海赛金等。

虽然我国生物制药业得到了较快的发展,但仍存在以下突出问题:(1)新产品的研究开发能力薄弱,跟踪和模仿国外的多,自己创新的少。(2)生物技术的产业化水平低,包括产业化的设备、技术落后及生物技术的产研脱节。我国在医药生物技术产品研究开发领域中"上游开发"仅比国际水平落后 3～5 年,而"下游工程"却至少相差 15 年以上。(3)重复投资过多,行业无序发展。据粗略统计,仅 1995—1997 年,获卫生部新药批准文号的厂家数目,重组人白介素白细胞介素-2(IL-2)有 10 家,重组人促红细胞生成素(EPO)有 10 多家,甚至有的产品有二三十个厂家在生产。

四、国外生物制药业的发展状况

全球生物制药产业经过 30 年的努力取得了巨大的成就。

国际上,生物制药业主要集中在美国、日本和欧洲,其中美国作为生物制药的发源地,无论是在经费投入、产品开发和研制,还是在产品生产和市场上都居于国际领先地位。全球已有生物技术制药公司 3000 多家,其中美国有 2000 家,其中有 20% 的美国生物技术制药公司的股票上市,并且获利的生物技术公司也正在逐年增加。如安进(Amgen)、基因泰克(Genentech,被罗氏收购)、惠氏(Wyeth)、强生(Johnson & Johnson)、先灵葆雅(Schering-Plough,已被默沙东收购)、礼来(Eli Lilly)、默克(Merke)等都是美国知名企业。日本在生物技术的开发上仅次于美国,目前共有生物制药公司约 600 家,其中麒麟啤酒、中外制药、味之素等著名厂商不仅在日本国内处于生物制药方面的领先地位,而且不断加强世界市场的开拓,进入欧洲和亚洲市场。欧洲在生物技术的开发上稍落后于日本,但近两年来欧洲在生物技术的投入和新公司成立的数量上急速增长,目前欧洲的生物制药公司约有 300 家,但还处于发展的开始阶段。

2007 年,全球生物药物销售额为 750 亿美元,至少相当于全球处方药 7120 亿美元销售额的十分之一;全球生物药物销售额增长了 12.5%,这一数字是全球医药市场增幅的 2 倍;其中,前 10 强的销售额就达到了 614 亿美元,包揽了生物药物市场的绝对份额。2011 年全球生物药物销售额达到创纪录的 1129.3 亿美元。

在已经上市的生物技术药物中,市场销售状况较好的药品集中在以下 5 个类别中:单克隆抗体、反义药物、基因治疗药物、重组蛋白类药物和疫苗,其中单克隆抗体的市场需求最令人注目。

2008 和 2009 年,全球单抗药物市场规模达分别为 370 亿美元和 400 亿美元,2010 年达 480 亿美元,前 10 大单抗药物销售额总计为 450 亿美元。如果将用于诊断和研究试剂的单抗药物 100 亿美元销售额计算在内,整体单抗药物市场达 550 亿美元。2011 年,抗 TNF 抗体类产品(主要用于治疗风湿性关节炎)年销售额达到 240.4 亿美元,在生物药物中名列第一。就单个产品而言,年销售额最大的品种是阿达木单抗,年销售额为 79.32 亿美元。

其次,销售较好的生物药物是重组蛋白类药物,如重组人凝血因子Ⅷa、聚乙二醇干扰素 α-2a 注射剂、甘精胰岛素、赖脯胰岛素、干扰素 β-1A 等。2011 年,胰岛素及其类似物(用于治疗糖尿病)年销售额 162.4 亿美元,在生物药物中名列第三。

五、生物制药的发展趋势

近 20 年是世界生物技术迅速发展的时期,无论是基础研究方面,还是应用开发方面,都取得了令人瞩目的成就。但 20 世纪的生物技术还处在科研阶段,产业建设尚在初创,21 世纪将是进入广泛的大规模产业化、对人类作出更大贡献的时期。包括药物、疫苗和基因治疗等的生物技术药物研制将会得到迅速发展,与化学药物和中药形成三足鼎立,有效地为人类健康服务。预计发展比较迅速的医药生物技术有下列方面:

1. 利用新发现的人类基因,开发新药物

随着人类基因组研究的深入,已发现与人类病症相关的基因约有 5000 个,一些重要的遗传病基因已被分离并测序;另一些常见病,如乳腺癌、结肠癌、高血压、糖尿病和阿尔茨海默氏症等涉及遗传倾向的基因也被精确地定位在染色体的遗传图谱上。可以预测,随着大量与人类健康有关的基因被定位、鉴定和分离,有可能产生作为人类疾病的检测、治疗和预防的新药,遗传诊断、遗传修饰和基因治疗也将成为现实。

此外,基因组计划带动了生物信息学的发展,从而改变了生物技术和药物研究的模式,从原来基于实验的过程转变为基于信息的过程,计算机不仅成为研究和开发的起点,而且大大提高了研究、开发的速度和成功率。

2. 新型疫苗的研制

疫苗在大量疾病的预防、治疗中起着其他药物无法代替的重要作用。已有的几十种细菌性疫苗和病毒性疫苗,如预防结核的卡介苗,用于免疫和控制危害极大的小儿麻痹症的脊髓灰质炎疫苗等，都已取得了良好的效果。2009 年我国疫苗市场销售额达到 90 亿元，但整体而言，我国疫苗产业还处于基本满足常规防疫需求的阶段，研发能力落后、规模化生产能力不足。目前仍有许多难治之症（如癌症、艾滋病等）没有疫苗或现有疫苗不够理想，需要进行更加深入的研究。

2011 年出台的《疫苗供应体系建设规划》及《"十二五"生物技术发展规划》等，都明确要求重点支持新型疫苗的研发和产业化。手足口病、艾滋病、病毒性肝炎、结核病等重大疾病相关疫苗也会是未来研发和产业化的重点。在乙肝疫苗、肿瘤疫苗、艾滋病疫苗等治疗性疫苗方面，目前我国多处于临床研发阶段，产业化尚需时日。

【知识拓展】

V520 艾滋病疫苗

V520 艾滋病疫苗是一种被称为"HIV-1"的整合酶抑制剂，这种整合酶抑制剂能够抑制 HIV 病毒复制过程中所必需的两种酶，蛋白酶和逆转录酶。该疫苗是由美国默克公司化 10 年时间研制的，被认为是最有希望的艾滋病疫苗。

2004 年，该疫苗开始进行临床试验。2007 年 9 月 18 日，默克公司宣布临床试验失败，这给疫苗研制工作带来致命打击，又一次破灭了人类控制艾滋病的希望。美国《科学》杂志报道了试验数据，分析显示，这种名为 V520 的艾滋病疫苗既无法保护志愿者免遭致命病毒的侵害，也不能减少 HIV 感染者体内的病毒数量。

得到这个消息后，诺贝尔医学奖得主、世界著名艾滋病研究专家大卫·巴尔迪摩教授悲观的认为，研究者们至少在 25 年或 30 年之内不可能找出有效的、适用于人类的艾滋病疫苗来，甚至人类可能永远也找不到这种艾滋病疫苗了。

3. 基因工程活性肽的生产

目前国内外生产或正在研制的淋巴因子、生长因子、激素和酶等基因工程药物已达几十种，其中多数是基因工程活性肽。它包括不同性质的物质，有的是淋巴细胞产生的因子，有的是不同种类细胞的生长因子，有的是激素，有的是酶。

我们知道，在人体内存在的维持正常生活的生理调控机制和对疾病的防御机制中，有极其丰富的活性肽等物质，但在这些大量活性肽中我们仅了解很少几种，可能人体还有 90% 以上的活性肽尚待发现。因此发展基因工程活性肽药物的前景十分光明。

4. 其他医药业将得到不断的改造和发展

生物技术的应用将使医疗技术得到更大的发展。比如，疾病的早期诊断技术将会日新月异；采用聚合酶链式反应（PCR）方法，做肿瘤的早期诊断，可了解肿瘤的现状和转移情况，是一条简便可靠的新途径；单克隆抗体的利用，也会促进诊断业的发展。

第三节 药物质量控制基础

药品是用于预防、治疗、诊断人的疾病，有目的地调节人的生理机能并规定有适应症或者功能主治、用法和用量的物质，是一种关系到人类生命健康的特殊商品。为保证人类用药的安全、合理和有效，药品必须达到一定的质量要求。

一、药品质量标准

药品质量标准是国家对药品质量、规格及检验方法所作的技术规定，是药品生产、供应、使用、检验和药政管理部门共同遵循的法定依据。我国现行的药品标准有：中国药典（国家药典）、部颁标准（卫生部药品标准）和国外药典。

国内生产药品一般遵照中国药典和部颁标准，进口药品、仿制国外药品等需要按照国外药典标准，如《美国药典》（USP）、《英国药典》（BP）、《欧洲药典》（PH·EU）、《日本药局方》（JP）。

1.《中国药典》

《中国药典》由中华人民共和国卫生部聘请全国药政、药检、教学、科研和生产单位的专家，组成中华人民共和国卫生部药典委员会，编辑出版，政府颁布实施，在全国范围内具有法律的约束力。所以药典收载的药物和制剂一般具有药效确切、副作用小、质量较稳定等特点，通常称为"法定药"。

1953年首版，随着医药事业的发展，新的药物与试验方法亦不断出现，所以药典出版后，每隔一段时间修订一次，已先后编纂9版（1953、1963、1977、1985、1990、1995、2000、2005、2010年版）。为了使新的药物和制剂及其检验方法尽快在医药卫生领域内合法使用，往往在下一版新药典出版以前，及时编补一些补充版。如中国药典1997年增补本（1995年版）、中国药典2002年增补本（2000年版）、中国药典2004年增补本（2000年版）。

中国药典的最新版本是2010年版，该版分为三部：一部主要收载中药材及中药成分制剂；二部主要收载生化药物、化学药品、抗生素；三部主要收载生物制品。

药典一般分为凡例、正文、附录和索引四部分。凡例是正确理解和使用药典的阐述部分，并且把与正文品种、附录及质量检查有关的共性问题加以规定，避免在全书中重复说明。正文是收载药品及其制剂的质量标准，按中文名称笔画顺序排列，原料药在前，制剂及生物制剂在后，包括质量标准、制备要求、鉴别、杂质检查与含量测定等项目；附录包括制剂通则、通用检查方法和指导原则共19类；索引主要用于查找，一般除了按笔画顺序排列外，书末还分别列有中文索引和英文索引。

2.部颁标准

药典不可能包罗万象地将所有药品都收入其中，通常不允许收载有争议的内容，因此其收载的品种有限。国务院卫生行政部门除了颁布《中国药典》作为全国最高药品标准典籍外，对药典收载不够完善的项目和尚未收载而带有一定普遍意义的常用药品或重大创新品种等，其质量规格就通过《部颁标准》来统一制定，作为药典的补充，以满足全国各地对药品生产、供销、使用和管理上的需要。

部颁标准由国家药典委员会编制，国家卫生部颁发，全称为《中华人民共和国卫生部药品标准》。部颁标准作为药典的补充，其性质与药典相同，对全国具有法律的约束力，故有"准药典"之称。

部颁标准分为部颁中药成方制剂、部颁化药、部颁药材标准、部颁抗生素分册、部颁生化药分册、部颁蒙药分册、部颁藏药分册、部颁维吾尔药分册等。如阿归养血颗粒、阿归养血糖浆（当归养血膏）、安神补脑液等都在部颁中药标准中，空心胶囊、口服葡萄糖、口服氯化钠等收录在部颁化药标准中。部颁标准的编排形式与药典相似。

3．国外药典

目前，世界上至少已有 38 个国家编订了国家药典，如英国药典、美国药典。另外，尚有区域性药典 3 种（如欧洲药典、北欧药典、亚洲药典）及世界卫生组织（WHO）编订的《国际药典》。在药物分析工作中可供参考的国外药典主要有：

（1）日本药局方

日本药局方缩写为 JP，是一部日本官方颁布的具有法律效力的药典。目前版本为 14 版，分为两部，第一部收载原料药及其基础制剂，第二部主要收载生药、家庭药制剂和制剂原料。

（2）英国药典

英国药典缩写为 BP，目前版本为 2005 年版。该药典不仅在本国使用，加拿大、澳大利亚、新西兰、印度、斯里兰卡等英联邦国家也采用。凡欧洲药典收载的药品，BP 只收录其名称，其规格则根据欧洲药典，因此 BP 必须和欧洲药典配合使用。

（3）美国药典与美国国家处方集

美国药典（缩写为 USP）与美国国家处方集（缩写为 NF）是美国国家药品标准，美国国家处方集是美国药典的补充，同样具有法律效力。自 2002 年起，USP 与 NF 合并为一册出版，缩写为 USP-NF（26-21）表示，同时也由 5 年修订一次改为每年出一个新版本。

（4）欧洲药典

欧洲药典缩写为 Ph. Eup，由欧洲药品质量管理局（EDQM）负责出版和发行，目前版本为第六版。欧洲药典是欧洲药品质量检测的惟一指导文献。所有药品和药用底物的生产厂家在欧洲范围内推销和使用的过程中，必须遵循《欧洲药典》的质量标准。

（5）国际药典

国际药典缩写为 Ph. Int，收载原料药、辅料和制剂的质量标准及其检验方法，供世界卫生组织成员国参考和应用。第一、二版国际药典分别于 1951 年和 1967 年出版，第三版的第一、二、三、四、五部分别于 1979、1981、1988、1994 和 2003 年相继出版。第一部收载分析方法通法；第二部和第三部收载世界卫生组织基本药物示范目录中的大部分基本原料药的质量标准；第四部收载增补的分析通法和一些制剂通则，一部分原料药、辅料和制剂的质量标准；第五部收载了 37 种原料药和 20 种片剂的质量标准，还单列了 7 种抗疟原料药和 8 种抗疟药制剂的质量标准。

有些国家药典在版与版之间逐年出版补遗，如 USP22-NF17 Supplement ①、BP 1988Addendum 1989。

以上标准所规定的指标都是该药物应达到的最低标准，所有药品的质量和生产工艺都要依据或者高于以上标准。药典中药厂可以有自己的合适方法控制质量，但仲裁时以中国药典等标准收载的方法为准。凡属以上标准收载的药品，其质量不符合规定标准的均不得出厂、不得销售、不得使用。

【知识拓展】

地方标准

地方标准，即省、自治区、直辖市药品监管部门批准的药品质量标准。地方标准的设立，导致了同一药品有北京标准、山东标准、江苏标准等多个地方标准,一些省市为了保护地方利益,甚至降低地方标准审批药品,致使药品质量低下,造成极大的安全用药隐患。新修订的《药品管理法》明确规定,药品标准没有地方标准,地标药品自 2002 年画上句号。

二、药品生产质量管理规范

药品生产质量管理规范(Good Manufacturing Practice For Drug,GMP),是为生产出全面符合质量标准的药品而制定的生产规范。其目的就是将传统的质量把关(检验结果与质量标准比较),转变成过程质量控制,体现预防为主的管理思想,从根源上保证药品的质量。制剂生产的全过程及原料药生产中影响成品质量的关键工序均应符合 GMP 要求。

GMP 是药品生产质量全面管理控制的准则,由硬件和软件组成,硬件是指人员、厂房与设施、设备等方面的规定,软件是指组织、规程、操作、卫生、记录、标准等管理规定。GMP实施包括药品生产的全过程,从对原料、制剂一直到销售、退货以及药品管理部门。企业必须建立独立的质量保证(QA)部门,对产品作出评价并有否决的权力,不受行政干扰。

【知识拓展】

GMP 的由来

历史上曾发生过多起纯属制品质量存在问题导致的严重事故,每次质量事故发生后,不论对发生国,还是对全世界都震惊很大。其中最著名的事故是"反应停"事件。

1961 年,一种曾用于妊娠反应的药物"反应停",导致成千上万的畸胎,波及世界各地,受害人数超过 15000 人。出生的婴儿没有臂和腿,手直接连在躯干上,形似海豹,被称为"海豹肢",这样的畸形婴儿死亡率达 50% 以上。在市场上流通了 6 年的该药品未经过严格的临床试验,并且最初生产该药品的药厂曾隐瞒了收到的有关该药品毒性的 100 多例报告,致使一些国家如日本迟至 1963 年才停止使用反应停,导致了近千例畸形婴儿的出生。而美国是少数幸免于难的国家之一,原因是 FDA 在审查此药时发现该药品缺乏足够的临床试验资料而拒绝进口。正是该事件促使了 GMP 的诞生。

各国药品管理当局均针对事故发生原因,制定和颁布相应法规,以杜绝类似事故的再次发生。这也是从 20 世纪 60 年代以来美国和其他国家相继实施药品生产质量管理规范的原因和目的所在。

【知识拓展】

现行 GMP 对药品生产质量管理的基本要求

1. 制定生产工艺,系统地回顾并证明其可持续稳定地生产出符合要求的产品。

2. 生产工艺及其重大变更均经过验证。

3. 配备所需的资源,至少包括:

(1)具有适当的资质并经培训合格的人员;

(2)足够的厂房和空间;

（3）适用的设备和维修保障；

（4）正确的原辅料、包装材料和标签；

（5）经批准的工艺规程和操作规程；

（6）适当的贮运条件。

4.应当使用准确、易懂的语言制定操作规程。

5.操作人员经过培训，能够按照操作规程正确操作。

6.生产全过程应当有记录，偏差均经过调查并记录。

7.批记录和发运记录应当能够追溯批产品的完整历史，并妥善保存、便于查阅。

8.降低药品发运过程中的质量风险。

9.建立药品召回系统，确保能够召回任何一批已发运销售的产品。

10.调查导致药品投诉和质量缺陷的原因，并采取措施，防止类似质量缺陷再次发生。

1.机构与人员

在 GMP 管理中，人是最关键的因素，GMP 对药品生产企业的机构与人员有明确的要求。如人员的职责必须以文件形式明确规定，人员培训也是实施药品 GMP 的重要环节。

药品生产企业应建立生产和质量管理机构。各级机构和人员职责应明确，并配备一定数量的与药品生产相适应的具有专业知识、生产经验及组织能力的管理人员和技术人员。企业主管药品生产管理和质量管理的负责人应具有医药或相关专业大专以上学历，有药品生产和质量管理经验，对规范的实施和产品质量负责。药品生产管理部门和质量管理部门的负责人应具有医药或相关专业大专以上学历，有药品生产和质量管理的实践经验，有能力对药品生产和质量管理中的实际问题作出正确的判断和处理，且两个管理部门负责人不得互相兼任。

人员培训是提高人员素质，保证药品生产质量的重要措施。从事药品生产操作及质量检验的人员应经专业技术培训，具有基础理论知识和实际操作技能。对从事高生物活性、高毒性、强污染性、高致敏性及有特殊要求的药品生产操作和质量检验人员应经相应专业的技术培训。对从事药品生产的各级人员均应按要求进行相应的培训和考核。

2.厂房和设备管理

按照 GMP 要求进行厂房设计是一项技术性很强的工作，必须符合国家有关法规，符合实用、安全、经济的要求，注重节约能源和保护环境。

（1）药厂选址

首先，制剂药厂最好选在气候适宜、空气清新、绿化多的城市郊区，避开热闹市区、化工区、风沙区、铁路和公路等污染较多的区域。应注意到周围几公里以内无污染排放源，水质未受污染，大气降尘量小，特别是避开大气中含二氧化硫的空气，场地、水质应符合生产要求，生产厂房及周围应无污染源。

（2）厂区布置及绿化

生产、行政、生活和辅助生产区的总体布局应合理，相互分开，不得互相妨碍。

生产区包括洁净生产区和一般生产区。洁净生产区应设在厂内环境整洁，无关人流、物流不穿越或少穿越的位置。原料药合成以及三废处理、锅炉房等有严重污染的区域，应设置在该地区全年最多风向的下风侧。区内布局应考虑人员物料分门而入，人流物流协调，工艺流程协调，洁净级别协调。

辅助生产区包括动力、仓库、实验室、水处理、废弃物处理、车库、机修和消防等。仓库位置应考虑进出物料的方便,切忌将仓库设在厂区的中心部位,以免运输车辆在厂区中心运行,对生产活动造成干扰。

尽量减少厂区内的露土面积(GMP 要求生产区内及周围应无露土面积),绿化面积最好在 50% 以上,建筑面积为厂区面积的 15%～30%。宜铺植草坪,种植如常青树等对大气不产生有害影响的树木。不宜种花,因为花开时有花粉飞扬,会造成污染。不能绿化的道路应铺成不起尘的水泥硬化地面,暂时不能绿化的空地也应采取措施,杜绝尘土飞扬。厂区内道路必须人流、物流分开,两旁植上常青的行道树。

(3)一般生产区的要求

一般生产区(与洁净区对应)有卫生要求,但无洁净级别要求。

生产区的地面、墙壁及天棚的内表面应光滑平整,耐清洗,清洁无污迹。按生产的需要,在生产区内设控温控湿及通风设施。产生粉尘的生产区应有除尘设施,并控制尾气排放中的粉尘不得越标。生产区门窗应能密闭,不得开放式生产,有防昆虫、防鼠措施。生产区内应有防火、防爆、防雷击等安全措施。

(4)洁净区的要求

空气洁净度级别相同的洁净室宜相对集中,洁净区与非洁净区之间的压差应当不低于 10 帕斯卡。不同空气洁净度级别的洁净室(区)宜按空气洁净度级别里高外低布局,不同级别洁净区之间的压差也应当不低于 10 帕斯卡。空气洁净度级别高的洁净室宜尽量布置在无关人员最少到达的外界干扰最少的区域,并宜尽量靠近空调机房。不同洁净度级别区之间人、物料进出时,应按人净、物净措施处理。

生产特殊性质的药品,如高致敏性药品(如青霉素类)或生物制品(如卡介苗或其他用活性微生物制备而成的药品),必须采用专用和独立的厂房、生产设施和设备。青霉素类药品产尘量大的操作区域应当保持相对负压,排至室外的废气应当经过净化处理并符合要求,排风口应当远离其他空气净化系统的进风口;

生产 β-内酰胺结构类药品、性激素类避孕药品必须使用专用设施(如独立的空气净化系统)和设备,并与其他药品生产区严格分开;

生产某些激素类、细胞毒性类、高活性化学药品应当使用专用设施(如独立的空气净化系统)和设备。

洁净室(区)需设立单独的备料室、称样室。洁净室(区)物品存放区域应尽可能靠近与其相关的生产区域。

洁净室(区)应设单独的设备及容器具清洗室。清洁工具洗涤、存放室宜设在洁净区外。10000 级以上区域的洁净工作服的洗涤、干燥、灭菌室应设在洁净室内。

洁净厂房的主体应使用发尘量少、不易黏附尘粒、隔热性能好、吸湿性小的材料。墙壁和顶棚表面应光洁、平整、不起尘、不落灰、耐腐蚀、耐冲击、易清洗。墙与墙、地面、顶棚相接处应有一定弧度,宜做成半径适宜的弧形。地面应光滑、平整、无缝隙、耐磨、耐腐蚀、耐冲击,不积聚静电,易除尘清洗。门窗要与墙面保持平整,充分考虑对空气和水的密封,防止污染粒子从外部渗入。门窗造型要简单,不易积尘,清扫方便,门框不得设门槛。休息室和厕所不能直接和洁净厂房相连,而应设在人员缓冲室外面。厕所应设外室和洗涤池。

(5)厂房的洁净级别及应用

灰尘中有许多活的微生物,如细菌、真菌、尘螨等。在有尘粒存在的情况下,就可能有微生物的存在。因此,以每立方米空气中最大允许微粒数划分了空气洁净度级别:100 级、10000 级、100000 级和 300000 级。其对应的每立方米尘粒最大允许数、微生物数最大允许值(表 1-3),控制措施、应用见表 1-4。

表 1-3　空气洁净级别与微粒数

洁净级别	尘粒最大允许数/立方米		微生物数最大允许值	
	≥0.5μm	≥5μm	浮游菌/m³	沉降菌/皿
100 级	3,500	0	5	1
10000 级	350,000	2,000	100	3
100000 级	3,500,000	20,000	500	10
300000 级	10,500,000	60,000	——	15

①表中数值为平均值;②沉降菌用 φ90mm 培养皿取样,暴露时间不低于 30 分钟。

空气洁净度级别则以每立方米空气中最大允许微粒数来确定。

表 1-4　不同空气洁净度级别的应用

洁净级别	控制措施	应 用
100 级	采用垂直层流,用顶棚满布高效过滤器顶送(占顶棚面积≥60%),格栅地板回风,在人员入口处宜设气闸室或吹淋室。	菌种接种工作台,最终灭菌药品的大容量注射剂的灌封和非最终灭菌药品,灌装前不需过滤除菌的药液配制,注射剂的灌封、分装和压塞,直接接触药品的包装材料最终处理后的暴露环境。
10000 级	属乱流洁净室,可采用顶送、侧送方式。回风布置在侧墙下部或采用走廊回风方式,在人员入口处应设气闸室或吹淋室。	无菌原料药品的结晶、干燥工序,不能高压灭菌的注射剂瓶子烘干、储存及粉针剂的原料过筛、混粉、分装、加塞、灌封冻干;最终灭菌药品的注射剂的稀配、过滤;小容量注射剂的灌封;直接接触药品的包装材料的最终处理,灌装前需过滤除菌的药液配制。
100000 级	同 10000 级	注射剂瓶子清洗工序,薄膜过滤设备的装配,能热压灭菌的注射剂瓶子烘干、注射剂浓配或采用密封系统的稀配;非最终灭菌药品轧盖,直接接触药品的包装材料最后一次精洗;非最终灭菌口服液体药品的暴露工序;深部组织创伤外用药品、眼用药品的暴露工序;除直肠用药外的腔道用药的暴露工序。
300000 级	送回风方式与一般空调系统相似,人员进入通过缓冲间。	粉针剂轧盖工序,能高压灭菌的注射剂配制间,最终灭菌口服液药品的暴露工序;口服固体药品的暴露工序;表皮外用药品暴露工序;直肠用药的暴露工序。

(6)洁净区的运行管理

洁净室的工作人员应严格控制在最少人数,实行各工序定员、定岗位操作制,非该班人员严禁入内。与生产无关的人员、物料及物品不得进入洁净室。操作人员、维护管理人员进入洁净室应严格执行人身净化程序,不戴首饰,不化妆。

不同洁净级别操作区的操作人员所穿的工作服应在颜色、材料方面有所区别,且不得相互随意走动,必须联系时必须按所进入操作区的净化程序,更换相应区应穿的工作服才能进入,工作服应定期更换。对洁净工作服的清洗、烘干,也应在同级别洁净区内进行。

进入洁净区必须经淋浴,换上专用洁净服、鞋、帽,对手臂消毒,然后经空气吹淋,方可进入洁净区内工作。洁净区工作人员不应做易发尘的大幅度动作。在洁净室工作时,动作要轻,尽量减少讲话和不必要的动作,一切操作按操作规程进行,严禁进行非生产活动。洁净区专用的洁净服、鞋、帽等,不得穿到非洁净区使用。一般谢绝进入洁净区参观,有条件的应尽量安排在走廊内参观。

进入洁净室的材料、工具、仪器、零部件、设备等均应进行擦洗、除尘、消毒等必要的净化处理。不准将与生产无关的容易产尘的物件如铅笔、直尺、橡皮、钢笔等带入洁净室,记录应使用圆珠笔。

(7)设备管理

设备选型的标准是符合 GMP 要求,即性能符合生产要求,易清洗、消毒和灭菌,便于生产操作和维修保养,不污染所加工的药品,特别是与药品或生产用水直接接触的设备表面,应光洁、平整、耐腐蚀、不吸附或与药品发生化学反应。

设备应安装在车间内的适当位置,设备与其他设备、墙、天棚及地坪之间应有适当的距离以方便生产操作和维修保养。穿越两个洁净级别不同的区域的设备安装固定时,采用适当的密封方式,保证洁净级别高的区域不受影响。不同洁净等级房间之间,如采用传送带传递物料时,为防止交叉污染,传送带不宜穿越隔墙,而应在隔墙两边分段传送。

有明确的洗涤方法和洗涤周期。无菌设备的清洗,尤其是直接接触药品的部位和部件必须灭菌,并标明灭菌日期,必要时要进行微生物学的检证。经灭菌的设备应在三天内使用。同一设备连续加工同一无菌产品时,每批之间要清洗灭菌;同一设备加工同一非灭菌产品时,至少每周或每生产三批后进行全面的清洗。

药品生产企业必须配备专职设备管理人员,负责设备的基础管理工作,建立相应的设备管理制度。设备、仪器的使用应制定操作规程及安全注意事项,操作人员必须经培训、考核合格后才可允许上岗操作。使用时应严格实行定人、定机,并要有状态标志,明确标明其内容物,做好设备运行过程中的记录和接交班记录。

此外,还应当按照操作规程和校准计划定期对生产和检验用衡器、量具、仪表、记录和控制设备以及仪器进行校准和检查,并保存相关记录。

3. 物料管理

在药品生产中,除原料药(药品)标准较为完善外,辅料及包装材料的药用规格标准尚不够健全,在生产使用中,应当本着安全无毒、性质稳定、不与药品发生反应、不影响药品质量的前提下,可采用其他国家标准,如:医用输液橡胶瓶塞 GB9890—88;大输液瓶标准(Ⅱ型瓶)GB2639—90;西林瓶标准 GB2638—81;瓦楞纸箱 GB6543—86 等。

在使用无药用标准、药用要求的原料、辅料及包装材料时应当按照《药品管理法实施办法》的规定,向当地药品监督管理部门备案。

【知识拓展】

原料与辅料

原料是指药品生产过程中除辅料外使用的所有投入物;除产品所含主药外,还应包括生产过程中的挥发性液体、过滤用助剂以及其他不作为最后产品成分的中间控制用原料等。

药物被加工成各种类型的制剂时,绝大多数都要加入一些无药理作用的辅助物质,这些辅助物质则被称为辅料。辅料是生产药物制剂的必备材料,分为赋形剂与附加剂两大类,前者是作为药物载体,赋予各种制剂以一定的形态与结构;后者主要用以保持药物与剂型的质量稳定。在制剂中,辅料不但赋予药物适于临床用药的一定形式,而且还可以影响药物的稳定性、药物作用的发挥以及药品质量等。

(1)原料与辅料的管理

采购原辅料,应在调查的基础上,选择市场信誉好的供货单位,定点采购。以确保购进质量高又安全的制药原料。采购时应向销售单位索取产品检验合格证、检验结果。同时,填写经济合同等书面根据,除供货单位、地址、产品、规格等一般内容外,应特别注意质量标准要求和卫生要求。

原辅料进厂后,由仓库专人按规定验收。验收时要审查书面凭证,进行外观目检,填写到货记录。经过目检,将同意收货的原辅料在仓库统一编号,其目的是尽量减少或避免混药的危险。

编号后,放置待验区域(挂黄色标志),填写请验单,送交质检部门。质检部门检验后,发给与货物件数相等的合格证(绿色)或不合格证(红色),并按规定进行留样。仓库保管员根据检验结果,取下黄色待验标志,并在原待验包装上逐件贴上绿色的合格证或红色的不合格证。

仓库按生产指令或生产部门领料单计量发放。原料发放要求先进先出,发料、送料、领料人均应在领发料单上签字。

(2)包装材料

药品包装材料指内、外包装物料、标签和使用说明书。包装材料在保护药品免受光线、空气、温度、湿度等影响而变质或外观改变等方面起着决定性作用。

内包装材料指用于与药品直接接触的包装材料,如玻璃瓶、安瓿、铝、箔、油膏软管、瓶塞等。如果内包装材料材质不好或受到污染,那么这种包装非但不能起到保护药品的作用,反而会对药品造成污染,影响到药品的质量。如胰岛素可被玻璃中的二氧化硅与硼的氧化物吸附;肝素钠与生理盐水的混合液存放在玻璃容器中,2 小时后活性明显下降。因此,内包装材料的采购、验收、检验、入库、贮存、发放等管理除可按原料管理执行以外,还应注意以下几点:凡直接接触药品的内包装材料、容器(包括黏合剂、衬垫、填充物等)必须无毒,与药品不发生化学反应,不发生组分脱落与迁移到药品当中,以保证患者安全用药。凡直接接触药品的包装材料、容器(包括盖、塞、内衬物等)除抗生素原料药用的周转包装容器外,均不准重复使用。

不直接与药品接触的包装材料称为外包装材料,如纸盒、木桶、铝听、铝盖、纸箱等,也包括说明书、标签。外包装材料一般印有文字、数字、符号等,特别是说明书、标签,直接给用户和患者提供了使用药品所需要的信息,因此,应严格防止信息错误。像标签、说明书等在批量的印制之前,应由 QA 人员审核(内容包括文字、图案、颜色和符号),校对无误后,并签字交付印刷。

4. 文件管理

制药企业的文件(GMP 文件)是指一切涉及药品生产管理、质量管理的书面标准和实施中的记录结果,可分为两大类:标准和记录。标准分类又分为技术标准、管理标准、操作标准,记录分类分为过程记录、台账记录和凭证。记录的依据是标准,即记录类文件的使用往往在标准中已作了详细规定。记录必须与标准一致,即如何使用记录类文件、记录的内容、记录样张的审核,批准,执行等应与标准要求一致。

文件管理是指文件的起草、修订、审查、批准、培训、执行、分发、印制、保管及销毁等管理活动,是质量保证系统中不可缺少的部分,涉及 GMP 的各个方面。文件管理的目的是减少语言传递可能发生的错误、保证所有执行人员均能获得有关工艺的详细指令并遵照执行,而且能够对有缺陷或疑有缺陷产品的历史进行追查。

5. 验证管理

验证是证明任何程序、生产过程、设备、物料、活动或系统确实能达到预期结果的有文件证明的一系列活动。验证的目的是保证药品的生产过程和质量管理以正确的方式进行,并证明这一生产过程是准确和可靠的,且具有重现性,能保证最后得到符合质量标准的药品。在实施 GMP 的过程中,物料管理、生产技术管理、质量管理、设备管理等方面都涉及验证。

6. 生产管理

生产管理是药品生产过程中的重要环节,也是《规范》的一个重要组成部分,若生产制造过程某一工序出现波动,必然引起生产过程及成品的质量波动。

(1)生产工艺规程与标准操作规程

生产工艺规程对是产品的设计、生产、包装、规格标准及质量控制进行全面描述的基准性技术标准文件,是产品设计、质量标准和生产、技术、质量管理的汇总,是生产药品用的"蓝图"或"模子",目的是保证生产的批与批之间,尽可能地与原设计吻合,保证每一药品在整个有效期内保持预定的质量。

标准操作规程(SOP),是经批准用以指示操作的通用性文件或管理办法。SOP 描述与实际操作有关的详细、具体工作,是文件体系的主要组成部分,主要有生产操作、检验操作、设备操作、设备维护保养、环境监测、质量监控、清洁 SOP。

生产工艺规程、岗位操作法和标准操作规程不得任意更改,如需更改时,应按制定时的程序办理修订、审批手续。药品必须按照工艺规程进行生产。

(2)批及批生产记录

在规定的限度内具有同一性质和质量,并在同一连续生产周期中生产出来的一定数量的药品为一批。批号是用于识别"批"的一组数字或字母加数字。

标示药品批号的基本类型有两种:一组数字,一组字母加数字。第一种是全部由阿拉伯数字组成的批号,一般 6 位至 8 位,这些数字通常都与生产药品的年月日有关,如:生产批号(批号)030610。第二种是由字母加阿拉伯数字组成,其数字基本上和生产药品的年月日有关或和生产药品的年流水号有关,其长度基本上在 8 位以内,如:生产批号(批号)030610A。

批生产记录是指记录一个批号的产品制造过程中所用原辅材料与所进行的操作文件,包括制造过程中的细节。批生产记录应及时填写、字迹清晰、内容真实、数据完整,并由操作人员及复核人签名。批生产记录应按批号归档,保存至药品有效期后一年。未规定有效期的药品,批生产记录应保存三年。

【知识拓展】

《药品生产质量管理规范》规定的确定批号的原则

1.无菌药品:(1)大、小容量注射剂以同一配液罐一次所配制的药液所生产的均质产品为一批。(2)粉针剂以同一批原料药在同一连续生产周期内生产的均质产品为一批。(3)冻干粉针剂以同一批药液使用同一台冻干设备在同一生产周期内生产的均质产品为一批。

2.非无菌药品:(1)固体、半固体制剂在成型或分装前使用同一台混合设备一次混合量所生产的均质产品为一批。(2)液体制剂以灌装(封)前经最后混合的药液所生产的均质产品为一批。

3.原料药:(1)连续生产的原料药,在一定时间间隔内生产的在规定限度内的均质产品为一批。(2)间歇生产的原料药,可由一定数量的产品经最后混合所得的在规定限度内的均质产品为一批。混合前的产品必须按同一工艺生产并符合质量标准,且有可追踪的记录。

4.生物制品:应按照《中国生物制品规程》中的"生物制品的分批规程"分批和编写批号。

(3)防止药品污染和混淆

污染指原材料或成品被微生物或其他外来物所污染。混淆是指一种或一种以上的其他原材料或成品与已标明品名等的原材料或成品相混,通俗的说法,称为"混药"。

防止药品污染和混淆的措施有:生产前应确认无上次生产遗留物;应防止尘埃的产生和扩散;不同产品品种、规格的生产操作不得在同一生产操作间同时进行;生产过程中应防止物料及产品所产生的气体、蒸汽、喷雾物或生物体等引起的交叉污染;每一生产操作间或生产用设备、容器应有所生产的产品或物料名称、批号、数量等状态标志。

(4)工艺用水

工艺用水按制备方法和水质可分为饮用水、纯化水和注射用水(表1-5)。

表1-5　工艺用水的种类和用途

类　别	水　质	用　途
饮用水	符合饮用水标准(GB5749—06)	用于原料药的生产,容器、设备的初洗等。
纯化水	去离子水、蒸馏水	原料药的精制,制剂的配料,容器的清洗,药品检验试验用水,注射用水的水源等。
注射用水	纯化水经蒸馏所得的水,除应符合蒸馏水的标准外,还应控制氨、热原、pH值	配制注射剂用的稀释剂。

7.质量管理

药品生产企业的质量管理部门应负责药品生产全过程的质量管理和检验,受企业负责人的直接领导。质量管理部门应配备一定数量的质量管理和检验人员,并有与药品生产规模、品种、检验要求相适应的场所、仪器、设备。

质量保证(Quality Assurance,QA)是使人确信某产品或服务能满足规定的质量要求所必须的有计划有系统的全部活动。质量保证要求首先制定和执行质量管理的各项制度,如质量责任制、产品清场管理制、留样观察制等;其次是建立健全的质量体系。质量管理活动必须贯穿于药品整个生产过程(原辅料、包装材料的采购、接收、留验、评价、生产、包装、成品留验、评价和销售等),以得到符合规定质量的产品。此外,还必须重视辅助生产过程的质量管理工作,如工程维修等的质量,它们也是影响产品质量的重要因素,产品质量不合格就常常由这些辅助部门的问题所造成。

质量控制(Quality Control,QC)即质量检验是为达到质量要求采取的作业技术和活动,就是按规定的方法检测原料、中间产品及产品的质量特性,与规定的质量标准进行比较,从而对产品作出合格与不合格的判定过程,通过对检验结果的综合分析,可以提供质量信息,作为质量改进的依据。

质量检验为质量保证提供信息,质量保证则为质量检验提供保证措施。两者是相辅相成的,不可忽视任何一方。质量保证要求企业在生产过程中,采用一切有效的措施,把影响产品的质量因素,消除在生产过程之中,以最大努力做到事前预防。而质量检验是事后把关,对产品作出合格与不合格的判定过程。在质量管理过程中既要抓好事前预防,也不可忽视事后把关。GMP 与 QA、QC 关系见图 1-1。

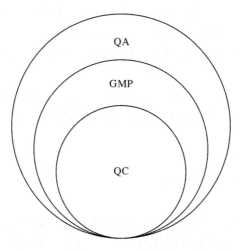

图 1-1　GMP 与 QA、QC 关系

8.产品销售与收回

每批成品均应有销售记录。根据销售记录能追查每批药品的售出情况,必要时应能及时全部追回。销售记录应保存至药品有效期后一年。未规定有效期的药品,其销售记录应保存三年。

产品一经售出,无正当理由,一律不准退货。非质量原因的退货必须经过严格的审批,销售人员无权批准退货。企业已经发现或有证据表明市场销售的产品有质量问题时,应迅速采取退货或换货的措施,收回已售出的产品。因质量原因的退货和收回的药品制剂,应分析是否会涉及其他批号,若可能会涉及其他批号时,所涉及批号的产品应同时收回和退货处理。药品生产企业应建立药品退货和收回的书面程序,并有记录。

非质量原因退回的产品,经检验内在质量符合质量标准的,可再销售。因质量原因退货和收回的药品制剂,应在质量管理部门监督下销毁,涉及其他批号时,应同时处理。

9. 投诉与不良反应报告

药品不良反应（Adverse Drug Reaction，ADR）为合格药品在正常用法用量下出现的与用药目的无关的或意外的有害反应，主要包括副作用、毒性作用、后遗效应、变态反应、继发反应、特异质反应、药物依赖性、致癌、致突变、致畸作用等。

依照《药品不良反应报告和监测管理办法》的有关规定，实行逐级、定期报告制度，必要时可以越级报告。基层单位（包括药品生产、经营企业和医疗卫生机构）发生、发现的可疑不良反应病例应向省级 ADR 监测中心报告，省级 ADR 监测中心核实后上报国家 ADR 监测中心，国家 ADR 监测中心按规定向国家食品药品监督管理局和卫生部报告。个人发现药品引起的新的或严重的 ADR，可直接向所在地的省、自治区、直辖市 ADR 监测中心或（食品）药品监督管理局报告。

一般病例逐级、定期报告，应在发现之日起 3 个月内完成上报工作。发现新的或严重的药品不良反应/事件，应于发现之日起 15 日内报告，其中死亡病例须及时向所在地省、自治区、直辖市 ADR 监测中心报告，必要时可以越级报告。

10. 自检

自检是药品生产企业按照《药品 GMP》对本企业的生产和质量管理进行全面检查，它是药品生产企业自主性开展的质量管理活动，是企业提高自身质量管理和保证能力，保证产品质量稳定控制的重要手段，企业通过开展自检活动，可以及时掌握生产各环节的实施和质量控制情况，为企业产品改进提供有价值的质量信息。

药品生产企业应制定自检工作程序和自检周期，设立自检工作小组，制订自检计划，并定期组织自检，自检结束后应形成自检报告，并提出自检结论和改进措施。

三、原料药生产的要求

上述的 GMP 规定主要针对制剂生产。在 2010 年修订的《药品质量管理规范》附录 2 中对原料药的生产进行了规范：

原料药生产宜采用密闭设备，使用敞口设备或打开设备操作时，应当有避免污染的措施。药品法定标准中列有无菌检查项目的原料药，其暴露环境应为 10000 级背景下的局部 100 级；其他原料药的精制、干燥、粉碎、包装等生产操作的生产暴露环境不低于 300000 级。无菌原料药内包装材料（直接接触药品）的最终处理环境应为 10000 级；对于非最终灭菌的无菌原料药，内包装材料最终处理后的暴露环境应为 100 级或无菌 10000 级背景下的局部 100 级。

企业应当根据生产工艺要求、对产品质量的影响程度、物料的特性以及对供应商的质量评估情况，确定合理的物料质量标准，无任何标准的物料不得用于原料药生产。原料药生产中使用的某些材料，如工艺助剂（助滤剂、活性炭等）、垫圈或其他材料，可能对质量有重要影响时，也应当制定相应材料的质量标准。非无菌原料药精制工艺用水至少应当符合纯化水的质量标准。

企业应按所生产原料药品种制定相应的工艺规程。工艺规程包括以下内容：（1）所生产的中间产品或原料药名称。（2）标有名称和代码的原料和中间产品的完整清单。（3）准确陈述每种原料或中间产品的投料量或投料比，包括计量单位。如果投料量不固定，应当注明每种批量或产率的计算方法。如有正当理由，可制定投料量合理变动的范围。（4）生产地点、主要设备（型号及材质等）。（5）生产操作的详细说明，包括：①操作顺序；②所用工艺参数的范围;③取样方法说明,所用原料、中间产品及成品的质量标准;④完成单个步骤或整个工艺过程的时限(如适用);⑤按生产阶段或时限计算的预期收率范围;⑥必要时,需遵循的特殊预防措施、注意事项或有关参照内容;⑦可保证中间产品或原料药适用性的贮存要求,包括标签、包装材料和特殊贮存条件以及期限。

四、常用的药物分析方法

1. 化学分析法

化学分析法是以药物的化学反应为基础的分析方法。根据反应的现象和特征进行药物组分的定性分析;根据反应中试样和试剂的用量,进行药物组分的定量分析。化学定量分析又分为重量分析与滴定分析(或容量分析),两者都是比较经典的分析方法。

(1)重量分析

一般是用适当的方法先将试样中的待测组分与其他组分分离,然后用称重的方法测定该组分的含量。重量分析直接用分析天平称重而获得分析结果,不需要标准溶液或基准物质,若操作小心,而称量的误差较小,对于常量组分分析其准确度较高。但该方法操作繁琐,对于低含量组分误差较大。

(2)滴定分析

滴定分析,又称容量分析,是将标准溶液由滴定管滴加到被测物质的试液中,直到所加溶液与被测物质按化学计量反应完全为止,由标准溶液的浓度和体积,计算被测物质的量。根据反应类型的不同,分为酸碱滴定法、络合滴定法、氧化还原滴定法和沉淀滴定法。滴定分析法中最常利用指示剂颜色的突变来确定滴定终点,也有用仪器来确定终点的,如电位滴定法、电导滴定法、电流滴定法、光度滴定法等。滴定分析法适用于常量组分分析,也可用于微量组分分析。它具有操作简便、快速、准确的特点。

化学分析法所用仪器简单、结果准确,因而应用范围广泛。但也有一定的局限性,例如对于试样中痕量或微量杂质的定性或定量分析往往不够灵敏,常常不能满足快速分析的要求,而需用仪器分析法来解决。

2. 仪器分析法

根据被测药物本身的或在化学变化中的某种物理性质(如相对密度、相对温度、折射率、旋光度、光谱特征等)与组分的关系,进行定性或定量分析的方法,叫仪器分析法。仪器分析法主要包括电化学分析、光学分析、质谱分析、色谱分析、电泳分析等,具有灵敏、快速、准确的特点。

(1)电化学分析

电化学分析可分为电导法、电位分析及电解分析三类方法。电位分析及电解分析是利用被测物质在溶液中进行电化学反应,检测所产生的电位或电量变化,进行定量、定性分析,属于物理化学分析方法。电导分析法则是测量溶液的导电性能进行定量分析,并未发生电化学反应,纯属物理分析方法。

(2)光学分析

光学分析方法是利用物质的光学性质进行化学分析的方法,可分为非光谱法及光谱法两大类。非光谱法(或称一般光学分析法)是通过检测被测物质的某种物理光学性质,进行定量、定性分析的方法,如折射法、旋光法及浊度法等。光谱法是利用物质的光谱特征,进行定性、定量及结构分析的方法,如紫外—可见分光光度法、红外分光光度法、原子吸收分光光度法、核磁共振波谱法等。

（3）色谱分析

色谱分析法是基于混合物各组分在体系中两相的物理化学性能差异（如吸附、分配差异等）而进行分离和分析的方法。色谱分析法的分类比较复杂，根据流动相和固定相的不同，色谱法分为气相色谱法和液相色谱法。按吸附剂及其使用形式可分为柱色谱、纸色谱和薄层色谱。按吸附力可分为吸附色谱（吸附层析）、离子交换色谱（离子交换层析）、分配色谱和凝胶渗透色谱（凝胶层析）。

（4）质谱分析

质谱分析的基本原理是使试样中各组分在离子源中发生电离，生成不同荷质比的带正电荷的离子，然后利用不同离子在电场或磁场的运动行为的不同，把离子按质荷比（m/z）分开，形成离子束，进入质量分析器。在质量分析器中，再利用电场和磁场使发生相反的速度色散，将它们分别聚焦而得到质谱图，从而确定其质量。质谱法的主要作用是：（1）准确测定物质的分子量；（2）根据碎片特征进行化合物的结构分析。目前，有机质谱仪主要有两大类：气相色谱－质谱联用仪和液相色谱－质谱联用仪。

（5）电泳分析

电泳是指带电粒子在电场中向与自身带相反电荷的电极移动的现象。不同的带电颗粒在同一电场中泳动的速度不同。常用的电泳主要有醋酸纤维素薄膜电泳、凝胶电泳、等电聚焦电泳技术、双向电泳法等。

3. 生物学活性测定法

生物学活性测定法是利用药物对生物体（整体动物、离体组织、微生物等）的作用以测定其效价或生物活性的一种方法。生物学活性测定法可用于多种生物药物的效价测定，如神经介质、激素等药物，很难用理化方法测定或单独的物化方法不能完全反映其特性。此外，还可用于某些有害杂质的限度检查，如内毒素、降压物质等。生物活性可分为体外测定法和体内测定法。

（1）体内测定法

体内测定法就是利用动物体内某些指标的变化，定出产品的单位。如促红细胞生成素（EPO）活性测定，在小鼠体内注射 EPO 后，计算小鼠网织红细胞增加的数量与标准品比较，确定其活性单位。骨形成蛋白（BMP）活性测定，采用给小鼠身体局部植入药物，一定时间后，根据局部产生骨组织结节的大小用血清钙试剂盒测定钙的浓度，以植入区生成 $1\mu g$ 钙为 1 个生物学单位（BU）来判定活性单位。

（2）体外测定法

体外测定法就是利用体外培养细胞的某些指标（细胞数量的增加或减少、生长状况等）的变化，定出产品的单位。如利用 Balb/C 3T3 细胞的生长状况判断重组牛碱性成纤维细胞生长因子的生物学活性，依据小鼠骨髓白血病细胞（NFS60 细胞）的生长状况判断重组人粒细胞刺激因子生物学活性，依据保护人羊膜细胞免受水泡性口炎病毒破坏的作用情况判断干扰素的生物学活性。

生物学活性测定变异范围大，同样制品在不同实验室测定结果差异很大。标准品的使用，最大限度地减少实验室之间和各种影响测定因素的干扰。如 NGF 的生物学活性测定采用鸡胚神经节生长突起的半定量计量方法，实验误差大很难用于常规生物学活性评价。

采用标准品同时测定,经过标准品校正可使误差控制在一定范围,使 NGF 的生物学活性定量测定成为可能。

【知识拓展】

生物标准

在用生物学方法检定某药品时,用一已知效力的制品作对照,由对照结果校正检定试验结果。用作对照的制品即为生物标准,也称为标准品或参考品。

国际标准是由世界卫生组织审定发出,国家标准是由国家检定机构批准发出。

4.生化酶促反应测定法

这类测定方法不依赖于活的生物系统,主要基于产品与某种物质的结合或以产品本身的化学反应为原理设计,这类生物化学测定方法具有便于操作、精确、稳定等特点。如重组链激酶生物学活性测定,链激酶和纤溶酶原(h-plg)首先形成复合物激活游离的 h-plg 为有活性的纤溶酶,纤溶酶能降解人纤维蛋白为可溶性的纤维蛋白片段,在不溶性纤维蛋白琼脂平板中形成溶圈,根据不同剂量产生的溶圈大小的量效关系,计算样品效价单位。

5.免疫学活性测定法

基因工程产品化学本质是蛋白质,对于异种动物有相应的免疫原性,利用此特点,将不同的制品,制作相应的单克隆抗体或多克隆抗体,采取 ELISA 法测定其含量。蛋白质的生物学活性与其免疫学活性不一定相平行,如果蛋白质肽键的抗原决定簇和生物活性中心相一致时,ELISA 法测定结果和生物学活性测定结果一致;如果不一致时,两者的结果也不平行。很多细胞因子虽然有商品化的 ELISA 检测药盒,如 EPO 等,但由于两种测定法所代表的意义不同,所以免疫学活性测定法不能替代生物学活性的检测。

四、样品分析过程

药品检验的基本程序:取样→检验(性状、鉴别、检查、含量测定)→记录、报告。

1.药物的取样

药品检验结果能否真实反映药品质量,不仅需要科学的鉴别、检查及含量测定的方法,药品取样的合理性也直接影响药品检验结果的真实性。欲从大量的药品中取出少量的样品进行分析,必须全面考虑取样的科学性、真实性与代表性。

(1)液体样品取样

若液体样品分装于小容器中,应从各容器内取样;若装在大容器中应从容器的不同部位取样;若容器底部有沉渣,应彻底混匀,再从不同部位取样;若样品为悬浊液或黏度较大的液体,可用玻璃吸管分层取样;将以上所取样品分别混匀后,作供试品。

(2)固体原辅料的取样

为采集到有代表性的样品,用取样器在容器或包装的上、中、下三层及周围间隔相等部位取样若干,将所得的样品混匀,然后按"四分法"从中取出所需的供试量(为一次全检量的 3 倍,每次取 2 份,一份用于检验,一份用于留样)。从同批原辅料中采集供试品的原则:当 n 原辅料总件数≤3 时,每件取样;当 $n≤300$ 时,按 $\sqrt{n}+1$ 取样;当 $n>300$ 时,按 $\sqrt{n}/2+1$ 取样。

【知识拓展】

四分法

将样品混匀平铺成圆形,依对角线画"×"或"＋",分成四等分,取相对的两份混合,然后再平分,反复数次,直到最后剩余的量达到要求的取样量。

(3)药物制剂的取样

不同剂型取样量是不同的。片剂每批一般取 10～20 片,胶囊剂一般取 20 粒,颗粒剂或散剂一般取 10～20 包(瓶),注射用无菌粉末一般取 5 瓶(支),注射剂一般取 3～5 支。混匀(固体药物先研细)后作供试品。

2.检验

根据药品质量标准,首先看性状是否符合要求,然后进行药品的鉴别、检查、含量测定等。各项的检查结果都符合规定,才能视为合格药品。

(1)外观性状观察

药物的性状如色、臭、味等是药品质量重要表征之一,外观发生变化时,往往意味着药物的内在质量已有改变。因此,对药品外观性状的观察不仅具有鉴别意义,也在一定程度上反映药品的纯度及疗效。

(2)鉴别

根据被分析物的分子结构和理化性质,采用化学、物理学或生物学方法来判断其真伪。只有当被分析物鉴别无误后,方可进行纯度检查和含量测定等其他项目的检验,否则是没有意义的。用于鉴别试验的分析方法要求专属性、灵敏度高、重复性好且操作简便迅速。

(3)检查

检查是利用各种分析技术,对药物中无治疗作用的杂质进行检查或进行安全试验。在不影响药物疗效和保证用药安全的前提下,允许药物中存在一定量的杂质,其允许量称为杂质限量(即最大允许量)。各国药典中规定的杂质检查多采用限量检查,一般不要求测定其含量,只检查杂质的量是否超过杂质限量。

生化药物与抗生素的检查项目一般包括氯化物、硫酸盐、铁盐、重金属、砷盐、水分、鞣质、草酸盐及蛋白质等;生物制品则主要进行外源性污染、残余毒力、过敏性物质和毒性物质的检查等安全试验。制剂则可按不同剂型做规定项目的检查。一般杂质的检查方法及安全性试验方法分别收录于 2005 年版《中国药典》二部、三部附录中,需要时可直接引用。

(4)含量(效力)测定

药品经鉴别、检查并确认合格后,方可进行含量测定。含量测定不仅能进一步证明药品的真伪和纯度,而且也是控制产品质量、证明其疗效价值的一个重要环节。此外,生物制品还要进行效力试验或效价测定。

3.记录和报告

(1)原始记录

记录完整、无缺页损脚;内容必须真实、简明、具体、完整、科学;宜用钢笔或特种圆珠笔书写;字迹清晰、色调一致,不得涂抹(写错时,画上单线或双线,再在旁边改正重写,并签名或盖章)。

（2）检验报告书

内容包括:1)品名、规格、批号、数量、来源、检验依据;2)取样日期、报告日期;3)检验项目、数据、结果、计算;4)判定;5)检验人、复核人签名或盖章。

在药品生产过程中,依据相关质量标准对药物的原辅料、半成品和成品进行检验及质量控制,是规范药品生产、控制药品质量的重要环节。按照国家卫生部关于《药品生产质量管理规范》要求,药品生产企业的质量管理部门应负责生产全过程的质量监督,凡不符合质量标准的原辅料及半成品均不能投料生产,不符合质量标准的成品不准出厂、不准销售、不准使用。

【合作讨论】

1.为什么说生物制药是21世纪最有前途的行业?

2.举例说明生物医药行业具有什么特点?

3.国际知名的生物制药企业有哪些,详细介绍其中的一个或多个?

4.中国较大的生物制药企业有哪些,详细介绍其中的一个或多个?

5.选取一个销售额较高的生物药物,对其研发、制造、销售、竞争等情况作详细介绍。

6.你怎样看待中国生物制药的现状?

7.未来几年,新药研发的焦点会集中在哪些方面?

8.你认为怎么才能生产出合格的药物?

【延伸阅读】

新版 GMP 关于质量控制实验室的管理规定

第二百一十七条 质量控制实验室的人员、设施、设备应当与产品性质和生产规模相适应。

企业通常不得进行委托检验,确需委托检验的,应当按照第十一章中委托检验部分的规定,委托外部实验室进行检验,但应当在检验报告中予以说明。

第二百一十八条 质量控制负责人应当具有足够的管理实验室的资质和经验,可以管理同一企业的一个或多个实验室。

第二百一十九条 质量控制实验室的检验人员至少应当具有相关专业中专或高中以上学历,并经过与所从事的检验操作相关的实践培训且通过考核。

第二百二十条 质量控制实验室应当配备药典、标准图谱等必要的工具书,以及标准品或对照品等相关的标准物质。

第二百二十一条 质量控制实验室的文件应当符合第八章的原则,并符合下列要求:

(一)质量控制实验室应当至少有下列详细文件:

1.质量标准;

2.取样操作规程和记录;

3.检验操作规程和记录(包括检验记录或实验室工作记事簿);

4.检验报告或证书;

5.必要的环境监测操作规程、记录和报告;

6. 必要的检验方法验证报告和记录；

7. 仪器校准和设备使用、清洁、维护的操作规程及记录。

（二）每批药品的检验记录应当包括中间产品、待包装产品和成品的质量检验记录，可追溯该批药品所有相关的质量检验情况；

（三）宜采用便于趋势分析的方法保存某些数据（如检验数据、环境监测数据、制药用水的微生物监测数据）；

（四）除与批记录相关的资料信息外，还应当保存其他原始资料或记录，以方便查阅。

第二百二十二条　取样应当至少符合以下要求：

（一）质量管理部门的人员有权进入生产区和仓储区进行取样及调查；

（二）应当按照经批准的操作规程取样，操作规程应当详细规定：

1. 经授权的取样人；

2. 取样方法；

3. 所用器具；

4. 样品量；

5. 分样的方法；

6. 存放样品容器的类型和状态；

7. 取样后剩余部分及样品的处置和标识；

8. 取样注意事项，包括为降低取样过程产生的各种风险所采取的预防措施，尤其是无菌或有害物料的取样以及防止取样过程中污染和交叉污染的注意事项；

9. 贮存条件；

10. 取样器具的清洁方法和贮存要求。

（三）取样方法应当科学、合理，以保证样品的代表性；

（四）留样应当能够代表被取样批次的产品或物料，也可抽取其他样品来监控生产过程中最重要的环节（如生产的开始或结束）；

（五）样品的容器应当贴有标签，注明样品名称、批号、取样日期、取自哪一包装容器、取样人等信息；

（六）样品应当按照规定的贮存要求保存。

第二百二十三条　物料和不同生产阶段产品的检验应当至少符合以下要求：

（一）企业应当确保药品按照注册批准的方法进行全项检验；

（二）符合下列情形之一的，应当对检验方法进行验证：

1. 采用新的检验方法；

2. 检验方法需变更的；

3. 采用《中华人民共和国药典》及其他法定标准未收载的检验方法；

4. 法规规定的其他需要验证的检验方法。

（三）对不需要进行验证的检验方法，企业应当对检验方法进行确认，以确保检验数据准确、可靠；

（四）检验应当有书面操作规程，规定所用方法、仪器和设备，检验操作规程的内容应当与经确认或验证的检验方法一致；

（五）检验应当有可追溯的记录并应当复核，确保结果与记录一致。所有计算均应当严

格核对;

（六）检验记录应当至少包括以下内容:

1.产品或物料的名称、剂型、规格、批号或供货批号,必要时注明供应商和生产商(如不同)的名称或来源;

2.依据的质量标准和检验操作规程;

3.检验所用的仪器或设备的型号和编号;

4.检验所用的试液和培养基的配制批号、对照品或标准品的来源和批号;

5.检验所用动物的相关信息;

6.检验过程,包括对照品溶液的配制、各项具体的检验操作、必要的环境温湿度;

7.检验结果,包括观察情况、计算和图谱或曲线图,以及依据的检验报告编号;

8.检验日期;

9.检验人员的签名和日期;

10.检验、计算复核人员的签名和日期。

（七）所有中间控制(包括生产人员所进行的中间控制),均应当按照经质量管理部门批准的方法进行,检验应当有记录;

（八）应当对实验室容量分析用玻璃仪器、试剂、试液、对照品以及培养基进行质量检查;

（九）必要时应当将检验用实验动物在使用前进行检验或隔离检疫。饲养和管理应当符合相关的实验动物管理规定。动物应当有标识,并应当保存使用的历史记录。

第二百二十四条 质量控制实验室应当建立检验结果超标调查的操作规程。任何检验结果超标都必须按照操作规程进行完整的调查,并有相应的记录。

第二百二十五条 企业按规定保存的、用于药品质量追溯或调查的物料、产品样品为留样。用于产品稳定性考察的样品不属于留样。

留样应当至少符合以下要求:

（一）应当按照操作规程对留样进行管理;

（二）留样应当能够代表被取样批次的物料或产品;

（三）成品的留样:

1.每批药品均应当有留样;如果一批药品分成数次进行包装,则每次包装至少应当保留一件最小市售包装的成品;

2.留样的包装形式应当与药品市售包装形式相同,原料药的留样如无法采用市售包装形式的,可采用模拟包装;

3.每批药品的留样数量一般至少应当能够确保按照注册批准的质量标准完成两次全检(无菌检查和热原检查等除外);

4.如果不影响留样的包装完整性,保存期间内至少应当每年对留样进行一次目检观察,如有异常,应当进行彻底调查并采取相应的处理措施;

5.留样观察应当有记录;

6.留样应当按照注册批准的贮存条件至少保存至药品有效期后一年;

7.如企业终止药品生产或关闭的,应当将留样转交受权单位保存,并告知当地药品监督管理部门,以便在必要时可随时取得留样。

（四）物料的留样：

1. 制剂生产用每批原辅料和与药品直接接触的包装材料均应当有留样。与药品直接接触的包装材料（如输液瓶），如成品已有留样，可不必单独留样；

2. 物料的留样量应当至少满足鉴别的需要；

3. 除稳定性较差的原辅料外，用于制剂生产的原辅料（不包括生产过程中使用的溶剂、气体或制药用水）和与药品直接接触的包装材料的留样应当至少保存至产品放行后二年。如果物料的有效期较短，则留样时间可相应缩短；

4. 物料的留样应当按照规定的条件贮存，必要时还应当适当包装密封。

第二百二十六条　试剂、试液、培养基和检定菌的管理应当至少符合以下要求：

（一）试剂和培养基应当从可靠的供应商处采购，必要时应当对供应商进行评估；

（二）应当有接收试剂、试液、培养基的记录，必要时，应当在试剂、试液、培养基的容器上标注接收日期；

（三）应当按照相关规定或使用说明配制、贮存和使用试剂、试液和培养基。特殊情况下，在接收或使用前，还应当对试剂进行鉴别或其他检验；

（四）试液和已配制的培养基应当标注配制批号、配制日期和配制人员姓名，并有配制（包括灭菌）记录。不稳定的试剂、试液和培养基应当标注有效期及特殊贮存条件。标准液、滴定液还应当标注最后一次标化的日期和校正因子，并有标化记录；

（五）配制的培养基应当进行适用性检查，并有相关记录。应当有培养基使用记录；

（六）应当有检验所需的各种检定菌，并建立检定菌保存、传代、使用、销毁的操作规程和相应记录；

（七）检定菌应当有适当的标识，内容至少包括菌种名称、编号、代次、传代日期、传代操作人；

（八）检定菌应当按照规定的条件贮存，贮存的方式和时间不应当对检定菌的生长特性有不利影响。

第二百二十七条　标准品或对照品的管理应当至少符合以下要求：

（一）标准品或对照品应当按照规定贮存和使用；

（二）标准品或对照品应当有适当的标识，内容至少包括名称、批号、制备日期（如有）、有效期（如有）、首次开启日期、含量或效价、贮存条件；

（三）企业如需自制工作标准品或对照品，应当建立工作标准品或对照品的质量标准以及制备、鉴别、检验、批准和贮存的操作规程，每批工作标准品或对照品应当用法定标准品或对照品进行标化，并确定有效期，还应当通过定期标化证明工作标准品或对照品的效价或含量在有效期内保持稳定。标化的过程和结果应当有相应的记录。

（摘自：药品生产质量管理规范（2010 年修订）（卫生部令第 79 号））

2010 年度中国制药工业百强（表 1）

评选规则

1. "2010 年度中国制药工业百强"评选时间跨度为 2010 年；

2. 评选的统计指标口径为企业年度制药工业的销售收入金额（按中国会计准则统计）；

3. 参与评选的对象为在中国境内注册（不含港澳台地区）、以医药制造业为主营业务的制药企业,即在企业工商登记中,药品制造业务放于企业主营业务范围最前面的企业。如果评选企业含有医药商业或其他非医药类成分的,将剔除后再进行统计;

4.评选对象以企业集团为统计单位进行计算。排名时以集团公司或上市公司优先统计,如果集团公司含上市公司部分的,则以集团公司优先统计;集团公司统计的范围为集团公司下属的全资子公司、直接或间接股权比例超过50%的控股公司,参股公司不在集团公司统计范围内;

5.参加评选的对象不含化学中间体、药用辅料、医疗器械、卫生材料、制药机械和兽用药品制造企业。

表1 2010年度中国制药工业百强企业一览表

位 次	企 业 名 称	位 次	企 业 名 称
1	哈药集团有限公司①	51	石家庄以岭药业股份有限公司
2	石药集团有限公司②	52	成都地奥制药集团有限公司
3	上海医药集团股份有限公司	53	中美上海施贵宝制药有限公司
4	扬子江药业集团有限公司	54	江苏济川制药有限公司
5	修正药业集团股份有限公司	55	悦康药业集团有限公司
6	广州医药集团有限公司	56	山东罗欣药业股份有限公司
7	华北制药集团有限责任公司	57	黑龙江省珍宝岛制药有限公司
8	步长集团	58	利君制药⑤
9	天津金耀集团有限公司③	59	河南省宛西制药股份有限公司
10	拜耳医药保健有限公司	60	浙江海正药业股份有限公司
11	天津医药集团有限公司	61	山东鲁抗医药股份有限公司
12	东北制药集团有限责任公司	62	武汉人福医药集团股份有限公司
13	中国北京同仁堂(集团)有限责任公司	63	四川蜀中制药有限公司
14	辉瑞制药有限公司	64	山东东阿阿胶股份有限公司
15	北京医药集团有限责任公司	65	中美天津史克制药有限公司
16	天津天士力集团有限公司	66	天圣制药集团股份有限公司
17	齐鲁制药有限公司	67	金陵药业股份有限公司
18	中国生物技术集团公司	68	马应龙药业集团股份有限公司
19	联邦制药国际控股公司*	69	山东鲁抗辰欣药业有限公司
20	杭州华东医药集团有限公司	70	山东绿叶制药集团有限公司
21	诺和诺德(中国)制药有限公司	71	华瑞制药有限公司
22	西安杨森制药有限公司	72	宜昌东阳光药业有限公司
23	四川科伦药业股份有限公司	73	普洛股份有限公司
24	浙江医药股份有限公司	74	浙江仙琚制药股份有限公司

续表

位　次	企业名称	位　次	企业名称
25	江西济民可信集团有限公司	75	贵州益佰制药股份有限公司
26	太极集团有限公司	76	江苏苏中药业集团股份有限公司
27	华润三九医药股份有限公司④	77	葛兰素史克(苏州)有限公司
28	瑞阳制药有限公司	78	上海现代制药股份有限公司
29	辅仁药业集团有限公司	79	宁夏启元药业有限公司⑥
30	上海复星医药(集团)股份有限公司	80	江中药业股份有限公司
31	上海罗氏制药有限公司	81	国药集团威奇达药业有限公司
32	深圳市海普瑞药业股份有限公司	82	深圳信立泰药业股份有限公司
33	江苏恒瑞医药股份有限公司	83	华兰生物工程股份有限公司
34	云南白药集团股份有限公司	84	北大国际医院集团西南合成制药股份有限公司
35	浙江新和成股份有限公司	85	北京费森尤斯卡比医药有限公司
36	鲁南制药集团有限公司	86	东瑞制药(控股)有限公司
37	广东康美药业股份有限公司	87	江苏联环药业集团有限公司
38	河南天方药业股份有限公司	88	广西梧州中恒集团股份有限公司
39	阿斯利康制药有限公司	89	辽宁诺康生物制药有限责任公司⑦
40	山东新华医药集团有限责任公司	90	深圳致君制药有限公司
41	先声药业有限公司	91	菏泽睿鹰制药集团有限公司
42	北京诺华制药有限公司	92	吉林敖东药业集团股份有限公司
43	江苏正大天晴药业股份有限公司	93	昆明制药集团股份有限公司
44	江苏康缘集团有限责任公司	94	李时珍医药集团有限公司
45	陕西必康制药有限公司	95	武汉远大制药集团有限公司
46	丽珠医药集团股份有限公司	96	江苏亚邦药业集团股份有限公司
47	江苏豪森药业股份有限公司	97	南京长澳制药有限公司
48	康恩贝集团有限公司	98	浙江海翔药业股份有限公司
49	神威药业有限公司	99	仁和药业股份有限公司
50	寿光富康制药有限公司	100	浙江华海药业股份有限公司

备注:

①哈药集团有限公司包含下属:哈药总厂、哈药三精股份、哈药六厂、哈药中药有限公司、哈药生物工程、哈药总厂制剂厂等子公司;

②石药集团有限公司包含下属:中润制药、中诺药业、欧意药业、维生药业等子公司;

③天津金耀集团有限公司包含下属:天津药业、天药股份、金耀氨基酸、天安股份等子公司;

④华润三九医药股份有限公司包含下属:深圳九新、雅安三九、湖南三九南开、山东三九、北京三九、江西三九、三九黄石等子公司;

⑤利君制药包含石家庄四药有限公司;

⑥宁夏启元药业有限公司包含启元国药有限公司；

⑦辽宁诺康生物制药有限责任公司包含下属：吉林省育华药业有限责任公司、沈阳守正生物技术有限公司、蓬莱诺康药业有限公司等子公司。

＊出于品牌统一宣传需求，联邦制药国际控股公司和东瑞制药（控股）有限公司要求以其集团名称参与中国制药工业百强排名，两家公司为香港注册企业，参与排名的金额只统计其在中国境内部分。

"第六届中国制药工业百强榜"榜单由评选规则、榜单和备注三部分组成。三者不可分割，若需要转载，请将三部分一同转载。

（资料来源：米内网（原中国医药经济信息网），http://www.menet.com.cn/Subject/templets/19/baiqinagban.html）

中国生物制药业两大突破口

李刚 战略组首席研究员 林瑞明 战略组首席研究员

生物制药（biopharmaceutical）是近二十年兴起的，以基因重组、单克隆技术为代表的新一代制药技术。与传统行业类似，生物制药产业也由研发、测试、上市销售三个阶段组成。但与传统化学药产业由大型药企所垄断不同，生物制药领域内的创业型企业借助技术基础不同形成的进入壁垒，异军突起，形成了以企业间联盟为主的独特产业格局。

目前，国内的生物制药行业虽然规模仍然较小，集中度较低，但已形成较完整的产业链。上游的研发环节聚集了一批中小型企业，主要为其他大型药企提供研发服务。在生产环节，国内生物制药企业的生产能力在"十一五"期间取得长足发展，但结构不均衡，出现低端药物产能过剩，高端药物产能不足的现象。下游流通销售是产业链相对薄弱的环节，但随着政策管制的逐步放开，医药流通行业发展迅速。

目前国内较不发达的政策环境、融资环境、周边产业配套等成为制约生物制药行业发展的主要瓶颈，这突出表现在四个方面：第一，对知识产权的保护仍有欠缺；第二，监管制度不完善，各部门职责不清，甚至出现自相矛盾的现象；第三，金融工具不够用、不合用，具体表现为过于依赖风险投资；第四，产业周边体系不成熟，上游基础研究仍然薄弱，下游销售渠道限制较多，医保等配套仍不完善等。

就目前国内生物制药行业的发展状况来看，产品仍以仿制药和原料药为主，自主研发能力薄弱。高端仿制药和CRO是最有希望在短期内取得关键性突破的环节。这两者的共同点包括需求增长较快、前景明朗，国内的成本优势明显，并且在国内已经有一定的积累。不同之处在于，CRO未来市场规模可能较为有限，对整体经济发展支撑作用较弱，而生物仿制药市场规模较大，对经济发展的支撑作用更为明显。

未来中国医药市场潜力巨大，为生物制药企业的发展提供广阔空间。为了进一步提升国内生物制药产业的品质，政府应当从改善生物制药行业周边的生态开始入手，强化中国企业竞争力。这方面可以考虑借鉴新加坡、韩国等发展生物产业的经验，实现由政府推动的生物产业赶超计划。

一、生物制药：技术基础和产业链

对生物制药行业的界定可以粗略分为广义、狭义两种。广义的生物药是指利用活组织或其他生物过程生产的药物，包括一些小分子药物。狭义生物药主要包括用重组、单克隆技术制造的蛋白（抗体）、多肽、核酸类（DNA、RNA、反义寡聚核苷酸）等具有生物活性的大分子药物，以及某些减毒的病毒/细菌。

本文讨论的重点是狭义生物药，以及生物药在国内研发、制造、销售过程。广义的生物药涵盖所有可以通过发酵等生物过程生产的药物,包括很多已经可以化学合成的小分子药物,如各类维生素。狭义生物药是上世纪 70 年代生物技术革命的直接产物,被视为"现代生物药",以区别于传统的发酵等生物技术,也是本文研究的对象。

制药行业产品与公众健康息息相关,因此政府对其监管的力度、深度远超其他制造业。制药行业产业链可以简单分成研发、测试、上市销售三个阶段(图 1)。研发阶段包括确立疾病机理、作用靶标、筛选评价化合物、先导物发现和优化等环节,最终得到候选药物。测试阶段包括动物实验(生物活性/毒理)、Ⅰ~Ⅲ期临床实验(安全/有效性)、对整个实验过程的复核等,直到拿到相关药物上市销售的批文。销售阶段包括确定生产工艺、生产方式(代工/自产)、销售渠道(医院/药房)等。三阶段各自独立,但在时间上可能部分重合,例如药物的批量生产可能在二期或者三期临床实验阶段已经开始。

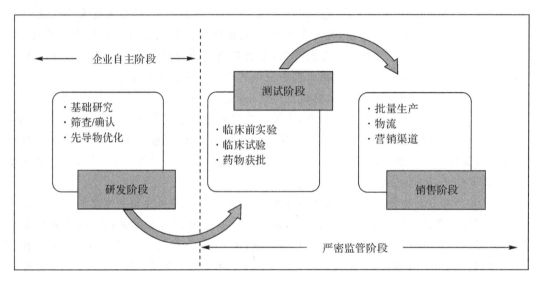

图 1　制药行业产业链示意图

严格的监管直接导致药物研发周期拉长,特别是在测试阶段,企业投入直线飙升,成为整个制药产业链的成本重心。制药行业全产业链几乎都在政府的层层监管之下,而且此类监管专业性极强,配套标准、规程等十分复杂。药品产业链在进入动物实验阶段就需要开始遵循监管机构认可的严格规则进行实验,甚至到上市之后还需要配合监管机构对药物的长期作用进行观察。以药品研发体系最成熟发达的美国为例,其整个测试、销售阶段均在食品药品管理局(FDA)监管下。

药品的整个研发周期长达 10~12 年,其中大部分花费在昂贵繁琐的测试阶段,而且通过率极低,大约只有 0.02% 的先导物最终能成为合格药物。低通过率、昂贵的合规测试等造成新药研发花费巨大,并有逐年增长的趋势。例表 2 所示,美国的药物研发和审报过程。根据 DiMasi 等人 2003 年的估计,每个新药的研发成本约为 8 亿美元;到 2007 年,DiMasi 和 Grabowski 估计的花费达到 12.4 亿美元;而 2010 年,Adams 和 brantner 用同样的方法估计的研发花费已经达到 14 亿美元。

表 2　美国的药物研发和审批过程

	临床前实验	临床 I 期	临床 II 期	临床 III 期	FDA 审查
内容	评价药物活性及安全性	确定安全剂量	评估药物有效性及副作用	验证药物有效性和长期反应	过程合规审核/结果审核
耗时(年)	3—3.5	1	1.5—2	3—3.5	2—3
测试群体	动物	50—100 例健康志愿者	100—300 例患者	>3000 例患者	——
测试药物数	5000	8—15	4—8	2—3	1
估计花费*（百万美元）	59.9	32.3	37.7	96.1	—
实际进程	短期动物实验　　　　　　　　长期动物实验	临床 I 期	临床 II 期	临床 III 期	

* 估计花费是根据 2000 年所做调查给出的。

数据来源：CMR International，DiMasi & Grabowski(2007)，三星经济研究院整理。

组成生物制药产业链的各环节与传统制药行业基本一致，但每个环节的技术基础与后者差异很大。主要的生物制药技术如基因重组、单克隆等均源于上世纪 70 年代对细胞内部结构的突破性发现，生物药在分子结构、物化特性、制备技术等方面与化学药不同见表 3。

表 3　生物药和传统化学药的简单比较

	生物药	化学药
有效成分	通常为具备生物活性的蛋白质、DNA、病毒/细胞组织等	通常为没有生物活性的小分子化合物如酮、酯类、磺胺等
分子量	通常大于 5000Da	通常在 5000Da 以下
剂型/给药方式	因分子量大难于被细胞直接吸收，同时容易分解失活，所以通常不能通过呼吸道或消化道给药，而需直接进行组织注射	可以采用溶液、片剂、汀剂、雾化等多种制剂形式；给药手段多样，口服、注射、吸入等均为常见手段
制备过程	在生物组织/细胞中直接培养，通常不能精确复制	组织培养或化学合成，通常可以精确复制
销售渠道	受储藏、给药条件限制，通常走处方药渠道销售	储藏、给药方式灵活，销售渠道多样（处方药、OTC）

数据来源：三星经济研究院整理

借助技术基础不同形成的进入壁垒，生物制药领域内创业型企业异军突起，打破大型药企的垄断，形成了以企业间联盟为主的独特产业格局。传统制药行业市场集中度较高，大型制药企业往往是已打通从研发到销售全产业链条的垂直一体化企业，整个行业为这些企业把持。

　　反观生物制药产业,目前成熟市场如美国,其生物制药产业链往往是由科研单位、小型或创业型生物制药公司、大型制药企业、和药物零售渠道组成的松散联盟。这一松散联盟包裹在由私人关系、合作研发、专利授权、股份投资等构成的一张异常致密的关系网中,在分散风险的同时保持了富有活力的创新精神。

　　值得注意的是,近年来出现传统制药行业与生物制药行业融合的趋势,传统药企与新兴生物药企之间的界限也越来越模糊。这一方面是因为领先的生物制药企业如 Amgen,Genzyme 等规模越来越大,在组织结构、人员配置等方面与传统大型药企渐趋一致。另一方面,传统的医药企业也通过并购、合资、战略联盟等方式进入生物制药领域,如 Hoffman-La Roche 在收购 Genentech 后,已将生物药纳入自己的产品线。

　　二、国内生物制药行业发展现状

　　1. 规模小、集中度低、增速快

　　国内生物制药行业规模仍然较小,但增速很快(图 2)。"十一五"期间(2006—2010),中国生物制药行业规模增长 272%,目前已经达到年销售超千亿元的水平。绝对数量上,这一行业规模仍然较小:仅美国生化公司安进(Amgen)一家 2010 年销售就达到 150 亿美元,接近中国生物制药全行业的销售额。但在相对增速上,全行业销售年复合增长率 22.16%,几

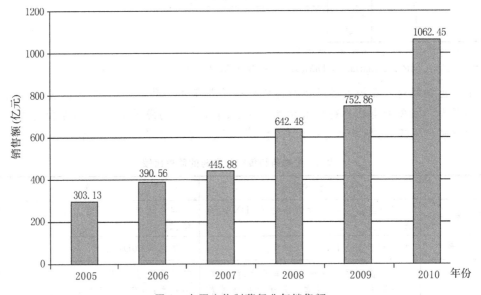

图 2　中国生物制药行业年销售额

数据来源:国家统计局,三星经济研究院整理

乎是同期中国 GDP 增速的两倍。中国生物制药企业数量众多,规模普遍较小,行业集中度较低(图 3)。截至 2010 年底,全行业企业数达到 860 个,从业人员达到 13.91 万人,但规模均较小。行业内最大的五家上市企业(华兰生物、天坛生物、科华生物、双鹭药业、达安基因)2010 年营业收入共 40.72 亿元,仅占 3.8% 的市场份额。

　　2. 已形成完整产业链

　　在产业链上游的研发阶段,聚集了一大批中小型生物制药企业,他们主要为国内外其他大型药企提供研发服务。目前在北京、上海等生物制药企业聚集区,已有数个较知名的医药

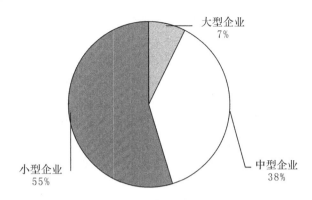

图 3　行业内各类企业营收占行业总营收比例

数据来源：中经网《2010 年 4 季度中国生物制药行业分析报告》

研发承包商(contract research organization,CRO)联盟(图 4)。这些企业提供的服务多种多样,包括前期的先导物筛查等、后期的组织临床试验、相关药物审批手续申报等。

表 4　部分国内生物制药 CRO 联盟

	成立时间	会员数	基地所在地
上海张江生物医药基地	1996 年	40	上海张江高新技术产业开发区
中关村 CRO 联盟	2006 年 7 月	50+	北京中关村生命科学园
生物技术外包服务联盟	2005 年 9 月	28	北京

数据来源：三星经济研究院整理

国内生物制药企业的生产能力在"十一五"期间取得长足发展,但结构不均衡,出现低端药物产能过剩,高端药物产能不足的现象。以疫苗产业为例,目前我国已经是全球最大的疫苗生产国,现有 28 家大型疫苗企业,年产疫苗 10 亿人份。但疫苗产品结构并不合理:一半以上产品是用于预防脊髓灰质炎、麻疹等常见病的疫苗,绝大部分产品走国家计划免疫疫苗的渠道销售。而消费者自愿选择的有价疫苗多为外国公司把持;对尖端的癌肿、AIDS 疫苗研制,国内仍处于起步阶段。

(资料来源:shtml 金融界网站,http://finance.jrj.com.cn/opinion/2012/01/11212612030953)

《药品生产质量管理规范(2010 年修订)》附录 2 原料药

第一章　范围

第一条　本附录适用于非无菌原料药生产及无菌原料药生产中非无菌生产工序的操作。

第二条　原料药生产的起点及工序应当与注册批准的要求一致。

第二章　厂房与设施

第三条　非无菌原料药精制、干燥、粉碎、包装等生产操作的暴露环境应当按照 D 级洁净区的要求设置。

第四条　质量标准中有热原或细菌内毒素等检验项目的,厂房的设计应当特别注意防止微生物污染,根据产品的预定用途、工艺要求采取相应的控制措施。

第五条　质量控制实验室通常应当与生产区分开。当生产操作不影响检验结果的准确性,且检验操作对生产也无不利影响时,中间控制实验室可设在生产区内。

第三章　设备

第六条　设备所需的润滑剂、加热或冷却介质等,应当避免与中间产品或原料药直接接触,以免影响中间产品或原料药的质量。当任何偏离上述要求的情况发生时,应当进行评估和恰当处理,保证对产品的质量和用途无不良影响。

第七条　生产宜使用密闭设备;密闭设备、管道可以安置于室外。使用敞口设备或打开设备操作时,应当有避免污染的措施。

第八条　使用同一设备生产多种中间体或原料药品种的,应当说明设备可以共用的合理性,并有防止交叉污染的措施。

第九条　难以清洁的设备或部件应当专用。

第十条　设备的清洁应当符合以下要求:

(一)同一设备连续生产同一原料药或阶段性生产连续数个批次时,宜间隔适当的时间对设备进行清洁,防止污染物(如降解产物、微生物)的累积。如有影响原料药质量的残留物,更换批次时,必须对设备进行彻底的清洁。

(二)非专用设备更换品种生产前,必须对设备(特别是从粗品精制开始的非专用设备)进行彻底的清洁,防止交叉污染。

(三)对残留物的可接受标准、清洁操作规程和清洁剂的选择,应当有明确规定并说明理由。

第十一条　非无菌原料药精制工艺用水至少应当符合纯化水的质量标准。

第四章　物料

第十二条　进厂物料应当有正确标识,经取样(或检验合格)后,可与现有的库存(如储槽中的溶剂或物料)混合,经放行后混合物料方可使用。应当有防止将物料错放到现有库存中的操作规程。

第十三条　采用非专用槽车运送的大宗物料,应当采取适当措施避免来自槽车所致的交叉污染。

第十四条　大的贮存容器及其所附配件、进料管路和出料管路都应当有适当的标识。

第十五条　应当对每批物料至少做一项鉴别试验。如原料药生产企业有供应商审计系统时,供应商的检验报告可以用来替代其他项目的测试。

第十六条　工艺助剂、有害或有剧毒的原料、其他特殊物料或转移到本企业另一生产场地的物料可以免检,但必须取得供应商的检验报告,且检验报告显示这些物料符合规定的质量标准,还应当对其容器、标签和批号进行目检予以确认。免检应当说明理由并有正式记录。

第十七条　应当对首次采购的最初三批物料全检合格后,方可对后续批次进行部分项目的检验,但应当定期进行全检,并与供应商的检验报告比较。应当定期评估供应商检验报告的可靠性、准确性。

第十八条　可在室外存放的物料,应当存放在适当容器中,有清晰的标识,并在开启和使用前应当进行适当清洁。

第十九条　必要时(如长期存放或贮存在热或潮湿的环境中),应当根据情况重新评估物料的质量,确定其适用性。

第五章 验证

第二十条 应当在工艺验证前确定产品的关键质量属性、影响产品关键质量属性的关键工艺参数、常规生产和工艺控制中的关键工艺参数范围,通过验证证明工艺操作的重现性。

关键质量属性和工艺参数通常在研发阶段或根据历史资料和数据确定。

第二十一条 验证应当包括对原料药质量(尤其是纯度和杂质等)有重要影响的关键操作。

第二十二条 验证的方式:

(一)原料药生产工艺的验证方法一般应为前验证。因原料药不经常生产、批数不多或生产工艺已有变更等原因,难以从原料药的重复性生产获得现成的数据时,可进行同步验证。

(二)如没有发生因原料、设备、系统、设施或生产工艺改变而对原料药质量有影响的重大变更时,可例外进行回顾性验证。该验证方法适用于下列情况:

1.关键质量属性和关键工艺参数均已确定;

2.已设定合适的中间控制项目和合格标准;

3.除操作人员失误或设备故障外,从未出现较大的工艺或产品不合格的问题;

4.已明确原料药的杂质情况。

(三)回顾性验证的批次应当是验证阶段中有代表性的生产批次,包括不合格批次。应当有足够多的批次数,以证明工艺的稳定。必要时,可用留样检验获得的数据作为回顾性验证的补充。

第二十三条 验证计划:

(一)应当根据生产工艺的复杂性和工艺变更的类别决定工艺验证的运行次数。前验证和同步验证通常采用连续的三个合格批次,但在某些情况下,需要更多的批次才能保证工艺的一致性(如复杂的原料药生产工艺,或周期很长的原料药生产工艺)。

(二)工艺验证期间,应当对关键工艺参数进行监控。与质量无关的参数(如与节能或设备使用相关控制的参数),无需列入工艺验证中。

(三)工艺验证应当证明每种原料药中的杂质都在规定的限度内,并与工艺研发阶段确定的杂质限度或者关键的临床和毒理研究批次的杂质数据相当。

第二十四条 清洁验证:

(一)清洁操作规程通常应当进行验证。清洁验证一般应当针对污染物、所用物料对原料药质量有最大风险的状况及工艺步骤。

(二)清洁操作规程的验证应当反映设备实际的使用情况。如果多个原料药或中间产品共用同一设备生产,且采用同一操作规程进行清洁的,则可选择有代表性的中间产品或原料药作为清洁验证的参照物。应当根据溶解度、难以清洁的程度以及残留物的限度来选择清洁参照物,而残留物的限度则需根据活性、毒性和稳定性确定。

(三)清洁验证方案应当详细描述需清洁的对象、清洁操作规程、选用的清洁剂、可接受限度、需监控的参数以及检验方法。该方案还应当说明样品类型(化学或微生物)、取样位置、取样方法和样品标识。专用生产设备且产品质量稳定的,可采用目检法确定可接受限度。

（四）取样方法包括擦拭法、淋冼法或其他方法（如直接萃取法），以对不溶性和可溶性残留物进行检验。

（五）应当采用经验证的灵敏度高的分析方法检测残留物或污染物。每种分析方法的检测限必须足够灵敏，能检测残留物或污染物的限度标准。应当确定分析方法可达到的回收率。残留物的限度标准应当切实可行，并根据最有害的残留物来确定，可根据原料药的药理、毒理或生理活性来确定，也可根据原料药生产中最有害的组分来确定。

（六）对需控制热原或细菌内毒素污染水平的生产工艺，应当在设备清洁验证文件中有详细阐述。

（七）清洁操作规程经验证后应当按验证中设定的检验方法定期进行监测，保证日常生产中操作规程的有效性。

第六章　文件

第二十五条　企业应当根据生产工艺要求、对产品质量的影响程度、物料的特性以及对供应商的质量评估情况，确定合理的物料质量标准。

第二十六条　中间产品或原料药生产中使用的某些材料，如工艺助剂、垫圈或其他材料，可能对质量有重要影响时，也应当制定相应材料的质量标准。

第二十七条　原料药的生产工艺规程应当包括：

（一）所生产的中间产品或原料药名称。

（二）标有名称和代码的原料和中间产品的完整清单。

（三）准确陈述每种原料或中间产品的投料量或投料比，包括计量单位。如果投料量不固定，应当注明每种批量或产率的计算方法。如有正当理由，可制定投料量合理变动的范围。

（四）生产地点、主要设备（型号及材质等）。

（五）生产操作的详细说明，包括：

1. 操作顺序；

2. 所用工艺参数的范围；

3. 取样方法说明，所用原料、中间产品及成品的质量标准；

4. 完成单个步骤或整个工艺过程的时限（如适用）；

5. 按生产阶段或时限计算的预期收率范围；

6. 必要时，需遵循的特殊预防措施、注意事项或有关参照内容；

7. 可保证中间产品或原料药适用性的贮存要求，包括标签、包装材料和特殊贮存条件以及期限。

第七章　生产管理

第二十八条　生产操作：

（一）原料应当在适宜的条件下称量，以免影响其适用性。称量的装置应当具有与使用目的相适应的精度。

（二）如将物料分装后用于生产的，应当使用适当的分装容器。分装容器应当有标识并标明以下内容：

1. 物料的名称或代码；

2. 接收批号或流水号；

3.分装容器中物料的重量或数量；

4.必要时,标明复验或重新评估日期。

(三)关键的称量或分装操作应当有复核或有类似的控制手段。使用前,生产人员应当核实所用物料正确无误。

(四)应当将生产过程中指定步骤的实际收率与预期收率比较。预期收率的范围应当根据以前的实验室、中试或生产的数据来确定。应当对关键工艺步骤收率的偏差进行调查,确定偏差对相关批次产品质量的影响或潜在影响。

(五)应当遵循工艺规程中有关时限控制的规定。发生偏差时,应当作记录并进行评价。反应终点或加工步骤的完成是根据中间控制的取样和检验来确定的,则不适用时限控制。

(六)需进一步加工的中间产品应当在适宜的条件下存放,确保其适用性。

第二十九条　生产的中间控制和取样:

(一)应当综合考虑所生产原料药的特性、反应类型、工艺步骤对产品质量影响的大小等因素来确定控制标准、检验类型和范围。前期生产的中间控制严格程度可较低,越接近最终工序(如分离和纯化)中间控制越严格。

(二)有资质的生产部门人员可进行中间控制,并可在质量管理部门事先批准的范围内对生产操作进行必要的调整。在调整过程中发生的中间控制检验结果超标通常不需要进行调查。

(三)应当制定操作规程,详细规定中间产品和原料药的取样方法。

(四)应当按照操作规程进行取样,取样后样品密封完好,防止所取的中间产品和原料药样品被污染。

第三十条　病毒的去除或灭活:

(一)应当按照经验证的操作规程进行病毒去除和灭活。

(二)应当采取必要的措施,防止病毒去除和灭活操作后可能的病毒污染。敞口操作区应当与其他操作区分开,并设独立的空调净化系统。

(三)同一设备通常不得用于不同产品或同一产品不同阶段的纯化操作。如果使用同一设备,应当采取适当的清洁和消毒措施,防止病毒通过设备或环境由前次纯化操作带入后续纯化操作。

第三十一条　原料药或中间产品的混合:

(一)本条中的混合指将符合同一质量标准的原料药或中间产品合并,以得到均一产品的工艺过程。将来自同一批次的各部分产品(如同一结晶批号的中间产品分数次离心)在生产中进行合并,或将几个批次的中间产品合并在一起作进一步加工,可作为生产工艺的组成部分,不视为混合。

(二)不得将不合格批次与其他合格批次混合。

(三)拟混合的每批产品均应当按照规定的工艺生产、单独检验,并符合相应质量标准。

(四)混合操作可包括:

1.将数个小批次混合以增加批量;

2.将同一原料药的多批零头产品混合成为一个批次。

(五)混合过程应当加以控制并有完整记录,混合后的批次应当进行检验,确认其符合质量标准。

（六）混合的批记录应当能够追溯到参与混合的每个单独批次。

（七）物理性质至关重要的原料药（如用于口服固体制剂或混悬剂的原料药），其混合工艺应当进行验证，验证包括证明混合批次的质量均一性及对关键特性（如粒径分布、松密度和堆密度）的检测。

（八）混合可能对产品的稳定性产生不利影响的，应当对最终混合的批次进行稳定性考察。

（九）混合批次的有效期应当根据参与混合的最早批次产品的生产日期确定。

第三十二条　生产批次的划分原则：

（一）连续生产的原料药，在一定时间间隔内生产的在规定限度内的均质产品为一批。

（二）间歇生产的原料药，可由一定数量的产品经最后混合所得的在规定限度内的均质产品为一批。

第三十三条　污染的控制：

（一）同一中间产品或原料药的残留物带入后续数个批次中的，应当严格控制。带入的残留物不得引入降解物或微生物污染，也不得对原料药的杂质分布产生不利影响。

（二）生产操作应当能够防止中间产品或原料药被其他物料污染。

（三）原料药精制后的操作，应当特别注意防止污染。

第三十四条　原料药或中间产品的包装：

（一）容器应当能够保护中间产品和原料药，使其在运输和规定的贮存条件下不变质、不受污染。容器不得因与产品发生反应、释放物质或吸附作用而影响中间产品或原料药的质量。

（二）应当对容器进行清洁，如中间产品或原料药的性质有要求时，还应当进行消毒，确保其适用性。

（三）应当按照操作规程对可以重复使用的容器进行清洁，并去除或涂毁容器上原有的标签。

（四）应当对需外运的中间产品或原料药的容器采取适当的封装措施，便于发现封装状态的变化。

第八章　不合格中间产品或原料药的处理

第三十五条　不合格的中间产品和原料药可按第三十六条、第三十七条的要求进行返工或重新加工。不合格物料的最终处理情况应当有记录。

第三十六条　返工：

（一）不符合质量标准的中间产品或原料药可重复既定生产工艺中的步骤，进行重结晶等其他物理、化学处理，如蒸馏、过滤、层析、粉碎方法。

（二）多数批次都要进行的返工，应当作为一个工艺步骤列入常规的生产工艺中。

（三）除已列入常规生产工艺的返工外，应当对将未反应的物料返回至某一工艺步骤并重复进行化学反应的返工进行评估，确保中间产品或原料药的质量未受到生成副产物和过度反应物的不利影响。

（四）经中间控制检测表明某一工艺步骤尚未完成，仍可按正常工艺继续操作，不属于返工。

第三十七条　重新加工：

（一）应当对重新加工的批次进行评估、检验及必要的稳定性考察，并有完整的文件和记录，证明重新加工后的产品与原工艺生产的产品质量相同。可采用同步验证的方式确定重新加工的操作规程和预期结果。

（二）应当按照经验证的操作规程进行重新加工，将重新加工的每个批次的杂质分布与正常工艺生产的批次进行比较。常规检验方法不足以说明重新加工批次特性的，还应当采用其他的方法。

第三十八条　物料和溶剂的回收：

（一）回收反应物、中间产品或原料药（如从母液或滤液中回收），应当有经批准的回收操作规程，且回收的物料或产品符合与预定用途相适应的质量标准。

（二）溶剂可以回收。回收的溶剂在同品种相同或不同的工艺步骤中重新使用的，应当对回收过程进行控制和监测，确保回收的溶剂符合适当的质量标准。回收的溶剂用于其他品种的，应当证明不会对产品质量有不利影响。

（三）未使用过和回收的溶剂混合时，应当有足够的数据表明其对生产工艺的适用性。

（四）回收的母液和溶剂以及其他回收物料的回收与使用，应当有完整、可追溯的记录，并定期检测杂质。

第九章　质量管理

第三十九条　原料药质量标准应当包括对杂质的控制（如有机杂质、无机杂质、残留溶剂）。原料药有微生物或细菌内毒素控制要求的，还应当制定相应的限度标准。

第四十条　按受控的常规生产工艺生产的每种原料药应当有杂质档案。杂质档案应当描述产品中存在的已知和未知的杂质情况，注明观察到的每一杂质的鉴别或定性分析指标（如保留时间）、杂质含量范围，以及已确认杂质的类别（如有机杂质、无机杂质、溶剂）。杂质分布一般与原料药的生产工艺和所用起始原料有关，从植物或动物组织制得的原料药、发酵生产的原料药的杂质档案通常不一定有杂质分布图。

第四十一条　应当定期将产品的杂质分析资料与注册申报资料中的杂质档案，或与以往的杂质数据相比较，查明原料、设备运行参数和生产工艺的变更所致原料药质量的变化。

第四十二条　原料药的持续稳定性考察：

（一）稳定性考察样品的包装方式和包装材质应当与上市产品相同或相仿。

（二）正常批量生产的最初三批产品应当列入持续稳定性考察计划，以进一步确认有效期。

（三）有效期短的原料药，在进行持续稳定性考察时应适当增加检验频次。

第十章　采用传统发酵工艺生产原料药的特殊要求（见第三章延伸阅读）

第十一章　术语

第四十九条　下列术语含义是：

（一）传统发酵

指利用自然界存在的微生物或用传统方法（如辐照或化学诱变）改良的微生物来生产原料药的工艺。用"传统发酵"生产的原料药通常是小分子产品，如抗生素、氨基酸、维生素和糖类。

（二）非无菌原料药

法定药品标准中未列有无菌检查项目的原料药。

（三）关键质量属性

指某种物理、化学、生物学或微生物学的性质，应当有适当限度、范围或分布，保证预期的产品质量。

（四）工艺助剂

在原料药或中间产品生产中起辅助作用、本身不参与化学或生物学反应的物料（如助滤剂、活性炭，但不包括溶剂）。

（五）母液

结晶或分离后剩下的残留液。

第二章 生化药物

【知识目标】

掌握生化药物的特点；
了解生物药物的分类及一般制造方法。

【能力目标】

具有从事生化药物相关工作的能力；
培养学生的自学能力、分析问题能力；
培养学生的批判性思维能力；
培养学生的团结协作精神。

【引导案例】

胰岛素药品的生产历史

早期使用的胰岛素制剂和胰岛素粗提物差不多，由于杂质的原因，其治疗价值受到限制，经常注射则不良反应加剧。醋醇沉淀步骤的引入产生了中等纯度的胰岛素制剂，部分降低了副作用的范围和严重程度。1923年分离纯化的动物胰岛素问世，1926年首次得到胰岛素结晶，大约10年后，认识到锌的存在能加速结晶。结晶胰岛素通常还经过重结晶进一步提高产品的纯度，这种制剂称为传统胰岛素。

20世纪70年代，人们应用酶法和化学法将猪胰岛素转变为与人胰岛素氨基酸序列相同的胰岛素，首次解决了动物胰岛素对人体的免疫原性问题。

1982年，美国等国家首先批准重组人胰岛素（在化学结构和功能上与天然人胰岛素相同）用于临床治疗，目前美国、丹麦、中国等多个国家能生产重组人胰岛素。科学家们又在用DNA重组技术进行胰岛素结构的修饰，以提高胰岛素药物的半衰期及作用效果。

胰岛素用药量大，糖尿病病人一般必须每天使用几毫克胰岛素以维持生命，且用药时间长，胰岛素依赖型糖尿病患者一般都是终身使用，因此对胰岛素纯度要求很高，经过多次重结晶的胰岛素仍含有少量杂质，怎样提高胰岛素的纯度，贯穿了胰岛素药品研制的始终。

ATP 的生产

ATP生产工艺的演变，典型地代表了一般生化药物的发展。最先以家兔肌肉作为原料，每公斤可提取2g精制ATP。20世纪60年代开始的光合磷酸化法是以5'-AMP为原料，用菠菜叶绿体进行光合作用而实现的，而后的氧化磷酸化法，在有镁离子和无机磷的条件下,经 37℃ 培养发酵,酵母中的腺苷酸激酶将葡萄糖氧化成乙醇时释放大量能量,几乎可以定量地催化 AMP 生成 ATP,其转化率达 90%,理论收率达 85%,投入工业化生产后成本降低一半。

　　所谓生化药品是指运用生物化学研究成果,由生物体中起重要生理生化作用的各种基本物质经过提取、分离、纯化等手段制造出的药物,或由上述这些已知药物加以结构改造或人工合成创造出的自然界所没有的新药物。由于约定俗成,生化药物不包括抗生素(抗生素早已自成体系);也不包括用细菌疫苗制成的供预防、治疗和诊断特定传染病或其他有关疾病的生物制品;习惯上也不包括植物药中提取的生物碱。生化类药物分为氨基酸类、酶类、核酸类、糖类、脂质类、多肽及蛋白质类六种。药物的品种非常多,每类中常用药物均有近二十种。据统计,中国生化制药工业年产值只有 40 多亿元,只占整个制药行业产值的 4%。国内主要的生化药品种类和厂家见表 2-10。

表 2-1　国内主要的生化药品种类和厂家一览表

药物类别	主要常用品种	主要生产厂家
氨基酸类	赖氨酸冲剂、组氨酸、半胱氨酸、精氨酸、谷氨酸及其盐类;L-半胱氨酸;水解蛋白;思美泰;阿波莫斯以及氨基酸大输液	湖北省八峰药业、上海味之素氨基酸有限公司、武汉久安药业(武汉第二制药厂)、广州侨光药厂、深圳万和制药、华瑞制药
酶类	链激酶、尿激酶、凝血酶、降纤酶、抑肽酶、胰激肽释放酶、弹性酶、立止血、糜蛋白酶、菠萝酶、沙雷肽酶、门冬酰胺酶、透明质酸酶、细胞色素 C、达吉、得每通	上海生物化学制药厂、广东天普药业公司、南京大学制药厂
核酸类	聚肌胞、阿昔洛韦、病毒唑、万乃洛韦、泛昔洛韦、更昔洛韦、胞二磷胆碱、硫唑嘌呤、甲基硫氧嘧啶、阿糖胞苷、ATP、CTP、CAMP、转移因子	丽珠医药集团股份有限公司、岳阳生化制药厂、金花企业(集团)股份有限公司
糖类	甘露醇、葡萄糖、肌醇、右旋糖酐、猪苓多糖、透明质酸、肝素、低分子肝素、果糖、乳果糖、甘油果糖等	珠海生化、杭州赛诺菲民生制药有限公司、苏威制药有限公司
脂质类	角鲨烯、胆固醇类激素、辅酶 Q10、脉适宝、熊去氧胆酸、前列腺素、神经节苷脂等	广州明兴制药厂、广州星群药业(股份)有限公司、佛山康宝顺药业有限公司
多肽及蛋白质类	加压素及其衍生物、催产素及其衍生物、促皮质素及其衍生物、下丘脑垂体肽激素、消化道激素、胸腺素、降钙素、谷胱甘肽、施他宁、蛋白质激素	

　　(资料来源:来宝网 2007 年 10 月发布,http://www.labbase.net/News/ShowNewsDetails-1-19-A1A7684946563A38.html)

　　生化药物的化学本质多数比较清楚,故一般按其化学本质和药理作用分为以下几类:氨基酸及其衍生物类药物、多肽和蛋白质类药物、酶类药物、核酸及其降解物和衍生物类药物、糖类药物、脂类药物、维生素及辅酶类药物等。该分类方法有利于对同类药物的结构与功能的相互关系进行比较研究,有利于制备方法和检测方法的研究。

　　生化制药的一般工艺过程为:原料的选择和预处理→活性成分的提取→活性成分的分离、纯化→浓缩→干燥(原料药)→制剂。

一种生物材料常含成千上万种成分,而目标活性物质在生物材料中可能含量极微,只达万分之一、十万分之一,甚至百万分之一。因此分离操作步骤多,不易获得高收率。此外,生物活性成分离开生物体后,易变性、破坏,为了保护目的物的生理活性及结构上的完整性,生物制药中的分离方法多采用温和的"逐级分离"方法进行。为了纯化一种生化物质常常要联用几个、甚至十几个步骤,并不断变换各种不同类型的分离方法,才能达到目的。因此操作时间长,手续繁琐,对制备技术条件要求高。

生物分子结构与功能关系比较复杂,药物活性与分子空间构象相关。生物产品最后均一性的证明与化学上纯度的概念不完全相同,对其均一性的评估常常是有条件的,或者只能通过不同角度测定,最后才能给出相对"均一性"结论,只凭一种方法得到的纯度结论往往是片面的,甚至是错误的。

第一节　氨基酸类药物

氨基酸是构成生物体蛋白质并同生命活动有关的最基本的物质,它在机体内具有特殊的生理功能,是生物体内不可缺少的营养成分之一。如果人体缺乏任何一种必需氨基酸,就可导致生理功能异常,影响抗体代谢的正常进行,最后导致疾病。

氨基酸的制造始于1820年,采用蛋白质水解生产氨基酸,1850年开始化学合成氨基酸,1956年日本采用微生物发酵法工业化生产谷氨酸获得成功,7年后谷氨酸钠(味精)成功商业化,推动了氨基酸生产的大发展。目前全世界天然氨基酸的年总产量在百万吨左右,其中产量较大者有谷氨酸(占氨基酸总产量的75%)、蛋氨酸及赖氨酸,其次为天冬氨酸、苯丙氨酸及胱氨酸等。它们主要用于医药、食品、饲料及化工行业中。

一、氨基酸及其衍生物在医药中的应用

目前用作药物的氨基酸有100多种,其中包括构成蛋白质的氨基酸20种和构成非蛋白质的氨基酸100多种。氨基酸在医药上主要用来制备复方氨基酸输液,也用作治疗药物和用于合成多肽药物。

1.复方氨基酸

复方氨基酸制剂有三类:

(1)水解蛋白口服液

由天然蛋白经酸解或酶解制成的复方制剂,成分中含有小肽物质,不能长期大量应用,以防不良反应,已逐渐为复方氨基酸注射液替代。

(2)复方氨基酸注射液

由多种结晶氨基酸根据需要按比例配制而成,有时还添加高能物质、维生素、糖类等电解质。该类复方制剂可直接注射到人体血液中,以帮助蛋白质严重缺乏的患者补充营养、维持氮平衡,对创伤、烧伤和手术后的病人有增进抗病力、促进康复的作用。如内氨基酸与右旋糖酐构成的复方氨基酸输注液,已成为较好的血浆代用品。

(3)要素膳

由多种氨基酸、糖类、脂类、维生素、微量元素等多种成分组成的,经口或鼻饲入胃或直接灌入小肠,为病人提供营养的制剂,应用于内外科患者低蛋白血症、消化吸收不良、慢性消

耗性疾病、组织创伤、婴儿奶过敏等患者。

　　复方氨基酸制剂在现代静脉营养输液以及"要素饮食"疗法中占有非常重要的地位,对维持危重病人的营养,抢救患者生命起着积极作用,成为现代医疗中不可缺少的医药品种之一。

【知识拓展】

氨基酸输液

　　氨基酸输液是由多种结晶 L-氨基酸依特定比例混合制成的静脉内输注液。氨基酸输液必须含 8 种必需氨基酸和 2 种半必需氨基酸,必需氨基酸与非必需氨基酸之比一般在1∶1～1∶3 之间,必需氨基酸的构型均为 L-型;非必需氨基酸的构型最好也采用 L-型。一般需加 5% 山梨醇或木糖醇,同时加半胱氨酸作稳定剂。

　　谷氨酸、精氨酸、天门冬氨酸、胱氨酸、L-多巴等氨基酸也可单独作用治疗一些疾病,如治疗肝病、消化道疾病、神经系统疾病、心血管病、呼吸道疾病以及用于提高肌肉活力、儿科营养和解毒等。此外氨基酸衍生物在癌症治疗上出现了希望。

二、氨基酸类药物的生产方法

　　氨基酸可由蛋白质水解制得,也可化学合成。目前氨基酸的生产方法有蛋白质水解法、发酵法、酶转法及化学合成法等四种。少数几种氨基酸(如酪氨酸、半胱氨酸、胱氨酸和丝氨酸等)是用蛋白质水解法生产,一部分是采用化学合成法和酶转化结合法生产,多数氨基酸都采用发酵法生产。

　　1. 水解法

　　以毛发、血粉及废蚕丝等蛋白质为原料,通过酸、碱及酶水解成多种氨基酸混合物,经分离纯化获得各种药用氨基酸的方法称为水解法。水解法生产氨基酸主要过程为水解、分离和结晶精制三个步骤。

　　随着氨基酸生产技术的进步,由蛋白水解法提取氨基酸这一方法受到了很大的冲击,但在药用氨基酸的生产中仍有一定的意义。目前用水解法生产的氨基酸有 L-胱氨酸、L-精氨酸、L-亮氨酸、L-组氨酸、L-脯氨酸及 L-丝氨酸等。

　　(1)蛋白质水解方法

　　①酸水解法。一般用 8mol/L 左右的盐酸或硫酸于 110～120℃水解 12～24h。此法优点是水解迅速而彻底,产物全部为 L-型氨基酸,无消旋作用。缺点是色氨酸全部被破坏,丝氨酸和酪氨酸部分被破坏,且产生大量废酸污染环境。

　　②碱水解法。蛋白质原料经 6mol/L 氢氧化钠于 100℃水解 6h。该法水解迅速而彻底,且色氨酸不被破坏,但含羟基或硫基的氨基酸全部被破坏,且产生消旋作用。此法工业上多不采用。

　　③酶水解法。蛋白质原料在一定的 pH 和温度条件下,用蛋白水解酶作用蛋白质原料,得到氨基酸和小肽。此法优点为反应条件温和,无需特殊设备,氨基酸不破坏,无消旋作用。缺点是水解不彻底(产物中除氨基酸外,尚含较多的肽类),时间较长,易污染菌。工业上很少用该法生产氨基酸而主要用于生产水解蛋白及蛋白胨。

（2）氨基酸分离方法

①溶解度法。如胱氨酸和酪氨酸均难溶于水,但在热水中酪氨酸的溶解度较大,而胱氨酸溶解度变化不大,故可将混合物中胱氨酸、酪氨酸及其他氨基酸彼此分开。

②复合沉淀法。如精氨酸可与苯甲醛生成不溶性苯亚甲基精氨酸沉淀,后者用盐酸除去苯甲醛即可得精氨酸。本法操作方便,针对性强,故至今仍用于生产某些氨基酸。

③吸附法。如颗粒活性炭对苯丙氨酸、酪氨酸及色氨酸的吸附力大于对其他非芳香族氨基酸的吸附力,故可从氨基酸混合液中将上述氨基酸分离出来。

④离子交换法。氨基酸为两性电解质,在特定条件下,不同氨基酸的带电性质及解离状态不同,故同一种离子交换剂对不同氨基酸的吸附力不同,因此可对氨基酸混合物进行分组或实现单一成分的分离。

（3）氨基酸的精制方法

分离出的特定氨基酸中常含有少量杂质,需进行精制,常用的有结晶和重结晶技术,也可采用溶解度法或结晶与溶解度法相结合的技术。如沸水中苯丙氨酸溶解度大于酪氨酸100倍,若将含少量酪氨酸的苯丙氨酸粗品溶于15倍体积（W/V）的热水中,调 pH4.0 左右,以脱色过滤可除去大部分酪氨酸;滤液缩至原体积的 1/3,加 2 倍体积（V/V）的 95％乙醇,4℃放置,滤取结晶,用 95％乙醇洗涤,烘干即得苯丙氨酸精品。

【案例】

水解法生产胱氨酸

L-胱氨酸存在于所有蛋白质分子中,尤以毛、发及蹄甲等角蛋白中含量最多。L-胱氨酸具有增强造血机能、升高白细胞、促进皮肤损伤的修复及抗辐射作用。临床上用于治疗辐射损伤、重金属中毒、慢性肝炎、牛皮癣及病后或产后继发性脱发。其水解法生产包括水解、中和、粗制、精制等过程。

（1）水解

取 10mol/L HCl 1000kg 于 2 吨水解罐中,加热至 70～80℃,投入毛发（毛发及蹄甲等角蛋白中胱氨酸含量最多）550kg,加热至 100℃,再于 1～1.5h 内升温至 110～117℃水解7h（自 100℃时计）后出料,玻璃布过滤,收集滤液。

（2）中和

边搅拌边向上述滤液中加入 30％工业液碱,至 pH4.8 后减速加入,直至 pH7.0,静置36h,涤纶布滤取沉淀,离心甩干得 L-胱氨酸粗品。

（3）粗制

取上述粗品 200kg,加 10mol/L HCl 120kg,水 480kg,升温至 65～70℃,搅拌半小时,加活性炭 16kg,于 80～90℃保温半小时,滤除活性炭。搅拌下用 30％工业液碱调滤液至pH4.8,静置结晶,吸出上清液后,底部沉淀经离心甩干得胱氨酸粗品。

（4）精制、中和

取上述粗品 50kg,加 1mol/LHCl（化学纯）250L,升温至 70℃,加活性炭 1.5～2.5kg,85℃搅拌半小时,布氏漏斗过滤,3 号垂熔漏斗过滤澄清。加 1.5 倍体积蒸馏水,升温至 75～80℃。搅拌下用 12％氨水（化学纯）中和至 pH3.5～4.0,析出结晶,滤取胱氨酸结晶,蒸馏水洗至无氯离子,真空干燥得 L-胱氨酸成品。

2. 化学合成法

化学合成法是指以卤代羧酸、醛类、甘氨酸衍生物、卤代烃及某些氨基酸为原料,经氨解、水解、缩合、取代及氧化还原等化学反应合成氨基酸的方法。

它的最大优点是在氨基酸的品种上不受限制,除制备天然氨基酸外,还可用于制备各种特殊结构的非天然氨基酸。由于合成得到的氨基酸都是 DL-型外消旋体,必须经过拆分才能得到人体能够利用的 L-氨基酸。现在用合成法制造的氨基酸有 DL-丙氨酸、天冬氨酸、蛋氨酸、丝氨酸、色氨酸、苯丙氨酸。蛋氨酸和甘氨酸在今后一段时间里仍需采用合成法生产。

3. 发酵法

氨基酸发酵是指通过特定微生物在以糖为碳源、以氨或尿素作为氮源以及其他成分的培养基中生长,直接产生氨基酸的方法。

氨基酸发酵中,菌种主要为细菌,其次为酵母属。许多氨基酸是用人工诱变法选育的营养缺陷型变异株生产的,也有多株高产氨基酸的菌种是采用细胞融合技术及基因重组技术改造,如 L-谷氨酸、L-赖氨酸、L-色氨酸及 L-苏氨酸等多种氨基酸的基因工程菌,其中苏氨酸及色氨酸基因工程菌已投入工业生产。

氨基酸发酵是好氧的,主要采用液体通风深层培养法。发酵结束,除去菌体,清液用于提取、分离纯化和精制有关氨基酸,其分离纯化、精制方法及过程与水解法相同。

【案例】

发酵法生产赖氨酸

L-赖氨酸盐酸盐为人体必需氨基酸之一,由于谷物食品中的赖氨酸含量甚低,且在加工过程中易被破坏而缺乏,故称为第一限制性氨基酸,是复合氨基酸注射液的重要成分之一。

赖氨酸为合成肉碱提供结构组分,而肉碱会促使细胞中脂肪酸的合成。往食物中添加少量的赖氨酸,可以刺激胃蛋白酶与胃酸的分泌,提高胃液分泌功效,起到增进食欲、促进幼儿生长与发育的作用。赖氨酸还能提高钙的吸收及其在体内的积累,加速骨骼生长。如缺乏赖氨酸,会造成胃液分泌不足而出现厌食、营养性贫血,致使中枢神经受阻、发育不良。

赖氨酸在医药上还可作为利尿剂的辅助药物,治疗因血中氯化物减少而引起的铅中毒现象,还可与酸性药物(如水杨酸等)生成盐来减轻不良反应,与蛋氨酸合用则可抑制重症高血压病。

发酵法是广泛采用的赖氨酸生产法。下面介绍一下发酵法生产赖氨酸的菌种、发酵工艺、提取纯化方法等。

(1)生产菌种

国外工业发酵法生产赖氨酸主要采用谷氨酸棒状杆菌、黄色短杆菌、乳糖发酵短杆菌等的变异株。国内生产赖氨酸的单位主要采用的是北京棒状杆菌 AS1.299 的突变株,这些菌种产酸水平一般低于 30g/L,转化率 25%~35%,对我国赖氨酸的生产起了较大的作用。但这些菌种的产酸率和转化率均较低,与国外先进水平相比还有较大差距。国外工业生产中最高产酸率已提高到每升发酵液 100~120g,提取率达到 80%~90%左右。

（2）种子扩大培养

赖氨酸发酵一般根据接种量及发酵罐规模采用二级或三级种子培养。

斜面种子培养基组成：牛肉膏 1%，蛋白胨 1%，NaCl 0.5%，葡萄糖 0.55%（保藏斜面不加），琼脂 2%，pH＝7.0～7.2。灭菌后，在 30℃保温 24h，检查无菌，放冰箱备用。

一级种子培养基组成：葡萄糖 2.0%，$(NH_4)_2SO_4$ 0.4%，K_2HPO_4 0.1%，玉米浆 1%～2%，豆饼水解液 1%～2%，$MgSO_4 \cdot 7H_2O$ 0.04%～0.055%，尿素 0.1%，pH＝7.0～7.2。0.1MPa，灭菌 15min。接种量约为 5%～10%。

培养条件：以 1000mL 的三角瓶中，装 200mL 一级种子培养基，高压灭菌，冷却后接种，在 30～32℃，振荡培养 15～16h，转速 100～120r/min。

二级种子培养基：除淀粉水解糖代葡萄糖外，其余成分与一级种子相同。培养条件：培养温度 30～32℃，通风比 1：0.2m^3/($m^3 \cdot$ min)，搅拌转速 200r/min，培养时间 8～11h。

根据发酵规模，必要时可采用三级培养，其培养基和培养条件基本上与二级种子相同。

（3）发酵培养基

培养基甘蔗或甜菜制糖后的废糖蜜、淀粉水解液等廉价糖质原料，不同菌株，发酵培养基的组成不完全相同。如北京棒杆菌 AS1.563 发酵培养液成分（%）为淀粉水解糖 13.5，磷酸二氢钾 0.1，硫酸镁 0.05，硫酸铵 1.2，尿素 0.4，玉米浆 1.0，毛发水解废液 1.0，甘蔗糖蜜 2.0，pH6.7，灭菌前加甘油聚醚 1L（指 5m^3 发酵罐）。在 5m^3 发酵罐中投入培养液 3 吨，在 1.01×10^5Pa 压力下，加热至 118～120℃灭菌 30min，立即通入冰盐水冷却至 30℃。

（4）发酵

赖氨酸发酵过程分为两个阶段，发酵前期（约 0～12h）为菌体生长期，主要是菌体生长繁殖，很少产酸。当菌体生长一定时间后，转入产酸期。工艺的控制，应该根据两个阶段的不同而异。

①温度　幼龄菌对温度敏感，在发酵前期，提高温度，生长代谢加快，产酸期提前，但菌体的酶容易失活，菌体衰老，赖氨酸产量少。赖氨酸发酵，前期控制温度 32℃，中后期 30℃。

②pH 控制　赖氨酸发酵最适 pH 值为 6.5～7.0。控制 pH 在 6.5～7.5，在整个发酵过程中，应尽量保持 pH 值平稳。

③种龄和接种量　一般在采用二级种子扩大培养时，接种量较少，约 2%，种龄一般为 8～12h。当采用三级种子扩大培养，种量较大，约 10%，种龄一般为 6～8h。总之，以对数生长期的种子为好。

④供氧　赖氨酸是天冬氨酸族的氨基酸，它的最大生成量是在供氧充足，细菌呼吸充足条件下。供氧不足，细菌呼吸受限制，赖氨酸产量低。供氧不足只是轻微影响赖氨酸的生成，严重供氧不足时，产赖氨酸很少而积累乳酸。

（5）发酵液处理

发酵结束后，离心除菌体，滤液加热至 80℃，滤除沉淀，收集滤液，经 HCl 酸化过滤后，取清液备用。

（6）离子交换

上述滤液以 10L/min 的流速进铵型 732 离子交换柱（三柱依次串接），至流出液 pH 值为 5.0，表明 L-赖氨酸已吸附至饱和。将三柱分开后分别以去离子水按正反两个方向冲洗至流出液澄清为止。然后用 2mol/L 氨水以 6L/min 流速洗脱，分部收集洗脱液。

(7)浓缩结晶

将含 L-赖氨酸的 pH8.0～14.0 的洗脱液减压浓缩至溶液达到 12～14 波美度,用盐酸调 pH4.9。再减压浓缩至溶液比重为 22～23 波美度,5℃放置结晶过夜,滤取结晶得 L-赖氨酸盐酸盐。

(8)精制

将上述 L-赖氨酸盐酸盐粗品加至 1 体积的(W/V)去离子水中,于 50℃搅拌溶解,加适量活性炭于 60℃保温脱色 1h,趁热过滤,滤液冷却后于 5℃结晶过夜,滤取结晶于 80℃烘干,得 L-赖氨酸盐酸盐成品。

4.酶转化法

在特定酶的作用下使某些化合物转化成相应氨基酸的技术。本法的基本过程是利用化学合成的、生物合成的或天然存在的氨基酸前体为原料,同时培养具有相应酶的微生物通过酶促反应,合成特定的 L-型氨基酸,反应液经分离纯化即得相应氨基酸成品。由于底物选择的多样性,因而不限于制备天然产品。借助于酶的生物催化,可使许多本来难以用发酵法或合成法制备的光学活性氨基酸,有工业化生产的可能。

酶工程法与直接发酵法生产氨基酸的反应本质相同,皆属酶转化反应,但前者为多酶低密度转化,而后者为单酶或多酶的高密度转化。两者相比,酶工程技术工艺简单,产生浓度高,转化率及生产效率较高,且副产物少。

采用酶法生产的氨基酸有 10 多种,如在 L-色氨酸合成酶催化下使吲哚和 L-丝氨酸合成 L-色氨酸;DL-氨基酸的酶拆分等。由化学合成法得到适当的中间体,配合酶法制造氨基酸,将是氨基酸生产的发展方向。

【案例】

酶法生产赖氨酸

1.酶转化法

主要用生产尼龙原料己内酰胺时生成的大量副产物环己烯为起始原料,用化学方法合成 DL-氨基己内酰胺,利用 D-氨基己内酰胺消旋酶(无色杆菌产生),将 D-氨基己内酰胺消旋化,生成 L-氨基己内酰胺,再利用 L-氨基己内酰胺水解酶(隐球酵母产生)将 L-氨基己内酰胺水解,生成 L-赖氨酸。该工艺由于反应速度快,原料便宜,产酸率高,已投入工业生产。

生产工艺:10%、100ml(780mmol)的 DL-氨基己内酰胺(用 HCl 调 pH 为 8.0),加入 0.1g 隐球酵母的丙酮干燥体及 0.1g 无色杆菌的冷冻干燥菌体,置于 300ml 的三角瓶中,在往复式摇瓶机上进行振荡培养,温度保持 40℃,反应时间为 24h。上清液中测不出 D-氨基己内酰胺,转化率达到 95%以上。加入少量活性炭,搅拌并煮沸 3min,冷却至室温,过滤后用盐酸调 pH 为 4.1,真空浓缩,60℃干燥,得到 L-赖氨酸盐酸盐,纯度可达 99.5%。

2.酶拆分法

利用酰化酶水解反应的专一性,即只能作用于乙酰-L-赖氨酸,而对乙酰-D-赖氨酸不起反应。用酰化酶(米曲霉产生)作用乙酰-DL-赖氨酸后,得到 L-赖氨酸和乙酰-D-赖氨酸,再用有机溶剂提取 L-赖氨酸。

操作要点:首先配置 0.1~0.5mol/L 浓度的乙酰-DL-赖氨酸的水溶液,用氢氧化钠调节 pH=7.0,加入一定量的米曲霉丙酮干粉,38℃24h 以上。待水解反应基本完全,加入醋酸调 pH=5.0,停止酶的作用并加入少量的活性炭,加热至 70℃脱色,过滤,浓缩。酶水解后生成的 L-赖氨酸不溶于有机溶剂,而 N-乙酰-D-赖氨酸则能溶解。故加入有机溶剂,L-赖氨酸即析出,而与溶解的乙酰-D-赖氨酸分开。

第二节 多肽与蛋白质类药物

多肽和蛋白质是生物体内广泛存在的重要生化物质,具有多种多样的生理生化功能,也是一类非常重要的药物。多肽一般是指 50 或 50 个以下氨基酸残基组成的化合物;蛋白质是指 50 个以上氨基酸残基组成的化合物。多肽蛋白质类药物包括激素(如垂体激素、促性腺激素、胰岛素等)和蛋白类酶(如蛋白酶、淀粉酶、天冬酰胺酶等),此外还有黏蛋白、胶原蛋白、活性多肽等其他药物品种。血浆蛋白虽然也属于多肽蛋白质物质,但由于其具有免疫调节、生理平衡功能,且质量控制严格,被归类于生物制品类。在 2005 年版《中国药典》中,细胞因子也已被划入生物制品类。

现已知生物体内含有和分泌很多种激素、活性多肽,仅脑中就存在近 40 种,而人们还在不断地发现、分离、纯化新的活性多肽物质。

一、分类及其在医药中的应用

1 激素

蛋白质多肽激素包括由丘脑、脑垂体、胰腺、甲状旁腺、甲状腺、胸腺、胃肠道、肾、胎盘、睾丸、卵巢及其他非腺体组织所分泌的多种激素。这些激素具有各种各样的功能。

(1)脑垂体激素

脑垂体分泌的激素有几十种,如生长素、促皮质素、粗黑激素、催产素等。这类激素对于生长发育和促进其他腺体分泌激素具有重要的作用。

例如生长素(GH)是一个蛋白质激素,主要作用是促进 RNA 的生物合成,从而直接影响蛋白质的合成和骨骼的生长。此外,生长素也能促进糖和脂的代谢。人在幼年时期,如果生长素分泌不足,则生长发育迟缓,身材矮小,称为"侏儒症"。若在幼年时生长素分泌过多,身体各部分过度生长,称为"巨人症"。

(2)下丘脑激素

下丘脑激素主要包括一些释放激素(或释放因子)和释放抑制激素(或释放抑制因子),其主要功能是对脑垂体激素起调控作用。例如生长素释放激素(GRH)可以促进垂体生长素的释放,生长素释放抑制激素(GRIH)则抑制生长素的释放。

(3)胰岛激素

胰岛是胰脏的内分泌组织。人的胰岛主要是由 α、β 和 δ 三种细胞组成。α-细胞分泌胰高血糖素、β-细胞分泌胰岛素,δ-细胞分泌生长抑素。胰高血糖素和胰岛素的作用相反,胰岛素主要是促进细胞摄取葡萄糖,促进肝糖原的合成,而胰高血糖素则是促进肝糖原分解,使血糖升高。生长抑素可作为旁分泌激素参与抑制胰高血糖素的分泌。

当体内胰岛素分泌不足时,则产生高血糖现象。如果血糖的浓度超过一定的范围,尿中就会出现葡萄糖,即糖尿病。由于体内糖原合成受阻和葡萄糖随尿液大量排出,患者机体丧失了主要的能量来源,只能动用体内储存的脂肪和蛋白质,脂肪和蛋白质的分解会使血中酮体升高,所以糖尿病人通常会出现酮血症和酸中毒现象。临床上胰岛素是治疗糖尿病的主要药物。

(4)甲状旁腺激素

甲状旁腺主要分泌甲状旁腺素(PTH)和降钙素(CT),二者都是调节钙磷代谢的,PTH可以升高血钙,而 CT 则可以降低血钙。

甲状旁腺素可促进骨骼脱钙,从而增高血钙。当甲状旁腺素分泌不足,血钙含量低于$7mg/g$ 时(正常人血钙含量为 $9\sim11mg/g$),神经兴奋性增高,引起痉挛,注射甲状旁腺素可以恢复正常。如果甲状旁腺机能亢进,则会引起脱钙性骨炎及骨质疏松症。

降钙素是通过抑制破骨细胞活性,抑制骨自溶,减少骨骼钙的释放,同时骨骼不断摄取血浆中的钙,导致血钙降低,临床上已用于治疗高血钙和骨科疾病。

(5)胃肠道激素

已知消化系多肽激素有 20 余种,如胰泌素、胃泌素、胰酶分泌素、抑胃肽、舒管紧张肽、肠高血糖素、胃泌素抑制肽、糜蛋白酶素、十二指肠素(Duocrinin)及绒毛收缩素(Vilikinin)等。它们相互制约,协调地控制消化腺分泌和胃肠道蠕动,以及黏膜的更新和滋养作用。

目前已确定 10 余种多肽类既存在于胃胰内分泌细胞,又存在于神经过敏细胞中,这些肽类称脑—肠肽,如胃泌素、胰泌素、胰酶分泌素、舒血管肠肽、胃动素等。因此有人认为胃肠道的内分泌细胞在胚胎学上和神经组织同源,这些胃肠道激素的分泌,既受神经支配又受食物刺激的影响。

胃肠道激素作为药物应用到临床上具有很大的潜力。目前应用的 4 肽胃素和 5 肽胃素,主要用于治疗胃酸减少和胃下垂等症。缩胆囊肽也有合成品,用于治疗肠麻痹、缓解胆绞痛,以及用于胰机能和胆囊造影的检查诊断。肠激素临床也曾用于治疗十二指肠溃疡等。目前国外用猪十二指肠提取肠激素的专利很多,也有商品问世。

2.蛋白类酶

早期酶制剂主要用于治疗消化道疾病,烧伤及感染引起的炎症疾病,现在国内外已广泛应用于多种疾病的治疗,其制剂品种已超过 700 余种。依据其功效和临床应用分为下列几类:消化酶、抗炎、黏痰溶解酶、抗凝酶、抗癌酶等。

(1)助消化酶类

助消化酶主要有胰酶、胰脂酶、胃蛋白酶、半乳糖苷酶、淀粉酶、纤维素酶和消食素等。最常用的多酶片,由胃蛋白酶、胰酶和淀粉酶配伍组成,既能在胃内又能在肠中起消化作用。消化酶用于临床,可补充内源消化酶的不足,促进食物中蛋白质、脂肪、糖类的消化吸收,治疗消化器官疾病和由其他各种原因所致的食欲不振、消化不良。如乳糖酶适用于婴儿各种乳糖消化不良症的治疗,可防止乳糖不能吸收引起的腹泻和腹部不适症状。

利用酶作为消化促进剂,早已为人们所采用。早期使用的消化剂,其最适 pH 为中性至微碱性,故常将酶与胃酸中和剂 $NaHCO_3$ 一同服用。最近已从微生物制得不仅在胃中,同时也能在肠中促进消化的复合消化剂,内含蛋白酶、淀粉酶、脂肪酶和纤维素酶。美国 FDA认为消化剂的有效性还不令人满意,所以不能作为广告刊登,大部分的消化酶是根据医师的处方或推荐而使用的,日本和欧洲在使用上没有这种限制。

（2）消炎酶类

蛋白酶主要有胰蛋白酶、菠萝蛋白酶、木瓜蛋白酶、木瓜凝乳蛋白酶、酸性蛋白酶、枯草杆菌蛋白酶等。多糖酶有溶菌酶、玻璃酸酶、细菌淀粉酶、葡聚糖酶等。其中用得最多是溶菌酶,其次为菠萝蛋白酶和胰凝乳蛋白酶。临床常用于外伤、手术后、关节炎、鼻窦炎等伴有水肿的炎症,能促进渗出液再吸收,达到抗水肿的目的,但没有抗风湿和解热镇痛作用。消炎酶内服一般做成肠溶性片剂。

蛋白酶的消炎作用已被实验所证实,至今作用机制尚未完全弄清,有的认为是直接作用于炎症时产生纤维蛋白原、活性多肽;有的认为是提高内源性蛋白酶的活性,促使抗炎多肽的生成。特别是其在体内的吸收途径、在血液中的半衰期以及在体内如何保持活性等问题,是当今药用酶研究的热门课题。表 2-2 为部分消炎酶的组成及品种,左边为单一品种的消炎酶制剂,右边为消炎酶复方制剂。

表 2-2　部分消炎酶的组成及品种

消炎酶	品　种	消炎酶	品　种
溶菌酶	14	菠萝蛋白酶＋胰蛋白酶	4
菠萝蛋白酶	10	胰凝乳蛋白酶＋胰蛋白酶	4
α-胰凝乳蛋白酶	8	胰酶＋链霉菌蛋白酶	1
胰蛋白酶	3		
明胶肽酶	1		

（3）心血管疾病治疗酶类

健康人体血管中凝血和抗凝血过程保持着良好的动态平衡,其血管内既无血栓形成,也无出血现象发生,其中血纤维蛋白起着十分重要的作用。对血栓的治疗涉及以下几方面:①防止血小板凝集;②阻止血纤维蛋白形成;③促进血纤维蛋白溶解。因此,提高血液中蛋白水解酶水平,将有助于促进血栓的溶解。

目前已用于临床的治疗心血管疾病的酶主要有链激酶、尿激酶、纤溶酶、凝血酶和曲菌蛋白酶等,它们作用于血液循环系统,具有抗凝、止血、扩张血管等功能。如尿激酶作用于血液纤溶系统,可促使纤溶酶原变成有活性的纤溶酶,溶解血纤维蛋白,用于治疗新鲜静脉、动脉血栓,是具有显著效果的抗血栓药物。

（4）抗肿瘤酶类

酶能治疗某些肿瘤,如天冬酰胺酶是令人注目的抗白血病药物,是世界上第一个治疗癌症的酶。白血病细胞需要天冬酰胺作必需营养素,但它本身没有天冬酰胺合成酶,所以不能自身合成,只有靠外源供给才能生存、增长。巧妙地利用白血病细胞的这种代谢缺陷,选用天冬酰胺酶直接切断和剥夺它的营养来源,使蛋白质合成发生障碍,便可抑制白血病细胞的生长繁殖。而对正常细胞来说,有天冬酰胺合成酶,可以合成天冬酰胺,自给自足,不受影响。

此外,谷氨酰胺酶能治疗多种白血病、腹水瘤、实体瘤等;神经氨酸苷酶是一种良好的肿瘤免疫治疗剂;尿激酶可用于加强抗癌药物如丝裂霉素 C 的药效;米曲溶栓酶也能治疗白血病和肿瘤等。

（5）临床诊断用酶

酶作为临床诊断试剂用于医学方面是一个新的发展，用它测定体液内各种组分如葡萄糖、胆固醇、三酰甘油等进行诊断，具有方便、正确、快速、灵敏等优点。自动分析仪器问世后，酶试剂配合了自动分析，更显示出它的优越性。

现在已使用的诊断用酶有数十种，分为氧化酶、脱氢酶、激酶、水解酶、萤光酶等，用于测定20多个化验项目。由于在测定某一项目时需要一个或几个酶的配合，组成一个酶反应系统，然后可借助一个最终反应产物，在测试仪表上读出所需的数字信息，因此，常把需要的酶配制在一起，制成一种酶盒，这类酶盒又称酶试剂（盒）。

研究诊断用酶试剂时，首先要确定一个测试项目，选择好一个酶反应系统，然后再解决酶的来源问题。酶可从微生物、动植物中提取、纯化和标定。杂酶含有量的检查，以不干扰测试时的反应为主。

诊断用酶作为我国急需开发的一个新领域，受到了各方面的重视，也是生化制药的重要内容。如对胆固醇氧化酶制备方法的研究，已能够从链霉菌发酵液中进行提取和分离，同时研究成功了从猪胰中提取胆固醇酯酶的工艺。用这两种酶配制的测定血清总胆固醇的酶试剂盒，稳定性及效果均良好。其他测定三酰甘油的酶试剂、测定肌酸激酶用的酶试剂正在积极开展研究工作，已取得了一些进展。

（6）其他医用酶

如青霉素酶能分解青霉素，治疗青霉素引起的过敏反应；透明质酸酶可分解黏多糖，使组织间质的黏稠性降低，有助于组织通透性增加，是一种药物扩散剂；弹性蛋白酶有降血压和降血脂作用；激肽释放酶能治疗同血管收缩有关的各种循环障碍；葡聚糖酶能预防龋齿。

3. 其他药用品种

（1）活性多肽

骨宁、眼生素、血活素、妇血宁、神经营养素、胎盘提取物、花粉提取物、脾水解物、肝水解物等也含有多肽活性成分，人们还在不断地发现、分离、纯化新的活性多肽物质。

（2）黏蛋白

黏蛋白是由黏液腺和黏液细胞分泌的一类复合蛋白质，以氨基多糖（即黏多糖）为辅基与蛋白部分共价络合，为黏液的主要组成成分，如胃膜素、硫酸糖肽、血型物质A和B等。黏蛋白存在于骨、软骨及其结缔组织中，有保护、黏合等作用，可保护细胞免受细胞外物质的侵害和作润滑剂。

此外，还有胶原蛋白（如明胶、阿胶、冻干猪皮等）、蛋白酶抑制剂等。

二、生产方法

多肽及蛋白质类药物主要来源于动物、植物和微生物，多从天然生物材料中，经提取、纯化等工艺制得。但随着基因工程技术的发展，已有多种多肽和蛋白质采用基因工程菌或转基因动植物生产。

1. 化学合成法

化学合成法是把氨基酸按一定的顺序排列起来，利用氨基和羧基的脱水形成肽键，进而形成我们所需要的结构。1953年，人类化学合成了具有生物活性的多肽——催乳素，1965年，我国又率先合成了蛋白质——牛胰岛素。经过半个多世纪的发展，目前已采用专门的化学合成仪,利用多种方式(如液相合成、固相合成、固/液合成相结合以及片段连接等)进行多肽蛋白质类药物的研制开发。特别是含有非天然氨基酸的蛋白质(如翻译后修饰蛋白质、修饰有探针分子的蛋白质等)难以通过生物表达来获取,必须使用化学方法来合成。

但目前化学合成法步骤麻烦、成本较高,难以工业化生产。

2.直接提取法

直接提取法是从动物、植物原料中,将多肽或蛋白质提取出来,再进行分离纯化的过程。该方法是最早使用的方法,也是目前生产多肽蛋白质药物的重要方法。

(1)原料

多肽蛋白质药物的主要原料是动物脏器,如丘脑、脑垂体、胰腺、甲状旁腺、甲状腺、胸腺、胃肠道。原料的种属、发育状态、生物状态等对产品的质量、产量和成本都有着重要的影响。

①种属

牛胰含胰岛素单位比猪胰高,牛为 4000IU/kg 胰脏,猪为 3000IU/kg 胰脏。抗原性则猪胰岛素比牛胰岛素低,前者与人胰岛素相比,只有 1 个氨基酸的差异,后者有 3 个氨基酸的差异。一般采用猪胰做生产胰岛素的原料。

由于种属特异性,用猪垂体制造的生长素对人体无效、不能用于人体。

②发育生长阶段

幼龄动物的胸腺比较发达,老龄后逐渐萎缩,因此胸腺原料必须采自幼龄动物。绒毛促性腺激素在妊娠 60～70 天的尿中达到高峰,到妊娠 18 周降到最低水平,因此,尿液的收集一定要选对时机。肝细胞生长因子是从肝细胞分化最旺盛阶段的胎猪或胎牛肝中获得的,对于成年动物,只有经过肝脏部分切除手术后,才能获得富含肝细胞生长因子的原料。

③生物状态

动物饱食后宰杀,胰脏中的胰岛素含量增加,对提取胰岛素有利,但胆囊收缩素的分泌使胆汁排空,对胆汁的收集不利。

④原料来源

血管舒缓素可分别从猪胰脏和猪颌下腺中提取,两者生物学功能并无二致,但稳定性以鄂下腺来源为好,因其不含蛋白水解酶。

⑤原料解剖学部位

猪胰脏中,胰尾部分含激素较多,而胰头部分含消化酶较多,分别摘取则可提高各产品的收率。胃膜素以采取全胃黏膜为好,胃蛋白酶则以采取胃底部黏膜为好,因胃底部黏膜富含消化腺。

(2)提取与纯化

提取的总体要求是最大限度地把有效成分提出来,关键是溶剂的选择。提取的溶剂随药物的性质而异,如白蛋白可以用水来提取,为做到重复性较强,以较稀的缓冲液为宜;胰岛素则用 50% 的乙醇提取。提取一般都在较低温度下如 0℃ 左右进行,个别的需适当提高温度,但要注意温度高会引起变性。

纯化就是将某种蛋白质与其他蛋白质杂质分离开来。纯化方法需利用分离形状与相对分子质量大小、电离性质、溶解度及生物功能的专一性差别,使用沉淀、层析、膜分离等多种技术使蛋白质达到药用质量标准。

【案例】

降钙素的生产

降钙素可抑制破骨细胞活动,减弱溶骨过程,增强成骨过程,使骨组织释放的钙磷减少,钙磷沉积增加,因而血钙与血磷含量下降。临床上可用于:(1)治疗变形性骨炎;(2)治疗老年性骨质疏松症;(3)治疗骨转移性肿瘤、甲状旁腺功能亢进、甲状旁腺癌和甲状腺功能亢进引起的高血钙症。此外,口服后可直接抑制胃壁细胞分泌胃酸,以治疗胃及十二指肠溃疡;亦可用于高磷酸血症及早期诊断甲状腺髓样癌等。

降钙素分子量约 3500,溶于水和碱性溶液,不溶于丙酮、乙醇、氯仿、乙醚、苯、异丙醇等,难溶于有机酸。降钙素广泛存在于多种动物体内。在人及哺乳动物体内,主要存在于甲状腺、甲状旁腺、胸腺和肾上腺组织中,鱼类则在鲑、鳗、鳟等的终鳃体里含量较多。已从人、牛、猪的甲状腺和鲑、鳗终鳃中分离出纯品。各种不同动物来源的降钙素,氨基酸排列顺序有些差异,由鲑鱼中获得的降钙素对人的降钙作用比从其他哺乳动物中分离出的降钙素要高 25～50 倍。

(1)生产工艺路线:

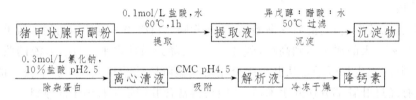

(2)工艺过程:

猪甲状腺经绞碎,用丙酮脱脂制成甲状腺丙酮粉 27kg,加入 0.1mol/L 盐酸 1540L,加热至 60℃搅拌 1h,加水 1620L 混匀,搅拌 1h,离心。沉淀用水洗涤,合并上清液和洗液再搅拌 2h 后离心。收集上清液,加入 15L 异戊醇∶醋酸∶水(20∶32∶48)的混合液搅匀,加热至 50℃,用硅藻土作助滤剂过滤,收集沉淀。沉淀溶于 0.3mol/L 氯化钠液 8L 中,用 10%盐酸调节 pH 为 2.5,离心除去不溶物,收集离心液。溶液用 10 倍水稀释后,通过 CMC(5×50cm)柱,柱用 0.02mol/L 醋酸缓冲液(pH4.5)平衡,收集含有降钙素的溶液,冻干或用 2mol/L 的氯化钠盐析制得降钙素粉末。在此基础上还可进一步纯化。

【知识拓展】

丙酮粉

组织经丙酮迅速脱水干燥制成丙酮粉,不仅可减少酶的变性,同时因细胞结构成分的破碎使蛋白质与脂质结合的某些化学键打开,促使某些结合酶释放到溶液中,如鸽肝乙酰化酶就用此法。

常用的方法是将组织糜或匀浆悬浮于 0.01mol/L pH6.5 的磷酸缓冲液中,在 0℃下一边搅拌,一边徐徐倒入 10 倍体积的－15℃无水丙酮内,10 分钟后,离心过滤取其沉淀物,反复用冷丙酮洗几次,真空干燥即得丙酮粉。丙酮粉在低温下可保存数年。

3.基因重组法

由于天然动植物中的有效成分含量低,杂质太多,一般天然终产品得率不高、纯度较低。此外,大部分蛋白质具有种属特异性,如猪生长素作用于人体不起作用,而猪胰岛素作为一种异源蛋白作用于人体有抗原性,用的次数多了,会降低治疗效果。

基因工程技术使得很多从自然界很难或不能获得的蛋白质得以大规模合成。20世纪80年代以来,以大肠杆菌作为宿主,表达真核cDNA和病毒抗原基因等,为人类获取大量有医用价值的多肽类蛋白质开辟了一条新的途径。

(1)利用基因工程菌(细胞)

把人体细胞内含有的合成某一多肽或蛋白质的基因分离出来,再结合一定的载体,转入特定的受体细胞,通过受体细胞将该多肽或蛋白的基因表达出来。目前采用的受体细胞有大肠杆菌、酵母、哺乳动物细胞等,该方法产量高、成本低,已有如胰岛素、生长素等多种多肽蛋白质药物采用该方法生产。

(2)利用转基因动物

将药用蛋白质基因连接到乳汁蛋白质基因的调节元件下游,将连接产物显微注射到受精卵或胚胎干细胞,转基因胚胎长成个体后,在泌乳期可以源源不断地提供目的基因的产物(药物蛋白质)。该方法不仅产量高,而且表达的产物已经过充分修饰和加工,具有稳定的生物活性。作为生物反应器的转基因动物又可无限繁殖,故具有成本低、周期短和效益好的优点。

目前,多种由转基因家畜乳汁中分离的药物蛋白正用于临床试验。2009年2月,美国食品药品管理局首次批准了用转基因山羊奶研制而成的抗血栓药物Atryn上市,治疗一种被称为遗传性抗凝血酶缺乏症的疾病。这种新药的推出,有望拉开用转基因动物作为药物工厂的序幕。

【案例】

重组胰岛素的生产

胰岛素是由动物胰腺的胰岛β细胞分泌的一种蛋白类激素,是治疗一型糖尿病最有效的药物。胰岛素是由两个二硫键连接的A链和B链共51个氨基酸残基组成,A链由21个氨基酸残基组成,链内有一个二硫键,B链由30个氨基酸残基组成,链间有两个二硫键。

在1982年以前,人类应用的全部是动物来源的胰岛素,随着1982年世界上第一个重组药物人胰岛素的问世,动物胰岛素就逐渐被基因工程人胰岛素所取代。目前重组人胰岛素的生产中应用的有两种宿主表达系统,即大肠杆菌和酵母表达系统。

(1)大肠杆菌表达胰岛素原法

早期生产多采用这种方法,分别用大肠杆菌表达胰岛素的A链和B链,纯化后,在体外用化学方法连接两条肽链组成胰岛素。美国Eli Lilly公司采用该法生产的重组人胰岛素Humulin最早获准商品化。用大肠杆菌表达胰岛素两个优点:一是表达量高,一般表达产物可以达到大肠杆菌总蛋白质的20%~30%;二是表达产物为不溶解的包涵体,所以经过水洗后表达产物的纯度就可达到90%左右,因而易于下游纯化。其缺点是表达出的胰岛素尚没有生物活性,需要复性。

（2）酵母菌表达胰岛素原法

目前多运用酵母菌表达胰岛素原法生产重组胰岛素。用酵母表达人胰岛素也具有两个优点：表达产物二硫键的结构与位置正确；不需要复性加工处理。其缺点是表达量低，发酵时间长。

酵母表达体系由以下几个部分组成：信号肽、前肽序列、蛋白酶切位点和微小胰岛素原。前肽序列的作用是引导新合成的微小胰岛素原通过正确的分泌途径，即从细胞内质网膜到高尔基体，随后分泌至胞外。在分泌过程中微小胰岛素原形成结构正确的二硫键，然后由酵母细胞内的一种特殊蛋白酶在 KR（赖氨酸—精氨酸）酶切位点将前体肽链切除，最后由正确构象的微小胰岛素原分泌至细胞外。

微小胰岛素原是胰岛素 A、B 链的融合蛋白，连接 A、B 链的多肽比天然胰岛素原 C 肽短。发酵结束后离心去除酵母细胞，培养液经超滤澄清并浓缩，以离子交换柱吸附和沉淀法去掉大分子杂质，得到纯化的微小胰岛素原。用胰蛋白和羧肽酶处理，得到胰岛素粗品。再通过离子交换色谱、分子筛色谱、两次反相色谱去除连接肽和有关降解杂质，获得胰岛素纯品。重结晶后得到的终产品纯度达 97% 以上。

【知识拓展】

糖尿病的类型

糖尿病基本分为四类，包括：一型（胰岛素依赖型）、二型（非胰岛素依赖型）、其他型和妊娠糖尿病。一型和二型糖尿病的病因不太清楚，我们称之为原发性糖尿病；其他型糖尿病多有其特殊的病因可查，如胰腺疾病造成的胰岛素合成障碍，或同时服用了能升高血糖的药物，或其他内分泌的原因引起胰高血糖素分泌太多等；妊娠糖尿病是妇女在妊娠期间诊断出来的一类特有的糖尿病。一型糖尿病及二型糖尿病药物控制效果不好的患者必须服用胰岛素。

第三节　核酸类药物

核酸是生命的最基本物质，存在于一切生物细胞里。世界各国对核酸的研究和应用是非常活跃的，新的发现一个接一个地涌现出来，应用于临床的核酸及其衍生物类药物愈来愈多，并初步形成了核酸生产工业。1979 年我国召开了核酸科研生产会议，有力地推动了核酸的应用与生产的发展。随着对核酸秘密的揭示，对生命现象认识的不断深入，利用核酸战胜危害人类健康的各种疾病，将会有新的飞跃。

一、分类及其在医药中的应用

随着人们对核酸类物质研究的深入，该类药物也得到了迅速发展，在癌症、肝病、心脏疾病等多种疾病的治疗和预防方面应用十分广泛，主要核酸类药物的品种与用途见表 2-3。核酸类药物分为两大类：一类是具有天然结构的核酸类物质，一类是碱基、核苷、核苷酸的结构类似物或聚合物。

表 2-3　主要核酸类药物品种与用途

名　称	治疗范围
核糖核酸（RNA）	口服用于治疗精神迟缓、记忆衰退、动脉硬化和痴呆症；静脉注射用于刺激造血功能，治疗慢性肝炎、肝硬化及初期癌症
脱氧核糖核酸（DNA）	抗放射线辐射作用，能改善机体虚弱疲劳，与红霉素合用，能降低其毒性提高抗癌疗效
聚肌胞苷酸（聚肌胞）	是干扰素诱导物，具有广谱抗病毒作用，用于抗肿瘤、增加淋巴细胞免疫功能
三磷酸腺苷（ATP）	用于治疗心力衰竭、心肌炎、心肌梗死、脑动脉和冠状动脉硬化、急性脊髓灰质炎、肌肉萎缩与慢性肝炎等
核酸-氨基酸混合物	用于气管炎、神经衰弱的治疗
辅酶 A（CoA）	用于治疗动脉硬化、白细胞、血小板减少，肝、肾病等
脱氧核苷酸钠	用于放疗、化疗引起的急性白细胞和血小板减少症的治疗
腺苷一磷酸（AMP）	有末梢血管扩张作用、降低血压作用；用于治疗静脉曲张性溃疡等
鸟苷三磷酸（GTP）	用于治疗慢性肝炎、进行性肌肉萎缩等症的治疗
辅酶（CoⅠ）	用于白细胞减少及冠状动脉硬化的治疗
辅酶（CoⅡ）	促进体内物质的生物氧化
阿糖腺苷	用于治疗单纯疱疹脑炎
阿糖胞苷	用于急性粒细胞白血病的治疗
6-氨基嘌呤	用于升高白血球，治疗放、化疗引起的白细胞减少症
肌苷	用于治疗各种肝炎、心脏病、白细胞或血小板减少症、视神经萎缩等
5'-核苷酸	用于治疗白细胞、血小板减少症及肝炎和心脏病
叠氮胸苷	治疗艾滋病

1.具有天然结构的核酸类物质

这些物质是生物体合成的原料，或是蛋白质、脂肪、糖生物合成、降解以及能量代谢的辅酶。缺乏这类物质会使生物体代谢障碍，发生病态。提供这些药物，有助于改善机体的物质代谢和能量平衡，加速受损组织的修复、促使缺氧组织恢复正常生理机能。临床已广泛使用于放射病、血小板减少症、白细胞减少症、急慢性肝炎、心血管疾病、肌肉萎缩等代谢障碍。这类的药物有辅酶 A、腺苷、尿苷、肌苷、腺苷酸、尿苷酸、肌苷酸、腺三磷、胞三磷、辅酶Ⅰ（CoⅠ）、辅酶Ⅱ（CoⅡ）、黄素腺嘌呤二核苷酸等。

这些物质是生物体自身能够合成的，副毒作用小，多用发酵法和提取法生产。

2.碱基、核苷、核苷酸的结构类似物或聚合物

这类物质是由自然结构的核酸类物质化学改造得到的，与天然核酸类物质结构相似，但不具有天然核酸的功能。如在 DNA 合成过程中，核苷类似物可以掺入进去，但却不能合成有正常功能的核酸链，从而使病毒的复制终止。这类核酸药物是治疗病毒、肿瘤、艾滋病的重要药物，也是产生干扰素、免疫抑制的临床药物。如叠氮胸苷（AZT）是 1987 年美国 FDA 批准的治疗艾滋病的药物，化学名为 3-叠氮-2-脱氧胸腺嘧啶核苷。其药理作用是在体内经磷酸化后生成 3-叠氮-2-脱氧胸腺嘧啶核苷酸，该核苷酸取代了正常的胸腺嘧啶核苷酸

参与病毒 DNA 的合成,含有 AZT 成分的 DNA 不能继续复制,从而达到阻止病毒增殖的目的。

【知识拓展】

治疗乙肝的核苷(酸)类似物

目前已上市的乙型肝炎抗病毒药物主要有两类,即干扰素和核苷(酸)类似物。临床用于乙肝治疗的核苷类似物主要有:拉米夫定、阿德福韦酯和恩替卡韦,化学名分别为 2'3'-双脱氧-3'-硫代胞嘧啶、9-[2-[双(新戊酰氧甲氧基)磷酰甲氧基]乙基]腺嘌呤、9-(4-羟基-3-羟甲基-2-亚甲基环戊-1-基)鸟嘌呤水合物。

这类药物有氮杂鸟嘌呤、硫唑嘌呤、巯嘌呤、磺硫嘌呤、氯嘌呤、乳清酸、氟胞嘧啶、氟尿嘧啶、聚肌胞苷酸、聚腺尿苷酸等。临床上已经用于抗病毒的核苷类药物就有三氟代胸苷、叠氮胸苷、阿糖腺苷等 8 种。

【知识拓展】

阿糖腺苷

阿糖腺苷又称腺嘌呤阿拉伯糖苷,分子中阿拉伯糖代替了腺嘌呤的戊糖。阿糖腺苷是一种 DNA 病毒抑制剂,目前被认为是治疗单纯疱疹脑炎最好的药物。

阿糖腺苷在体内转化为阿糖腺三磷,是脱氧腺三磷(dATP)的拮抗物,从而抑制了以 dATP 为底物的病毒 DNA 聚合酶的活力。

阿糖腺苷生产是先将尿苷转化为阿糖尿苷,再转化成阿糖腺苷。

二、生产方法

核酸类药物的生产方法主要有提取法、水解法、酶促合成法和发酵法,生产中常依其性质的差异采取不同的分离纯化方法。

1. 提取法生产

提取法生产 DNA、RNA 的主要工艺是先从原材料中提取核酸与蛋白质混合物,再用沉淀法分离核酸与蛋白质,然后离心分离出 DNA 与 RNA。此外,提取法也可用于核苷酸的生产,如从兔肌肉中提取 ATP,从酵母或白地霉中提取辅酶 A 等。

DNA 是脱氧核糖核酸,主要存在于细胞核染色体中,制备 DNA 常用的原料是动物组织或细胞。RNA 是核糖核酸,主要在细胞的微粒体中,所以核酸的丰富资源是微生物。下面主要介绍提取法制备 RNA 的过程。

从微生物中提取 RNA 是工业上最实际有效的方法。在细菌中 RNA 占 5%～25%,在酵母中占有 2.7%～15%,在霉菌中占 0.7%～28%,面包酵母含 RNA4.1%～7.2%。由于酵母和白地霉含丰富的 RNA,含 DNA 则很少,不须特地去分离,RNA 又容易提取,故是制备 RNA 的好材料。所以工业生产上,主要采用啤酒酵母、面包酵母、酒精酵母、白地霉和青霉菌等为原料制备 RNA。从酵母和白地霉中制备 RNA 时,一般先用稀碱法和浓盐法使

RNA 从细胞中释放出来,然后再进行提取、沉淀和纯化。

2.酶解法

该法用于核苷酸的生产。先用提取法获得 DNA 或 RNA,然后用酶水解 DNA 或 RNA 生成核苷酸,然后再分离提取核苷酸。从酶解液中分离核苷酸,采用阴阳离子交换树脂柱有序排列组合,将酶解液串联上柱,分段洗脱,该工艺具有较高的回收率,可一次性自酶解液中分离得到纯度高达 98% 以上的核苷酸。

最常用的酶有桔青霉 A.S 3.2788 产生的 5'-磷酸二酯酶,也可用红酵母发酵所产生的 3'-磷酸二酯酶。此外,还有用牛胰核糖核酸酶(RNaseA)、蛇毒磷酸二酯酶(VPDase)、脾磷酸二酯酶(SPDase)等。

3.半合成法

半合成法即微生物发酵与合成法并用的方法。核酸类似物主要由自然结构的核酸类物质进行半合成而制备。如叠氮胸苷是以水解 DNA 制备的胸苷为起始原料,经过七步化学反应合成的。

此外,酶促合成法也广泛应用于核酸类药物的生产中,如用磷酸化法生产腺苷三磷酸,用阿糖尿苷酶法合成阿糖腺苷,用肌苷转变为肌苷酸等。

【案例】

腺苷三磷酸的生产

腺苷三磷酸是机体自身产生的高能物质,参与吸收、分泌和肌肉收缩等各种生化反应,在生命活动中起着极其重要的作用。药用品为含 3 个结晶水的二钠盐。

ATP 主要用于心力衰竭、心肌炎、心肌梗死、脑动脉及冠状动脉硬化、急性脊髓灰质炎、肌肉萎缩、慢性肝炎等疾病的治疗。ATP 的生产常采用酵母细胞将 AMP 氧化磷酸化成 ATP。

(1)氧化反应

取 AMP 用水溶解,另取 $K_2HPO_4 \cdot 3HO_2$、KH_2PO_4、$MgSO_4 \cdot 7HO_2$ 溶于水中。将两溶液混合后,加入离心甩干的新鲜酵母及葡萄糖,$30\sim32℃$ 下缓慢搅拌,发酵起泡约 2h,部分 AMP 转化成 ADP 时,升温至 37℃ 直到 AMP 斑点消失为止,将反应液冷却至 15℃ 左右,加入 40% 三氯乙酸 500ml,用盐酸调节至 pH2,过滤除去酵母菌体及沉淀物,得上清液。

(2)分离纯化

上清液加入处理过的颗粒活性炭,在 pH2 条件下缓慢搅动 2h,吸附 ATP,除去上清液,用 pH2 的水洗涤活性炭,漂洗去大部分酵母残体后,装入层析柱中,再用 pH2 水洗至澄清,用 2∶3∶50(体积比)的氨水∶水∶95% 乙醇混合液洗脱 ATP,流速为 30ml/min。

将 ATP 氨水洗脱液置于冰浴中,盐酸调至 pH3.8,加 3~4 倍体积的 95% 乙醇,在 5~10℃ 静置 6~8h,倾去乙醇,沉淀为 ATP 粗品,将粗品溶于 1.5L 蒸馏水中,加硅藻土 50g,搅拌 15min,布氏漏斗过滤,取过滤液。

将上述过滤液调至 pH3,上 717Cl-型阴离子交换树脂柱,吸附饱和后用 pH3 的 0.03mol/L NaCl 溶液洗柱,去 ADP 和杂质。然后用 pH3.8、1mol/L NaCl 液洗脱,收集遇乙醇沉淀部分的洗脱液。

（3）精制

洗脱液加硅藻土 25g，搅拌 15min 去热原，抽滤，上清液调节 pH 至 3.8，加 3～4 倍的 95％乙醇，立即产生白色 ATP 沉淀，置 2～8℃过夜，倾去上清液后用丙酮、乙醚洗涤沉淀，脱水、过滤，减压干燥，即得 ATP 成品。按 AMP 质量计算，收率 100％～120％，含量 80％左右。

4. 微生物发酵法

一般用营养缺陷型菌株直接发酵生产核苷酸或核苷。例如利用枯草杆菌、谷氨酸棒状杆菌和产氨短杆菌的腺嘌呤缺陷型突变株发酵产生肌苷或肌苷酸（IMP）。腺嘌呤缺陷型突变株缺少了核酸合成途径中一个酶，使肌苷酸（IMP）不能进一步合成 AMP，因而发酵液中大量累积 IMP，可分离提取制备肌苷或肌苷酸（IMP）。发酵法也可用于生产腺苷、鸟苷和黄苷。

【案例】

肌苷的生产

肌苷用于治疗急、慢性肝炎、洋地黄中毒症、冠状动脉功能不全、风湿性心脏病、心肌梗死、心肌炎、白细胞或血小板减少症。眼科用于中心性视网膜炎、视神经萎缩等。

由于肌苷酸对细胞膜透性很差，加之微生物中普遍存在着使肌苷酸脱磷酸化的酶类，因此肌苷发酵比肌苷酸要容易些。工业生产上可以用发酵法生产肌苷，然后通过化学法或酶转化法将肌苷转化为肌苷酸。

（1）生产菌种

肌苷发酵的生产菌种主要是枯草杆菌、短小芽孢杆菌和产氨短杆菌。其中枯草杆菌的磷酸酯酶活性较高，有利于将 IMP 脱磷酸化形成肌苷，分泌至细胞外。因而肌苷的发酵多采用枯草杆菌的腺嘌呤缺陷型。

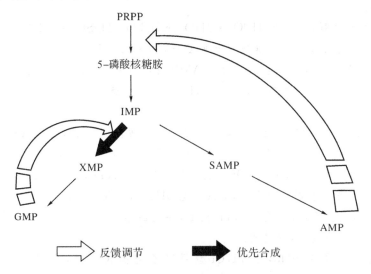

图 2-1　枯草杆菌生物合成嘌呤核苷酸调节机制

由枯草杆菌生物合成嘌呤核苷酸调节机制（图 2-1）可知，肌苷生产菌的选育重点放在选育腺嘌呤缺陷型和黄嘌呤缺陷型的双重营养缺陷型。为了有效的积累肌苷，还应该选择核苷酸没活性强而核苷磷酸化酶活性弱的菌株，以促进肌苷的生成和生成的肌苷不再分解，提高肌苷产量。

（2）发酵工艺及控制要点

①碳源

种子扩大过程中使用葡萄糖，在发酵生产中大多利用淀粉、大米水解液。

②氮源

常用的氮源有氯化铵、硫酸铵或尿素等。因为肌苷的含氮量很高（20.9%），所以必须保证供应足够的氮源。工业发酵常用氨水来调节 pH 值，这样可以同时提供氮源。

③腺嘌呤

肌苷生产菌一般为腺嘌呤缺陷型，因此培养基中必须加入适量的腺嘌呤或含有腺嘌呤的酵母膏等。加入腺嘌呤的多少，不仅影响菌体的生长，更影响肌苷积累，这个添加量通常比菌体生长所需要的最适浓度小即亚适量。

④氨基酸

氨基酸有促进肌苷积累，同时节约腺嘌呤用量的作用。其中组氨酸是必须的，此外高浓度的苯丙氨酸可促进菌体生长使肌苷产量增加。

⑤发酵条件

肌苷积累的最适 pH 为 6.0～6.2，最适温度为 30℃（枯草杆菌）或 32℃（短小芽孢杆菌），供养不足可使肌苷受到显著的抑制而积累一些副产物，通风搅拌则可以减少肌苷发酵的抑制作用。

（3）分离纯化

将发酵液调 pH 至 2.5～3.0，通过两个串联的 732 树脂吸附，用水洗脱。再用 769 活性炭柱吸附，先用水洗，继而用 NaOH 洗脱。收集洗脱液经真空浓缩、过滤结晶得肌苷粗制品。

取粗制品加热溶解，以少量活性炭作助滤剂，抽滤，冷却得白色结晶，过滤，少量水洗涤，烘干得肌苷精制品。

【知识拓展】

肌苷酸

肌苷酸钠是生产聚肌胞的原料，也是一种高效增鲜剂，在谷氨酸钠中添加 2%，鲜度可以增加 3 倍。

肌苷酸发酵采用的是产氨短杆菌腺嘌呤缺陷型菌种，限量提供亚适量的腺嘌呤，通过补救途径合成菌体生长必需的 DNA 和 RNA。该菌的磷酸酯酶活性较低，利于 IMP 积累，不利于其脱磷酸化形成肌苷。控制发酵液中 Mn^{2+} 的含量，产氨短杆菌在发酵液中 Mn^{2+} 限量的情况下，肌苷酸易于通过细胞膜。

第四节　糖类药物

糖类广布于生物体中,可分为单糖、低聚糖和多糖,已发现不少糖类物质及其衍生物具有很高的药用价值,有些已在临床广泛应用。多糖类药物近来很引人注目,尤其在抗凝、降血脂、提高机体免疫和抗肿瘤、抗辐射方面都具有显著药理作用与疗效。

一、分类及用途

从化学结构看,糖是一大类多羟基醛或酮的化合物,依据其结构特点分为:

1. 单糖及其衍生物

单糖是简单的多羟基醛或酮的化合物,主要是六碳糖如葡萄糖、果糖和半乳糖等。糖酸是单糖的氧化产物,如葡萄糖酸及特殊的糖酸-维生素 C 等;糖醇是单糖的还原产物,如甘露醇和山梨醇等;肌醇是环己六醇,通常以游离形式存在于动物肌肉、心、肝、肺等组织中。单糖的磷酸酯有葡萄糖-6-磷酸、果糖-1,6-二磷酸、核糖-5-磷酸、磷酸肌醇等。

葡萄糖能治疗低血糖症状,提高肝的解毒功能,利尿和补充体液。甘露醇和山梨醇能降低颅内压,抗脑水肿。1,6-二磷酸果糖可治疗急性心肌缺血、休克、心肌梗死。葡萄糖酸钙是钙补充剂,由于钙能增加毛细血管的致密度,可减轻或缓解过敏症状。

2. 低聚糖

一般由 10 个以下单糖基组成的聚糖称为低聚糖,20 个以上的称为多糖。低聚糖主要有蔗糖、水苏糖、麦芽糖、乳糖、棉籽糖等。如水苏糖可增殖肠道内的有益菌(双歧杆菌和乳酸杆菌),促使菌群紊乱者快速达到体内菌群均衡。

国外报道,用乳糖作原料通过端基异构化的人工合成制品称乳果糖(Lactulose),商品名为 BV、DupHar,化学名为 4-O-9-D-吡喃半乳糖基-D-呋喃果糖,德国、日本、美国已上市,载入了美国药典 21 版(1985 年)。乳果糖在结肠中被分解为有机酸,促进肠道有益菌种的生长,调节大肠活动趋于正常;其分解产物促进大肠蠕动,对慢性便秘有特效;此外,对高氨性肝昏迷也有极好的疗效。

3. 多糖

由 10 个以上单糖基组成的聚糖称为多糖。依据单糖种类的不同,由 1 种单糖构成的多糖称纯多糖或同质多糖,由 2 种以上单糖构成的多糖称杂多糖。纯多糖主要有右旋糖酐、甘露聚糖(酵母)、果聚糖、香菇多糖、茯苓多糖、淀粉等。杂多糖主要有肝素、硫酸软骨素、透明质酸等。

多糖在细胞内的存在方式有游离型与结合型两种。结合型多糖有与蛋白质结合在一起的糖蛋白和与脂类结合在一起的脂多糖。前者如黄芪多糖、人参多糖和刺五加多糖,后者如胎盘脂多糖和细菌脂多糖。糖基在糖蛋白分子中的作用有的与生理活性有关,有的与抗原性有关,还有的与细胞"识别"功能有关,如 HCG 是一种糖蛋白,当分子中的唾液酸被除去后,就会失去其激素活性。

多糖类具有多种生理活性:(1)调节免疫功能,主要表现为影响补体活性,促进淋巴细胞增殖,激活或提高吞噬细胞的功能,增强机体的抗炎、抗氧化和抗衰老作用。(2)抗感染作用,多糖可以提高机体组织细胞对细菌、原虫、病毒和真菌感染的抵抗力。如甲壳素对皮下肿胀有治疗作用,对皮肤伤口有愈合作用。(3)促进细胞 DNA、蛋白质的合成,促进细胞的增殖、生长。(4)抗辐射损伤作用,茯苓多糖、紫菜多糖、透明质酸、甲壳素等均能抗 60Co-γ 射线的损伤,有抗氧化、防辐射作用。(5)抗凝血作用,肝素是天然抗凝剂。甲壳素、芦荟多糖、黑木耳多糖等也具有肝素样的抗凝血作用。(6)降血脂、抗动脉粥样硬化作用。类肝素、硫酸软骨素、小分子量肝素等具有降血脂、降血胆固醇,抗动脉粥样硬化作用,用于防治冠心病和动脉硬化。

【知识拓展】

甲壳素

甲壳素也称甲壳质、几丁质、几丁聚糖等,它是昆虫和甲壳类动物(如虾、蟹)的外壳中所含有的一种物质,是地球上储量最丰富的胺基糖型多糖,含量仅次于纤维素,是人类除淀粉、纤维素以外的第三大生物资源。

甲壳素具有优异的生物医学功能,它对人体无毒无刺激,可被人体内的溶菌酶分解而吸收,与人体组织有良好的生物相容性,它具有抗菌、消炎、止血、镇痛、促进伤口愈合等功能。因此,甲壳素和它的衍生物壳聚糖都是理想的医用高分子材料,广泛用于制造特殊的医用产品。国外,尤其是日本和美国已用它来制造人造皮肤、可吸收缝合线、血液透析膜和药物缓释剂以及各种医用敷料等。

此外,甲壳素纤维可经纺纱、织布加工成各种功能性产品,如保健针织内衣、防臭袜子、不黏毛巾、保健婴幼儿服、抗菌休闲服、抗菌防臭床上用品、抑菌医用护士服。目前,国内外很多厂家开发了甲壳素保健内衣或床上用品,并已推向市场。

二、糖类药物的生产

制取糖类生化药物的原料,在自然界中是丰富的,有动物的组织器官,有植物(如海带、海藻等)和微生物。所以生产糖类药物也有多种方法,如提取法、发酵法和酶转化法。不同的糖采用不同的方法,同一种糖也可以采用不同的方法。

1.提取法

提取法应该是生产糖类药物(特别是多糖)的主要方法,如甘露醇、硫酸软骨素、肝素等都可用提取法生产。

游离单糖及小分子寡糖(如葡萄糖、果糖、半乳糖、甘露醇等)都易溶于冷水及温乙醇,可以直接用该类溶剂提取,然后用吸附层析法或离子交换法进行纯化。

多糖可来自动物、植物和微生物。来源不同,提取分离方法也不同。植物体内含有水解多糖衍生物的酶,必须抑制或破坏酶的作用后,才能制取天然存在形式的多糖。速冻冷藏是保存提取多糖材料的有效方法。

提取方法依照不同种类的多糖的溶解性质而定。如昆布多糖、果聚糖、糖原易溶于水;壳多糖与纤维素溶于浓酸;直链淀粉易溶于稀碱;酸性黏多糖常含有氨基己糖、己糖醛酸以及硫酸基等多种结构成分,且常与蛋白质结合在一起,提取分离时,通常先用蛋白酶或浓碱、浓中性盐解离蛋白质与糖的结合键后,用水提取。

一般组织中存在多种黏多糖。纯化时,需要对黏多糖进行分离纯化。可利用各种黏多糖在乙醇中溶解度的不同,以乙醇分级沉淀法进行纯化分离;或利用黏多糖聚阴离子电荷密度的不同,用季胺盐络合物法、阴离子交换层析法和电泳法进行分离、纯化。

【案例】

肝素的制备

    肝素是天然抗凝剂,是一种含有硫酸基的酸性黏多糖,其分子具有由六糖或八糖重复单位组成的线状链状结构。三硫酸双糖是肝素的主要双糖单位,L-艾杜糖醛酸是此双糖的糖醛酸。二硫酸双糖的糖醛酸是 D-葡萄糖醛酸。三硫酸双糖与二硫酸双糖以 2∶1 的比例在分子中交替联结。

    肝素在 α-球蛋白参与下,能抑制凝血酶原转变成凝血酶,阻止血液的凝结过程,用于防止血栓的形成。肝素还具有澄清血浆脂质,降低血胆固醇和增强抗癌药物等作用。临床广泛用作各种外科手术前后防治血栓形成和栓塞,输血时预防血液凝固和作为保存新鲜血液的抗凝剂。

    肝素广泛分布于哺乳动物的肝、心、脾、肾、胸腺、肠黏膜、肌肉和血液里。因此肝素可由猪肠黏膜、牛肺提取。其生产工艺主要有盐解—季铵盐沉淀法,盐解—离子交换法和酶解—离子交换法。肝素在组织内和其他黏多糖一起与蛋白质结合成复合物,因此肝素制备过程包括肝素蛋白质复合物提取、解离和肝素的分离纯化两个步骤。

    盐解—离子交换生产工艺流程如下:

猪肠黏膜 $\xrightarrow[\text{pH9.0,50～55℃,2h}]{[提取]}$ 提取液 $\xrightarrow[\text{714 树脂}]{[吸附]}$ 树脂吸附物 $\xrightarrow[\text{1.4mol/L NaCl}]{[洗涤]}$ 树脂吸附物

$\xrightarrow[\text{3mol/L NaCl}]{[洗脱]}$ 洗脱液 $\xrightarrow[\text{乙醇}]{[沉淀]}$ 粗品肝素 $\xrightarrow[\text{1%NaCl,pH1.5}]{[溶解]}$ 滤液 $\xrightarrow[\text{H}_2\text{O}_2\text{,pH11.0}]{[脱色]}$ 滤液

$\xrightarrow[\text{乙醇}]{[沉淀]}$ 肝素钠精品

    (1)提取

    新鲜肠黏膜投入反应锅内,按 3% 加入 NaCl,用 30%NaOH 调 pH9.0,于 53～55℃ 保温提取 2h。继续升温至 95℃,维持 10min,冷却至 50℃ 以下,过滤,收集滤液。

    (2)阴离子树脂吸附

    加入 714 强碱性 Cl-型树脂,树脂用量为提取液的 2%。搅拌吸附 8h,静置过夜。收集树脂,用水冲洗至洗液澄清,滤干。用 2 倍量 1.4mol/L NaCl 搅拌 2h,滤干。用 2 倍量 3mol/L NaCl 搅拌洗脱 8h,滤干,再用 1 倍量 3mol/L NaCl 搅拌洗脱 2h,滤干。

    (3)沉淀

    合并滤液,加入等量95%乙醇沉淀过夜。收集沉淀,丙酮脱水,真空干燥得粗品。

    (4)精制

    粗品肝素溶于 15 倍量 1%NaCl,用 6mol/L 盐酸调 pH1.5 左右,过滤至清,随即用 5mol/L NaOH 调 pH1.0,按 3% 量加入 H_2O_2(H_2O_2 浓度 30%),25℃ 放置,维持 pH1.0。第 2 天再按 1% 量加入 H_2O_2,调整 pH1.0,继续放置 48 小时。用 6mol/L 盐酸调 pH6.5,

加入等量的 95％乙醇,沉淀过夜。收集沉淀,经丙酮脱水真空干燥,即得肝素钠精品。

2. 发酵法

利用微生物发酵也是很早被人类发现并应用于生产实践的,如甘露醇和 1,6-二磷酸果糖都可以用微生物发酵法生产。随着技术的发展,细胞固定化技术也应用到微生物发酵产糖上面。如 1,6-二磷酸果糖就可采用固定化酵母细胞发酵法。

【案例】

D-甘露醇生产举例

甘露醇又称己六醇,是由甘露糖或果糖衍生而成的糖醇。甘露醇在体内代谢甚少,肾小管内重吸收也极微,静脉注射后,可吸收水分进入血液中,降低颅内压,使由脑水肿引起休克的病人神志清醒;还可用于大面积烧伤及烫伤产生的水肿,并有利尿作用,用以防止肾脏衰竭,降低眼内压,治疗急性青光眼;还用于中毒性肺炎、循环虚脱症等。

工艺流程如下:

米曲霉 3.409 ——[菌种活化]——→ 斜面菌种 ——[种子培养]——→ 种子培养液 ——[发酵]——→ 发酵液
　　　　　　　斜面培养　　　　　　　31℃,20～40h　　　　　　　pH6～3 30～32℃
　　　　　　30～32℃,4～5d　　　　　　　　　　　　　　　　　　　4～5d

——[除杂质]——→ 清液 ——[浓缩结晶]——→ 粗品结晶 ——[脱色]——→ 脱色液 ——[离交除盐]——→ 纯化液
加热凝固蛋白、活性炭　　　　55～60℃　　　　　　　　　活性炭　　　　　　717 与 732 树脂
　　　　　　　　　　　　　减压浓缩

——[浓缩结晶]——→ 精品结晶 ——[干燥]——→ 药用甘露醇
　　55～60℃　　　　　　　　105～110℃

(1)菌种活化

米曲霉菌 3.409 菌种接种于 10ml 斜面培养基中,31℃,培养 4 天。斜面存于 4℃冰箱中,2～3 个月传代一次。使用前重新转接活化培养。培养基的制备:取麦芽 1kg,加水 4.5L,于 55℃保温 1h,升温到 62℃,再保温 5～6h,加温煮沸后,用碘液检查糖化度应在 12°Be′以上,pH5.1 以上,即可存在于冷室备用,取此麦芽汁加 2.1％琼脂,灭菌后、冷冻制成斜面,存于 4℃备用。

(2)种子培养

取经活化培养 4 天的斜面菌种 2 支,转接于 17.5L 种子培养液中,31±1℃搅拌通气培养 20～24h。通气量为 1:0.5V/V·min,搅拌速度 350rpm,罐压 1kg/cm²。种子培养基:NaNO₃ 0.3％,KH₂PO₄ 0.1％,MgSO₄ 0.05％,KCl 0.05％,FeSO₄ 0.001％,玉米浆 0.5％,淀粉糖化液 2％,玉米粉 2％,pH6～7。

(3)发酵

于 500L 发酵罐中,加入 350L 发酵培养基,1.5kg/cm² 蒸汽灭菌 30min,移入种子培养液,接种量 5％,30～32℃发酵 4～5 天,通气量 1:0.3 V/V·min,发酵 20h 后改为 1:0.4,罐压 1kg/cm²,搅拌速度 230rpm,配料时添加适量豆油,防止产生泡沫。发酵培养基与种子培养基相同。

(4)除杂质、分离结晶

发酵液加热 100℃,5min 凝固蛋白,加入 1％活性炭,80～85℃加热 30min,离心,澄清

滤液于 55～60℃真空浓缩至 31°Be′，于室温结晶 24h，甩干得甘露醇结晶。将结晶溶于 0.7 体积水中，加 2% 活性炭，70℃加热 30min，过滤。清液通过 717 强碱型阴离子树脂与 732 强酸性阳离子树脂，检查流出液应无氯离子存在。

(5)浓缩、结晶、烘干

精制液于 55～60℃真空浓缩至 25°Be′，浓缩液于室温结晶 24h，甩干结晶，置 105～110℃烘干，粉碎包装。

3.酶转化法

酶转化法也用在了某些糖类药物的生产，如 1,6-二磷酸果糖(FDP)。

【案例】

1,6-二磷酸果糖的生产

1,6-二磷酸果糖是果糖的 1,6-二磷酸脂，其分子形式为游离酸 $FDPH_4$ 与钠盐如 1,6-二磷酸果糖三钠盐($FDPNa_3H$)等。

1,6-二磷酸果糖是葡萄糖代谢过程中的重要中间产物，是分子水平上的代谢调节剂。FDP 具有促进细胞内高能基团的重建，保持红细胞的韧性及向组织释放氧气的能力，是糖代谢的重要促进剂。临床验证表明 FDP 是急性心肌梗塞、心功能不全、冠心病、心肌缺血发作、休克等症的急救药物，它有利于改善心力衰竭、肝肾功能衰竭等临床危象，在各类外科手术中可以作为重要辅助治疗药物，对各类肝炎引起的深度黄疸、转氨酶升高及低白蛋白血症者也有较好的治疗作用。

(1)生产 1,6-二磷酸果糖的工艺路线

FDP 合成酶产生菌 $\xrightarrow{[冻融]}$ 酶液 $\xrightarrow[蔗糖-NaH_2PO_4]{[转化]}$ 转化液 $\xrightarrow{[除蛋白]}$ 清液

$\xrightarrow{[离子交换]}$ 树脂吸附物 $\xrightarrow{[洗脱]}$ 洗脱液 $\xrightarrow[CaCl_2]{[生成钙盐]}$ FDP-Ca $\xrightarrow[732 树脂]{[转酸]}$ $FDPNa_3H$

$\xrightarrow[2mol/L NaOH]{[成盐]}$ $FDPNa_3$ 粗品 $\xrightarrow{[除菌、去热源]}$ 超滤液 $\xrightarrow[超滤]{[冻干]}$ 精品 $FDPNa_3H$

(2)工艺过程

取经多代发酵应用过的酵母渣，悬浮于适量蒸馏水中，反复冻融 3 次，加入底物(8% 蔗糖，4% NaH_2PO_4，30mmol/L $MgCl_2$)调 pH6.5，于 30℃，反应 6h。煮沸 5min，离心去除杂蛋白，收集清液。转化液通过 DEAE-C 交换柱(阴离子交换柱)，用蒸馏水洗至 pH7.0，然后进行分步洗脱，转成钙盐，过滤，收集沉淀。将 FDPCa 悬浮于水中，用 732-[H^+]树脂将其转化成 $FDPH_4$，用 2mol/L NaOH 调至 pH5.3～5.8，除菌过滤后，冻干。

第五节　脂类药物

脂类是指脂肪及类似脂肪的、能被有机溶剂提取出来的化合物及其衍生物的总称。脂

类药物的结构组成相差极大,性质上除微溶或不溶于水,易溶于氯仿、乙醚、苯及石油醚等非极性溶剂外,其他性质相同之处甚少,无规律可循。因此其来源和生产方法也多种多样,药理效应及临床应用也各不相同,如 PGE_2 有催产及引产作用,牛磺熊去氧胆酸有解热降温及消炎作用,而血卟啉则为癌症激光疗法辅助剂等。

一、分类与临床应用

脂类药物种类繁多,各成分之间结构和性质相差甚大,生理药理效应相当复杂,临床用途亦各不相同。

1.胆酸类药物

胆酸类化合物是人及动物肝脏产生的甾体类化合物,集中于胆囊中排入肠道,对肠道脂肪起乳化作用,促进脂肪消化吸收,同时促进肠道正常菌丛繁殖,抑制致病菌生长,保持肠道正常功能。但不同胆酸又有不同药理效应及临床应用,如胆酸钠是天然的利胆药物,口服给药后,可增加胆汁的分泌量及成分,用于治疗胆囊炎、胆汁缺乏症及消化不良等;异去氧胆酸是一种次级胆酸,具有降低血液胆固醇、镇痉和祛痰作用,临床用于高脂血症、气管炎以及肝胆疾病引起的消化不良,对百日咳菌、白喉杆菌、金黄葡萄球菌等有抑菌作用,可作消炎药;鹅去氧胆酸及熊去氧胆酸均有溶胆石作用,用于治疗胆石症,后者尚用于治疗高血压、急性及慢性肝炎、肝硬化及肝中毒等;去氢胆酸有较强利胆作用,用于治疗胆道炎、胆囊炎及胆结石,并可加速胆囊造影剂的排泄;猪去氧胆酸可降低血浆胆固醇,用于治疗高血脂症,也是人工牛黄的原料。熊去氧胆酸是存在于人胆汁中的天然次级胆酸,具有溶解胆石、抑制血中胆固醇沉着、平肝、利胆、解毒作用,其溶胆石作用和疗效与鹅去氧胆酸相似,但疗程短,剂量小,没有腹泻的不良反应,适用于高血脂症、急慢性肝炎、肝硬化、胆结石、胆囊炎、胆道炎、黄疸、肝中毒等;牛磺鹅去氧胆酸、牛磺去氢胆酸及牛磺去氧胆酸有抗病毒作用,用于防治艾滋病、流感及副流感病毒感染引起的传染性疾患。

2.色素类药物

色素类药物有胆红素、胆绿素、血红素、原卟啉、血卟啉及其衍生物。胆红素是由四个吡咯环构成之线性化合物,为抗氧剂,有清除氧自由基功能,用于消炎,也是人工牛黄重要成分,含量达 $72\% \sim 76.5\%$,具有解热、降压,促进红细胞新生等作用,临床用于肝硬化及肝炎的治疗。胆绿素药理效应尚不清楚,但胆南星、胆黄素及胆荑片等消炎类中成药均含该成分。原卟啉可促进细胞呼吸,改善肝脏代谢功能,临床上用于治疗肝炎。血卟啉及其衍生物为光敏化剂,可在癌细胞中潴留,为激光治疗癌症的辅助剂,临床上用于治疗多种癌症。

3.不饱和脂肪酸类药物

该类药物包括前列腺素、亚油酸、亚麻酸、花生四烯酸及二十碳五烯酸等。前列腺素是多种同类化合物之总称,生理作用极为广泛,其中前列腺素 E_1 和 E_2 (PGE_1 和 PGE_2)等应用较为广泛,有收缩平滑肌作用,临床上用于催产、早中期引产、抗早孕及抗男性不育症。亚油酸、亚麻酸、花生四烯酸及二十碳五烯酸均有降血脂作用,用于治疗高血脂症,预防动脉粥样硬化。

4.磷脂类药物

该类药物主要有卵磷脂及脑磷脂,二者皆有增强神经组织及调节高级神经活动的作用,又是血浆脂肪良好乳化剂,有促进胆固醇及脂肪运输作用,临床上用于治疗神经衰弱及防治动脉粥样硬化。此外,卵磷脂还用于治疗肝病,脑磷脂也有止血作用。

　　5.固醇类药物

　　该类药物包括胆固醇、麦角固醇及 β-谷固醇。胆固醇为人工牛黄原料,是机体细胞膜不可缺少成分,也是机体多种甾体激素及胆酸原料。麦角固醇是机体维生素 D_2 的原料。β-谷固醇可降低血浆胆固醇。

　　6.人工牛黄

　　天然牛黄是从牛的胆囊或胆囊管中取出的结石,简称牛黄,为我国应用最早的名贵中药材。人工牛黄是据天然牛黄(牛胆结石)的组成而人工配制的脂类药物。由于天然牛黄资源十分稀少,从 20 世纪 50 年代起就依据天然牛黄的化学成分研究制备人工牛黄。

【知识拓展】

天然牛黄

　　牛黄是传统名贵中药材。在目前我国 4500 种中成药中,约有 650 种含有牛黄,每年牛黄需求量约 200 吨。我国每年自产的天然牛黄还不足 1 吨。我国曾经每年花费近 1 亿美元进口天然牛黄。但到 2002 年,为防止疯牛病通过用药途径传入我国,国家决定禁止进口牛源性材料制备中成药,此后天然牛黄资源更为匮乏。

　　物以稀为贵,近年来天然牛黄价格不断攀升。1975 年,国内市场每克天然牛黄的价格约为 80 元,1986 年达到 130 元,2000 年达到 200 元,目前已卖到 230 元。

　　人工牛黄的主要成分为胆红素,其次是胆固醇、胆酸、猪胆酸及无机盐等(表 2-4),是100 百多种中成药的重要原料药,具有清热、解毒、祛痰、抗惊厥、抗菌等作用,临床上用于治疗热病、谵狂、神昏不语、小儿惊风及咽喉肿胀等,外用治疗咽喉肿、疔疮及口疮等。

表 2-4　人工牛黄的成分组成

原料名称	标准规格	比例(%)
胆红素	含量≥60%	0.7
胆固醇	mp＞140 度	2
牛、羊胆酸	含量≥80%	12.5
猪胆酸	mp＞150 度	15
硫酸镁	药用	1.5
硫酸亚铁	药用	0.5
磷酸三钙	药用	3
淀　粉	含水量＜4%	加至全量

二、制备方法

脂类物质的来源和生产方法各种各样,可通过提取、微生物发酵、动植物细胞培养、酶转化及化学合成等途径制取,工业生产中常依其存在形式及各成分性质采取不同的提取、分离及纯化技术。如磷脂及胆固醇从脑干中提取,血卟啉、PGE_2 和去氢胆酸则采用半合成法生产,CoQ_{10} 则由烟草细胞培养法生产。

(一)提取法

根据脂类的种类、理化性质、在细胞中存在的状态,选择适宜的提取溶剂、工艺路线和操作条件,把脂类物质提取出来。该法比化学合成方法容易,成本低,是工业生产的主要方法。

1.直接提取法

在生物体或生物转化反应体系中,有些脂类药物是以游离形式存在的,如卵磷脂、脑磷脂、亚油酸、花生四烯酸及前列腺素等。因此,通常根据各种成分的溶解性质,采用相应溶剂系统从生物组织或反应体系中直接提取出粗品,再经各种技术如丙酮沉淀、层析分离、尿素包含、结晶等分离纯化和精制获得较纯晶体。

如卵磷脂溶于乙醇,不溶于丙酮,脑磷脂溶于乙醚而不溶于丙酮和乙醇,故脑干丙酮抽提液用于制备胆固醇,不溶物用乙醇抽提得卵磷脂,用乙醚抽提得脑磷脂,从而使3种成分得以分离。乙醇抽提的卵磷脂经丙酮沉淀得卵磷脂成品。

【案例】

卵磷脂的制备

卵磷脂又称磷脂酰胆碱,存在于动物各组织及器官中,如脑、精液、肾上腺及红血球中,卵黄中含量高达 $8\%\sim10\%$,故得名。其在植物组织中含量甚少,唯大豆中含量甚高。结构式见图 2-2,临床上用于治疗婴儿湿疹、神经衰弱、肝炎、肝硬化及动脉粥样硬化等。

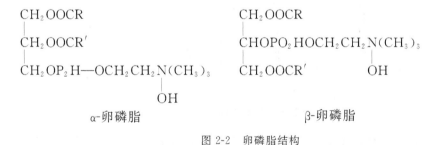

图 2-2　卵磷脂结构

①工艺路线

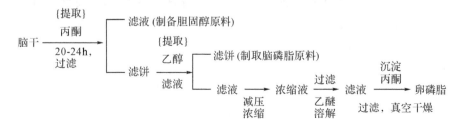

②工艺过程

取动物脑干加 3 倍体积（W/V）丙酮循环浸渍 20~24h,过滤的滤液分离胆固醇。滤饼蒸去丙酮,加 2~3 倍体积（W/V）乙醇浸渍抽提 4~5 次,每次过滤的滤饼用于制备脑磷脂。合并滤液,真空浓缩,趁热放出浓缩液。

上述浓缩液冷却至室温,加入半倍体积（W/V）乙醚,不断搅拌,放置 2h,令白色不溶物完全沉淀,过滤,取滤液于激烈搅拌下加入粗卵磷脂重量 1.5 倍体积（W/V）的丙酮,析出沉淀,滤除溶剂,得膏状物,以丙酮洗涤两次,真空干燥后得卵磷脂成品。

2.水解、提取结合法

在体内有些脂类药物与其他成分构成复合物,含这些成分的组织需经水解或适当处理后再水解,然后分离纯化,如脑干中胆固醇酯经丙酮抽提,浓缩后残留物用乙醇结晶,再用硫酸水解和结晶才能获得胆固醇。原卟啉以血红素形式与珠蛋白通过共价结合成血红蛋白,后者于氯化钠饱和的冰醋酸中加热水解得血红素,血红素于甲酸中加还原铁粉回流除铁后,经分离纯化得到原卟啉。又如辅酶 Q_{10}（CoQ_{10}）与动物细胞内线粒体膜蛋白结合成复合物,故从猪心提取 CoQ_{10} 时,需将猪心绞碎后用氢氧化钠水解,然后用石油醚抽提及分离纯化。在胆汁中,胆红素大多与葡萄糖醛酸结合成共价化合物,故提取胆红素需先用碱水解胆汁,然后用有机溶剂抽提。胆汁中胆酸大都与牛磺酸或甘氨酸形成结合型胆汁酸,要获得游离胆酸,需将胆汁用 10%氢氧化钠加热水解后分离纯化。

【案例】

胆红素的制备

胆红素存在于动物的胆、肝脏中,是胆汁中的主要色素,其结构见图 2-3。胆红素是配制人工牛黄的重要原料,而人工牛黄又是很多中成药配方的重要组成成分。

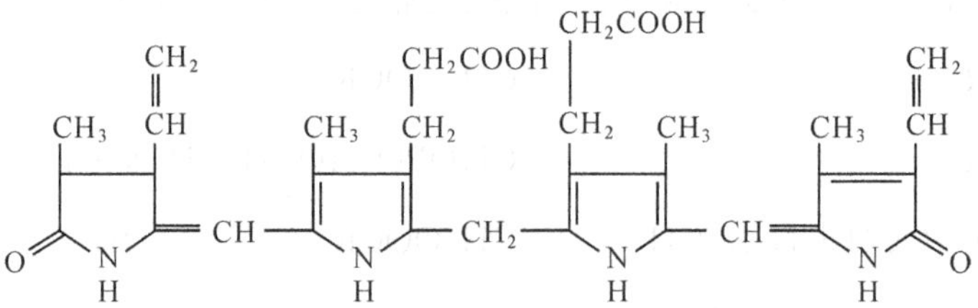

图 2-3 胆红素的结构

胆红素主要以双葡萄糖醛酸胆红素酯的形式存在（约占 80%）,它与氢氧化钠溶液进行皂化反应,生成溶于水的胆红素钠盐（其反应部位在胆红素中的两个丙酸基侧链上）,可离解出胆红素阴离子。当用稀盐酸进行酸化时,在一定的 pH 值条件下,盐酸中的 H^+ 可与胆红素阴离子结合生成游离的胆红素分子,因其溶于氯仿而被提取出来。

工艺路线:

胆汁 $\xrightarrow[\text{水解}]{\text{NaOH}}$ 水解液 $\xrightarrow[\substack{\text{HCl调}\\\text{pH3.8-4.1}}]{\text{30\%氯仿}}$ 静置 → (胆酸)水溶液

氯仿抽提液(含胆红素) $\xrightarrow[\text{浓缩干燥}]{\text{蒸馏}}$ 胆红素精品

制备过程：

取新鲜或解冻的胆,用不锈钢剪刀剪破,用双层纱布或单层窗纱过滤胆汁,除去油脂及杂质,称重后移入反应锅中。

将反应锅中的胆汁先在搅拌下加热至 60～70℃,用 8％左右的氢氧化钠液缓慢调节 pH 至 10.5～11.5,继续搅拌加热到 90℃,保温 10 分钟。此时要十分小心,勿使泡沫溢出。然后停止加热,取下冷却,冬季冷到 50℃左右,夏季冷到 30℃左右。

量取以上皂化液,以 30％的量加入氯仿,混合均匀,用 1∶5 盐酸边加边搅拌调 pH 至 3.8～4.1。加盐酸要慢,大约 100ml 皂化液加 10ml 左右盐酸,pH 值不能过大或过小,否则结块。溶液由奶黄变成棕黄色。在分液漏斗中静置 20～30 分钟,即分为两层,下层为黄色的氯仿抽提液,上层为胆酸和水溶液。小心分出下层氯仿抽提液。上层废液可用 20％氯仿重复抽提 2 次,合并下层氯仿抽提液。

将以上氯仿抽提液移入蒸馏瓶中,置 80～85℃水浴上蒸馏,回收氯仿。当瓶内液体无翻滚气泡、呈橘红色、瓶口氯仿气味很弱时,加入少量 95％乙醇继续蒸发,至氯仿全部蒸出时趁热过滤。用 65℃的 95％热乙醇小心冲洗一次,取出沉淀,干燥,置棕色瓶中保存备用。

【知识拓展】

胆红素的制备方法

目前国内外制取胆红素的方法有三种：一种是全合成法,但步骤较繁,中间体原料的供应不好解决。另一种是半合成法,它的原料是血红素。首先用血红素氧化得到胆绿素,然后用硼酸钠还原为胆红素。此方法产率低,氧化反应难,硼酸钠成本高。最后一种方法就是从胆汁中提取胆红素。我国生猪资源丰富,所以此方法目前比较盛行。

（二）化学合成或半合成法

某些脂类药物可以以相应有机化合物或来源于生物体的某些成分为原料,采用化学合成或半合成法制备。如用香兰素及茄尼醇为原料可合成 CoQ_{10};另外以胆酸为原料经氧化或还原反应可分别合成去氢胆酸、鹅去氧胆酸及熊去氧胆酸;上述三种胆酸分别与牛磺酸缩合,可获得具有特定药理作用的牛磺去氢胆酸、牛磺鹅去氧胆酸及牛磺熊去氧胆酸;又如血卟啉衍生物是以原卟啉为原料,经氢溴酸加成反应的产物再经水解后所得产物。

（三）生物转化法

发酵、动植物细胞培养及酶工程技术可统称为生物转化法,来源于生物体的多种脂类药物亦可采用生物转化法生产。如用微生物发酵法或烟草细胞培养法生产 CoQ_{10};用紫草细胞培养生产紫草素,产品已商品化;另外以牛磺石胆酸为原料,利用羟化酶生成具有解热、降温及消炎作用的牛磺熊去氧胆酸。

第六节 维生素及辅酶类药物

维生素,又名维他命,是维持人体生命活动必需的一类有机物质,也是保持人体健康的重要活性物质。维生素在体内的含量很少,但在人体生长、代谢、发育过程中却发挥着重要的作用。

长期以来,人们就认识到食物中缺乏某种维生素,会导致某种疾病。例如,缺乏烟酸可引起癞皮病,缺乏维生素 B,可引起脚气病,缺乏维生素 A 会引起夜盲症,缺乏维生素 C 会引起坏血病等,可见维生素在机体的代谢中起着十分重要的作用。后来陆续发现大部分维生素或者其本身就是辅酶、辅基,或者是辅酶、辅基的组成部分。例如维生素 B_1(硫胺素),它在体内的辅酶形式是硫胺素焦磷酸(TPP),是 6-同酸氧化脱羧酶的辅酶;又如泛酸,其辅酶形式是 CoA,是转乙酰基酶的辅酶。

【知识拓展】

坏血病与维生素 C

两千多年前,古罗马军队远征非洲。在飞沙漫漫的沙漠中,士兵们大批大批地病倒。他们的脸色由苍白变为暗黑,紫红的血从牙缝中一丝丝地渗出来,浑身上下青一块紫一块,肌肉和关节疼痛难忍,两腿肿胀,双脚麻木而不能行走。这就是坏血病的综合症状。

15 至 16 世纪,坏血病在整个欧洲蔓延。1519 年,航海家麦哲伦率领船队向太平洋进发,到达目的地时,200 多名水手只剩 35 人。1740 年,英国海军上将乔治·安森率 6 艘大船进行了环球旅行。返航时,6 艘大船只剩了一艘主旗舰百夫卡号,2000 多名水手只剩了几百名,大多数水手死于坏血病。

英王命令外科医生詹姆斯·林德找到治疗坏血病的方法。1747 年 5 月 20 日,詹姆斯·林德医生在索尔兹伯里船上,让水手饮用新鲜柠檬水,结果令人吃惊,水手们的坏血病症完全消失。从此,坏血病在英国海军中绝迹。1928 年,匈牙利化学家乔尔吉从柠檬中成功地分离出一种关键物质,命名为抗坏血酸,这就是维生素 C。乔尔吉因此荣获了诺贝尔奖。

一、分类及临床应用

维生素大多是小分子有机化合物,在结构上差别甚大,通常根据它们的溶解性质区分为脂溶性和水溶性两大类。脂溶性维生素主要有维生素 A,D,E,K,Q 和硫辛酸等,水溶性维生素有 B_1、B_2、B_6、B_{12}、烟酸、泛酸、叶酸、生物素和维生素 C 等。各种维生素的生理功能与临床应用等见表 2-5。

表 2-5　维生素的生理功能与临床应用

分类	名称	别名	生理功能	临床应用	来源
水溶性	维生素 B_1	硫胺素	增进食欲,维持神经正常活动	维生素 B_1 缺乏的预防和治疗,如"脚气病",周围神经炎及消化不良等。	谷物外皮及胚芽、酵母、豆、瘦肉
	维生素 B_2	核黄素	参与生物氧化	口角炎、唇炎、舌炎、眼结膜炎和阴囊炎等。	肝、蛋黄、黄豆、绿叶蔬菜
	维生素 B_6	吡哆醛等	抑制呕吐、促进发育	维生素 B_6 缺乏的预防和治疗,防治异烟肼中毒等。	谷类、豆类、酵母、肝、蛋白
	维生素 B_5	烟酸、尼克酸	参与生物氧化,维持皮肤健康	用于维生素 B_5 缺乏症的预防和治疗,扩张小血管、降血脂,治疗心肌梗死和心绞痛等。	谷类、花生、酵母、肉类
	维生素 B_{11}	叶酸	与蛋白质核酸合成红细胞白细胞成熟有关	预防胎儿神经管畸形、唇腭裂、先心病、其他体表畸形等出生缺陷。	肝、酵母、绿叶蔬菜
	泛酸	遍多酸	参与酰基转移等	有助于减轻过敏症状、舒缓恶心症状、有助于伤口痊愈。	广泛存在于动植物细胞组织
	维生素 B_{12}	钴胺素	促进甲基转移核酸合成以及红细胞成熟	巨幼细胞性贫血,热带性或非热带性腹泻及慢性感染、恶性肿瘤的辅助治疗。	肝、肉、鱼等
	维生素 C	抗坏血酸	参与体内氧化还原反应	治疗坏血病,各种急慢性传染性疾病及紫癜等辅助治疗,促进伤口和骨折愈合。	新鲜水果和蔬菜
	维生素 H	生物素	参与体内二氧化碳固定	防止白发和脱发,保持皮肤健康的作用。	动植物及微生物
脂溶性	维生素 A	视黄醇	维持正常的视觉及皮肤等上皮细胞的完整	防止夜盲症和视力减退,有助于对多种眼疾的治疗;能保持组织或器官表层的健康。	鱼肝油、肝、蛋黄、乳汁、绿色植物
	维生素 D	胆钙化醇	与动物骨骼的钙化有关、抗佝偻病	抗佝偻病,能使牙齿坚硬;对神经也很重要,并对炎症有抑制作用。	鱼肝油、肝、蛋黄、牛奶、晒菜干
	维生素 E	生育酚	维持生殖机能抗氧化作用、防止肌肉萎缩	延缓细胞因氧化而老化,减轻疲劳、防止流产,降低患缺血性心脏病的机会。	植物油、蛋类、谷类、新鲜蔬菜
	维生素 K	凝血维生素	促进凝血的功能	防止内出血和痔疮,治疗月经过量,促进血液正常凝固。	肝、绿色蔬菜

二、生产方法

维生素及辅酶类药物的化学结构各不相同,决定了它们生产方法的多样性。维生素及辅酶类药物的生产方法主要有化学合成法、半合成法、发酵法和生物提取法。在实际生产中,有的维生素既用合成法又用发酵法,如维生素 C、叶酸、维生素 B_2 等;也有的既用生物提取法又用发酵法的,如辅酶 Q_{10} 和维生素 B_{12} 等。不过,目前大多数维生素是通过化学合成法获得的,近年来发展起来的微生物发酵法代表着维生素生产的今后发展方向。

1. 化学合成法

化学合成法是根据已知维生素的化学结构,采用有机化学合成法,制造维生素的过程。用化学合成法生产的维生素有维生素 A、烟酸、烟酰胺、叶酸、硫辛酸、维生素 B₆、维生素 D、维生素 E、维生素 K 等。

2. 半合成法

维生素的生产多采用化学合成法,后来人们发现某些微生物可以完成维生素合成中的某些重要步骤,在此基础上,化学合成与生物转化相结合的半合成法在维生素生产中得到了广泛应用。目前可以用半合成法生产的维生素有维生素 C、维生素 B₂、维生素 D 以及 β-胡萝卜素等。

【案例】

维生素 C 的生产

维生素 C 是目前世界上产销量最大,应用范围最广的维生素产品。目前全世界维生素 C 的产量约为 10 万吨/年,全球市场销售额 5 亿美元。目前,工业上生产维生素 C 采用二步发酵法,此法是在 1975 年由中国科学院上海生物技术研究所研究出来的,属我国首创。发酵法生产维生素 C 可以分为发酵、提取和转化三大步骤。即先从 D-山梨醇发酵,提取出维生素 C 前体 2-酮基-L-古龙酸,再用化学法转化为维生素 C。

（1）第一步发酵

醋酸杆菌(生黑葡糖杆菌或弱氧化醋杆菌)经种子扩大培养,接入发酵罐,种子和发酵培养基主要包括山梨醇、玉米浆、酵母膏、碳酸钙等成分,在 pH 5.0～5.2、28～34℃下进行发酵培养。在发酵过程中可采用流加山梨醇的方式使醇浓度控制在 24％～27％。发酵结束后,发酵液经低温灭菌,得到无菌的含有山梨糖的发酵液,作为第二步发酵的原料。D-山梨醇转化成 L-山梨糖的生物转化率达 95％以上。

（2）第二步发酵

氧化葡萄糖酸杆菌(小菌)和巨大芽孢杆菌(大菌)混合培养。种子和发酵培养基的成分类似,主要有 L-山梨糖、玉米浆、尿素、碳酸钙、磷酸二氢钾等,pH 值为 7.0。大、小菌经二级种子扩大培养,接入含有第一步发酵液的发酵罐中,29～30℃下通入大量无菌空气搅拌,培养 72h 左右结束发酵。生产维生素 C 的发酵罐均在 100m³ 以上,瘦长形,无机械搅拌,采用气升式搅拌。L-山梨糖生成 2-酮基-L-古龙酸的转化率可达 70％～85％。

（3）2-酮基-L-古龙酸的分离提纯

经二步发酵法两次发酵以后,发酵液中仅含 8％左右的 2-酮基-L-古龙酸,且残留菌丝体、蛋白质和悬浮的固体颗粒等杂质,常采用加热沉淀法、化学凝聚法、超滤法分离提纯。传统工艺是加热沉淀法,发酵液经静置沉降后通过 732 氢型离子交换树脂柱,调节 pH 至蛋白质等电点,并加热使蛋白质凝固,然后用高速离心机分离出菌丝、蛋白和微粒,清液再次通过阳离子交换柱,酸化为 2-酮基-L-古龙酸的水溶液,浓缩结晶后得到 2-酮基-L-古龙酸。

（4）2-酮基-L-古龙酸的化学转化

将维生素 C 前体 2-酮基-L-古龙酸转为维生素 C,常采用碱转化法。2-酮基-L-古龙酸在甲醇中用浓硫酸催化酯化生成 2-酮基-L-古龙酸甲酯,加 $NaHCO_3$ 转化生成维生素 C 钠盐,经氢型离子交换树脂酸化得到维生素 C。粗品经结晶精制得维生素 C 成品。

【知识拓展】

维生素 C 的生产

维生素 C 的生产最早采用化学合成法,见图 2-4。后来人们改用微生物脱氢代替化学合成中 L-山梨糖中间产物的生成,使山梨糖的得率提高一倍,我国进一步利用另一种微生物将 L-山梨糖转化为 2-酮基-L-古龙酸,再经化学转化生产维生素 C,称为两步法发酵工艺。中国首先使用二步发酵法进行维生素 C 的工业生产,生成的 2-酮基-L-古龙酸转化率为 80%,维生素 C 总收率在 45% 以上。

$$\text{D-葡萄糖} \xrightarrow{\text{高压加氢}} \text{D-山梨醇} \xRightarrow{\text{脱氢}} \text{L-山梨糖} \xrightarrow{\text{酮化}} \text{双丙酮-L-山梨糖}$$

$$\xrightarrow{\text{氧化}} \text{双丙酮-2-酮基-L-古龙酸} \xrightarrow{\text{加氢}} \text{2-酮基-L-古龙酸} \xrightarrow{\text{化学转化}} \text{L-抗坏血酸}$$

图 2-4　维生素 C 的化学合成工艺路线

3. 发酵法

发酵法即用人工培养微生物方法生产各种维生素,整个生产过程包括菌种培养、发酵、提取、纯化等。目前仅有维生素 B_{12}、维生素 B_2、β-胡萝卜素等少数几种维生素可完全地利用微生物进行工业生产。

4. 生物提取法

生物提取法是直接从生物组织中,采用缓冲液抽提、有机溶剂萃取,再进行分离纯化。如从猪心中提取辅酶 Q_{10},从槐花米中提取芦丁,从提取链霉素后的废液中制取维生素 B_{12} 等。从生物材料中直接提取的维生素及辅酶还不多。近年来,天然植物来源提取的维生素与化学合成法相比,其安全性可能更可靠,受到广泛重视。如一些保健品牌宣称的植物中提取的维生素 C 要比合成的维生素 C 药物贵很多。

第七节　生化药物的质量控制

生化药物的质量控制包括生产过程的质量控制及终产品的质量控制。终产品有原料药和制剂,二者的检测及控制项目也不相同。

一、生产过程的控制

生化药物的生产需遵守原料药 GMP 规程,尽量用密闭设备,暴露环节需在符合要求的洁净区中进行。此外,生化药物的生产原料多为动植物材料,容易腐败变质,所以原料一定要制订质量标准,并严格把关。生产过程也要注意防止微生物的污染和产品结构的改变。具体要求见绪论和绪论的延伸阅读。

二、原料药

原料药的检测项目包括性状、鉴别、检查和含量测定几项。

1. 性状

性状是对原料药物理外观和物理常数的一种描述，包括外观、臭、味、物理常数（溶解度、熔点、比旋度、吸收系数）等。性状不仅能反映药品的纯度与质量，也具有一定的鉴别意义。

2. 鉴别试验

大部分生化药物都是大分子物质，具有复杂的结构，甚至有的化学结构还不确定，需要多种方法进行真伪的鉴别。如蛋白质类药物一般需用 SDS-PAGE 电泳和高效液相色谱共同证明其物质的正确。对于重组蛋白，一般还需进行肽图分析，以证明其与天然蛋白完全一致。有些生化药物，如肝素，即使组分相同，往往由于分子相对质量不同而产生不同的生理活性。此类药物一般需要进行纯度检查和分子量的测定。

3. 检查

生化药物的生产工艺复杂，易引入特殊杂质，故生物药物常需做安全检查，如热原检查、过敏试验、异常毒性试验等，此外一般还需检查酸碱度、溶液澄清度及颜色、干燥失重或水分、炽灼残渣及重金属、杂质等。重组蛋白药物、酶类药物还要检测高分子蛋白、相关蛋白含量，含量分别为不超过 5％和 10％。用于注射剂的原料药还需进行热原（细菌内毒素）检查。

4. 含量（效价）测定

用理化方法测药物含量的称为含量测定，一般用百分含量表示。用生物学方法或酶法测定药物有效成分的称为效价测定。

有些生化药物是结构明确的小分子药物，如氨基酸、胆红素等，可以通过理化分析法进行含量测定，以表明其有效成分的含量。但多数生化药物如蛋白质、多肽、酶、激素等，在制备的过程中，若条件控制不当，就会造成产品的失活。单独的物化方法不能完全反映其特性，需用生物学方法进行效价测定和酶活力测定，以表明其有效成分生物活性的高低。

效价测定均需采用国际或国家标准品，或经国家鉴定机构认可的参考品，以体内或体外法测定其生物学活性，并标明其活性单位。在测定效价的同时，应测定蛋白质含量，计算出特异性比活性，活性以 IU/mg 表示。

【药典链接】

2010 年版《中国药典》对原料药的规定

胆红素

本品系由猪（或牛）胆汁中提取、加工制成。

【性状】本品为橙色至红棕色结晶性粉末。

【鉴别】(1)取〔含量测定〕项下溶液，照紫外—可见分光光度法（附录ⅤA），在 400～500nm 波长处，测定吸收曲线，并与胆红素对照品图谱比较，应一致，其最大吸收为 453nm。

(2)取本品，加三氯甲烷制成每 1ml 含 0.1mg 的溶液，作为供试品溶液。另取胆红素对照品同法制成对照品溶液。照薄层色谱法（附录ⅥB）试验，吸取上述两种溶液各 10μl，分别点于同一硅胶 G 薄层板上，以甲苯—乙酸乙酯—冰醋酸（10∶1∶0.5）为展开剂，展开，取出,晾干。供试品色谱中,在与对照品色谱相应的位置上,显相同颜色的斑点。

【检查】干燥失重　取本品约 0.5g,五氧化二磷 60℃减压干燥 4 小时,减失重量不得过 2.0%(附录Ⅸ G)。

【含量测定】取本品约 10mg,精密称定,用少量三氯甲烷研磨后转移至 100ml 棕色量瓶中,超声处理使溶解,取出,迅速放冷,再加三氯甲烷稀释至刻度,摇匀。精密量取 5ml,置另一 100ml 棕色量瓶中,加三氯甲烷稀释至刻度,摇匀。照紫外—可见分光光度法(附录Ⅴ A),在 453nm 的波长处测定吸光度,按胆红素的吸收系数($E_{1cm}^{1\%}$)1038 计算。

本品按干燥品计算,含胆红素($C_{33}H_{36}N_4O_6$)不得少于 90.0%。

【用途】人工牛黄的原料。

【贮藏】密闭,防潮,避光

维生素 C

本品为 L-抗坏血酸,含 $C_6H_8O_6$ 不得少于 99.0%。

【性状】本品为白色结晶或结晶性粉末;无臭,味酸;久置色渐变微黄;水溶液显酸性反应。

本品在水中易溶,在乙醇中略溶,在氯仿或乙醚中不溶。

熔点　本品的熔点(附录Ⅵ C)为 190~192℃,熔融时同时分解。

比旋度　取本品,精密称定,加水溶解并定量稀释制成每 1ml 中含 0.10g 的溶液,依法测定(附录Ⅵ E),比旋度为+20.5°至+21.5°。

【鉴别】取本品 0.2g,加水 10ml 溶解后,照下述方法试验。

(1)取溶液 5ml,加硝酸银试液 0.5ml,即生成银的黑色沉淀。

(2)取溶液 5ml,加二氯靛酚钠试液 1~2 滴,试液的颜色即消失。

(3)本品的红外光吸收图谱应与对照的图谱(光谱集 450 图)一致。

【检查】溶液的澄清度与颜色　取本品 3.0g,加水 15ml,振摇使溶解,溶液应澄清无色;如显色,将溶液经 4 号垂熔玻璃漏斗滤过,取滤液,照分光光度法(附录Ⅳ B),在 420nm 的波长处测定吸收度,不得过 0.03。

炽灼残渣不得过 0.1%(附录Ⅷ N)。

铁　取本品 5.0g 两份,分别置 25ml 量瓶中,一份中加 0.1mol/L 硝酸溶液溶解并稀释至刻度,摇匀,作为供试品溶液(B);另一份中加标准铁溶液(精密称取硫酸铁铵 863mg,置 1000ml 量瓶中,加 1mol/L 硫酸溶液 25ml,加水稀释至刻度,摇匀,精密量取 10ml,置 100ml 量瓶中,加水稀释至刻度,摇匀)1.0ml,加 0.1mol/L 硝酸溶液溶解并稀释至刻度,摇匀,作为对照溶液(A)。按照原子吸收分光光度法(附录Ⅳ D 杂质检查法),在 248.3nm 的波长处分别测定,应符合规定。

铜　取本品 2.0g 两份,分别置 25ml 量瓶中,一份中加 0.1mol/L 硝酸溶液溶解并稀释至刻度,摇匀,作为供试品溶液(B);另一份中加标准铜溶液(精密称取硫酸铜 393mg,置 1000ml 量瓶中,加水稀释至刻度,摇匀,精密量取 10ml,置 100ml 量瓶中,加水稀释至刻度,摇匀)1.0ml,加 0.1mol/L 硝酸溶液溶解并稀释至刻度,摇匀,作为对照溶液(A)。按照原子吸收分光光度法(附录Ⅳ D 杂质检查法),在 324.8nm 的波长处分别测定,应符合规定。

重金属　取本品 1.0g,加水溶解成 25ml,依法检查(附录Ⅷ H 第一法),含重金属不得过百万分之十。

【含量测定】取本品约 0.2g，精密称定，加新沸过的冷水 100ml 与稀醋酸 10ml 使溶解，加淀粉指示液 1ml，立即用碘滴定液（0.1mol/L）滴定，至溶液显蓝色并在 30 秒钟内不褪色。每 1ml 碘滴定液（0.1mol/L）相当于 8.806mg 的 $C_6H_8O_6$。

【类别】维生素类药。

【贮藏】遮光，密封保存。

【制剂】（1）维生素 C 片；（2）维生素 C 泡腾片；（3）维生素 C 注射液；（4）维生素 C 颗。

三、药品制剂

药物制剂是供病人直接使用的药物，其质量的好坏对使用者的健康更加重要。制剂的检测也是包括性状、鉴别、检查、含量（效价）测定几大项，但与原料药的检测有着很大的区别。

1. 性状

性状检测的内容与原料药不同，不再检测药用成分的物理性状，主要是观察制剂的外观。如片剂要求外观完整光洁、色泽均匀，并具有适度的硬度；注射剂要求澄清透明。

2. 鉴别

作成制剂后，仍需对药物进一步鉴别，方法一般与原料药相同。

3. 检查

通常制成制剂的原料，都应符合药用规格要求后方可投料，并按一定的生产工艺制备。所以，原料药项下的检查项目一般不需重复检查，仅对于特别关键的控制指标进行再次检查，如重组蛋白中的相关蛋白和高分子蛋白项。此外，还要检查在制剂过程中带来的和储运过程中产生的杂质及制剂项下相应的检查项目。

表 2-6　维生素 C 原料药与片剂检测内容的不同

	原　料	制剂（片）
性状	药粉的颜色、熔点，比旋度等	药品的外观颜色
鉴别	化学法	化学法
检查	溶液的澄清度与颜色 炽灼残渣 铁、铜、重金属	溶液的颜色 重量差异 崩解时限
含量测定	碘量法	碘量法

另外，不同剂型还有各自规定的检查项目。如片剂需检查重量差异（含量均匀度）、崩解时限（溶出度）等项目，注射剂需检查装量、pH 值、无菌、热原（细菌内毒素）等项目。

维生素 C 原料药与制剂检查项目对比见表 2-6。

4. 含量（效价）测定

由于制剂与原料药物不同，它们常含有赋形剂、稀释剂和附加剂（稳定剂、防腐剂或着色剂等），这些附加成分的存在，常常影响对主药的测定。所以，对制剂药物含量测定的方法必须具有专属性，不受其他成分的影响。

制剂中药量一般不用百分含量表示，而是用标示量的多少表示。计算方法是用每片含量除以标示量,乘以 100%,结果可能低于标示量,也可能高于标示量。几种药物原料与片剂含量表示方法的对比见表 2-7。

表 2-7　几种药物原料与片剂含量表示方法的对比

药品名称	原料(%)	片剂标示量的(%)
维生素 B₁	≥99.0(干燥品)	90.0~110.0
维生素 C	≥99.0	93.0~107.0
肌苷	98.0~102.0(干)	93.0~107.0

【药典链接】

2010 版《中国药典》对维生素 C 片的规定

本品含维生素 C($C_6H_8O_6$)应为标示量的 93.0%~107.0%。

【性状】本品为白色或略带淡黄色片。

【鉴别】(1)取本品的细粉适量(约相当于维生素 C 0.2g),加水 10ml,振摇使维生素 C 溶解,滤过,滤液照维生素 C 项下的鉴别(1)试验,显相同的反应。

(2)取本品细粉适量(约相当于维生素 C 10mg),加水 10ml,振摇使维生素 C 溶解,滤过,取滤液作为供试品溶液;另取维生素 C 对照品,加水溶解并定量稀释制成 1ml 中约含 1mg 的溶液,作为对照品溶液。按照薄层色谱法(附录 V B)试验,吸取上述两种溶液各 2μl,分别点于同一硅胶 GF254 薄层板上,以乙酸乙酯—乙醇—水(5:4:1)为展开剂,展开,晾干,立即(1 小时内)置紫外光灯(254nm)下检视。供试品溶液所显主斑点的位置和颜色应与对照品溶液的主斑点相同。

【检查】溶液的颜色　取本品的细粉适量(相当于维生素 C1.0g),加水 20ml,振摇使维生素 C 溶解,滤过,滤液照紫外—可见分光光度法(附录 Ⅳ A),在 440nm 的波长处测定吸光度,不得过 0.07。

其他　应符合片剂项下有关的各项规定(附录 Ⅰ A)。

【含量测定】取本品 20 片,精密称定,研细,精密称取适量(约相当于维生素 C0.2g),置 100ml 量瓶中,加新沸过的冷水 100ml 与稀醋酸 10ml 的混合液适量,振摇使维生素 C 溶解并稀释至刻度,摇匀,经干燥滤纸迅速滤过,精密量取续滤液 50ml,加淀粉指示液 1ml,用碘滴定液(0.05mol/L)滴定,至溶液显蓝色并持续 30 秒钟不褪色。每 1ml 碘滴定液(0.05mol/L)相当于 8.806mg 的 $C_6H_8C_6$。

【类别】同维生素 C。

【规格】(1)25mg(2)50mg(3)100mg(4)250mg

【贮藏】遮光,密封保存。

【合作讨论】

1.设计一个生产药用级赖氨酸的工艺。

2.如果按你设计的工艺,生产的赖氨酸达不到药用标准的,怎么办?

3. 如果你是一家微生物发酵法生产赖氨酸公司的工程师,你认为应该怎样提高赖氨酸产量?

4. 是不是所有糖尿病人都必须使用胰岛素? 胰岛素的给药形式有哪些?

5. 介绍一种多肽或蛋白质激素的生产方法、利用现状及发展前景。

6. 核酸营养有无道理? 你怎样看待珍奥核酸?

7. 你怎么评价市场上出现的甲壳素抗菌衬衫?

8. 安利纽崔莱复合维生素 C 片(200 片/瓶),销售价格是:313 元/瓶,你认为这个价格合理吗?

9. 你认为应该怎样合理补充维生素?

10. 什么是酶法多肽,对其宣称的药用价值,你是怎样评价的?

【延伸阅读】

氨基酸与长寿

为了促进老年人的健康,如抗衰老、提高身体抵抗力、促进免疫机制的功能,需要食品富含微量元素或糖类。但免疫的物质基础是蛋白质,人体免疫物质没有一样不是由蛋白质组成。如免疫球蛋白、抗体、抗原、补体等,即使白细胞、淋巴细胞与吞噬细胞等细胞内蛋白质的含量也在 90% 以上。因此人体若不缺乏蛋白质或氨基酸,上述的微量元素与多糖会起作用。如果缺乏,则无论用多少都不起作用。随着营养学与生物化学的进展,新的研究表明补给某种非必需氨基酸虽然人体能够合成,但在严重应激的状态(包括精神紧张、焦虑、思想负担)或某些疾病的情况下容易发生缺乏。如果缺乏,则对人体会产生有害的影响,这些氨基酸称之为条件性必需氨基酸,如牛磺酸、精氨酸和谷氨酰胺。

在正常条件下缺乏必需氨基酸可以减低体液的免疫反应。例如色氨酸缺乏的大鼠,其 IgG 及 IgM 受体抑制,而当重新加入色氨酸能维持正常的抗体生成;苯丙氨酸和酪氨酸均缺乏,可以抑制大鼠的免疫细胞对肿瘤细胞作出反应;蛋氨酸与胱氨酸的缺乏,还可引起抗体的合成障碍。已证明,氨基酸的平衡也有这种不利作用。因此必需氨基酸在免疫中起着重要的作用,要延长老年人寿命,必须提高免疫力,重视必需氨基酸的供给。当前与寿命相关的正在热门研究的必需氨基酸有:

1. 牛磺酸

人体牛磺酸的来源一是自身合成,二是从膳食中摄取。牛磺酸的生物合成先由蛋氨酸经硫化作用转化成胱氨酸,再由胱氨酸合成,其中经过一系列的酶促反应,许多高等动物包括人已失去了合成足够牛磺酸以维持体内牛磺酸整体水平的能力,需从膳食中摄取牛磺酸以满足机体的需要。有报道称牛磺酸在延缓中枢神经系统衰老中起着重要的作用;老年期神经系统退行性变化是全身各系统最复杂而深奥的过程之一,中枢神经系统衰老在形态上或生化水平上都有明显的改变,单胺类和氨基酸类神经递质的合成、释放、重吸收及运输机制方面出现增年性变化。脂褐质是衰老过程中具有特征性物质,大脑脂褐质增加是神经衰老变化标志之一,当神经元胞浆蓄积较大量的脂褐质时,细胞核、细胞质受压变形,影响神经元的正常代谢功能。衰老时,组织中脂褐质含量明显增高,而牛磺酸可使下降、且使超氧化物歧化酶(SOD)活性增加,并且能抑制脂质过氧化产物丙二醛(MDA)对低密度脂质蛋白

（LDL）的修饰。同时牛磺酸与葡萄糖的反应产物表现出较强抗氧化作用，能够阻止蛋黄卵磷脂氧化成脂质过氧化物，因而有显著抗衰老的作用。

2.精氨酸

精氨酸虽然不是必需氨基酸，但在严重应激情况下（如发生疾病或受伤），或当缺乏了精氨酸便不能维持氮平衡与正常生理功能，因此它又是条件性必需氨基酸。最新提出的理论，精氨酸是一氧化氮（NO）与瓜氨酸反应的酶系统代谢途径中的必要物质。NO 或内皮细胞衍生的松弛因子的主要生化作用是刺激机体提高吞噬细胞中环鸟苷酸的水平，并能刺激白介素的产生来调节巨噬细胞的吞噬细菌作用。与精氨酸有关的 NO 酶系统，也在血管的内皮细胞、脑组织与肝脏的枯否（kupffer）细胞中发现，它能导致这些器官与组织的激素分泌，从而起到免疫功能的作用。为了提高老年人的免疫也可用氨基酸注射液。

3.谷氨酰胺

在正常情况下，它是一种非必需氨基酸，但在剧烈运动、受伤、感染等应激情况下，谷氨酰胺的需要量大大超过了机体合成谷氨酰胺的能力，使体内的谷氨酰胺含量降低，而这一降低，便会使蛋白质合成减少、小肠黏膜萎缩及免疫功能低下，因此它又称条件性必需氨基酸。

最近发现肠道是人体中最大的免疫器官，也是人体的第三种屏障。前两种屏障是血脑屏障和胎盘屏障。如果肠内没有营养供应，肠道就会营养不良，使肠道的免疫功能减弱与发生细菌相互移位。动物试验证明若动物用无谷氨酰胺的全静脉输液或要素膳补充营养，则动物小肠的绒毛发生萎缩，肠壁变薄，肠免疫功能降低。在静脉输液中提供 2％的谷氨酰酶（约氨基酸总量的 25％）对恢复肠绒毛萎缩与免疫功能有显著作用。谷氨酰胺在维持肠黏膜功能中的作用对提高免疫能力有一定作用，特别老年人是不可缺少的。

酶法多肽

用生物酶催化蛋白质的方法称为酶法，用酶法获得的多肽叫做"酶法多肽"。酶法多肽一词最早起源于 1996 年，是由邹远东创立的。

邹远东先后发表酶法多肽论文 300 多篇，形成了一整套酶法多肽理论，在他的理论影响和推动下，世界酶法多肽产业蓬勃发展。邹远东先后申报酶法多肽发明专利 49 项，获得"中国发明创业奖"。

以蛋白酶对卵蛋白、乳蛋白、酪蛋白、鱼蛋白、昆豆蛋白等动物蛋白降解获得的多肽有促进、增强、调节免疫的生理功能。此类酶法多肽服食进入循环系统和人体组织后，能刺激机体的免疫系统发生特异性免疫反应。（以上摘自百度百科）

对邹远东研制、生产的"酶法多肽"系列产品的营养价值和免疫功能，可用 10 个字来概括，即：："超越氨基酸，直指现代病"。21 世纪是肽的世纪，肽正在逐步取代氨基酸。"酶法多肽"系列产品中的主打产品三九蛋白肽口服液是个大营养库，含有 75％的肽，还含有 18～20 种氨基酸、多种维生素、微量元素及化合物，钙的含量也很高。服用"酶法多肽"系列产品，还可促进人体对蛋白质、维生素、氨基酸、钙、铁、锌、硒、镁、铜等多种对人体有益微量元素的吸收。邹远东研制、生产的"酶法多肽"系列产品还具有提高机体免疫力的特殊生物学功能，有较强的防疾病、抗病毒的功能，是高血压、高血脂、高血糖、动脉硬化、心脏病、糖尿病、肥胖、癌症及艾滋病的克星，是抵御非典、登革热、黑死病、疯牛病、口蹄疫、禽流感等"现代病毒"的武器，是防止电脑辐射、家电辐射、玻璃幕墙辐射、室内装修辐射、放疗辐射以及食品中化学物质、残留农药、环境污染等"现代污染"的"保护神"。邹远东研制、生产的"酶法多肽"系列产品不仅使服用者增添了营养,增强了体质,而且使无数慢性支气管炎、哮喘、慢性肠炎、肝炎以及重感冒患者减轻了病痛,恢复了健康。因此,被许多服用者赞誉为"生命肽"、"造福肽"、"功臣肽"。(以上摘自荆楚网:走近神秘"酶法多肽学说"荆楚网记者专访邹远东)

2004 年,方舟子发文《"多肽"抗病毒神话与发国难财》,炮轰邹远东的酶法多肽及其相关产品,认为邹远东的"酶法多肽",不过是把在胃肠内发生的消化过程搬到体外先替你做了而已。所以,如果你去喝不管什么牌子的多肽口服液(或让鸡吃什么多肽饲料),和吃蛋白质(肉类、豆类等食品)不会有任何区别,吃到肚子里都要被分解变成氨基酸再吸收。如果"酶法多肽"真能够抗非典、抗禽流感的话,那么随便什么蛋白质也都能抗非典、抗禽流感。

甲壳素

甲壳素,又名甲壳质、壳多糖、壳蛋白,是法国科学家布拉克诺 1811 年从虾蟹壳中发现的一种有用的物质。近代国内外科学家又从虾、蟹、蛹及菌类、藻类的细胞中提炼出这种宝贵的天然生物高聚物。甲壳素在大自然中每年生物合成量高达数千亿吨,是一种取之不尽、用之不竭、用途广泛的再生资源。

甲壳素的用途之一是作为辅助性治疗药剂及功能性保健品的添加剂。有关专家认为,甲壳素是继蛋白质、脂肪、糖、维生素和微量元素外维持人体生命的第六要素。

甲壳素对人体各种生理代谢具有广泛调节作用,可强化人体免疫功能,对甲亢、更年期综合征、各种妇科疾病、肝炎、肾炎、内分泌失调等有一定辅助治疗效果,并能减轻放疗、化疗后的副作用。用甲壳素配以其他药物可制成免疫促进剂、抗肿瘤剂、药物缓释剂、降胆固醇剂、凝血剂、合成生化剂及各种保健品添加剂等。

甲壳素还可应用于纺织、印染、化工、造纸、食品、化妆品、农业、环保、塑料等领域。例如用甲壳素和淀粉等原料制成的薄膜,具有强度高、可天然降解的特点,是替代目前大量使用的塑料薄膜的环保型产品。甲壳素的开发利用在我国前景广阔。

1. 浙江舟山一家公司利用虾蟹壳提炼出甲壳素

浙江舟山一家企业利用虾蟹壳分解出来的甲壳素生产抗菌布料,其奇异的特性非常适合体质弱的人使用,专家戏称,穿着这种衣服等于是给皮肤吃海鲜。

有关资料介绍,甲壳素是天然物质,它可以吸湿,吸附重金属。根据实验结果发现,甲壳素还有不错的抗菌效果,甲壳素本身带正电,而细菌的细胞膜带负电,当细菌接触到甲壳素抗菌衣,因为正负相吸,甲壳素会对细菌产生穿刺效果,扯破细菌的细胞膜,导致细菌死亡,所以说甲壳素可以抑制细菌生长。舟山是海洋大市,每年产生的虾蟹壳近千万吨以上,以前都作为废物倒入大海。从 1997 年开始,舟山海山生化制品有限公司从中国纺织大学引进甲壳素纤维生产技术专利,生产甲壳素纤维,通过 2 年多的技术攻关,试制成功甲壳素纤维与其他各种纤维混纺制成的保健 T 恤、衬衣、内衣、袜子、床上用品等。该厂生产的甲壳素纤维混纺制品于今年 1 月通过了省科技厅科学成果鉴定,并通过国家棉纺制品质量监督检验中心检验,产品具有极佳的抗辐射(紫外线)功能,特别适用于夏季从事户外工作的人员穿着。

目前,海山生化公司一年的虾蟹壳用量达到 4 万吨左右。该企业生产的甲壳素混纺制品已批量投放市场,产品被认定为浙江省 2002 年科技新产品。

(资料来源:中国食品展会网,2004 年)

2.舟山甲壳素企业遭遇环保风暴

舟山市普陀区自去年以来因达不到环保整改要求而关闭的企业中,绝大多数是甲壳素生产企业。近日笔者又从舟山市经贸委获悉,不光是普陀,全市的甲壳素企业都基本处于关停状态。

舟山虾壳、蟹壳多,生产甲壳素条件得天独厚。早在2001年,该市已有甲壳素生产企业40多家。"九五"期间,舟山甲壳素企业生产的氨基葡萄糖盐酸盐的出口量最高年份达5000万美元以上,成为我省重要的海洋生化产品。甲壳素产业的兴起,又使渔民、虾生产企业等从出售虾壳、蟹壳获益。

几年来,我省沿海各地对这一产业的发展寄予厚望。台州水产加工业中,甲壳素被视为与虾仁、鱼糜、鱼粉并列四大特色产品之一。曾有专家建议,把甲壳素产业培育成为我省海洋经济新亮点。

前景如此看好,发展多年,舟山的甲壳素产业又为什么似乎在一夜之间陷入了困境?原来,它一直潜存着一大毛病:生产过程的污染问题。

甲壳素粗加工生产工艺,带来的污染十分严重。据悉,生产一吨的甲壳素,要产生数百吨废水。这几年,舟山的甲壳素企业散布各地,规模小,无力单独治污,普遍将未经处理的污水直接排放。

去年,省人大常委会开展生态市建设和环保法执行检查,普陀区展茅工业区块污染被列入全省35个整改问题之一,其主要污染源便是由当地的3家甲壳素企业所造成。

在一些地方,这几年许多甲壳素企业加强新产品研发,研发出高附加值的产品,开始占领高端市场。而该市甲壳素企业普遍规模小,产销低端产品,企业迟迟不能做大。有环保人士就认为,这些企业在关闭前赚的其实就是逃避产品环保成本的钱。新时期里环保意识增强、环保风暴频起,舟山这些利润率不高、技术储备不强的甲壳素企业由此首当其冲。

业内人士认为,舟山的甲壳素产业已到了不整合形成规模、不搞研发来追求高附加利润,就只能成为"鸡肋"的境地。事实上,我省的甲壳素产业都面临着产业规模不大、产品档次不高、工艺装备落后、市场竞争无序及产业扶持不力等问题。而业内专家早有一些关于"培植新经济增长点、制定行业规划、加强产业指导、建立技术支持体系"等建议,并建立过一些类似甲壳素行业技术研发中心的机构,只是由于企业短视行为等历史原因未能收效。

专家认为,如果企业能主动转变意识,整合力量加大投入,舟山的甲壳素产业未必不能在重点领域获得突破。比如结合我省纺织工业发达的特点,把甲壳素纤维作为功能性纺织品开发的主要方向等。而这些高新技术产业正是政府行业指导的鼓励方向。毕竟,只有规模化,以高端产品获得更大利润,才能保证环保成本的投入。

其实,甲壳素产业在舟山面临的尴尬处境也是一个全国现象。随着国内对甲壳素产业治理污染力度的加强,这一行业都将面临脱胎换骨的痛苦。但危机的背后同时又有机遇。从这一角度看,舟山的甲壳素产业较早遭遇这场环保风暴,反而能逼着企业走出一条新路。

(资料来源:浙江在线新闻网站,2005年)

第三章　抗生素药物

【知识目标】

掌握抗生素的主要来源、应用和生产方法；

掌握 β-内酰胺等三类抗生素的典型代表及生产方法；

了解基因重组技术在抗生素生产中的应用。

【能力目标】

具备从事抗生素药物的生产及抗生素行业相关工作的能力；

培养学生的自学能力、分析问题能力；

培养学生的团结协作精神。

【引导案例】

青霉素的发现与开发

1928 年夏季的一天，英国微生物学家弗莱明发现，一个与空气接触过的金黄色葡萄球菌培养皿中长出了一团青绿色霉菌，霉菌周围无葡萄球菌生长。难道霉菌能分泌某种物质抑制葡萄球菌的生长？此后的研究表明，上述的怀疑是正确的。弗莱明鉴定发现上述霉菌是点青霉菌，因此将其分泌的抑菌物质称为青霉素。

然而遗憾的是弗莱明一直未能找到提取高纯度青霉素的方法，于是他将点青霉菌菌株一代代地培养，并于 1939 年将菌种提供给准备系统研究青霉素的英国病理学家弗洛里和生物化学家钱恩。

通过一段时间的紧张实验，弗洛里、钱恩终于用冷冻干燥法提取了青霉素晶体。1941 年的临床实验证实了青霉素对链球菌、白喉杆菌等多种细菌感染的疗效。在这些研究成果的推动下，美国制药企业于 1942 年开始对青霉素进行大批量生产。这些青霉素在世界反法西斯战争中挽救了大量美英盟军的伤病员。1945 年，弗莱明、弗洛里和钱恩因"发现青霉素及其临床效用"而共同荣获诺贝尔医学奖。

肺结核与链霉素

青霉素是有史以来第一种对抗多种细菌感染的灵丹妙药，但是青霉素并不能对抗所有的细菌，如对肺结核的病原体结核杆菌就不起作用。

肺结核，又称痨病，在历史上是一种极为可怕的疾病，曾被称为"白色瘟疫"。18 世纪末期的时候，英国首都伦敦城每 10 万人中就有 700 人死于这种病；19 世纪中叶的时候，欧洲四分之一的人口死于结核病。契诃夫、劳伦斯、鲁迅、奥威尔这些著名作家都因肺结核而过早去世。直到 40 年前,肺结核仍与今天的癌症一样令人生畏。

世界各国医生都曾尝试过多种治疗肺结核的方法,但是没有一种真正有效,患上结核病就意味着被判了死刑。即使在科赫于 1882 年发现结核杆菌之后,这种情形也长期没有改观。青霉素的神奇疗效给人们带来了新的希望,能不能发现一种类似的抗生素有效地治疗肺结核?

果然,在 1945 年的诺贝尔奖颁发几个月后,1946 年 2 月 22 日,美国罗格斯大学教授赛尔曼·瓦克斯曼宣布其实验室发现了第二种应用于临床的抗生素——链霉素,对抗结核杆菌有特效,人类战胜结核病的新纪元自此开始。1952 年 12 月,瓦克斯曼因而获得了诺贝尔生理学或医学奖。和青霉素不同的是,链霉素的发现绝非偶然,而是精心设计的、有系统的长期研究的结果。(见延伸阅读)

链霉素属于氨基糖甙碱性化合物,它与结核杆菌菌体核糖核酸蛋白体蛋白质结合,起到了干扰结核杆菌蛋白质合成的作用,从而杀灭或者抑制结核杆菌生长的作用。由于链霉素肌肉注射的疼痛反应比较小,适宜临床使用,只要应用对象选择得当,剂量又比较合适,大部分病人可以长期注射(一般 2 个月左右)。所以,应用数十年来它仍是抗结核治疗中的主要用药。

第一节　抗生素概述

一、抗生素的概念

在抗生素生产的早期,人们一般认为抗生素来源于微生物,且主要作用于细菌感染,故一度把这类物质叫做抗菌素。随着抗生素研究和生产的发展,抗生素的来源不断扩大,由微生物扩展到植物和动物。植物类抗生素有蒜素、常山碱、黄连素、长春花碱、鱼腥草素等;动物类抗生素如鱼素、红血球素等。另一方面,其作用对象也在不断地增多:病毒、细菌、真菌、原生动物、寄生虫、藻类、肿瘤细胞等。因此,抗菌素这个名称逐渐被淘汰,取而代之的是抗生素。

虽然抗生素已被广泛使用,但是由于抗生素的多样性,关于抗生素的定义也一直存在着分歧。有人认为凡是具有抵抗(抑制)他种生物机能能力的物质都叫抗生素,所以应该包括磺胺类等合成抗菌药物;也有人认为只有来源于微生物的抑制他种生物机能的物质才属于抗生素,磺胺药、动植物产生的抑菌物质等都不属于抗生素。目前,被大多数专家接受的是介于二者之间的一个概念:由生物(包括某些微生物、植物和动物)在其生命活动过程中产生的,能在低浓度下有选择地抑制他种生物机能的次级代谢产物及其衍生物。抗生素分为天然产品和人工合成产品,前者由生物产生,后者是对天然抗生素进行结构改造获得的半合成产品。

【知识拓展】

抗生素与消炎药

炎症通常称为发炎,是机体对于刺激(如高温、射线、强酸、强碱、细菌、病毒等)的一种防御反应,临床上,发炎的部位常表现红(局部充血)、肿(组织肿胀)、热(炎区温度升高)、痛(疼痛)及机能障碍(器官组织的机能下降)等症候。炎症,可以是感染引起的感染性炎症,也可以是不是由感染引起的非感染性炎症,如局部软组织的淤血、红肿、疼痛、过敏反应引起的接触性皮炎、药物性皮炎等。

专业上,消炎药和抗生素是不同的两类药物。消炎药是针对炎症的,比如常用的阿司匹林、吲哚美辛(消炎痛)、布洛芬、芬必得、双氯芬酸钠(扶他林)等消炎镇痛药。而抗生素不直接针对炎症发挥作用,而是针对引起炎症的细菌起到杀灭的作用。

日常生活中,老百姓常将抗感染药称为消炎药,所以很多人误以为抗生素可以治疗一切炎症。实际上抗生素仅适用于由细菌引起的炎症。日常生活中经常发生的局部软组织的淤血、红肿、疼痛等非感染性炎症以及病毒引起的炎症等,都不宜使用抗生素来进行治疗。如果用抗生素治疗无菌性炎症,这些药物进入人体后将会压抑和杀灭人体内有益的菌群,引起菌群失调,造成抵抗力下降。

二、抗生素的分类

1. 按来源分类

抗生素主要来源于微生物,其次是植物,动物最少。微生物中以放线菌产生的抗生素最多,真菌其次,细菌又次之。

在所有的已知抗生素中,由放线菌所产生的抗生素占到了一半以上,其中又以链霉菌属所产生的抗生素为最多,诺卡菌属小单孢菌属次之。真菌产生的抗生素主要包括青霉菌属产生的青霉素和头孢菌属产生的头孢菌素。细菌产生抗生素的主要来源是多粘杆菌、枯草杆菌、芽孢杆菌等,这类抗生素大多是肽类结构,如短杆菌肽等(表 3-1)。

高等植物产生的抗生素有黄连素(小檗碱)、大蒜素等。动物产生的抗生素有鱼素和海星皂苷等。

表 3-1　主要抗生素及其产生菌

抗生素	产生菌	微生物类型
杆菌肽	地衣芽孢杆菌	细菌
头孢菌素	头孢霉菌	真菌
氯霉素	委内瑞拉链霉菌	放线菌
放线菌酮	灰色链霉	放线菌
红霉素	暗红产色链霉菌	放线菌
灰黄霉素	灰黄青霉	真菌
卡那霉素	卡那霉素链霉菌	放线菌
新霉素	弗氏链霉菌	放线菌
链霉素	灰色链霉菌	放线菌
青霉素	产黄青霉	真菌
四环素	龟裂链霉	放线菌

2.按作用对象分类

按作用对象分为抗革兰氏阳性菌抗生素(如青霉素和头孢菌素)、抗革兰氏阴性菌抗生素(如链霉菌)、广谱抗生素(如四环类抗菌素和氯霉素)、抗真菌抗生素(如制霉菌素)、抗病毒抗生素(如植物抗生素板蓝根)、抗原虫抗生素(如灭滴虫素)、抗癌抗生素(如阿霉素)。

【知识拓展】

抗菌谱

每一种抗生素都有一定的抗菌范围,称为抗菌谱。只作用于革兰氏阳性或阴性细菌的抗生素称为窄谱抗生素;对革兰氏阳性和阴性都有作用的抗生素称广谱抗生素。有的广谱抗生素对衣原体、肺炎菌质体、立克次氏体及某些原虫也有抑制作用。

3.按化学结构分类

抗生素按其化学结构可分为六类。

(1)β-内酰胺类抗生素

β-内酰胺类抗生素含有四元内酰胺环,并且通过其中的氮原子与相邻的碳原子形成另一个杂环,它们的抗菌机制在于干扰革兰氏阳性细菌细胞壁的一种重要组分——多糖肽的合成,而这类组分在哺乳类动物的细胞中并不存在。在β-内酰胺类中,青霉素和头孢菌素都是疗效高、毒性低的抗生素。

(2)氨基糖苷类抗生素

氨基糖苷类抗生素分子中含有氨基糖甙结构,都是以氨基环醇与氨基糖缩合而成的甙(或称苷),多显碱性,临床上常用的链霉素、卡那霉素和庆大霉素等均属这类抗生素。它们的抑菌机制是抑制致病菌蛋白质的合成。

(3)大环内酯类抗生素

大环内酯类抗生素是以一个大环内酯为母体,通过羟基,以甙键和1～3个分子的糖相连结的一类抗生素,其中包括多氧大环内酯抗生素(如红霉素、螺旋霉素等)、多烯大环内酯抗生素(含有4～7个共轭双键,具有抗真菌的作用,如曲古霉素、制霉菌素等)、蒽沙大环内酯抗生素(抗菌谱较广,有很强的抗结核菌作用,并有抗癌活性,如利福平等)。

(4)四环素类抗生素

四环素类抗生素是以四并苯为母核的一族抗生素,如四环素、金霉素、土霉素等,它们是具有酸、碱两性的化合物,都有宽广的抗菌谱,能抑制很多革兰氏阳性及阴性细菌、某些立克次氏体、较大的病毒和一部分原虫,抑菌机制主要是抑制致病菌蛋白质的合成。

(5)多肽类抗生素

多肽类抗生素多由细菌产生,是多种氨基酸经肽键缩合成线状、环状或带侧链的环状多肽类化合物。多肽类抗生素大致可分为抗菌抗生素(如杆菌肽)和抗癌抗生素(如博莱霉素),也有一部分是酶抑制剂和免疫抑制剂(如环孢菌素A)。多肽类抗生素的毒性一般都比较大,主要引起神经毒性及胃毒性。临床上多用于轻度肠内感染及皮肤外科感染的治疗,特别是有些多肽类抗生素对绿脓杆菌的活性很强。

(6)多烯类抗生素

多烯类抗生素除了灰黄菌素和毗咯菌素等抗真菌抗生素外,其余抗真菌抗生素结构大多是多烯大环内酯；由于化学结构上的差异，它们的生物活性与上述大环内酯类抗生素的生物活性有很大的差别。其作用机制是通过与真菌细胞膜上的类固醇化合物结合来改变细胞的渗透性而起到抑菌和杀菌的作用。多烯抗生素按分子结构中含有共扼双键的多少不同可分成三烯、四烯、五烯、六烯和七烯。其中有使用价值的主要是七烯类抗生素，如两性霉素 B 和曲古霉素。该类抗生素的主要缺点是毒性较大。

此外，临床上有些较重要的抗生素，其结构尚不能归入上述类别中，如氯霉素、林可霉素、新生霉素和 D-环丝氨酸等。

4. 按作用机制分类

(1)抑制细胞壁形成

青霉素、头孢菌素、多氧霉素、杆菌肽和环丝氨酸等是通过抑制细菌细胞壁的形成，使细菌因丧失细胞壁保护而死亡。青霉素、头孢菌素主要是抑制细胞壁中肽聚糖的合成；多氧霉素主要作用是抑制真菌细胞壁中几丁质的合成。哺乳动物的细胞没有细胞壁，不受这些药物的影响。

(2)影响细胞膜通透性

多黏菌素 B、制霉菌素和曲古霉素等是通过影响细胞膜通透性，使细菌屏障和运输物质功能受到障碍。如多黏菌素与细胞结合，作用于脂多糖、脂蛋白，因此对革兰氏阴性菌有较强的杀菌作用，制霉菌素与真菌细胞膜中的类固醇结合，破坏细胞膜的结构。

(3)影响蛋白质合成

通过影响蛋白质合成使细菌生长受到抑制的抗生素较多，有卡那霉素、链霉素、四环素、氯霉素和红霉素等。

【知识拓展】

四环素与四环素牙

四环素是由金霉素催化脱卤生物合成的抗生素，毒性低，早在 1948 年即开始用于临床。1950 年，国外有报道四环素族药物引起牙着色；其后又后续报道四环素沉积于牙、骨骼以至指甲等，而且还能引起釉质发育不全。在这方面，国内直至 70 年代中期方引起注意。

四环素牙的临床表现为：牙齿变成黄色、灰棕色、黄褐色，紫外线下特有荧光，前牙光泽度差、表面粗糙。

四环素牙的预防很简单，只要妊娠或哺乳期的妇女、8 岁以下的儿童不使用四环素类药物就可以了。

(4)影响核酸代谢

通过影响核酸代谢使细菌生长分裂受到抑制，这类抗生素有灰黄霉素和利福平等。

(5)按合成途径分类

以氨基酸及其衍生物为生源所形成的抗生素有青霉素、头孢菌素等；以糖及其衍生物为生源所形成的抗生素有链霉素等糖苷类抗生素；以乙酸或丙酸及其衍生物为生源所形成的抗生素有红霉素等。

三、抗生素的用途

1. 医疗

最初发现的一些抗生素主要对细菌有杀灭作用,所以一度将抗生素称为抗菌素。抗生素的应用使细菌感染基本上得到控制,死亡率大幅度下降,人类寿命明显延长。随着抗生素的不断发展,陆续出现了抗病毒、抗衣原体、抗支原体,甚至抗肿瘤的抗生素也纷纷发现并用于临床,显然改称抗生素更符合实际。抗肿瘤抗生素的出现,说明微生物产生的化学物质除了原先所说的抑制或杀灭某些病原微生物的作用之外,还具有抑制癌细胞的增殖或代谢作用。

此外,还发现某些抗生素如洛伐他汀可有效降低心血管病人的血脂,免疫抑制剂环孢素可用于器官移植。

2. 农业

抗生素越来越广泛地应用于植物保护,防止粮、棉、蔬菜的病害,处理种子,促进生产。如用链霉素防治柑橘溃疡病,链霉素与硫酸铜混用防治黄瓜霜霉病。抗生素易被土壤微生物分解,不致污染环境,不会在人体内积累。

有些抗生素如赤霉素可作植物激素,促进或抑制植物生长;茴香霉素具有选择性除草作用。

3. 畜牧业

早在上世纪 50 年代,抗生素已广泛用于兽医临床,防治畜、禽的感染,并取得了良好的效果。例如支原体引起的猪哮喘,是兽医临床上的常见病、多发病,用林可霉素与壮观霉素合并治疗,获得了较好的效果。值得注意的是,治疗后的畜、禽体内残留有抗生素,须停药一段时间后才能宰杀,以防残留的抗生素危害人体。

抗生素添加于饲料中用以促进畜禽生长发育和提高饲料报酬已有近 60 年的历史,但为了避免由于抗生素的滥用引起耐药菌株大量繁殖,人们已开始使用一些畜禽专用的抗生素饲料添加剂,如泰乐菌素、杆菌肽等,常用的已达数十种之多。这些畜禽专用的抗生素添加剂均具有共同的特点:1)不干扰肠道正常菌群的微生态平衡;2)主要在肠道中发挥作用,不残留或极少残留于畜产品中;3)细菌或寄生虫不易对其产生耐药性;4)毒性低,安全范围大,对人畜无害,无致畸、致癌、致突变等副作用。

4. 食品保藏

制霉素可用于柑橘、草莓的保藏,四环素类抗生素可用于肉类、鱼类的保藏。另外,抗生素还用于罐头食品的防腐剂,已应用的有乳酸链球菌素、泰乐素等。

作为保鲜剂和防腐剂的条件,非医用抗生素,易溶于水,对人体无毒。肉品贮藏中使用的抗生素在肉品进行热处理时容易分解,其产物对人体无毒害。

5. 其他

此外,抗生素还可用于工业制品防霉,提高特定发酵产品的产量,用作生物化学与分子生物学研究的重要工具,建立药物筛选与评价模型,防止细胞培养、组织培养的污染,用于动物精液、组织液的保存等。

第二节　抗生素的生产

1953 年 5 月,中国建立第一个生产青霉素的抗生素工厂——上海第三制药厂,生产出了第一批国产青霉素,揭开了中国生产抗生素的历史。此后,金霉素、链霉素、四环素、土霉素、新霉素、卡那霉素、头孢菌素 C、林卡霉素等抗生素先后被生产出来,我国抗生素事业取得了蓬勃的发展。目前,中国已经成为抗生素生产大国,绝大多数抗生素都可自行生产并提供许多抗生素的出口,国外已发现的主要医用农用抗生素我国基本都已具备,并研制出了国外没有的抗生素,如创新霉素。目前,我国生产抗生素原料药能力较强,但在半合成及成品药的剂型方面与国外相比差距很大。

抗生素的生产方法有 4 种:发酵法、化学合成法、半合成法和直接提取法。作为基本的抗生素生产技术,微生物发酵法依然发挥着巨大作用,日常使用的抗生素大部分都是利用微生物发酵法进行生产的。只是某些利用发酵法无法制得时,方才使用化学合成法,这种方法产量低而且成本高。希望在天然抗生素基础上再加强某些作用时,可使用半合成法改造天然抗生素。此外,来自于动植物的抗生素,如蒜素、海星皂苷等,则是从原料中直接提取。

一、微生物发酵法

微生物发酵法生产抗生素具有生产成本低,产生的抗生素种类多等优点,是生产抗生素的主要方法。国内外对其非常重视,从菌种选育、发酵培养条件的控制以及高产优质提取方法的选择都投入了较大的研究力量,不仅获得了高产菌株,而且探明其生物合成途径,发酵罐容积超过了 100 吨,生产技术日益完善与提高。

微生物发酵法生产抗生素的工艺为:菌种→孢子制备→种子制备→发酵→发酵液预处理→提取精制→产品检验→成品包装。

1. 菌种

生产用菌种应具有以下特点:生长繁殖快,发酵单位高,遗传性能稳定,在一定条件下能保持持久的、高产量的抗生素生产能力,培养条件相对粗放,发酵过程易于控制,合成的代谢副产物少,生产抗生素的质量好。生产所用菌种一般都采用沙土或冷冻干燥法保存。

2. 孢子制备

孢子制备的目的是使菌体扩增。将菌种接种于固体培养基上,在 27℃培养 7～10 天即得孢子。注意控制适宜的湿度、温度及通风量,此外还要进行纯种和生产性能检验。

3. 种子培养

种子培养的目的是使孢子发芽、繁殖和获得足够数量的菌丝体。将孢子用无菌水制成悬浮液,接种入种子罐。接种后,在搅拌下通入无菌空气,保持一定的罐温,从而进行种子培养。种子培养采用逐级扩大,培养过程中需要对菌丝的形态和生化指标进行分析,确保种子质量满意后方可接种。

4. 发酵

发酵的目的是使菌丝体再生,合成大量的抗生素。培养基的主要成分有碳源(如葡萄糖、淀粉等)、氮源(如玉米浆、花生饼粉、黄豆饼粉、硝酸盐和铵盐等)以及无机盐和微量元素。

不同抗生素的培养基有其独特的营养组分和最佳配比。培养基的成分不能随意更改，一个菌种在同样的发酵培养基中，因为只少了或多了某个成分，发酵的成品就完全不同。如金色链霉菌在含氯的培养基中可形成金霉素，而在没有氯化物或在培养基中加入抑制生成氯化的物质，就产生四环素。

整个发酵过程是在纯种培养条件下进行的，所用的培养基和设备都必须经过灭菌，通常采用蒸汽灭菌，与培养液接触的罐体、管件都应严密不渗漏，避免杂菌污染。所通入的无菌空气需经空气净化系统处理。空气过滤器中采用的过滤介质有棉花、活性炭、超细玻璃纤维纸、石棉滤板和维尼纶滤布等。

接种量一般为 5％～20％。发酵控制的参数有：通气、温度、搅拌速度、补料、pH、某些专用前体、促进剂或抑制剂的用量；发酵期间有时还要加入豆油或合成消泡剂控制发酵过程中产生的泡沫，同时补加葡萄糖、铵盐和前体物质等以延长抗生素生物合成期，增加抗生素的产量。发酵过程中需要分析的参数有：菌丝形态、残含糖量、氨基酸、溶氧、pH 和抗生素含量。

5. 提取和精制

发酵结束后，进行发酵液预处理，然后进行抗生素的提取与精制。根据抗生素的化学、物理性质分别采用溶剂萃取、沉淀、离子交换或大孔树脂吸附等法进行提取、精制而得成品。不同抗生素根据其性质采用不同的精制方法。

6. 成品检验

根据国家药典进行检验，项目包括：效价检定、毒性实验、无菌实验、热原实验、水分测定、水溶液酸碱度及浑浊度测定、结晶颗粒的色泽及大小测定等。

【案例】

青霉素的发酵法生产

1. 生产菌种

英国微生物学家弗莱明发现点青霉，其产抗生素能力低下，沉没培养时只能产生 2U/ml，远远不能满足工业生产的要求。后来发现的产黄青霉菌种经 X 射线、紫外诱变后，其生产能力达到 1000～1500U/ml，但容易产生大量的黄色素，且不易除去。后来，又通过诱变处理使其产黄色素的能力丧失。结合基因工程技术和发酵工艺的改进，当今世界青霉素的工业发酵水平已达 85000U/ml。

青霉素生产菌种有两种：绿孢子产黄青霉菌和黄孢子产黄青霉菌，我国常用绿孢子产黄青霉菌。

菌种保存方面，一般采用真空冷冻干燥保存法保存分生孢子，也可用甘油或乳糖溶液做悬浮剂，在－70℃冰箱或液氮中保存孢子悬浮液或营养菌丝体，后者是保存青霉素生产菌种的首选。

2. 孢子的制备

先在蛋白胨、葡萄糖组成斜面培养基上培养，再转移到大米固体培养基，无菌条件下25℃培养 7 天后获得大量孢子。成熟的孢子真空干燥后，低温保存备用。

3. 种子的制备

这一阶段以产生大量健壮的菌丝体为目的。青霉素生产种子常用二级种子罐培养。一级种子罐培养基组成为玉米浆、乳糖和葡萄糖,以 200 亿孢子/吨的接种量接入孢子,27℃培养 40h 左右。一级种子培养温度高于青霉菌的生长和生产温度,主要是为了促进孢子萌发。二级种子罐培养基组成为玉米浆和葡萄糖,接入 10% 的一级种子,25℃培养 10~14h。

种子质量要求为菌丝稠密,菌丝团很少,菌丝粗壮,有中小空胞。在最适生长条件下,到达对数生长期时菌体量的倍增时间约为 6~7h。

4. 培养基

发酵以淀粉经酶水解的葡萄糖、花生饼粉为培养基的主要碳、氮源。前期基质浓度太高会抑制菌体生长和产物合成,而后期基质浓度低,又限制了菌体生长和产物合成。所以青霉素发酵通常采用分批补料法,对容易产生阻遏、抑制和限制作用的基质(葡萄糖、胺等)进行缓慢流加,以维持一定的最适浓度。

苯乙酸及其衍生物苯乙酰胺、苯乙胺、苯乙酰甘氨酸等均可作为青霉素 G 的前体。这些前体大部分构成青霉素的分子结构,小部分作碳源。如果在青霉素发酵培养基中不加侧链前体,一般会产生多种 N-酰基取代的青霉素混合物。前体对青霉菌的生长发育有一定毒性,故一次加入量不能大于 0.1%,并采用多次加入方式。

无机盐包括硫、磷、钙、镁、钾等,铁离子对青霉素生物合成具有显著影响,含量高不利于生产,因此铁质容器壁涂以环氧树脂等保护层,使铁离子控制在 $30\mu g/ml$ 以下。

5. 发酵生产

发酵过程分为菌体生长和产物合成两个阶段,进入合成阶段的必要条件是降低菌体生长速度。在生产阶段,维持一定的比生长率,对抗生素持续合成十分必要。因此,在快速生长期期末所达到的菌丝浓度应有一个限度,以确保生产期菌丝浓度有继续增加的余地。

一般按 20% 的接种量将种子移入发酵罐。

温度采用变温控制法,菌体生长时 27℃,抗生素分泌时 23℃,以减少后期发酵液中青霉素的降解破坏。

pH 前期控制在 6.8~7.2 之间,后期稳定在 6.5 左右,尽量低于 7.0,否则青霉素不稳定,pH 常靠补糖控制,也可加酸碱自动控制 pH。

对于青霉素发酵来说,溶氧浓度是影响发酵过程的重要因素。当溶氧浓度降到 30% 饱和度以下时,青霉素产量急剧下降;低于 10% 饱和度时,则造成不可逆转的损失。青霉素发酵时,应控制前期高些后期低些,利于合成青霉素和节约能源。

在青霉素发酵过程中会产生大量泡沫,过去以天然油脂如豆油、玉米油等为消泡剂,目前主要采用化学消泡剂"泡敌"来消泡。应控制用量,尽量少量多次加入,尤其在发酵前期不宜多用。否则,会影响生产菌的呼吸代谢。

6. 提取和精制

由于青霉素的性质不稳定,整个提取和精制过程应在低温下快速进行,并应注意保持稳定的 pH 范围。发酵完成后,发酵液及时冷却至 10℃ 以下,防止青霉素降解。

青霉素的提取和精制包括三个过程:预处理(除菌体和蛋白)、萃取(纯度达 50%~70%)和结晶。

（1）发酵液的预处理

发酵液中含有的菌丝体一般用真空鼓式过滤机进行过滤。如果菌丝没有自溶，过滤将十分容易。如果出现菌丝自溶，过滤时间增长，滤液量降低且发浑。因此，应控制菌体自溶前放罐。

将过滤的滤液调节 pH 至 4.5，加入 0.7g/Ld 的溴代十五烷吡啶（PPB）沉淀蛋白质，再加入 0.07％的硅藻土作助滤剂，通过板框过滤机过滤，除杂蛋白。一般该工序的收率为90％左右。

（2）萃取

在低 pH 下，青霉素游离酸易溶于有机溶剂难溶于水，而较高 pH 下，青霉素与碱金属所生成的盐类在水中溶解度很大，在有机溶剂中的溶解度下降。利用该性质进行青霉素的萃取与反萃取。

目前，工业生产所采用的溶剂多为醋酸丁酯和醋酸戊酯。萃取时，先将 pH 调至 2.5，青霉素转移到脂中，反萃取时青霉素转移到水相。为避免 pH 值波动，常用缓冲液，可用磷酸盐缓冲液、碳酸氢钠或碳酸钠溶液等。在萃取与反萃取过程中，只有酸性和青霉素相近的有机酸随青霉素转移。

整个萃取过程应在低温下进行（10℃以下），在保证萃取效率的前提下，尽量缩短操作时间，减少青霉素的破坏。经过萃取，青霉素纯度达到 50％～70％。

（3）结晶

青霉素结晶方法很多，而且普鲁卡因盐和碱金属盐的结晶方法也有所不同，现以青霉素钾盐结晶为例。

青霉素钾盐在醋酸丁酯中溶解度很小，利用此性质，用无水硫酸钠对醋酸丁脂萃取液脱水，再加醋酸钾乙醇溶液，青霉素钾盐结晶析出。结晶得到的青霉素钾盐纯度达 90％以上，但还含有某些过敏原。最好再经过重结晶，或转化成普鲁卡因盐，以减少过敏原等杂质。

【知识拓展】

青霉素的理化性质

青霉素青核环形结构的第三位碳原子含有一个羧基，具有很强的酸性，在低 pH（4 以下）条件下，该羧基不解离（即游离状态），青霉素易溶于有机溶剂难溶于水；在高 pH（5 以上）条件下，羧基发生酸式解离，此时青霉素易溶于水难溶于有机溶剂。青霉素的提取和精制，正是根据这一性质。羧基发生酸式解离，能与一些有机或无机碱形成盐，这也是制备青霉素盐的基础。青霉素常见盐包括钠盐、钾盐、普鲁卡因盐和二苄基乙二胺盐，前二者易溶于水，为速效抗生素；后二者难溶于水，为长效抗生素。

青霉素盐水溶液不稳定，常温数小时部分水解，效价降低，可产生致敏物质，故临用时配制。钾、钠盐粉针剂稳定，常温下数年有效。遇酸、碱、热都会分解失活，252nm、257nm 和264nm 有弱吸收峰。

二、化学全合成

首先将需要合成的抗生素的化学结构分析清楚，然后按照这个结构去进行化学合成，实践表明,这种化学合成的抗生素也是具有良好抗菌作用的物质。目前已有青霉素 V、链霉素等多种抗生素可用全合成法合成,但步骤复杂、成本高,难以实现工业化。因此该法只适用于生产结构明确且简单的少数抗生素,如氯霉素。

三、半合成法

半合成法是在生物合成的天然抗生素的基础上,进行结构改造,得到稳定性更好、毒性更小、抗菌谱更广、生物利用度更好等优点的半合成抗生素的过程。临床上使用得最多的青霉素和头孢菌素等多种抗生素,均由这种方法制取。其他如强力霉素、利福平、氯林可霉素等则分别通过土霉素、利福霉素 SV 和林可霉素的结构改造而制得。目前临床上使用的半合成抗生素远比合成的抗生素多。

【案例】

青霉素的半合成法生产

生物合成青霉素往往受前体结构适应性限制,目前仅能合成 8 种,用于临床的仅有 2 种。临床上使用的多数青霉素都是半合成法得到的。

1. 原料 6-APA 的制备

青霉素发酵时也产生青霉素母核——6-氨基青霉烷酸(6-APA),但产量很低。工业上多用深层搅拌发酵大肠杆菌生产青霉素酰化酶,然后用该酰化酶在 38～45℃、pH7～8 的条件下裂解青霉素 G 或 V 生成 6-APA 和苯乙酸。反应式如下:

青霉素 G ⟶ 6-ACA + PhCH₂COOH

然后在反应液中加入明矾和乙醇除去蛋白,乙酸丁酯除去苯乙酸,用 HCl 调节 pH3.7—4.0,即可析出白色晶体 6-APA。近年来,酶固相化技术已应用于 6-APA 生产,简化了裂解工艺过程。6-APA 也可从青霉素 G 用化学法来裂解制得,但成本较高。

2. 半合成青霉素的合成

用 6-APA 分子中的氨基与不同前体酸(侧链)发生酰化反应制备半合成青霉素,其方法有两种,即化学法和酶催化法。工业生产上是以化学法为主,包括酰氯法和酸酐法。酰氯法是将相应的有机酸先用氯化剂制成酰氯,然后根据酰氯的稳定性在水或有机溶剂中,以无机或有机碱为缩合剂,与 6-APA 进行酰化反应。缩合反应也可以在裂解液中直接进行而不需分离出 6-APA。

6-APA 侧链的引入也可采用青霉素酰化酶裂解青霉素成 6-APA 的逆反应进行酶促合。在 pH 为 5 和适宜的温度下,可使 6-APA 和侧链缩合成相应的新青霉素。但酶促合成法提纯较为复杂,收率也低。据报道,日本用产碱杆菌固定化菌体进行缩合反应,收率为81%,已达实用阶段。

四、直接提取法

该方法主要用于动植物来源的抗生素,如蒜素直接从大蒜中提取,小檗碱(黄连素)直接从黄连中提取,海星皂苷从海星中提取等。

第三节　β-内酰胺类抗生素

β-内酰胺类抗生素系指化学结构中具有 β-内酰胺环的一大类抗生素,包括临床最常用的青霉素与头孢菌素,以及新发展的头霉素类、硫霉素类、单环 β-内酰胺类等非典型 β-内酰胺类抗生素。此类抗生素具有杀菌活性强、毒性低、适应症广及临床疗效好的优点,而且通过化学结构,特别是侧链的改变形成了许多不同抗菌谱和各种临床药理学特性的抗生素,是现有的抗生素中使用最广泛的一类。

一、分类

1. 青霉素类

青霉素是最早应用于临床的抗生素,由于它具有杀菌力强、毒性低、价格低廉、使用方便等优点,迄今仍是处理敏感菌所致各种感染的首选药物。青霉素也是一类抗生素,根据其来源和生产方法的不同,分为天然青霉素和半合成青霉素。

天然青霉素共有 8 种,但只有青霉素 G 和青霉素 V 在临床上有用,其中青霉素 G 的疗效最好。一般常说的青霉素就是青霉素 G,又称盘尼西林、配尼西林、青霉素钠、苄青霉素钠、青霉素钾、苄青霉素钾等。临床常用其钠盐或钾盐,其晶粉在室温中稳定,易溶于水,水溶液在室温中不稳定,且可生成有抗原性的降解产物,故青霉素应在临用前配成水溶液。但是青霉素 G 不耐酸、不耐青霉素酶、抗菌谱窄和容易引起过敏反应等缺点,在临床应用受到一定限制。

半合成青霉素是对天然青霉素进行化学改造,在其母核 6-氨基青霉烷酸(6-APA)上接上不同侧链得到。半合成青霉素又分为以下几类:(1)耐酸青霉素　苯氧青霉素包括青霉素 V 和苯氧乙基青霉素。抗菌谱与青霉素相同,抗菌活性不及青霉素,耐酸、口服吸收好,但不耐酶,不宜用于严重感染。(2)耐酶青霉素　化学结构特点是通过酰基侧链(R1)的空间位障作用保护了 β-内酰胺环,使其不易被酶水解,主要用于耐青霉素的金葡菌感染。常用的有苯唑西林(新青霉素Ⅱ)、氯唑西林、双氯西林与氟氯西林。(3)广谱青霉素　对革兰阳性及阴性菌都有杀菌作用,耐酸可口服,但不耐酶。如氨苄西林、阿莫西林、匹氨西林等。(4)抗绿脓杆菌广谱青霉素　此类抗生素对绿脓杆菌的作用较强,如羧苄西林、磺苄西林、替卡西林、阿洛西林等。

2. 头孢菌素类

头孢菌素在化学和生物学性质上与青霉素有许多相似的特征,头孢菌素也有一个母核——7-氨基头孢烷酸(7-ACA),也分为天然的和半合成的。典型的天然头孢菌素为头孢菌素 C 和 7α-甲氧头孢菌素 C(头霉素 C)。它们都具有广谱的抗菌活性,且对青霉素酶稳定,后者还能耐受头孢菌素酶,但因为抗菌活性不高,临床上应用不多。临床上广泛应用的是对天然头孢菌素化学改造而得到的半合成头孢菌素,这类抗生素具有抗菌谱广、杀菌力强、对胃酸及对 β-内酰胺酶稳定,过敏反应少(与青霉素仅有部分交叉过敏现象)等优点。

根据头孢菌素的抗菌作用特点及临床应用不同,可将其分为四代。

第一代头孢菌素常用品种有头孢唑林、头孢氨苄、头孢拉定、头孢羟氨苄等,不同品种的头孢菌素可以有各自的抗菌特点。第一代头孢菌素对革兰阴性菌的 β-内酰胺酶的抵抗力较弱,因此,革兰阴性菌对本代抗生素较易耐药。

第二代头孢菌素主要品种有头孢孟多、头孢西汀(美福仙)、头孢呋新(西力欣),头孢克罗,头孢替安等。第二代头孢菌素对革兰阳性菌的抗菌效能与第一代相近或较低,而对革兰阴性菌的作用较为优异。第二代头孢菌素的抗菌谱较第一代有所扩大,且对第一代头孢的耐药菌株常可有效。

常用的头孢哌酮(先锋必素)、头孢三嗪(罗塞秦、菌必治)、头孢噻肟钠、头孢他啶、头孢唑肟、头孢曲松等均属于第三代头孢菌素,第三代头孢菌素对革兰阳性菌的抗菌效能普遍低于第一代(个别品种相近),但对革兰阴性菌的作用较第二代头孢菌素更为优越。第三代头孢菌素的抗菌谱比第二代又有所扩大,对其耐药菌株常可有效。

第三代头孢菌素对革兰阳性菌的作用弱,不能用于控制金黄色葡萄球菌感染。近年来发现一些新品种如头孢匹罗(Cefpirome)等,不仅具有第三代头孢菌素的抗菌性能,还对葡萄球菌有抗菌作用,称为第四代头孢菌素。

3.非典型类

(1)头霉素类

头霉素是自链霉菌获得的 β-内酰胺抗生素,抗菌谱广,对革兰阴性菌作用较强,对多种 β-内酰胺酶稳定。头霉素化学结构与头孢菌素相仿,但其头孢烯母核的 7 位碳上有甲氧基。头霉素有 A、B、C 三型,C 型抗菌能力最强。目前广泛应用者为头孢西丁,抗菌谱与抗菌活性与第二代头孢菌素相同,对厌氧菌包括脆弱拟杆菌有良好作用,适用于盆腔感染、妇科感染及腹腔等需氧与厌氧菌混合感染。

(2)拉氧头孢

拉氧头孢又名羟羧氧酰胺菌素,化学结构属氧头孢烯,1 位硫为氧取代,7 位碳上也有甲氧基,抗菌谱广,抗菌活性与头孢噻肟相仿,对革兰阳性和阴性菌及厌氧菌,尤其脆弱拟杆菌的作用强,对 β-内酰胺酶极稳定,血药浓度维持较久。

(3)硫霉素类

硫霉素化学结构属碳青霉烯类,噻唑环有饱和链,1 位硫为碳取代,抗菌谱广,抗菌作用强,毒性低,但稳定性极差,无实用意义。亚胺培南(亚胺硫霉素)具有高效、抗菌谱广、耐酶等特点,在体内易被去氢肽酶水解失活。所用者为本品与肽酶抑制剂西司他丁的合剂,称为泰宁,稳定性好,供静脉滴注。

(4)β-内酰胺酶抑制剂

①克拉维酸(棒酸) 为氧青霉烷类广谱 β-内酰胺酶抑制剂,抗菌谱广,但抗菌活性低。与多种 β-内酰胺类抗菌素合用时,抗菌作用明显增强。临床使用奥格门汀(氨菌灵)与泰门汀,为克拉维酸分别和阿莫西林与替卡西林配伍的制剂。

②舒巴坦(青霉烷砜) 为半合成 β-内酰胺酶抑制剂,对金黄色葡菌球菌与革兰阴性杆菌产生的 β-内酰胺酶有很强且不可逆抑制作用,抗菌作用略强于克拉维酸,但需要与其他 β-内酰胺类抗生素合用,有明显抗菌协同作用。优立新为舒巴坦和氨苄西林(1:2)的混合物,可供肌肉或静脉注射。舒巴哌酮为舒巴坦和头孢哌酮(1:1)混合物,可供静脉滴注。

(5)单环 β-内酰胺类

氨曲南是第一个成功用于临床的单环 β-内酰胺类抗生素,对需氧革兰阴性菌具有强大杀菌作用,并具有耐酶、低毒、对青霉素等无交叉过敏等优点,可用于青霉素过敏患者,并常作为氨基甙类的替代品使用。

（6）碳青霉烯

碳青霉烯类抗生素是抗菌谱最广，抗菌活性最强的非典型 β-内酰胺抗生素，因其具有对 β-内酰胺酶稳定以及毒性低等特点，已经成为治疗严重细菌感染最主要的抗菌药物之一。

碳青霉烯类抗生素是由青霉素结构改造而成的一类新型 β-内酰胺类抗生素，问世于 20 世纪 80 年代。其结构与青霉素类的青霉环相似，不同之处在于噻唑环上的硫原子为碳所替代，且 C2 与 C3 之间存在不饱和双键；另外，其 6 位羟乙基侧链为反式构象。研究证明，正是这个构型特殊的基团，使该类化合物与通常青霉烯的顺式构象显著不同，具有超广谱的、极强的抗菌活性，以及对 β-内酰胺酶高度的稳定性。

二、抗菌机制

各种 β-内酰胺类抗生素的作用机制均相似，都能抑制胞壁黏肽合成酶，即青霉素结合蛋白 PBPs），从而阻碍细胞壁黏肽合成，使细菌胞壁缺损，菌体膨胀裂解。除此之外，对细菌的致死效应还应包括触发细菌的自溶酶活性，缺乏自溶酶的突变株则表现出耐药性。哺乳动物无细胞壁，不受 β-内酰胺类药物的影响，因而本类药具有对细菌的选择性杀菌作用，对宿主毒性小。

三、耐药机制

细菌对 β-内酰胺类抗生素耐药机制可概括为：

（1）细菌产生 β-内酰胺酶（青霉素酶、头孢菌素酶等）使易感抗生素水解而灭活；

（2）对革兰阴性菌产生的 β-内酰胺酶稳定的广谱青霉素和第二、三代头孢菌素，其耐药发生机制不是由于抗生素被 β-内酰胺酶水解，而是由于抗生素与大量的 β-内酰胺酶迅速、牢固结合，使其停留于胞膜外间隙中，因而不能进入靶位（PBPs）发生抗菌作用。此种 β-内酰胺酶的非水解机制又称为"牵制机制"。

（3）PBPs 靶蛋白与抗生素亲和力降低、PBPs 增多或产生新的 PBPs 均可使抗生素失去抗菌作用。例如 MRSA（methicillin resistant Staphylococcus aureus）具有多重耐药性，其产生机制是 PBPs 改变的结果，高度耐药性系由于原有的 PBP2 与 PBP3 之间产生一种新的 PBP2′（即 PBP2a），低、中度耐药系由于 PBPs 的产量增多或与甲氧西林等的亲和力下降所致；

（4）细菌的细胞壁或外膜的通透性改变，使抗生素不能或很少进入细菌体内到达作用靶位。革兰阴性菌的外膜是限制 β-内酰胺类抗生素透入菌体的第一道屏障。

近年研究已证实抗生素透入外膜有非特异性通道与特异性通道两种。大肠杆菌 K-12 外膜有亲水性的非特异性孔道蛋白（porin）为三聚体结构，有两个孔道蛋白，即 OmpF 与 OmpC，其合成由 OmpB3 基因调控。OmpF 的直径为 1nm，许多重要的 β-内酰胺类抗生素大多经过此通道扩散入菌体内。鼠伤寒杆菌 OmpF 与 OmpC 缺陷突变株对头孢噻啶的通透性要比野生株小 10 倍，因而耐药。仅含微量 OmpF 与 OmpC 的大肠杆菌突变株，对头孢唑啉、头孢噻吩的透入也较野生株成倍降低，其 MIC 明显增高，也出现耐药。绿脓杆菌对 β-内酰胺类抗生素耐药性的产生已证明是由于外膜非特异性孔道蛋白 OprF 缺陷而引起的。革兰阴性外膜的特异性通道，在绿脓杆菌耐亚胺培南的突变株已证明系由于外膜缺失一种分子量为 45～46kD 蛋白 OprD。如将此 OprD 重组于缺陷 OprD 的突变株外膜蛋白脂质体中，又可使亚胺培南透过性增加 5 倍以上，其 MIC 也相应地降低，于是细菌的耐药性消除。

（5）由于细菌缺少自溶酶而出现细菌对抗生素的耐药性，即抗生素具有正常的抑菌作用，但杀菌作用差。

四、制备

β-内酰胺类抗生素的生产方法主要有微生物发酵法和半合成法。虽然目前临床使用的多种 β-内酰胺类抗生素都是半合成法生产的，但微生物发酵法仍然具有非常重要的地位。由于天然青霉素 G 抗菌活性高，仍然是临床常用药；另外发酵生产的青霉素 G、青霉素 V 和头孢菌素 C 是半合成其他青霉素和头孢菌素的基本原料。全合成青霉素 V 和头孢菌素 C 虽已获得成功，但从经济角度考虑，还难以实现工业化。

半合成法在 β-内酰胺类抗生素制备中发挥着重要的作用，通过水解天然青霉素 G 或头孢菌素 C 分别制备 6-APA 或 7-ACA，再由化学法或酶法进行侧链缩合，获得一系列半合成青霉素或头孢菌素。

半合成抗生素与原抗生素相比具有明显的优点：抗菌效果强、抗菌谱广、抗生素的毒副作用小。目前临床上使用的半合成 β-内酰胺类抗生素远比天然的多。

第四节 氨基糖苷类抗生素

氨基糖苷类抗生素是由氨基糖与氨基环醇通过氧桥连接而成的苷类抗生素。除了链霉素、庆大霉素等天然氨基糖苷类，还有阿米卡星等半合成氨基糖苷类。

人类历史上第一个氨基糖苷类抗生素是 1940 年从链霉菌分泌物中分离获得的链霉素，主要应用于对结核病的治疗。链霉素有比较严重的耐药性问题，且会损害第八对脑神经造成耳聋，对链霉素的结构改造一直以来都是研究的课题，但始终没有成功的案例。庆大霉素有较好的抗革兰氏阴性菌和相对低的毒性，是治疗各种 G⁻ 杆菌感染的主要抗菌药，应用比较广泛。新霉素、核糖霉素等新的氨基糖苷类抗生素，这些新药虽然抗菌活性没有此前发现的药物高，但是耳毒性和肾毒性却大大降低，比较早的氨基糖苷类药物更加安全。

虽然对链霉素的结构改造一直没有成功，人们在卡那霉素的基础上进行结构改造，开发了阿米卡星、妥布霉素等新药，解决卡那霉素耐药菌株的问题。阿米卡星是抗菌谱最广的氨基糖苷类抗生素，其突出优点是对肠道 G⁻ 杆菌和铜绿假单胞菌所产生的多种氨基糖苷类灭活酶稳定，故对耐药菌感染仍能有效控制，常作为首选药。妥布霉素对耐庆大霉素菌株有效，适合治疗铜绿假单胞菌所致的各种感染，通常与青霉素类或头孢菌素类药物合用。

一、作用机理

虽然大多数抑制微生物蛋白质合成的抗生素为抑菌药，但氨基糖苷类抗生素却可起到杀菌作用，属静止期杀菌药。

氨基糖苷类抗生素对于细菌的作用主要是抑制细菌蛋白质的合成，作用点在细胞 30S 核糖体亚单位的 16SrRNA 解码区的 A 部位。研究表明：此类药物可影响细菌蛋白质合成的全过程，妨碍初始复合物的合成，诱导细菌合成错误蛋白以及阻抑已合成蛋白的释放，从而导致细菌死亡。氨基糖苷类抗生素在敏感菌体内的积蓄是通过一系列复杂的步骤来完成的,包括需氧条件下的主动转动系统,故此类药物对厌氧菌无作用。氨基糖苷类类药物的杀菌特点为:(1)杀菌速度和杀菌持续时间与浓度呈正相关;(2)仅对需氧菌有效,且抗菌活性显著强于其他类药物,对厌氧菌无效;(3)抗生素后效应长,且持续时间与浓度呈正相关,该特性或许可以说明氨基糖苷类一天给药一次的疗法与每天分次给药同样有效。(4)具有初次接触效应;(5)在碱性环境中抗菌活性增强。

【知识拓展】

抗生素后效应与初次接触效应

抗生素后效应是指细菌在接触抗生素后虽然抗生素血清浓度降至最低抑菌浓度以下或已消失后,对微生物的抑制作用依然维持一段时间的效应。它可被看作为病原体接触抗生素后复苏所需要的时间。

初次接触效应是抗菌药物在初次接触细菌时有强大的抗菌效应,再度接触或连续与细菌接触,并不明显地增强或再次出现这种明显效应,需要间隔相当时间(数小时)以后,才会再起作用。

二、生产方法

氨基糖苷类抗生素的生产也包括发酵法和半合成法。像链霉素、庆大霉素、新霉素、核糖霉素等是通过微生物发酵法获得的,而阿米卡星、妥布霉素则是在卡那霉素的基础上结构改造得到的,即半合成法生产的。

第五节　大环内酯类抗生素

大环内酯类抗生素是指由链霉菌产生的具有大环内酯的一类弱碱性抗生素。一般大环内酯分为一内酯与多内酯。常见的一内酯有:十二元环(如酒霉素等)、十四元环(如红霉素、克拉霉素、罗红霉素、地红霉素等)、十五元环(如阿奇霉素)和十六元环(如麦迪霉素、螺旋霉素、乙酰螺旋霉素及交沙霉素等),至今最大者已达六十元环,如具有抗肿瘤作用的醌酯霉素A1,A2,B1。多内酯中二内酯有:抗细菌与真菌的抗霉素、稻瘟霉素、洋橄榄霉素、硼霉素等。大环内酯基团和糖衍生物通过苷键相连(图3-1,3-2)。

一、分类

大环内酯类抗生素有多种分类方式,按化学结构分,可分为十四元大环内酯类、十五元大环内酯类、十六元大环内酯类等;按合成方式分,可分为天然品(红霉素、麦白霉素、螺旋霉素、麦迪霉素)、半合成品(罗红霉素、阿奇霉素、克拉霉素)。按其发展过程分,可分为第一代、第二代和第三代大环内酯类抗生素。

1. 第一代大环内酯类抗生素

20世纪50年代初,红霉素A即已应用于临床,广泛应用于呼吸道、皮肤、软组织等感染,β-内酰胺类抗生素过敏患者的替代药物。但红霉素抗菌谱相对较窄,易产生耐药性,生物利用度较低，应用剂量较大，不良反应多见，限制了其在临床的应用。

20 世纪 70 年代，吉他霉素、麦迪霉素、交沙霉素、乙酰螺旋霉素，虽对红霉素耐药菌作用有所改进，但肝毒性依旧明显，还可使性激素或 β-内酰胺类抗生素疗效降低。

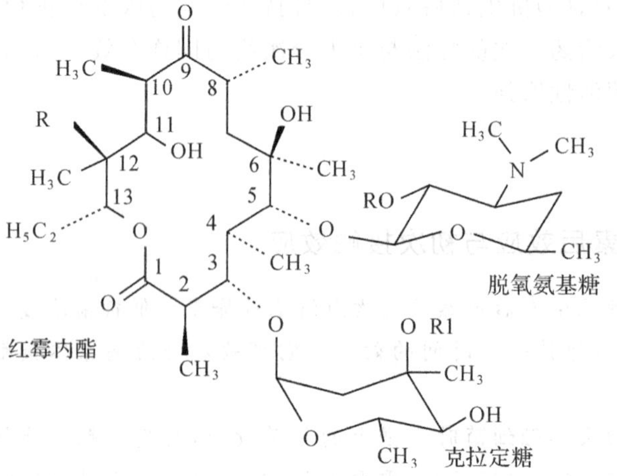

R	R1	
OH	CH_3	红霉素A
H	CH_3	红霉素B
OH	H	红霉素C

图 3-1 红霉素结构

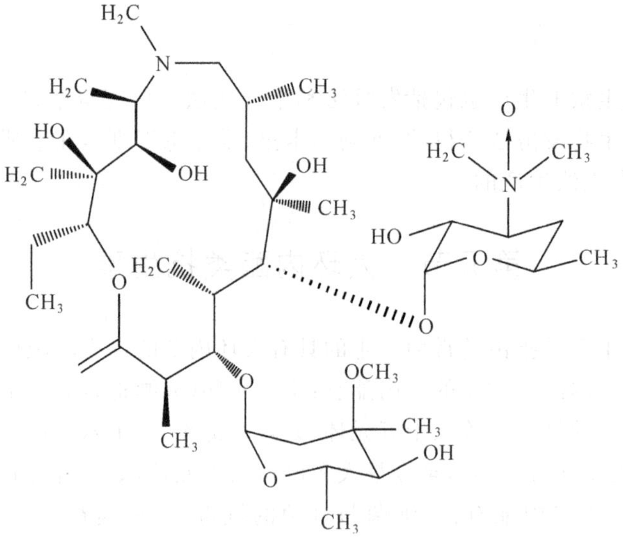

图 3-2 阿奇霉素结构

【知识拓展】

红霉素的多组分

红霉素是一种多组分抗生素，除了主要组分红霉素 A 外，还有红霉素 B、红霉素 C 和红霉素 D 等。红霉素 B 的抗菌活性为红霉素 A 的 75%～85%，红霉素 C 和 D 仅为红霉素 A 的 25%～50%。国产红霉素商品中 C 为主要杂质，其结构与红霉素 A 较相似，但毒性是红霉素 A 的两倍。

2.第二代大环内酯类抗生素

20世纪90年代后,针对红霉素A酸性失活的化学修饰,产生了第二代大环内酯类抗生素克拉霉素、罗红霉素、阿奇霉素等。与红霉素相比,第二代大环内酯类抗生素的抗菌谱有所扩大,抗菌活性增强,如阿奇霉素等不仅对流感杆菌、卡他莫拉菌和淋球菌的抗菌活性增强,抗支原体等非典型病原体的活性也有明显增强。由于克服了酸不稳定性,改善了药物动力学性能,第二代大环内酯类抗生素口服易吸收,对酸稳定,半衰期延长,不良反应减少,因而获得了广泛的临床应用。但由于其主要仍局限于药物动力学性能上的改善,其对耐药菌的抗菌活性弱并有交叉耐药性,这一点引起人们的极大关注。

3.第三代大环内酯类抗生素

近10年来对红霉素及其衍生物结构改造的研究,获得了第三代对耐药菌有效的大环内酯类抗生素,如酮内酯类的泰利霉素(在红霉素第3位碳上引入酮基)和cethromycin等,具有突破性意义。第三代大环内酯类抗生素对大环内酯敏感菌、耐药呼吸道病原体(如肺炎链球菌、金葡菌、流感杆菌、酿脓链球菌、肺炎支原体等)均有很好的活性,克服了与红霉素交叉耐药问题,已成为当前抗生素新药研发的重点。

二、抗菌及耐药机制

大环内酯类能不可逆地结合到细菌核糖体50S亚基上,通过阻断转肽作用及mRNA位移,选择性抑制蛋白质合成。

细菌对大环内酯类会产生耐药性,耐药通常由质粒编码,机制可能是:

①抗生素进入菌体量减少和外排增加,如革兰阴性菌可增强脂多糖外膜屏障作用,药物难以进入菌体;

②金黄色葡萄球菌外排泵作用增强,药物排出增加,或细菌产生了灭活大环内酯类的酶,如酯酶、磷酸化酶及葡萄糖酶;细菌改变了与抗生素结合的核蛋白体结合部位,使其结合能力下降。

三、生产方法

大环内酯类抗生素的生产方法主要包括两种:发酵法和半合成法。红霉素、麦白霉素、螺旋霉素,麦迪霉素等天然产品均是通过微生物发酵法生产的,而罗红霉素、阿奇霉素、克拉霉素等则是以天然红霉素A为原料,通过半合成法进行结构改造得到的。半合成品对胃酸稳定;血药浓度高,组织渗透好;半衰期延长;抗菌谱更宽而作用增强;不良反应较天然品少。

第六节　基因工程在抗生素生产中的应用

几十年来,人们进行了不懈的努力来提高微生物产生抗生素的能力,常用的主要方法是用诱变剂单独或复合处理(如紫外线、化学等),通过筛选获得生产能力较高的突变株。同时,优化发酵过程,寻找最佳培养基组合和生产参数也发挥了重要的作用。

20世纪70年代,重组DNA技术的兴起,人们在结构比较复杂的次级代谢产物的生物合成上进行了深入的研究。目前抗生素生物合成基因重组工程进展较快,其主要内容包括生物合成酶基因的分离、质粒的选择、基因重组与转移、宿主表达等。已经克隆的抗生素生物合成基因有 23 种之多。

当今已对一些抗生素的生物合成基因和抗性基因的结构、功能、表达和调控有了较深入的了解,利用重组微生物来提高已知代谢物的产量和发现新产物已引起高度重视。

一、提高抗生素产量

长期以来,工业生产中使用的抗生素高产菌株都是通过物理或化学手段进行诱变育种的。尽管目前诱变育种技术仍是改良生产菌种的主要手段,但是利用基因工程有目的地定向改造基因、提高基因的表达水平以改造菌种的生产能力已有成功的报道。利用基因工程技术提高抗生素产量可以从以下几个方面考虑。

1. 将产生菌基因随机克隆至原株直接筛选高产菌株

其基因原理是在克隆菌株中增加某一与产量有关的基因(限速阶段的基因或正调节基因)剂量,使产量得到提高。这一方法是随机筛选,工作量较大。

2. 增加参与生物合成限速阶段基因的拷贝数

增加生物合成中限速阶段基因的拷贝数有可能提高抗生素的产量。抗生素生物合成途径中的某个阶段可能是整个合成中的限速阶段,识别位于合成途径中的"限速瓶颈",并设法导入能提高这个阶段酶系的基因拷贝数,就有可能增加最终抗生素的产量。

3. 通过调节基因的作用

在许多链霉菌中,关键的调节基因嵌在控制抗生素产生的基因簇中,常常是抗生素生物合成和自身抗性基因簇的组成部分。正调节基因可能通过一些正调控机制对结构基因进行正向调节,加速抗生素的产生。负调节基因可能通过一些负调控机制对结构基因进行负向调节,降低抗生素的产量。因此,增加正调节基因或降低负调节基因的作用,也是一种增加抗生素产量的可行方法。

4. 增加抗性基因

抗生素抗性基因不但通过它的产物灭活胞内或胞外的抗生素,保护自身免受所产生的抗生素的杀灭作用,有些抗性基因的产物还直接参与抗生素的合成。抗性基因经常和生物合成基因连锁,而且它们的转录有可能也是紧密相连的,是激活生物合成基因进行转录的必需成分。因此,抗性基因必须首先进行转录,建立抗性后,生物合成基因的转录才能进行。

抗生素的产生与菌种对其自身抗生素的抗性密切相关。抗生素的生产水平是由抗生素生物合成酶和对自身抗性的酶所共同确定的,这就为通过提高菌种自身抗性水平来改良菌种、提高抗生素产量提供了依据。

二、改善抗生素组分

抗生素产生菌复杂的次级代谢过程导致其发酵产物大都是多组分的,而其中只有一个或几个组分生物活性较高。对于生物合成机制及其基因簇研究较透彻的菌种,采用基因失活和基因表达的方法可有效地除去多余组分或增加有效组分的含量,将非常有利于有效组分的发酵、提取与精制。

三、改进抗生素生产工艺

抗生素的生物合成对氧的供应非常敏感,不能大量供氧往往是限制抗生素产量的重要因素。一般情况下,溶解氧进入菌体后,须经物理扩散才能到达消耗并产生能量的呼吸细胞器。如在菌体中导入与氧有亲和力的血红蛋白,呼吸细胞器就能容易地获得足够的氧,降低细胞对氧的敏感程度,从而改善发酵过程中溶氧的控制程度。事实证明,将一种丝状细菌——透明颤菌的血红蛋白基因克隆到放线菌中,就可促进有氧代谢、菌体生长和抗生素的合成。

此外,在抗生素产生菌中导入耐高温的调节基因或耐热的生物合成基因,可以使发酵温度提高,从而降低生产成本。

四、产生杂合抗生素

随着已知抗生素数量的不断增加,用传统常规方法来筛选新抗生素的几率越来越低。通过 DNA 重组技术,在适宜的宿主菌中将特定的抗生素基因进行重组,产生新的"杂合"抗生素,为新抗生素的获得提供了新的途径。

得到杂合抗生素的基因重组方法有以下几种:1)不同抗生素生物合成基因重组;2)生物合成途径中某个酶基因突变;3)生物合成途径中引入一个酶基因;4)利用底物特异性不强的酶催化形成新产物。

第七节　抗生素药物的质量控制

一、生产过程的质量控制

绝大部分的天然抗生素都是采用微生物发酵法生产的,即使半合成抗生素,其中间体也是用发酵法生产的,所以微生物发酵在抗生素的生产中占有非常重要的地位。

如何避免染菌是发酵法生产药物过程控制的关键。一旦染菌势必会造成终产品的质量问题,因此对生产过程中菌种的保存、取用、接种、发酵等都有着非常严格的要求。详细要求见延伸阅读。

发酵过程中温度、pH、溶解氧等工艺参数的控制不仅影响着产品的产量,而且也影响着产品的质量。如发酵生产青霉素的过程中,如果 pH 偏高,青霉素的产率会降低。灰色链霉菌对温度较敏感,一般 28.5℃有利于链霉素的合成,而过高过低都将降低链霉素的产量。红霉素发酵时,发酵液黏度过高,会影响溶氧,降低发酵效价;发酵液黏度低,则会造成红霉素 C 的含量增加,而红霉素 C 是红霉素 A 生产中重点控制的杂质。

此外,对于青霉素等 β-内酰胺类药品高致敏性药品,生产时也有特殊的要求,如厂房为独立的建筑物、独立的设施、空气净化系统,产品暴露操作间应保持相对负压(查压差计),有排出室外的废气、废物和废水的净化处理设施,排风口与其他空气净化系统进风口的距离不能太近等。

二、原料药的质量控制

1. 性状

药品的性状不仅仅是药物外观的直观描述,与药物的内在性质也有关系,是表观质量的一个重要指标。中国药典对青霉素钾的性状要求为:"白色结晶性粉末;无臭或微有特异性臭;有引湿性;遇酸、碱或氧化剂等即迅速失效,水溶液在室温放置易失效。在水中极易溶解,在乙醇中略溶,在脂肪油或液状石蜡中不溶。"

2. 鉴别试验

包括抗生素本身的鉴别、抗生素成盐的酸根或金属离子的鉴别。抗生素本身的鉴别要求专属性强、灵敏度高的方法,目前常用的方法有红外光谱法、薄层色谱、HPLC 法。酸根或金属离子的鉴别较为简单,如青霉素钾则直接鉴定钾盐反应即可。

3. 一般项目检查

(1)酸碱度

合适的酸碱度能使抗生素处于稳定状态。多种抗生素的稳定性受 pH 影响较大,如青霉素在碱性条件下不稳定,容易加速水解。

(2)比旋度

比旋度是检查抗生素纯度的重要指标,特别是对于各个组分比旋度不同的多个组分抗生素尤为重要。如红霉素中红霉素 A 是主要活性成分,其比旋度为 $-78°$,国产红霉素中主要杂质为红霉素 C,其比旋度为 $-65°\sim-62°$,因此《中国药典》规定红霉素的比旋度为 $-78°\sim-71°$,可有效控制红霉素 C 的含量。

(4)溶液澄清度及颜色

抗生素溶解后的澄清度和颜色是产品质量优劣的一个综合性指标。

(4)干燥失重或水分

比较适宜的含水量。

(5)炽灼残渣及重金属

炽灼残渣主要考虑抗生素先经炭化,然后加硫酸灰化后残留的无机杂质。重金属是指检查能与硫化氢或硫化钠作用生成有色硫化物的重金属。重金属能加速抗生素药品分解失效,当抗生素的色级或溶液的颜色有异常时可考虑重金属污染的可能性。

(6)异常毒性

用指定的溶剂配成规定剂量的药液经口服、静脉注射或腹腔注射于实验动物,通常在 48h 内观察其因非药品本身引起的毒性反应以死亡或存活作为观察重点。

(7)杂质

对于难以完全去除但基本上无毒的非毒性杂质,一般控制在 5% 以内,有的可高达 8%。对人体有害的毒性杂质要严格加以控制。如四环素中的 4-差向脱水四环素(EATC)毒性较大,能引起 FANCONⅠ症候群,《中国药典》控制 EATC 不得超过 0.5%。

(8)无菌试验

对于注射用抗生素需进行无菌试验。抗生素的无菌试验与一般直接接种培养法不同,必须先使抗生素失活或抗生素与污染杂菌分开,再接种培养,检出杂菌。微孔滤膜法应用较广泛。

(9)热原或细菌内毒素

对于注射用抗生素还需进行热原或细菌内毒素检查。热原系指由微生物产生的能引起恒温动物体温异常升高的致热物质。注入人体后,可使人体产生发冷、寒颤、发热、出汗、恶心、呕吐等症状,有时体温可升至 40℃ 以上,严重者甚至昏迷、虚脱,如不及时抢救,可危及生命。

　　细菌内毒素是革兰氏阴性菌细胞壁上的一种脂多糖和微量蛋白的复合物,它的特殊性不是细菌或细菌的代谢产物,而是细菌死亡或解体后才释放出来的一种具有内毒素生物活性的物质。其化学成分主要是由 O-特异性链、核心多糖、类脂 A 三部分组成。人体对细菌内毒素极为敏感,极微量内毒素就能引起体温上升。细菌内毒素是热原的主要成分。一般分别采用家兔法和鲎试剂法进行热原检查和细菌内毒素检查。

　　此外,药典对某些抗生素药物要求检测其结晶性,结晶性也能反映产品的内在性质;药典一般很少控制抗生素的熔点。

　　4.含量(效价)测定

　　用理化方法测药物含量的称为含量测定,用生物学方法或酶法测定药物有效成分的称为效价测定。

　　效价测定是利用抗生素对敏感菌的杀死或抑制程度作为客观指标来衡量抗生素的效力,常用管碟法和比浊法(中国药典未收载)。随着技术的发展和多种抗生素化学结构的揭晓,许多抗生素逐渐采用高效液相色谱法(HPLC)检测。但对于多组分抗生素或结构上不清楚的抗生素则仍应用微生物检定法,因该法能直接显示总体的抗菌效力。

【药典链接】

2010 年版《中国药典》对注射用青霉素钠的规定

　　【性状】本品为白色结晶性粉末。

　　【鉴别】取本品,照青霉素钠项下的鉴别试验,显相同的结果。

　　【检查】

　　溶液的澄清度与颜色　取本品 5 瓶,分别按标示量加水制成每 1ml 中含 60mg 的溶液,溶液应澄清无色;如显浑浊,与 1 号法度标准液(附录ⅨB)比较,均不得更浓;如显色,与黄色或黄绿色 2 号标准比色液(附录Ⅸ A 第一法)比较,均不得更深。

　　青霉素聚合物　取装量差异项下的内容物,精密称取适量,照青霉素钠项下的方法测定。含青霉素聚合物以青霉素计不得过 0.10%。

　　水分　取本品,照水分测定法(附录ⅧM 第一法 A)测定,含水分不得过 1.0%。

　　酸碱度、细菌内毒素与无菌　照青霉素钠项下的方法检查,均应符合规定。

　　其他　应符合注射剂项下有关的各项规定(附录ⅠB)。

　　【含量测定】取装量差异项下的内容物,精密称取适量,照青霉素钠项下的方法测定,即得。每 1mg 的 $C_{16}H_{17}N_2NaO_4S$ 相当于 1670 青霉素单位。

　　【贮藏】密闭,在凉暗干燥处保存。

　　【规格】以 $C_{16}H_{17}N_2NaO_4S$ 计(1)0.12g(20 万单位);(2)0.24g(40 万单位);(3)0.48g(80 万单位);(4)0.6g(100 万单位);(5)0.96g(160 万单位);(6)2.4g(400 万单位)

　　【中西药分类】西药(包括化学药品、生化药品、抗生素、放射性药品、药用辅料)

　　【化学成分】本品为青霉素钠的无菌粉末。按无水物计算,含 $C_{16}H_{17}N_2NaO_4S$ 不得少于 96.0%;按平均装量计算,含 $C_{16}H_{17}N_2NaO_4S$ 应为标示量的 95.0%～115.0%。

　　【药理作用】β-内酰胺类抗生素,青霉素类

三、制剂的质量控制

抗生素制剂的质量控制一般也包括性状、鉴别、检查及含量测定。但除了鉴别项外，其他项都与原料药的控制重点不同，举例如下。亦可参考第一章原料药与制剂质量控制。

【药典链接】

2010 年版《中国药典》对头孢克洛颗粒的规定

【性状】本品为混悬颗粒；气芳香，味甜。

【鉴别】取本品适量，加水溶解并制成每 1ml 中约含 2mg 的溶液，滤过，取过滤液作为供试品溶液，照头孢克洛项下的鉴别(1)或(2)项试验，应显相同的结果。

【检查】酸度　取本品，加水制成每 1ml 中含头孢克洛 25mg 的混悬液，依法测定(附录 Ⅶ H)，pH 值应为 3.0～5.0。

水分　取本品，照水分测定法(附录 Ⅷ M 第一法 A)测定，含水分不得超过 3.0%。其他应符合颗粒剂项下有关的各项规定(附录 Ⅰ N)。

【含量测定】取装量或装量差异项下的内容物，混合均匀，精密称取适量(约相当于头孢克洛 100mg)，加流动相溶解并定量稀释制成每 1ml 中约含头孢克洛 0.2mg 的溶液(必要时可超声处理)，摇匀，滤过，取续滤液，照头孢克洛项下的方法测定，即得。

【贮藏】遮光，密封，在凉暗干燥处保存。

【规格】按 $C_{15}H_{14}ClN_3O_4S$ 计算(1)0.1g；(2)0.125g；(3)0.25g

【中西药分类】西药(包括化学药品、生化药品、抗生素、放射性药品、药用辅料)

【化学成分】本品含头孢克洛($C_{15}H_{14}ClN_3O_4S$)应为标示量的 90.0%～110.0%。

【药理作用】β-分内酰胺类抗生素，头孢菌素类

【合作讨论】

1. 从抗生素的发展过程，说明抗生素的重要性。面对不断出现的"超级细菌"，你认为我们应该怎么办？

2. 结合细菌对抗生素的抗药机制，探讨抗生素的开发思路。

3. 以红霉素为例，介绍大环内酯类抗生素的特点及生产工艺。

4. 以链霉素为例，介绍氨基环醇类抗生素的特点及生产工艺。

5. 以四环素为例，介绍四环素类抗生素的特点及生产工艺。

【延伸阅读】

链霉素的发现与发现权之争

瓦克斯曼是个土壤微生物学家，自大学时代起就对土壤中的放射菌感兴趣，1915 年他还在罗格斯大学上本科时与其同事发现了链霉菌——链霉素就是后来从这种放射菌中分离出来的。人们长期以来就注意到结核杆菌在土壤中会被迅速杀死。1932 年，瓦克斯曼受美国对抗结核病协会的委托，研究了这个问题，发现这很可能是由于土壤中某种微生物的作

用。1939 年,在药业巨头默克公司的资助下,瓦克斯曼领导其学生开始系统地研究是否能从土壤微生物中分离出抗细菌的物质,他后来将这类物质命名为抗生素。

瓦克斯曼领导的学生最多时达到了 50 人,他们分工对 1 万多个菌株进行筛选。1940 年,瓦克斯曼和同事伍德鲁夫分离出了他的第一种抗生素——放线菌素,可惜其毒性太强,价值不大。1942 年,瓦克斯曼分离出第二种抗生素——链丝菌素。链丝菌素对包括结核杆菌在内的许多种细菌都有很强的抵抗力,但是对人体的毒性也太强。在研究链丝菌素的过程中,瓦克斯曼及其同事开发出了一系列测试方法,对以后发现链霉素至关重要。

链霉素是由瓦克斯曼的学生阿尔伯特·萨兹分离出来的。1942 年,萨兹成为瓦克斯曼的博士研究生。不久,萨兹应征入伍,到一家军队医院工作。1943 年 6 月,萨兹因病退伍,又回到了瓦克斯曼实验室继续读博士。萨兹分到的任务是发现链霉菌的新种。在地下室改造成的实验室里没日没夜工作了三个多月后,萨兹分离出了两个链霉菌菌株:一个是从土壤中分离的,一个是从鸡的咽喉中分离的。这两个菌株和瓦克斯曼在 1915 年发现的链霉菌是同一种,但不同的是它们能抑制结核杆菌等几种病菌的生长。据萨兹说,他是在 1943 年 10 月 19 日意识到发现了一种新的抗生素,即链霉素。几个星期后,在证实链霉素的毒性不大之后,梅奥诊所的两名医生开始尝试将它用于治疗结核病患者,效果出奇的好。1944 年,美国和英国开始大规模临床试验,证实链霉素对肺结核的治疗效果非常好。它随后也被证实对鼠疫、霍乱、伤寒等多种传染病有效。与此同时,瓦克斯曼及其学生继续研究不同菌株的链霉菌,发现不同菌株生产链霉素的能力也不同,只有 4 个菌株能够用以大规模生产链霉素。

1946 年,萨兹博士毕业,离开了罗格斯大学。在离开罗格斯大学之前,萨兹在瓦克斯曼的要求下,将链霉素的专利权无偿交给罗格斯大学。萨兹当时以为没有人会从链霉素的专利获利。但是瓦克斯曼另有想法。瓦克斯曼早在 1945 年就已意识到链霉素将会成为重要的药品,从而会有巨额的专利收入。

但是根据他和默克公司在 1939 年签署的协议,默克公司将拥有链霉素的全部专利。瓦克斯曼担心默克公司没有足够的实力满足链霉素的生产需要,觉得如果能让其他医药公司也生产链霉素的话,会使链霉素的价格下降。于是他向默克公司要求取消 1939 年的协议。奇怪的是,默克公司竟然慷慨地同意了,在 1946 年把链霉素专利转让给罗格斯大学,只要求获得生产链霉素的许可。罗格斯大学将专利收入的 20% 发给瓦克斯曼。

三年以后,萨兹获悉,瓦克斯曼从链霉素专利获得个人收入合计已高达 35 万美元。他大为不满,向法庭起诉罗格斯大学和瓦克斯曼,要求分享专利收入。1950 年 12 月,案件获得庭外和解。罗格斯大学发布声明,承认萨兹是链霉素的共同发现者。根据和解协议,萨兹获得 12 万美元的外国专利收入和 3% 的专利收入(每年大约 1.5 万美元),瓦克曼斯获得 10% 的专利收入,另有 7% 的专利收入由参与链霉素早期研发工作的其他人分享。瓦克曼斯自愿把其专利收入的一半捐出来成立基金会资助微生物学的研究。

用现在流行的话来说,萨兹的这种做法破坏了行业潜规则,虽然赢得了官司,却从此难以在学术界立足。他申请了 50 多所大学的教职,没有一所愿意接纳一名"讼棍",只好去一所私立小农学院教书。虽然在法律上萨兹是链霉素的共同发现者,但是学术界并不认账。

1952 年 10 月,瑞典卡罗林纳医学院宣布将诺贝尔生理学或医学奖授予瓦克斯曼一个人,以表彰他发现了链霉素。萨兹通过其所在农学院向诺贝尔奖委员会要求让萨兹分享殊荣,并向许多诺贝尔奖获得者和其他科学家求援,但很少有人愿意为他说话。当年 12 月 12 日,诺贝尔生理学或医学奖如期颁给了瓦克斯曼一人。瓦克斯曼在领奖演说中介绍链霉素的发现时,不提萨兹,而说"我们"如何如何,只在最后才把萨兹列入鸣谢名单中。瓦克斯曼在 1958 年出版回忆录,也不提萨兹的名字,而是称之为"那位研究生"。

　　瓦克斯曼此后继续研究抗生素,一生中与其学生一起发现了 20 多种抗生素,以链霉素和新霉素最为成功。瓦克斯曼于 1973 年去世,享年 85 岁,留下了 500 多篇论文和 20 多本著作。萨兹则从此再也没能到一流的实验室从事研究,60 年代初连工作都找不到,只得离开美国去智利大学任教。1969 年他回到美国,在坦普尔大学任教,1980 年退休,2005 年去世,享年 84 岁。

　　萨兹对链霉素的贡献几乎被人遗忘,他是在退休以后才逐渐又被人想起来的。这得归功于英国谢菲尔德大学的微生物学家米尔顿·威恩莱特。80 年代,威恩莱特为了写一本有关抗生素的著作,到罗格斯大学查阅有关链霉素发现过程的档案,第一次知道萨兹的贡献,为此做了一番调查,并采访了萨兹。威恩莱特写了几篇文章介绍此事,并在 1990 年出版的书中讲了萨兹的故事。此时瓦克斯曼早已去世,罗格斯大学的一些教授不必担心使他难堪,也呼吁为萨兹恢复名誉。为此,1994 年链霉素发现 50 周年时,罗格斯大学授予了萨兹奖章。

　　在为萨兹的被忽略而鸣不平的同时,也伴随着对瓦克斯曼的指责。例如,英国《自然》在 2002 年 2 月发表的一篇评论,就以链霉素的发现为例说明科研成果发现归属权的不公正,萨兹才是链霉素的真正发现者;2004 年,一位当年被链霉素拯救了生命的作家和萨兹合著出版《发现萨兹博士》,瓦克斯曼被描绘成了侵吞萨兹的科研成果,夺去链霉素发现权全部荣耀的人。

　　瓦克斯曼是否侵吞了萨兹的科研成果呢? 判断一个人的科研成果的最好方式是看论文发表记录。1944 年,瓦克斯曼实验室发表有关发现链霉素的论文,第一作者是萨兹,第二作者是 E·布吉,瓦克斯曼则是最后作者。从这篇论文的作者排名顺序看,完全符合生物学界的惯例:萨兹是实验的主要完成人,所以排名第一,而瓦克斯曼是实验的指导者,所以排名最后。可见,瓦克斯曼并未在论文中埋没萨兹的贡献。他们后来发生的争执与交恶,是因为专利分享而起,与学术贡献无关。

　　那么,诺贝尔奖只授予瓦克斯曼一人是否恰当呢? 瓦克斯曼和萨兹谁是链霉素的主要发现者呢? 链霉素并非萨兹一个人用了几个月的时间发现的,而是瓦克斯曼实验室多年来系统研究的结果,主要应该归功于瓦克斯曼设计的研究计划,萨兹的工作只是该计划的一部分。根据这一研究计划和实验步骤,链霉素的发现只是早晚的事。萨兹只是执行瓦克斯曼研究计划的一个劳力而已。换上另一个研究生,同样能够发现链霉素,实际上后来别的学生也从其他菌株中发现了链霉素。瓦克斯曼最大的贡献是制定了发现抗生素的系统方法,并在其他实验室也得到了应用,他因此被一些人视为"抗生素之父"。

　　所以,链霉素的发现权应该主要属于实验项目的制定者和领导者(也即导师),而具体执行者(也即学生)是次要的。这其实也是诺贝尔生理学或医学奖的颁发惯例,并非链霉素的发现才如此,其他获得诺奖的生物学成果,通常只颁发给实验的领导者,而具体做实验的学生很少能分享。萨兹显然也知道这一点,所以在后来一直强调是他劝说瓦克斯曼去研究抗结核杆菌的抗生素,试图把自己也当成是实验项目的制定者。但这是不符合历史事实的,因为在萨兹加入瓦克斯曼实验室之前,瓦克斯曼实验室已在测试抗生素对结核杆菌的作用了。
（资料来源:经济观察网,http://www.eeo.com.cn/eeo/jjgcb/2008/11/17/120462.shtml 作者:方舟子）

"超级细菌"与抗生素滥用

所谓"超级细菌"是一种通俗的说法,即一种细菌对多种抗生素不敏感,或者说,多种抗生素都不能杀死或抑制它们。这样的超级细菌就可能造成无法治疗的感染性疾病,如肺炎、泌尿系统感染、败血症等。北京协和医院感染内科的主任医师刘正印告诉记者,如今"超级细菌"的名单越来越长,包括产超广谱酶大肠埃希菌、多重耐药铜绿假单胞菌、多重耐药结核杆菌。其中,最著名的一种是耐甲氧西林金黄色葡萄球菌(简称 MRSA)。

金黄色葡萄球菌是一种常见的病菌,可引起皮肤、肺部、血液、关节感染。当年,弗莱明偶然发现青霉素时,用来对付的正是这种病菌。在抗生素发现之前,金黄色葡萄球菌是医院的主要杀手之一,医生拿它根本没有办法。青霉素的问世,使它的猖獗有所收敛。但随着青霉素的广泛使用,某些金黄色葡萄球菌开始出现了抵抗力,能产生青霉素酶,破坏青霉素。

为了对付耐药的金黄色葡萄球菌,科学家又研制出一种半合成青霉素,即甲氧西林。1959 年应用于临床后,取得了很好的疗效。然而,道高一尺魔高一丈,仅仅时隔两年,在英国又出现了耐甲氧西林的金黄色葡萄球菌——MRSA。MRSA 对许多抗生素都有耐药性,进化出来后,以惊人的速度在世界范围内蔓延。据估计,每年大约有数十万人因此而住院治疗。

中国尽管到了 20 世纪 70 年代才发现 MRSA,但这种"超级细菌"蔓延的速度却十分惊人。1978 年,医务人员在上海抽检了 200 株金黄色葡萄球菌,分离出的 MRSA 还不到 5%。"而现在,MRSA 在医院内感染的分离率已高达 60% 以上。"这意味着,在医院的病人体内,有超过六成的金黄色葡萄球菌,是难以杀灭的 MRSA。与 MRSA 同样具有强耐药性的泛耐药肺炎杆菌、泛耐药绿脓杆菌,则对所有已知的抗生素耐药,它们被称为"超级细菌"。

2006 年 10 月,肖永红承担了中国科学技术协会的重大政策性研究课题"抗生素滥用的公共安全问题研究"。课题组对北京、湖北、四川、山东、宁夏五省市区的调查显示,目前国际医学界公认的"超级细菌"在中国已十分普遍,它们已经成为医院内感染的重要病原菌。事实上,医院正是"超级细菌"产生的温床。美国传染病学会前主席罗伯特·莫勒林说,MRSA 最早就出现在重症监护病房中。它们之所以在医院里流行,是因为那里使用抗生素频率与强度最大。

我国是滥用抗生素情况最严重的国家之一,世界卫生组织的一份相关资料显示,中国国内住院患者的抗生素使用率高达 80%,其中使用广谱抗生素和联合使用的占到 58%,远远高于 30% 的国际水平。肖永红等人调查推算,中国每年生产抗生素原料大约 21 万吨,除去原料出口(约 3 万吨)外,其余 18 万吨在国内使用(包括医疗与农业使用),人均年消费量在 138 克左右——这一数字是美国人的 10 倍。在所有药品里,消费前十位中,抗生素占去半壁江山,如头孢拉定、头孢曲松、环丙沙星、左氧氟沙星等。

"由于缺乏相关知识,人们常认为抗生素就是退烧药、消炎药。能用高档的就不用低档的,能合用几种抗生素就不单用一种,能静脉滴注就不口服。这些做法无不助推了'超级细菌'的肆虐。"卫生部抗菌药物临床应用监测中心顾问专家、来自复旦大学附属华山医院抗生素研究所的张永信教授惋惜地说。与此同时,不论是医生还是患者都乐意使用新型、广谱抗生素,而这些本来是应该用于严重感染、挽救患者生命的。肖永红说,医院使用最多的 10 种抗生素中,超过一半都是新型抗生素。

与此同时,抗生素在养殖业中的应用突飞猛进。"在中国,每年有一半的抗生素用于养殖业。"肖永红说。然而,这些药物并非用于治疗生病的动物,而是用于预防动物生病。因为目前大规模集约化饲养,很容易暴发各种疾病。另外,在饲料中添加抗生素,可以促进动物生长,这已是养殖业内通行的做法。有一种理论说抗生素杀死了肠内细菌,减少了它们对能量的需求,使得动物能够获得更多的食物,因此长得更快。

但这样做的后果是,在农场周围的空气和土壤中、地表水和地下水中、零售的肉和禽类中,甚至是野生动物体内到处都充斥着抗生素。这些抗生素可以通过各种途径,在人体内蓄积。它不仅会导致器官发生病变,而且能把人体变成一个培养"超级细菌"的小环境。刘正印告诉《中国新闻周刊》,现在有许多携带"超级细菌"的患者,既没有传染病史,也没有住过医院,病因十分蹊跷,"这很可能与环境有关"。

耐药性越强,意味着感染率和死亡率越高。肖永红等专家调查发现,在住院的感染病患者中,耐药菌感染的病死率(11.7%)比普通感染的病死率(5.4%)高出一倍多。也就是说,如果你感染上耐药菌,病死的几率就增大了一倍。据此推算,2005 年全国因抗生素耐药细菌感染导致数十万人死亡。

（资料来源:中国新闻周刊,http://newsweek.inewsweek.cn/magazine.php? id=4501&page=2.稍作整理）

史上最严"限抗令"实施,行业洗牌将加速,医生禁止随便开抗生素

8 月 1 日,被称为史上最严"限抗令"的《抗菌药物临床应用管理办法》正式实施。《办法》明确医生的使用权限,医生对普通感冒不能随便开抗生素药。《办法》出台之后,中小抗生素药企业绩有所下滑,但中药企业或将迎来发展机遇。

一、普通感冒不能随便开抗生素

此次"限抗令"备受关注的有三点:一是对抗生素进行了分级管理;二是规定了各级医院的使用总数上限;三是明确医生的使用权限。

《办法》明确规定,抗菌药物临床应用实行分级管理。根据安全性、疗效、细菌耐药性、价格等因素,将抗菌药物分为三级:非限制使用级、限制使用级与特殊使用级。例如,青霉素、阿莫西林属于非限制级,所有医生都可以开具。而万古霉素、头孢曲松等属于特殊使用级,不得在门诊使用,只有专家才能开具。

按照规定,三级综合医院抗菌药物品种不得超过 50 种,二级综合医院抗菌药物品种不超过 35 种,儿童医院抗菌药物品种原则上不超过 50 种,妇产医院(含妇幼保健院)抗菌药物品种原则上不超过 40 种。

另外,根据规定,医生必须根据患者症状、体征及血等检查结果,初步诊断为细菌性感染者才能用抗菌药物。举例来说,就是只有感冒并伴有高烧,且持续几天不退,胃口差,身体内的水分大量消耗,或者病毒又感染了细菌,促使白血球增高,症状特别严重的才可使用抗生素。

二、相关抗生素药企业绩下滑

"限抗令"的出台,"几家欢喜,几家愁",相关抗生素药企业绩下滑趋势明显,而中药企业却迎来了一个发展的机会。

记者采访了几家医药企业,问及是否受《办法》影响时,他们都避而不谈。"这些企业肯定受影响,他们大部分的药品销往医院,而卫生部还规定了医院抗生素的使用上限,并确定住院患者使用率在60%以下,门诊患者使用率在20%以下的目标。各医院都在为达到这个目标而降低抗生素的使用率,例如我们医院门诊去年使用率40%,现在降低到23%左右。"昆明平安医院李医生介绍说。

三、中药企业将迎来机遇

虽然"限抗令"让一些医药企业遭遇困难,但也让一些企业看到了市场前景。"一旦抗菌药被限制使用,留下的巨大市场空白可能会有部分被中药抗菌药所填补。"一位医药经销商说。

此次"限抗令"中所称抗菌药物,并不包括治疗结核病、寄生虫病和各种病毒所致感染性疾病的药物以及具有抗菌作用的中药制剂。因此,那些生产清热化淤、解毒消肿等具有抗菌作用的中药制剂企业,如片仔癀、桂林三金、同仁堂、天士力、白云山等将迎来巨大的发展空间。

(资料来源:云南网,http://society.yunnan.cn/html/2012-08/02/content_2333895.htm 作者:吴江辉)

第十章　采用传统发酵工艺生产原料药的特殊要求

第四十三条采用传统发酵工艺生产原料药的应当在生产过程中采取防止物污染的措施。

第四十四条工艺控制应当重点考虑以下内容:

(一)工作菌种的维护。

(二)接种和扩增培养的控制。

(三)发酵过程中关键工艺参数的监控。

(四)菌体生长、产率的监控。

(五)收集和纯化工艺过程需保护中间产品和原料药不受污染。

(六)在适当的生产阶段进行微生物污染水平监控,必要时进行细菌内毒素监测。

第四十五条必要时,应当验证培养基、宿主蛋白、其他与工艺、产品有关的杂质和污染物的去除效果。

第四十六条菌种的维护和记录的保存:

(一)只有经授权的人员方能进入菌种存放的场所。

(二)菌种的贮存条件应当能够保持菌种生长能力达到要求水平,并防止污染。

(三)菌种的使用和贮存条件应当有记录。

(四)应当对菌种定期监控,以确定其适用性。

(五)必要时应当进行菌种鉴别。

第四十七条菌种培养或发酵:

(一)在无菌操作条件下添加细胞基质、培养基、缓冲液和气体,应当采用密闭或封闭系统。初始容器接种、转种或加料(培养基、缓冲液)使用敞口容器操作的,应当有控制措施避免污染。

（二）当微生物污染对原料药质量有影响时，敞口容器的操作应当在适当的控制环境下进行。

（三）操作人员应当穿着适宜的工作服，并在处理培养基时采取特殊的防护措施。

（四）应当对关键工艺参数（如温度、pH 值、搅拌速度、通气量、压力）进行监控，保证与规定的工艺一致。必要时，还应当对菌体生长、产率进行监控。

（五）必要时，发酵设备应当清洁、消毒或灭菌。

（六）菌种培养基使用前应当灭菌。

（七）应当制定监测各工序微生物污染的操作规程，并规定所采取的措施，包括评估微生物污染对产品质量的影响，确定消除污染使设备恢复到正常的生产条件。处理被污染的生产物料时，应当对发酵过程中检出的外源微生物进行鉴别，必要时评估其对产品质量的影响。

（八）应当保存所有微生物污染和处理的记录。

（九）更换品种生产时，应当对清洁后的共用设备进行必要的检测，将交叉污染的风险降低到最低程度。

第四十八条收获、分离和纯化：

（一）收获步骤中的破碎后除去菌体或菌体碎片、收集菌体组分的操作区和所用设备的设计，应当能够将污染风险降低到最低程度。

（二）包括菌体灭活、菌体碎片或培养基组分去除在内的收获及纯化，应当制定相应的操作规程，采取措施减少产品的降解和污染，保证所得产品具有持续稳定的质量。

（三）分离和纯化采用敞口操作的，其环境应当能够保证产品质量。

（四）设备用于多个产品的收获、分离、纯化时，应当增加相应的控制措施，如使用专用的层析介质或进行额外的检验。

第四十九条下列术语含义是：

（一）传统发酵

指利用自然界存在的微生物或用传统方法（如辐照或化学诱变）改良的微生物来生产原料药的工艺。用"传统发酵"生产的原料药通常是小分子产品，如抗生素、氨基酸、维生素和糖类。

（摘自：《药品生产质量管理规范（2010 年修订）》附录 2 原料药）

鳄鱼血和青蛙皮被认为是新一代抗生素来源

为了避免人类面临这样的抗生素耐药性危机，科学家正在从一些最奇特的资源中提取新型抗生素，从鳄鱼静脉血到胆固醇药物。

据美国《探索》杂志报道，抗生素耐药性威胁不能小看：世界卫生组织预测一些疾病的治疗可能在未来 10 年里会遭遇没有效果的可怕后果，其中包括疟疾、肺结核和肺炎。事实上，美国 70% 的医疗细菌感染每年导致 9 万美国人死亡。据美国疾病控制与预防中心表示，这些医疗过程中感染的细菌至少耐一种消炎药。为了避免人类面临这样的抗生素耐药性危机，科学家正在努力开发更加有潜能的新一代抗生素，他们正在从一些最奇特的资源中提取新型抗生素，从鳄鱼静脉血到胆固醇药物。

（1）鳄鱼血

被认为具有致命危险的鳄鱼如今将扮演拯救者角色。美国一项最新研究表明，鳄鱼血液蛋白质中可能带有能够对抗"超级病菌"的抗生物质。事实上，短吻鳄对抗感染的本领比我们人类强很多，从而使它们具有快速愈合伤口的适应能力。研究人员发现鳄鱼在相互撕咬中经常伤痕累累。东一个西一个的伤口，要是换在人类身上，不知道要截肢多少次了。但是，这些凶残的家伙从不会因为这些外伤而感染。于是，美国的研究者就从鳄鱼血液中分离出一种胎蛋白，进一步研究发现此胎蛋白能破坏细菌的细胞膜和细菌的氨基酸链。他们还发现针尖大的鳄鱼蛋白就可以杀死大部分种类的病毒，其中包括恐怖的抗药性金黄色葡萄球菌（简称 MRSA）和艾滋病病毒（HIV）。

（2）青蛙皮

去年意大利科学家从青蛙皮中分离出一种短蛋白，叫杀菌缩氨酸或两栖动物类缩氨酸（APAs），经测试发现这种免疫成分能杀灭耐多种药物的细菌，其中包括恐怖的抗药性金黄色葡萄球菌（简称 MRSA）。而且，这种缩氨酸不仅能直接杀灭细菌，还能快速提高人体免疫系统的能力，达到尽快消炎的目的。

这种缩氨酸能在血液中快速断裂，20 分钟就能消灭血液中的细菌。研究人员发现它可以杀灭 5 种细菌，其中包括医疗中感染最普遍的 3 种致命细菌——金黄色葡萄球菌、嗜麦芽窄食单胞菌和鲍氏不动杆菌。这些致命细菌正越来越多地成为医院重症特别护理中心的感染之源。

（3）合成分子

美国西北大学的研究人员最近开发了一种杀菌缩氨酸，叫拟肽（peptoid），对细菌具有更大的杀伤力。这些合成分子模仿螺旋状杀菌缩氨酸的结构和功能以及杀菌机理，但比自然界的缩氨酸更有威力，且在体内的杀菌时间更长，而生产成本却低得多。当科学家将它们加入到 6 种已知的导致食物中毒、肺炎、医疗感染、耳朵和心脏感染的细菌中，结果发现拟肽全部将它们消灭了。

（4）聚集噬菌体

如果细菌能进化具有耐药性，那么为何不让它们成为杀菌的微生物呢？这种能够消灭细菌的微生物就叫噬菌体（phage）。噬菌体除了能消炎之外，还能留存在体内充当"好"细菌。目前所谓的噬菌体疗法已经在东欧广为使用，而美国正在进行临床测试。由于噬菌体和其细菌目标共同进化了数十亿年，它们能够有利地解决细菌的耐药性问题。

噬菌体是一种能"吃"细菌的细菌病毒，凡有细菌的地方，都有它们的行踪。噬菌体往往都有各自固定的"食谱"。像专爱"吃"乳酸杆菌的噬菌体和专"吃"水稻白叶枯细菌的噬菌体等等。根据这一特性，科学家可以从细菌的分布中大致判断出噬菌体的分布情况。噬菌体的脾气并不都一样。烈性噬菌体侵入细菌后，马上进行营养繁殖，直到使细菌细胞裂解方才善罢甘休。而温和性噬菌体进入细菌细胞内先"潜伏"下来，不但不损伤寄主细胞，反而和寄主的基因组同步复制，等待时机。如果受到外界因素的刺激，比如受到辐射，那么，潜伏的噬菌体会毫不犹豫地"冲"出寄主细胞，从而导致细菌死亡。

（5）胆固醇药

抗药性金黄色葡萄球菌（简称 MRSA）产生的一种抗氧化剂能帮助破坏抗感染过程中产生的有毒自由基。科学家发现这种抗氧化剂是在类似于人类生产胆固醇的过程中产生的。因此，研究人员想知道这种低胆固醇化合物是否能充当一种新型的抗生素。于是研究人员进行了实验老鼠的动物测试，发现服用此胆固醇药的老鼠感染的抗药性金黄色葡萄球菌（简称 MRSA）比没有服用此药的老鼠少 98%。

（资料来源：网易探索，http://news.163.com/08/0707/10/4G88DAVK000125LI.html）

第四章　重组蛋白类药物

【知识目标】

掌握重组药物的研发技术路线及一般生产过程；

掌握获得真核基因的 cDNA 文库法及高效表达载体的构建；

掌握重组人白细胞介素的生产工艺；

掌握几种重要重组药物及其临床应用；

了解细胞因子及重组蛋白类药物的发展趋势。

【能力目标】

具备从事重组蛋白类药物生产及研发能力；

培养学生的自学能力、分析问题能力；

培养学生的团结协作精神。

【引导案例】

干扰素的生产方法

传统的干扰素生产方法是从人血液中的白细胞内提取的，存在以下问题：

（1）成本高

芬兰 Cantell 实验室在 1979 年从 45000L 血中才生产了 200mg 干扰素，由此估计 1kg 干扰素价值约 220 亿～440 亿美元。1992 年，西格玛公司的标价是 IFN-α 182.2 美元/100 万 U，用 IFN-α 治疗一位肝炎病人需要 3 万美元。

（2）组分多

一种细胞在诱生剂作用下产生的为多种干扰素的混合物。如白细胞产生的 99％为 IFN-α,1％为 IFN-β。Namalva 细胞产生的 80％为 IFN-α,20％为 IFN-β。

（3）纯度低,活性低

用传统方法生产的干扰素纯度最高也只有 1％,活性在 10000～50000U/mg,而一般认为临床人干扰素的纯度不得低于 10^6 U/mg 蛋白。

1980—1982 年,科学家用基因工程方法在大肠杆菌及酵母菌细胞内获得了干扰素,从每 1kg 细菌培养物中可以得到 20～40mg 干扰素。从 1987 年开始,用基因工程方法生产的干扰素进入了工业化生产,并且大量投放市场。

目前 α、β、γ 三型基因工程干扰素已能在大肠杆菌、酵母菌和哺乳动物细胞中得到表达,产品都已研制成功且投放市场,用于治疗的病种达 20 多种。我国卫生部已批准生产的干扰素品种有 IFNα-lb、IFNα-2a、IFNα-2b 和 IFNγ 四种。目前,人们已经在利用蛋白质工程技术研制活性更高、更适用于临床应用的干扰素类似物和干扰素杂合体等各种新型干扰素。

生长素的生产历史

生长素垂体前叶分泌的一种促进生长的蛋白类激素,具有促进身体生长和某些细胞增殖分化的功能。

人生长激素提取并试用于儿童侏儒症始于 1958 年。后经各国不断改进产品纯度和进行临床试验,遂在确认临床有效后自 1975 年起逐步在各国正式获准临床应用。

因生长素具有单向下行的种属特异性,动物激素不能用于人,故以往人生长激素都是从人尸体的脑垂体中提取的,临床用量难以保证。美国人垂体收集机构 1981 年收集 6600 个垂体,加工生产了 650000IUhGH,可供 1500 名患者使用。英国 1978 年生产的 hGH,仅够 800 名患者用,而侏儒症患者在 100 万人口中即有 7~10 人。

当时人生长激素的结构已经得到解析,因此人们开始研究应用化学合成和基因重组方法生产人生长激素。其中前法效率甚低,并无实用价值,但后法却在美国 Genentech 公司等的努力下于 1981 年实现了工业化。Genentech 公司生产的基因重组人生长激素是用大肠杆菌表达的,其结构与天然人生长激素不完全一致,它较后者在 N 末端多了一个甲硫氨酸基,所以也称甲硫氨酸基(蛋氨酸)人生长激素。该产品一般名为 somatrem,其用于人体可使 70% 患者出现抗人生长激素抗体,它已在临床试验中被证明与提取的人生长激素生理活性完全相同。为有效降低 somatrem 用药导致出现高比例抗体问题,美国 Lilly 公司和丹麦 Novo Nordisk 公司等又继续致力于基因重组人生长激素生产的工艺技术研究,结果先后开发出结构与人生长激素完全一致的基因重组人生长激素。这些与人生长激素结构完全一致的基因重组人生长激素已被临床证明其生理活性与提取的人生长激素基本相当,而抗生长激素抗体却几乎不再出现。现它们已在世界各国销售,而目前临床所用的最主要的人生长激素也正是这类基因重组人生长激素。

因为从脑垂体中提取的生长素会引起克雅氏病。美国和英国等一些国家 1985 年起禁止使用直接从死尸提取的生长激素,法国在 1988 年也颁布相关禁令。直至现在,法国还有一些"生长激素"案在审理中。

人生长激素原仅用于生长激素缺乏儿童矮小症,后因基因重组产品问世,临床用量足以保证,所以随着临床研究的深入,现适应症已逐渐扩大到 Turner 氏综合征(性腺功能不全综合征)、肾功能不全和其他因病所致儿童和青春期矮小症及成人生长激素缺乏症、艾滋病相关消瘦综合征等。目前使用的生长素都是用大肠杆菌或哺乳动物细胞表达的,其治疗效果比天然的还要好。

国内基因重组人生长激素生产技术在经过多年研究之后已获突破,1998 年起先后有长春金赛药业有限责任公司、珠海恒通生物工程制药公司、上海联合赛尔生物工程有限公司等公司的产品正式获准上市。按照一般使用剂量每天每公斤体重 0.14U 来计算,3 岁小孩全年治疗的用药花费在 2 万元(进口 6 万~7 万)左右。

作为最重要和最早出现的一类生物药物,基因重组蛋白类药物近年来仍然增长迅速,和单抗药物一起撑起生物制药的巨大市场。它不仅逐渐成为众多生物医药公司和研究所关注的领域,也成为传统制药企业进军生物医药领域的目标。

从全球市场来看,重组蛋白构成了生物医药领域第一次产品浪潮,是目前占据市场份额最大的生物类药品,2009 年全球基因重组蛋白总市场规模为 880 亿美元,但由于 2004 年以后单克隆抗体药物的蓬勃发展,重组蛋白市场增长率已经从 25% 下降到 13% 左右,预计未来几年整体市场将保持在 10%~15% 的增长率水平。

我国重组蛋白市场领域起步于 1989 年,第一个重组人干扰素-α1b 的批准标志着我国重组蛋白类药物的突破。目前我国基因重组蛋白类药物已经达到 30 多种,国产药品的不断开发上市打破了国外进口产品长期垄断国内市场的局面。

第一节 重组蛋白类药物概述

重组蛋白质是指利用 DNA 重组技术生产的蛋白质,绝大部分重组蛋白类药物是人体蛋白或其突变体,主要作用机理为弥补某些体内功能蛋白的缺陷或增加人体内蛋白功能。

重组蛋白生产过程包括:鉴定具有药物作用活性的目的蛋白,分离或合成编码该蛋白的基因,然后将其插入合适的载体,转入宿主细胞,构建能高效表达蛋白的菌种库或细胞库,最后扩大规模应用到发酵罐或生物反应器进行大量的目的蛋白药物生产。

重组蛋白类药物主要包括促红细胞生成素(EPO)、胰岛素、干扰素、白细胞介素、凝血因子、生长激素等,其中 EPO、胰岛素、干扰素和生长因子合计占有超过 80% 的市场份额,是目前最主流的重组蛋白类药物。

一、分类

1. 细胞因子类

由于大多数细胞因子具有高度的种属特异性,所以最初临床使用的细胞因子一般是从体外培养的免疫细胞或肿瘤细胞株的培养液上清中或血液中直接提取,不但产率低、纯度很难保证,而且价格昂贵。此外,一些细胞因子含量极微,难以提纯到足够数量和纯度的样品,限制了其结构和功能的研究。

分子生物学技术的发展为细胞因子的研究提供了新的契机。利用 cDNA 克隆技术,一个又一个的细胞因子结构被阐明;利用外源基因表达技术,可获得大量的重组细胞因子纯品,使细胞因子的功能研究和治疗各种疾病的应用研究得以进行。

目前,细胞因子研究的成果巨大,分子克隆成功阐述了数百种细胞因子的结构和功能,可利用大肠杆菌、酵母菌、昆虫细胞、哺乳动物细胞等工程细胞大规模生产的重组细胞因子有上百种,目前已研制成功或正在研制的基因工程细胞因子类药物主要有促红细胞生成素(EPO)、集落刺激因子(CF)、干扰素(IFN)、白细胞介素(IL)、肿瘤坏死因子(TNF)、趋化因子、生长因子(GF)和凝血因子(F)等。

(1) 促红细胞生长素

促红细胞生长素(EPO)主要由肾脏产生,也可由肝细胞、巨噬细胞等产生。在生理情况下,它能促进红细胞系列的增殖、分化及成熟,维持外周血的正常红细胞水平,防止肾功能衰竭导致的贫血。

促红细胞生长素是治疗肾功能衰竭导致贫血的首选药物,亦可治疗一些非肾性原因导致的贫血,如慢性感染、炎症和手术等,还可明显减少化疗后的输血量和减轻贫血。

天然的 hEPO 制品一般是从贫血病患者尿中提取的,所以药源极为匮乏,不能满足需要。1985 年美国有两家公司同时从胎儿肝中克隆出 hEPO 基因,并研制成功 rhEPO。1991 年美国 FDA 正式批准重组人红细胞生成素(rhEPO)上市,成为在临床上治疗慢性肾功能衰竭引起的贫血和治疗肿瘤化疗后贫血的最畅销新药,也是目前最成功的重组细胞因子药物之一。

人红细胞生成素是由 193 个氨基酸组成的高度糖基化的蛋白质,成熟蛋白质由 163 个氨基酸组成,另外 27 个氨基酸为信号肽。糖基对于 EPO 的生物活性至关重要,重组 EPO 不能利用大肠杆菌表达,只能利用哺乳动物表达系统。

全球销售额最大的产品分别是安进的 Aranesp、Epogen 和强生的 Procrit,三个产品合计销售额已经超过 150 亿美元。我国的 rhEPO 于 1995 年开始进行临床验证,目前已有 7 家以上的单位获准生产。

【知识拓展】

促红细胞生成素与兴奋剂

使用促红细胞生成素能提高红细胞的含量,可大幅度提高运动员的携氧能力,增强人体的机能,尤其对耐力类项目如长跑和赛艇等效果显著。但长时间或大剂量使用会产生严重的副作用。国际奥委会早在 20 世纪 80 年代就已宣布运动员禁用 EPO 来提高运动成绩。但是近年来仍有一些运动员滥用 rhEPO,成为运动员中最为常用的兴奋剂之一。

由于 EPO 与人体自然生成的促红细胞生成素几乎没有区别,而且注射后会较快地从人体中消失,一度给检测增添了难度。直到悉尼奥运会,血检和尿检相结合的 EPO 检测才得以成功。而在北京奥运会上,仅仅通过尿检便可纠出这个隐形大盗。2008 年北京奥运会中反兴奋剂检测查出第一个人是西班牙自行车选手玛丽亚·莫里诺,因使用 EPO 被取消参赛资格。

(2)干扰素

干扰素是最早的蛋白质产品之一,主要用于病毒感染以及癌症治疗。干扰素是 1957 年英国科学家发现的。他们把灭活的流感病毒作用于小鸡细胞,结果发现这些细胞产生了一种可溶性物质,这种物质能抑制流感病毒,并且能干扰其他病毒的繁殖,因此,他们将这种物质称为"干扰素"。以后科学家们进一步发现,机体对入侵的异种核酸(包括病毒)都产生干扰素以进行防御。当机体细胞受到病毒感染时,机体细胞产生干扰素,干扰病毒复制,它是机体抗病毒感染的防御系统。其中 Biogen Idec 的 Avonex 和先灵葆雅德 Peg-Intron 的市场的主流产品,合计销售额超过 50 亿美元。

(3)集落刺激因子

集落刺激因子(CSF)是一类能参与造血调节过程的糖蛋白分子,故又称造血刺激因子或造血生长因子。现在已知的 CSF 主要有 4 种:(1)粒细胞集落刺激因子(G-CSF);(2)巨噬细胞集落刺激因子(M-CSF);(3)粒细胞-巨噬细胞集落刺激因子(GM-CSF);(4)多能集落刺激因子(Nulti-CSF,即 IL-3)。CSF 的功能可概括为刺激造血细胞增殖、维系细胞存活、分化定型、刺激终末细胞的功能活性等。CSF 在临床上多用作癌化疗的辅佐药物,如化疗后产生的中性白细胞减少症,也用于骨髓移植促进生血作用,还可用于治疗白血病、粒细胞缺乏症、再生障碍贫血等多种疾病。

各类 CSF 的基因结构及其功能早已研究清楚,并在各种宿主细胞中成功表达,1991 年美国 FDA 已批准 G-CSF 和 GM-CSF 作为新药投入市场。我国研制的 GM-CSF 和 G-CSF 也已被批准上市。

(4)肿瘤坏死因子

肿瘤坏死因子(TNF)这一名称是因最初发现时观察到它的抗肿瘤活性而命名的。随着人们对 TNF 的深入研究,该名称已不再能反映其全部的生物活性。TNF 除具有抗肿瘤活性外,对多种正常细胞还具有广泛的免疫生物学活性,如炎症活性、促凝血活性、促进细胞因子分泌,免疫调节作用,抗病毒、细菌和真菌作用等。

1984 年重组 TNF 获得成功后,1985 年即获美国 FDA 批准用于临床,在治疗某些恶性肿瘤上收到较好的效果。但天然 TNF 有一定毒副反应,现着重用蛋白质工程技术研制 TNF 突变体,以提高比活性和减少毒副作用。如将原型 TNF 分子中第 80、90 和 92 位的 Ile、Lys 和 Asn 分别被 Ser、His 和 Val 置换,经 E. coli 表达产生 rhTNFαD3A 产物,毒性比原型 TNF 低 11 倍左右。

2. 激素类

重组激素类药物的典型代表是重组人胰岛素和重组人生长素。

(1)人胰岛素

人胰岛素是多肽激素的一种,具有多种生物功能,在维持血糖恒定,增加糖原、脂肪、某些氨基酸和蛋白质的合成,调节与控制细胞内多种代谢途径等方面都有重要作用。

胰岛素用于临床糖尿病的医治已有近 70 年的历史,长期以来,其来源仅仅是从动物的胰脏中提取,而动物胰岛素与人胰岛素在氨基酸组成上存有一定的差异,长期注射人体时会产生自身免疫反应,影响治疗效果。1982 年美国 FDA 批准了第一个重组人胰岛素,目前市场上超过 60% 的产品都是长效胰岛素。其中赛诺菲安万特德 Lantus 是最畅销的产品,2005 年一上市销售额就达到了 12 亿美元。

(2)人生长素

人生长素是人垂体腺前叶嗜酸细胞分泌的一种非糖基化多肽激素。它有多种生物功能,主要是促进身体生长。最近发现 hGH 对一些细胞的增殖和分化以及 DNA 合成有直接效应。HGH 的主要用途是治疗侏儒症,临床实验认为 hGH 对慢性肾功能衰竭和 Turner 综合症也有很好疗效。

1981 年,美国 Genentech 公司用大肠杆菌表达了重组人生长素。产品虽与提取的人生长激素生理活性完全相同,但可使 70% 患者出现抗人生长激素抗体。美国 Lilly 公司和丹麦 Novo Nordisk 公司先后开发出结构与人生长激素完全一致的基因重组人生长激素,抗生长激素抗体却几乎不再出现。目前临床所用的最主要的人生长激素也正是这类基因重组人生长激素。

3. 溶血栓药物

急性心肌梗塞、脑梗塞等血栓栓塞性疾病的致残率和病死率都很高,严重威胁人类生命和健康。溶血栓药物通过激活无活性的血浆纤溶酶原,形成有活性的纤溶酶,后者催化血栓主要基质纤维蛋白水解,使血栓溶解,血管再通,从而特效抢救急性心肌梗塞和脑梗塞患者,显著地降低病死率,提高患者病后的生活质量。国内外已正式批准临床使用的主要溶栓重组药物有:重组组织型纤溶酶原激活剂和重组链激酶。

组织型纤溶酶原激活剂(tPA)是一种丝氨酸蛋白酶,能激活纤溶酶原生成纤溶酶,纤溶酶水解血凝块中的纤维蛋白网,导致血栓溶解,主要用于治疗血栓性疾病。由于 tPA 只特异性地激活血栓块中的纤溶酶原,是血栓块专一性纤维蛋白溶解剂,对人体无抗原性,故它是一种较好的治疗血栓疾病物。

重组 tPA 已于 1987 年由美国 FDA 批准作为治疗急性心肌梗塞药物投放市场,1990 年FDA 又批准用于治疗急性肺栓塞。为了延长 tPA 在体内的半衰期和进一步提高 tPA 的效力,应用蛋白质工程技术已经研究开发出第 2 代新型 γtPA。如通过将 tPA 分子中 EGF 功能域上的 Cys 改换为 Ser 而获得的 tPA 突变体,半衰期由原来的 6min 延长到 20min;又获得另一种单链、无糖基化的 tPA 缺失突变体,其溶纤能力约是原 tPA 的 25 倍,而血浆清除率较 tPA 减慢了 77%。

此外,重组蛋白类药物还包括重组酶类药物、可溶性受体和黏附分子。如第一种重组酶类药物 activasel 于 1987 年由美国 FDA 批准,用于治疗由冠状动脉阻塞引起的心脏病。

二、研制重组蛋白类药物的技术路线

目前研制重组蛋白类药物,主要有以下两条技术路线:一种是,首先确定对某种疾病有预防和治疗作用的蛋白质或多肽,然后克隆出编码这种蛋白质的基因,组入合适的表达载体,导入能高效表达这种蛋白质的受体细胞,在受体细胞不断繁殖过程中,大规模表达生产这种蛋白质药物。基本技术路线是:获得具有预防和治疗作用的蛋白质的基因→组入表达载体→受体细胞高效表达→动物试验→临床试验→申报新药证书。此技术路线的目的明确,而缺点是发现新药的几率低,一般只有那些在人体内表达量较高的蛋白质才有较大可能被开发。

另外一种是利用反向生物学原理,沿着从基因序列到蛋白质到功能到药物的途径研制新药(基因组药物),即先获得某种 cDNA,组入合适的表达载体,导入合适的受体细胞,提取这种 cDNA 表达的蛋白质,分析其生物学功能,确定药用价值。基本技术路线是:基因组→未知功能的人类基因全长 cDNA 群→组入表达载体→受体细胞瞬间表达→功能初筛→功能验证→重组蛋白表达体内外药效分析→临床前研究→临床验证→申报新药证书。此技术路线的优势是建立在庞大人类基因组资源基础上的,具有巨大开发潜力,缩短新药开发时间,可大规模增加新药的数量。据估计,人类基因组约有 3 万～4 万个基因,其中至少有5%,即 1500～2000 个基因编码的蛋白质可能具有药物开发价值,而目前开发的人类基因重组药物已上市的只有 50 余种,进入临床实验的约 300 种,采用此技术路线最终可能导致几千个新药的问世。

第二节　重组蛋白类药物的生产过程

重组蛋白类药物的生产是一项十分复杂的系统工程,可分为上游和下游两个阶段。上游阶段是研究开发必不可少的基础,它主要是分离目的基因、构建工程菌(细胞)。下游阶段是从工程菌(细胞)的大规模培养一直到产品的分离纯化、质量控制等。

上游阶段的工作主要在实验室内完成。重组蛋白类药物的生产必须首先获得目的基

因。目的基因获得后,最重要的就是使目的基因表达。选择基因表达系统主要考虑的是保证表达蛋白质的功能,其次要考虑的是表达量的多少和分离纯化的难易。将目的基因与表达载体重组,转入合适的表达系统,获得稳定高效表达的基因工程菌(细胞)。

下游阶段是将实验室成果产业化、商品化,它主要包括工程菌大规模发酵、高纯度产品的分离纯化。工程菌的发酵工艺不同于传统的抗生素和氨基酸发酵,需要对影响目的基因表达的因素进行分析,对各种影响因素进行优化,建立适合于目的基因高效表达的发酵工艺,以便获得较高产量的目的产物。为了获得合格的目的产物,必须建立起一系列相应的分离纯化、质量控制、产品保存等技术。

一、目的基因的获得

来源于真核细胞的目的基因不能直接进行分离。真核细胞中单拷贝基因只是染色体DNA中的很小一部分,大约为其 $10^{-7} \sim 10^{-5}$,即使多拷贝基因也只有其 10^{-3},因此从染色体中直接分离纯化目的基因极为困难。另外,真核基因内一般都有内含子,如果以原核细胞作为表达系统,即使分离出真核基因,由于原核细胞缺乏 mRNA 的转录后加工系统,真核基因转录的 mRNA 也不能加工、拼接成为成熟的 mRNA,因此不能直接克隆真核基因。目前克隆真核基因常用的方法有 cDNA 文库法和化学合成法两种。

1. cDNA 文库法

以 mRNA 为模板,经反转录酶催化,在体外反转录成 cDNA,与适当的载体(常用噬菌体或质粒载体)连接后转化受体菌,则每个细菌含有一段 cDNA,并能繁殖扩增,这样包含着细胞全部 mRNA 信息的 cDNA 克隆集合称为该组织细胞的 cDNA 文库。基因组含有的基因在特定的组织细胞中只有一部分表达,而且处在不同环境条件、不同分化时期的细胞其基因表达的种类和强度也不尽相同,所以 cDNA 文库具有组织细胞特异性,能够比较容易从中筛选克隆得到细胞特异表达的基因。对真核细胞来说,从 cDNA 文库中获得的是已经经过剪接、去除了内含子的 cDNA。通过 cDNA 文库法获得目的基因主要包括以下几个步骤:

(1)mRNA 的纯化

细胞内含有 3 种以上的 RNA,mRNA 占细胞内 RNA 总量的 2%～5%,相对分子质量大小很不一致,由几百到几千个核苷酸组成。在真核细胞种 mRNA 的 3′末端常含有一多聚腺苷酸 polyA 组成的末端,长达 20～250 个腺苷酸,足以吸附于寡聚脱氧胸苷酸 Oligo dT-纤维素上,从而可以用亲和层析法将 mRNA 从细胞总 RNA 中分离出来。利用 mRNA 的 3′末端含有 polyA 的特点,在 RNA 流经寡聚 dT 纤维素柱时,在高盐缓冲液的作用下,mRNA 被特异地结合在柱上;当逐渐降低盐的浓度洗脱时或在低盐溶液核蒸馏水洗脱的情况下,mRNA 被洗脱下来;经过两次寡聚 dT 纤维素柱后,就可得到较高纯度的 mRNA。

(2)cDNA 的合成

一般 mRNA 都带有 3′-polyA,所以可用寡聚 dT 作为引物,在逆转录酶的催化下,进行 cDNA 链的合成。用碱解或 RnaseH 酶解的方法除去 cDNA-mRNA 杂交链中的 mRNA 链,然后以 cDNA 第一链为模板合成第二链。

(3)cDNA 克隆

用于 cDNA 克隆的载体有两类:质粒 DNA 和噬菌体 DNA。根据重组后插入的 cDNA 是否能够表达、能否经转录和翻译目的蛋白质,又将载体分为表达型载体和非表达型载体。

PUC 及 λgt11 为表达型载体，在 cDNA 插入位置的上游具有启动基因顺序；而 pBR322 及 λgt10 为非表达型载体。

【知识拓展】

噬菌体载体 λgt10 和 λgt11

R. Young 和 R. Davis 设计的 λgt10 和 λgt11 是噬菌体克隆载体，可用于构建 cDNA 文库。它们一方面有较高的克隆效率，只需少量 DNA 便能十分有效地产生许多克隆，如 1ng cDNA 可产生 5000 个克隆；另一方面，又可容纳较大相对分子质量的外源 DNA 片段。由于筛选噬菌斑在技术操作上较筛选细菌菌落更方便，因此这些载体在构建文库时优于质粒载体 pBR322。

cDNA 插入到 λgt10 中可使噬菌体阻遏物基因(cI)失活。当用大肠杆菌 c600 的突变型 hflA(高频溶源性)作为宿主时，只有携带 cDNA 插入片段的噬菌体可形成噬菌斑。

λgt11 是表达型载体。λgt11 中的 cDNA 插入片段是克隆在 β 半乳糖苷酶基因编码区的羧基端，在含 IPTG 和 Xgal 的平板上，带 cDNA 插入片段的 λgt11 可形成清晰的无色噬菌斑，未带 cDNA 插入片段的 λgt11 则形成蓝色噬菌斑。

在 cDNA 克隆操作中应根据不同的需要选择适当的载体。cDNA 插入片段小于 10kb，可选用质粒载体，如大于 10kb 则应选用噬菌体 DNA 为载体。选用表达型载体可以增加目的基因的筛选方法，有利于目的基因的筛选。

【知识拓展】

cDNA 片段与载体的连接方法

(1)加同聚尾连接

用 3′末端脱氧核苷酸转移酶催化，使载体与 cDNA 的 3′末端带上互补的同型多聚体序列，如载体加上 polyC 的尾巴，则 cDNA 加上 polyG 的尾巴，这两种粘性末端只能使载体与 cDNA 连接而不能自我环化，借助同型多聚体的退火作用形成重组分子，最后用 T₄DNA 连接酶封口。

(2)加人工接头连接

用 T₄DNA 连接酶在平末端接上人工接头可以使 DNA 发生连接。所谓人工接头是指由人工合成的、连接在目的基因两端的含有某些限制酶切点的寡核苷酸片段。cDNA 连上人工接头后，用该种限制酶酶切就可得到黏性末端，从而能够与载体连接；cDNA 中可能也带有同样的限制酶切点，为了保护 cDNA 不受限制酶破坏，保证其完整，可以在加接头前先用甲基化酶修饰这些限制酶切点。

(4)将重组体导入宿主细胞

目的基因序列与载体连接后，要导入细胞中才能繁殖扩增，再经过筛选，才能获得重组 DNA 分子克隆。不同的载体在不同的宿主细胞中繁殖，导入细胞的方法也不相同。将由于外源 DNA 的进入而使细胞遗传性改变的称为转化；噬菌体进入宿主细菌中繁殖的称为感染；重组的噬菌体 DNA 也可像质粒 DNA 的方式进入宿主菌，即宿主菌先经过 $CaCl_2$、电穿孔等处理成感受态细菌再接受 DNA，进入感受态细菌的噬菌体 DNA 可以同样复制和繁殖，这种方式称为转染。重组 DNA 进入宿主细胞也常用转染方式。

将重组 DNA 导入宿主细胞常用的方法有：磷酸钙法、电穿孔法、脂质体法等。

（5）重组体筛选

目的序列与载体 DNA 正确连接的效率、重组导入细胞的效率都不是百分之百的，因而最后生长繁殖出来的细胞并不都带有目的序列。一般一个载体只携带某一段外源 DNA，一个细胞只接受一个重组 DNA 分子。最后培养出来的细胞群中只有一部分、甚至只有很小一部分是含有目的序列的重组体。将目的重组体筛选出来就等于获得了目的序列的克隆，所以筛选是基因克隆的重要步骤。

一般根据重组体的表型进行筛选，主要有抗性基因失活法和菌落或噬菌斑颜色改变法。如载体含有两个抗药性基因，重组体的某一抗药性（如抗氨苄青霉素、抗四环素、抗卡那霉素等）消失；体外包装的 λ 噬菌体，感染感受态大肠杆菌可形成噬菌斑；载体含有 lacZ' 的可采用蓝白筛选法。

筛选的所有重组体构成了一个 cDNA 文库，理想状态下，含有相应组织细胞的所有 cDNA 片段。要获得某一特定基因的 cDNA，需从 cDNA 文库分离特异 cDNA 克隆，也可随机地从 cDNA 文库挑选克隆，对其表达产物的功能进行研究，开发新药。

（6）目的 cDNA 克隆的分离和鉴定

从 cDNA 文库分离特异 cDNA 克隆，主要采用下列两种方法：①核酸探针杂交法。用层析和高分辨率电泳等技术纯化微克量的目的蛋白质，根据目的蛋白质纯品的氨基酸序列分析结果，人工合成相应的单链寡核苷酸作为探针，从 cDNA 文库中分离特异 cDNA 克隆。②免疫反应鉴定法。在既无可供选择的基因表型特征，又无合适探针的情况下，本法是筛选特异 cDNA 克隆的重要途径。用表达型载体构建的 cDNA 文库，可利用免疫学方法分组逐一鉴定各 cDNA 的表达产物，即某种蛋白质的抗体寻找相应的特异 cDNA 克隆。

分离得到含有目的基因的阳性克隆后，必须对其作进一步的验证核鉴定，主要是进行限制酶图谱的绘制、杂交分析、基因定位、基因测序以及确定基因的转录方向、转录起始点等。

2. RT-PCR 法

1985 年聚合酶链反应（PCR）创立后，人们将 RNA 的反转录（RT）和 cDNA 的聚合酶链式扩增（PCR）结合起来，得到一种新的合成 cDNA 的方法，即逆转录－聚合酶链反应法（RT-PCR）。首先经反转录酶的作用从 RNA 合成 cDNA 第一链，再以 cDNA 第一链为模板，扩增合成目的片段。引物可采用 Oligo dT 和基因特异性引物，Oligo dT 适用于具有 PolyA 尾巴的 RNA，基因特异性引物适用于目的序列已知的情况。

3. 化学合成法

较小的蛋白质或多肽的编码基因可以用人工化学合成法合成。化学合成法有个先决条件，就是必须知道目的基因的核苷酸排列顺序，或者知道目的蛋白质的氨基酸顺序，再按相应的密码子推导出 DNA 的碱基序列。用化学方法合成目的基因 DNA 不同部位的两条链的寡核苷酸短片段，再退火成为两端形成黏性末端的 DNA 双链片段，然后将这些双链片段按正确的次序进行退火使连接成较长的 DNA 片段，再用连接酶连接成完整的基因。

人工化学合成基因的限制主要有：（1）不能合成太长的基因。目前 DNA 合成仪所合成的寡核苷酸片段长度仅为 50～60bp,因此此方法只适用于克隆小分子肽的基因。(2)人工合成基因时,遗传密码的简并为密码子的选择带来很大困难,如用氨基酸顺序推测核苷酸序列,得到的结果可能与天然基因不完全一致,易造成中性突变。(3)费用较高。

二、工程菌的构建

目的基因获得后,即可进行工程菌(细胞)的构建,使目的基因表达。此时,需要注意的问题有目的基因的表达产量、表达产物的稳定性、产物的生物学活性和表达产物的分离纯化。因此在进行工程菌(细胞)构建时,必须综合考虑各种因素,建立最佳的基因表达体系。

1. 宿主细胞的选择

目的基因获得后,必须在合适的宿主细胞中进行表达,才能获得目的产物。宿主细胞应满足以下要求:容易获得较高浓度的细胞;能利用易得廉价原料;不致病、不产生内毒素;发热量低,需氧低,适当的发酵温度和细胞形态;容易进行代谢调控;容易进行 DNA 重组技术操作;产物的产量、产率高,产物容易提取纯化。

用于基因表达的宿主细胞分为两大类:第一类为原核细胞,目前常用的有大肠杆菌、枯草芽孢杆菌、链霉菌等;第二类为真核细胞,常用的有酵母、丝状真菌、哺乳动物细胞等。

(1)原核细胞

大肠杆菌作为外源基因的表达宿主,遗传背景清楚,技术操作简便,培养条件简单,大规模发酵经济,因此备受重视。目前大肠杆菌是应用最广泛、最成功的表达体系,并常常作为高效表达研究的首选体系。

大肠杆菌表达体系也存在一些缺点。大肠杆菌中的表达不存在信号肽,故产品多为胞内产物,提取时需破碎细胞,故细胞质内其他蛋白质也释放出来,因而造成提取困难。由于分泌能力不足,真核蛋白质常形成不溶性的包含体,表达产物必须在下游处理过程中经过变性和复性处理才能恢复其生物活性。在大肠杆菌中的表达不存在翻译后修饰作用,故对蛋白质产物不能糖基化,因此只适于表达不经糖基化等翻译后修饰仍具有生物功能的真核蛋白质,在应用上受到一定限制。由于翻译常从甲硫氨酸的 AUG 密码子开始,故目的蛋白质的 N 端常多余一个甲硫氨酸残基,容易引起免疫反应。大肠杆菌会产生很难除去的内毒素,还会产生蛋白酶而破坏目的蛋白质。

(2)真核细胞

酵母　酵母菌是研究基因表达调控最有效的单细胞真核微生物,其基因组小,仅为大肠杆菌的 4 倍,世代时间短,增殖迅速,可以廉价地大规模培养,而且没有毒性。基因工程操作与原核生物相似。

现已在酵母中成功地建立了几种有分泌功能的表达系统,能够将所表达的产物直接分泌出酵母细胞外,从而大大简化了产物的分离纯化工艺。表达产物能糖基化,特别是某些在细菌系统中表达不良的真核基因,在酵母中表达良好。在各种酵母中,以酿酒酵母的应用历史最为悠久,研究资料也最丰富。目前已有不少真核基因在酵母中获得成功克隆和表达,如干扰素、乙肝表面抗原基因等。

哺乳动物细胞　由于表达的目的产物可分泌到培养液中,细胞培养液成分完全由人控制,因而使产物的分离纯化比较容易。而且,哺乳动物细胞分泌的基因产物是糖基化的,接近或类似于天然产物。但动物细胞生长慢,因而生产率低,而且培养条件苛刻,费用高,培养液浓度较小。而且,目前用于表达外源基因的细胞均为传代细胞,一般认为传代细胞均是恶性化细胞,因而对使用这类细胞生产重组 DNA 产品是否存在致癌的问题尚有疑问。

虽然各种微生物从理论上讲都可以用于基因的表达,但由于克隆载体、DNA 导入方法以及遗传背景等方面的限制,目前使用最广泛的宿主菌仍然是大肠杆菌和酿酒酵母,建立了许多适合于它们的克隆载体和 DNA 导入方法。

2.高效表达载体的构建

不同的表达体系都有其对应的载体,如大肠杆菌作受体细胞时,应采用大肠杆菌表达载体;酵母作受体细胞时,应采用对应的酵母表达载体。下面以大肠杆菌表达系统为例,介绍真核基因表达的相关问题。

根据真核基因在原核细胞中表达的特点,表达载体必须具备下列条件:(1)载体本身是一个复制子,具有复制起点,能够独立地复制。(2)应具有灵活的克隆位点和方便的筛选标记,以利于外源基因的克隆、鉴定和筛选。克隆位点应位于启动子序列后,以使克隆的外源基因得以表达。(3)应具有很强的启动子,能为大肠杆菌的 RNA 聚合酶所识别。(4)应具有阻遏子,使启动子受到控制,只有当诱导时才能进行转录。(5)应具有很强的终止子,以便使 RNA 聚合酶集中力量转录克隆的外源基因,而不转录其他无关的基因。(6)所产生的 mRNA 必须具有翻译的起始信号,即起始密码 AUG 和 SD 序列,以便转录后能顺利翻译。

此外,工程菌(细胞)外源基因表达产量与外源基因拷贝数、基因表达效率、表达产物的稳定性和细胞代谢负荷等因素有关,因此必须从这些因素入手,寻找提高外源基因表达效率的有效途径。

(1)增加外源基因的拷贝数

外源基因是克隆到载体上的,因此载体在宿主细胞中的拷贝数就直接关系到外源基因的拷贝数。将外源基因克隆到高拷贝数的表达质粒上,增加外源基因拷贝数,对于提高外源基因的总体表达水平非常有利。

(2)提高外源基因的表达效率

有许多因素,如启动子的强度、核糖体结合位点的有效性、SD 序列和起始密码 ATG 的间距、密码子的组成等都会不同程度地影响外源基因的表达效率。构建载体时,一定要注意这些问题。

选用强启动子 外源基因在大肠杆菌中的有效表达,首先必须实现从 DNA 到 mRNA 的高水平转录。转录水平的高低受到启动子等调控元件的控制,要使目的基因高效表达,在载体目的基因的上游,必须连有一个强启动子。原核细胞表达载体常用的强启动子有 lac、trp、tac、PL、bla 等。

增加核糖体结合位点的有效性 大肠杆菌核糖体结合位点对真核基因在细菌中的高效表达十分重要。所以必须增加核糖体结合点的有效性,消除核糖体结合位点及其附近的潜在二级结构。

调整好 SD 序列和起始密码 ATG 的间距 SD 序列和起始密码 ATG 之间的距离及其序列对翻译效率有明显影响。表达非融合蛋白的关键是原核 SD 序列和真核起始密码 ATG 之间的距离,距离过长或过短都会影响真核基因的表达。调整 SD 序列和起始密码 ATG 的间距,改变附近的核苷酸序列,可提高非融合蛋白的合成水平。

选用大肠杆菌"偏爱"的密码子 真核基因与原核基因对编码同一种氨基酸所"偏爱"使

用的密码子不尽相同,真核系统中"喜欢用"的密码子,在原核细胞中的翻译效率有可能下降。为了提高表达水平,在根据蛋白质结构来设计引物或合成基因时,应选择使用大肠杆菌"偏爱"的密码子。

（3）提高表达产物的稳定性

当外源基因表达时,细胞内降解该蛋白质的酶由于应激反应,其产量会迅速增加。即使原始表达量很高,由于很快在细胞体内被降解,因而实际产量会很低。为提高表达产物在菌体内的稳定性,可以采用下列几种方法:①组建融合基因,产生融合蛋白。许多融合蛋白与天然的真核蛋白相比较,在细菌体内比较稳定,不易被细菌酶类所降解。②利用大肠杆菌的信号肽或某些真核多肽中自身的信号肽,把真核基因产物运输到胞浆周质的空隙中,而使外源蛋白不易被酶降解。③采用位点特异性突变的方法,改变真核蛋白二硫键的位置,从而增加蛋白质的稳定性。④选用蛋白酶缺陷型大肠杆菌为宿主细胞,减弱表达产物的降解。

（4）减轻细胞的代谢负荷

由于基因工程产物在细胞内过量合成,必然会影响宿主的生长和代谢,而细胞代谢的损伤,又抑制了外源基因产物的合成,所以必须合理调节这种消长关系,使宿主细胞的代谢负荷不至过重,又能高效表达外源基因。

为了减轻宿主细胞的代谢负荷,提高外源基因的表达水平,可以采取当宿主细胞大量生长时,抑制外源基因表达的措施。如先抑制重组质粒的复制,当细胞生物量积累到一定水平后,再诱导细胞中重组质粒的复制,增加质粒拷贝数。还可以在载体中设置阻遏子,使启动子受到控制,当宿主细胞增殖积累到相当量,再通过瞬间消除阻遏,使所表达蛋白质在短时间内大量积累。另外,某些蛋白质在真核系统中是可溶性的,但在大肠杆菌中表达后却成为不溶性蛋白质,而形成不溶性的包涵体,这种包涵体的形成大大降低了表达产物对宿主的毒害作用。

（5）考虑真核基因的表达形式

此外,在构建基因工程载体时,来源于真核细胞的药物基因在大肠杆菌中的表达形式也是需要考虑的。

以融合蛋白的形式表达药物基因　为了防止表达的目的蛋白被宿主细胞的酶降解,常将真核蛋白与一条短的原核多肽结合在一起,即得融合蛋白。融合蛋白的氨基端是原核序列,羟基端是真核序列,在菌体内比较稳定,不易被细菌酶类所降解,容易实现高效表达。由于融合蛋白中含有一段原核多肽序列,可能会影响真核蛋白的免疫原性,所以一般不能作为人体注射用药。

经特殊设计,使融合蛋白经特异蛋白酶(如凝血因子 X、胶原酶、肠激肽酶等)或化学处理(如 CNBr 处理)可以切除融合蛋白氨基端的原核多肽,而获得具有生物活性的真核天然蛋白分子。例如,在细菌蛋白和目的蛋白之间加入 Lle-Glu-Gly-Arg,这段序列在自然状态的蛋白中较少出现,该序列可被凝血因子 Xa 识别并在 C 端切开;另外也可在细菌蛋白和目的蛋白之间加入一个 Met,CNBr 可在 Met 处专一性地切割,得到目的蛋白。

以非融合蛋白的形式表达药物基因　非融合蛋白是指在大肠杆菌中表达的蛋白质以真核蛋白 mRNA 的 AUG 为起始,在其氨基端不含任何细菌多肽序列。为此,表达非融合蛋白的操纵子必须改建成:细菌或噬菌体的启动子—细菌的核糖体结合位点(SD 序列)—真核基因的起始密码子—结构基因—终止密码。要表达非融合蛋白,要求 SD 序列与翻译起始密码 ATG 之间的距离要合适,SD 序列与翻译起始密码 ATG 之间的距离即使只改变 2~3 个碱基,表达效率也会受到很大的影响。

非融合蛋白能够较好地保持原来的蛋白活性,其最大缺点是容易被蛋白酶破坏。另外,非融合蛋白 N 末端常常带有甲硫氨酸,在人体内用药时可能引起人体免疫反应。

分泌型表达蛋白药物基因　外源蛋白的分泌表达是通过将外源基因融合到编码原核蛋白信号肽序列的下游来实现的。利用大肠杆菌的信号肽,构建分泌型表达质粒,常用的信号肽有碱性磷酸酶信号肽、膜外周质蛋白信号肽、霍乱弧菌毒素 B 亚单位等。将外源基因接在信号肽之后,使之在胞质内有效地转录和翻译,当表达的蛋白质进入细胞内膜与细胞外膜之间的周质后时,被信号肽酶识别而切掉信号肽,从而释放出有生物活性的外源基因表达产物。

分泌型表达具有以下特点:一些可被细胞内蛋白酶所降解的蛋白质在周质中是稳定的;由于有些蛋白质能按一定的方式折叠,所以在细胞内表达时具有活性;蛋白质信号肽和编码序列之间能被切割,因而分泌后的蛋白质产物不含起始密码 ATG 所编码的甲硫氨酸等。但是,外源蛋白分泌型表达过程中也会遇到一些问题,如产量不高、信号肽不被切割或不在特定位置上切割等。

三、基因工程菌的发酵

外源基因的高效表达,不仅涉及宿主、载体和克隆基因三者之间的相互关系,而且与其所处的环境条件(如营养、pH、温度、溶氧、比生长速率)息息相关,所以必须优化基因工程菌的培养条件,进一步提高基因表达水平。

1.重组菌的稳定性

基因工程菌在传代过程中经常出现质粒不稳定现象,即出现一定比例不含质粒子代菌或外源基因从质粒上丢失的现象。由于这种菌与带质粒的菌相比具有一定的生长优势,因而能在培养中逐渐取代含质粒菌,而成为优势菌,减少基因表达的产率。

为了提高工程菌培养中的稳定性,一般采用两阶段培养法,第一阶段先使菌体生长,然后再诱导外源基因表达,避免目的蛋白积累而过早地抑制细胞的生长。如以 PL 启动子控制生产干扰素 a-2b,30℃生长 8h 后升温至 42℃诱导表达 2h,表达量占细胞蛋白的 20%。此外,在培养基中加入抗生素等选择性压力,以抑制质粒丢失菌的生长,也是提高工程菌培养中质粒稳定性的常用方法。

2.发酵过程优化

发酵的控制包括营养物质、温度、pH、溶氧等的控制,其中营养控制是关键。

(1)发酵用工程菌株的筛选

将冻存的工程菌在 LB 固体斜面培养基上活化 12h,挑单菌落分别接种于 5mlLB 液体培养基中,30℃培养至 OD_{600} 为 0.2~0.8,分别取 1ml 于另一试管中培养 3h,收集菌体,测各管的表达量,选表达量高的作发酵用种子。

(2)培养基的选用

培养基的组成既要提高工程菌的生长速率,又要保持重组质粒的稳定性,使外源基因能够高效表达。常用的碳源有葡萄糖、甘油、乳糖、甘露醇等,常用的氮源有酵母提取物、蛋白胨、酪蛋白水解物、玉米浆和氨水、硫酸铵、硝酸铵、氯化铵等。哪种培养基配方合适,一般通过试验确定。

（3）温度

对于采用温度调控基因表达或质粒复制的基因重组菌，发酵过程一般分为生长和表达两个阶段，通常先在较低温度下培养，然后升温，以大量增加质粒拷贝数，诱导外源基因表达。然而在大规模培养中，常因升温过程长而引起比生长速率的下降或质粒的丢失。

温度有时候还影响着蛋白质活性和包涵体的形成。如重组人生长素在 30℃ 培养时是可溶的，在 37℃ 培养时则形成包涵体。另外，降低温度也可以减少重组蛋白的降解。所以在发酵时应综合考虑，设置合适的温度。

（4）pH

菌体生长和产物合成过程中的 pH 一般控制在 6.8～7.6 范围内。如采用两阶段培养工艺，培养前期着重于优化工程菌的最佳生长条件，培养后期着重于优化外源蛋白的表达条件。

（5）溶解氧

溶解氧对菌体的生长和产物的生成影响都很大。特别在高密度发酵过程中，由于菌体密度高，发酵液的摄氧量大，需要增大搅拌转速和增加空气流量以增加溶氧量，也可提高通气中氧分压和在菌体中克隆具有提高氧传质能力的血红蛋白等措施提高溶解氧。此外，还应注意不同菌株对氧的要求是有差别的，在发酵过程中一味追求溶氧水平未必得到高表达效果。

（6）分批补料培养

分批培养时，如果采用高浓度的碳源、氮源和盐，就会造成溶液渗透压过高，细胞脱水死亡，使目的产物得率下降；如果降低培养基中起始营养物质的浓度，则会因缺乏营养补给而造成生长密度有限。现多采用分批补料培养，使各种培养基成分低于抑制浓度。

（7）诱导时机

工程菌多是采用前期菌体生长，后期外源基因表达的分段培养工艺。因此，诱导时机的选择就尤为重要，一般在对数生长期或其后期诱导表达。控制好菌体浓度，无论是分批培养还是采用流加工艺，一般都能得到较高的表达量。

四、基因重组药物的分离纯化

基因重组药物的表达形式不同，所采用的分离纯化方法也不一样。产物的表达形式主要有以下几种：（1）细胞内不溶性表达——包涵体；（2）细胞内可溶性表达；（3）分泌型表达；（4）细胞周质表达。

包涵体是指某些目的产物以不溶性形式产生并聚集形成的蛋白质聚合物，是基因重组药物在大肠杆菌中特有的表达形式。因为包涵体是不溶性聚集物，所以比较容易分离；但因为表达产物无生物活性，必须经过变性复性，复性时，容易错误折叠。如何高效地复性蛋白是基因工程蛋白生产过程中最关键和最困难的一步，已成为产业化的瓶颈之一。

对于包涵体形式表达的目的蛋白，其分离纯化一般包括以下几步：（1）菌体的收集与破碎；（2）包涵体的分离、洗涤与溶解；（3）变性蛋白质的纯化；（4）重组蛋白质的复性。具体操作见重组人白细胞介素的纯化。

对于细胞内可溶性表达和分泌性表达，在微生物发酵中都是比较常见的，前者收集菌体破碎后，进一步提取、分离纯化；后者除去菌体后，从发酵液中提取、分离纯化。

对于细胞周质表达,先收集菌体,然后将其放在 20％蔗糖溶液中保温,使其发生质壁分离,接着快速地用 4℃的 $MgCl_2$ 溶液稀释并降温,使细胞外膜突然破裂,或者在高渗溶液中加溶菌酶,破坏细胞壁,释放周质蛋白。

第三节　基因工程干扰素的生产

干扰素(IFN)指脊椎动物细胞受干扰素诱生剂作用后,合成的具有广谱抗病毒活性的蛋白质。按结构和来源不同,干扰素可分为 α、β、γ 三型。干扰素 α 来源于白细胞。干扰素 β 与干扰素 α 有 25％～30％的同源性,来源于成纤维细胞。干扰素 γ 与干扰素 α、干扰素 β 无同源性,来源于 T 细胞。按氨基酸序列和组成的差异,干扰素 α 又分 25 个以上亚型(干扰素 α1、α2、α3……),同一亚型又可按个别氨基酸差异进行细分,如干扰素 α2a、α2b、α2c 等。干扰素 β 有 4 个亚型。干扰素 γ 有 4 个以上亚型。

干扰素的生物功能活性可归纳为:(1)抗细胞内侵入微生物活性;(2)抗细胞分裂活性;(3)调节免疫功能活性。干扰素 α 在临床上主要用于治疗恶性肿瘤和病毒性疾病,如毛细胞白血病、淋巴瘤、实体瘤、病毒引起的慢性肝炎、乳头瘤病毒引起的尖锐湿疣、呼吸道病毒感染等;IFN β 治疗多发性硬化症,已经获得美国 FDA 的批准;IFN γ 的免疫调节作用使其在治疗类风湿关节炎方面取得了良好的效果。

早期的干扰素是从人血液中的白细胞内提取,产品的产量和纯度都较低,生产成本高。且此种人血来源的粗制干扰素,需要建立采血机构,为防止血源传播疾病,必须加强病毒灭活等工艺步骤,生产工艺复杂。

目前 α、β、γ 三型基因工程干扰素已能在大肠杆菌、酵母菌和哺乳动物细胞中得到表达,产品都已研制成功且投放市场,用于治疗的病种达 20 多种。

一、干扰素工程菌的构建

1.分离提取干扰素基因

因为人染色体上干扰素基因拷贝数极少(大约只有 1％～5％),再加上直接分离基因技术难度大,故目前通过 mRNA 途径分离——以 mRNA 为模板,通过 RT-PCR 合成目的基因 cDNA。

2.制备人工重组质粒

质粒即为外源性 DNA 片段的转运载体。常用质粒为 pBR322。该质粒含有四环素和氨苄西林抗性基因,可以作为选择性标记。例如,采用 Pst 限制性内切酶切割四环素标记基因,这种抗生素抗性基因就失活了,插入的人干扰素基因片段——人干扰素 cDNA,与质粒重组。这样人工重组质粒就成为既携有人干扰素目的基因又对四环素敏感的新型质粒,很容易被识别筛选出来。

3.转化宿主菌

作为 DNA 重组体繁殖或复制的宿主细胞,目前主要有大肠杆菌 K12、酵母菌、假单胞菌等。将带有人干扰素基因片段的人工重组质粒转导(transduction)到大肠杆菌中,这种杂交质粒在大肠杆菌内独立复制繁殖,成为无性繁殖系。人工重组质粒所携带的人干扰素基因片段则在宿主细胞——大肠杆菌中大量复制、表达,产生出所编码的多肽——干扰素。

现在对人干扰素 α、人干扰素 β、人干扰素 γ 三种基因都已克隆成功,并且均能在大肠杆菌中获得高效表达。目前现代生物技术的发展,已经成功地解决了人干扰素的真核基因在原核细胞中成功表达的技术困难。因此,国内外相继研制出来 α 型、β 型、γ 型三种基因类型的各种重组人干扰素,并批准上市使用。

二、重组干扰素生产工艺流程

启开工程菌种
↓
复制、制备种子液
↓
发酵培养,大量繁殖宿主菌
↓
收集菌体
↓
用超声波或负压释放法破碎菌体
↓
盐析沉淀菌细胞裂解物
收集菌液中的粗制干扰素
↓
通过离子交换柱层析或亲和柱层析及分子筛等步骤精提
获得精制人干扰素
↓
除菌、过滤、合并、加保护剂
配制成干扰素半成品
↓
分装、冻干
成为人干扰素成品

三、人干扰素生产控制要点

1. 工程菌株的质量控制

除进行菌落形态、染色、电镜、生化特性等检定外,还应对质粒构建结构特征、标志性位点、导入系统的目的基因结构确证(酶切分析、基因测序等)以及表达分析(表达量、活性、构象等)进行全面检定,应符合国家标准要求。工程菌株应建立种子批系统,定期进行上述全面检定。

2. 原液的质量控制

(1)干扰素效价测定

一般用细胞病变抑制法,多采用 Wish 细胞和 Vsv 病毒为基本检测系统。根据国际参考品或国家参考品,来确定其效价单位(IU)。

(2)蛋白含量测定

多用福林酚法或 Lowry 法测定。

（3）比活性

干扰素效价的国际单位（IU）与蛋白含量（mg）之比，即比活性。人重组干扰素 αlb 比活性不低于 1.0×10^7 IU/mg 蛋白，人重组干扰素 α2a 比活性不低于 1.0×10^8 IU/mg。

（4）基因工程干扰素的纯度

用非还原型 SDS-PAGE 法检测其纯度不低于 95.0%；高效液相色谱法（HPLC）应呈一个吸收峰，或主峰不低于总面积的 95.0%。

（5）分子质量

用还原型 SDS-PAGE 法，加样量应不低于 $1\mu g$，人基因工程干扰素制品的分子质量应为 $[19.4\pm(19.4\times10\%)]$ kD。

（6）IgG 残余量

如采用单克隆抗体亲和层析法纯化，应进行外源性 DNA 残余量检测，用抗体夹心酶联免疫法测定，IgG 含量不高于 $100\mu g$/剂量。

（7）外源性 DNA 残余量用固相斑点杂交法

以地高辛标记核酸探针法或经国家药检机构认可的其他适宜方法测定，外源性 DNA 残余量不高于 $10\mu g$/剂量。

（8）宿主菌蛋白残余量

用酶联免疫法测定，宿主菌蛋白残余量不高于总蛋白量的 0.1%。

（9）残余抗生素活性

不应有氨苄西林活性。

（10）细菌内毒素含量

细菌内毒素含量不高于 10 EU/300 000 IU。

（11）等电点

为 4.0～6.5，批与批之间等电点应一致。

（12）紫外光谱扫描

最大吸收峰波长 278nm±3nm。

（13）肽图

至少每半年测定 1 次，αlb 干扰素应符合 αlb 干扰素图形；α2b 干扰素应符合 α2b 干扰素图形，或与对照图形一致。

（14）N 末端氨基酸序列

至少每年测定 1 次，用氨基酸序列分析仪测定，其 N 末端序列应分别符合各自的氨基酸序列。

3. 基因工程干扰素半成品及成品质控

干扰素的半成品及成品质量检测还要做无菌试验、鉴别试验、异常毒力试验、热原质试验、干扰素效价试验及水分、pH 值、外观等项检测。

基因工程干扰素不是国家批签发制品，只要生产企业质检部门按国家标准检定合格，即可出厂销售使用。但国家药品生物制品检定所每年对其进行质量抽检，发现其质量和生产中问题，报告国家药品监督部门，责令其整改，问题严重的甚至可撤销生产批准文号，停止生产。

第四节　重组 IL-2 的生产

白细胞介素（interleukin，IL）是介导白细胞间相互作用的一类细胞因子，至 2009 年，人白细胞介素家族已拥有 35 个成员，分别命名为 IL-1～IL-35。目前，IL-2 和 IL-11 已被成功地开发为重组蛋白类药物，且被批准生产上市；IL-3、IL-6、IL-10、IL-12 和 IL-15 等正在研究开发中，有的已进入 II 期临床研究；而 IL29～IL35 是近几年内发现的，对它们的研究刚开始。

IL-2 是由激活的 T 细胞或 NK 细胞产生的一种糖蛋白，其主要生理功能是促进 T 淋巴细胞的增殖，又称 T 细胞生长因子。IL-2 具有单向性和下行性的种属特异性。高等动物的 IL-2 能作用于低等动物的细胞，反之，则不行。

人 IL-2 前体由 153 个氨基酸残基组成，在分泌出细胞时，其信号肽（含 20 个氨基酸残基）被切除，产生成熟人 IL-2。人 IL-2 的单链多肽结构中有 3 个半胱氨酸（Cys^{58}、Cys^{105}、Cys^{125}），仅在 Cys^{58} 和 Cys^{105} 之间形成了分子内二硫键才有活性。Cys^{125} 的存在易形成二硫键错配，形成二聚体，降低甚至失去 IL-2 的活性。将 Cys^{125} 突变为丝氨酸或丙氨酸后，可改善其活性和稳定性。这种突变体也被批准上市。IL-2 的糖基变化很大，糖基化与否并不影响 IL-2 的功能，故可以用大肠杆菌表达体系生产重组人 IL-2。IL-2 对热不稳定，在 56℃ 处理 30min 后，其生物活性基本丧失。一般加白蛋白做稳定剂。重组人 IL-2 在 4℃ 可保存一年以上，在 pH2～9 的溶液中保持稳定，冻干制品较为稳定。

临床应用上，IL-2 主要用于肿瘤的治疗，对晚期肾癌、恶性黑色素瘤和白血病等疗效较好；此外，还可用于抗感染治疗，某些病毒性、细菌性和细胞内寄生菌等感染；对于先天性和后天性免疫缺陷症也有一定疗效。

利用大肠杆菌、酵母菌和哺乳动物细胞都已成功表达了重组人 IL-2，不过大量生产重组 IL-2 主要还是使用大肠杆菌。

一、人 IL-2 cDNA 克隆的制备

从一种被激活的人白血病 T 细胞株中提取高活性的 IL-2 mRNA，以此为模板，逆转录单链 cDNA，经末端脱氧核苷酸转移酶催化，在 cDNA 末端连接若干 dT 残基，以人工合成的寡聚 dG 为引物，利用 DNA 聚合酶 I 合成双链 cDNA，经蔗糖密度梯度离心法分离出此 cDNA 片段。通过 G-C 加尾法将此 IL-2cDNA 片段插入到 pBR322 质粒的 Pst I 位点，用重组质粒转化大肠杆菌，得到 IL-2 cDNA 文库。利用 mRNA 杂交实验筛选 IL-2 cDNA 文库，获得含全长人 IL-2 cDNA 片段的克隆（图 4-1）。

二、工程菌的构建

从含人 IL-2 cDNA 片段的克隆中提取重组质粒，用限制性核酸内切酶酶切并分离目的基因，然后将其重组进表达型载体，转入大肠杆菌，对筛选的重组体进行目的基因鉴定后，即可作为工程菌。

三、重组人 IL-2 的表达

将重组人 IL-2 的大肠杆菌进行三级种子活化，然后以三代种子液：发酵液（1∶10）比例

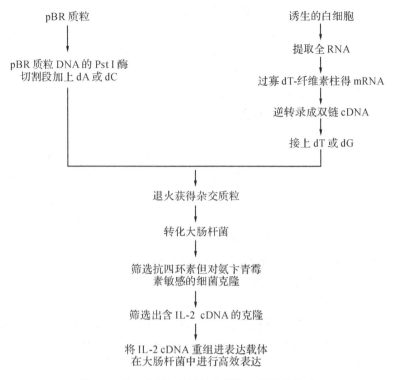

图 4-1 IL-2cDNA 基因的获得及工程菌的构建

接种,30℃培养 4h,快速升温至 42℃,培养 4h,离心收集菌体,一20℃保存。

四、重组人 IL-2 的纯化

重组人 IL-2 在 E.coli 中高水平表达时,以不溶性包涵体形式沉淀在细菌细胞浆中。包涵体主要含 rIL-2 单体分子聚合而成的多聚体,此外还包括细菌蛋白、质粒 DNA、16SrRNA 和 23SrRNA。rIL-2 在包涵体中以还原状态存在,既无分子内二硫键也无分子间二硫键,不溶于水且无生物活性。

基于 rIL-2 的上述性质,利用包涵体和还原型 rIL-2 的不溶性,以离心为主要手段,制备高纯度包涵体;再设法使包涵体解聚成单分子,此解聚过程即变性,常用高浓度变性剂 6mol/l 盐酸胍或 8mol/l 尿素溶解包涵体,变性后的分子仍无生物活性。在保持 rIL-2 处于单体状态的前提下,用 1.5μmol/l 硫酸铜和 0.5mol/l 还原型谷胱甘肽 GSH 复性,也就是恢复二硫键和正常的分子结构,这样就有了生物活性,再进一步活化。

1. 重组菌的破碎

离心收集 rIL-2 工程菌,洗涤几次后,冰浴下进行超声破碎,尽量完全破碎细胞。菌体是否完全破碎可以通过高倍显微镜下观察细胞形态或测定 260nm 波长的光吸收来确定。细菌破碎后,由于核酸的释放,在 260nm 处将有明显的光吸收增加。破碎不完全,将直接影响包涵体的纯度和 rIL-2 的收率。

2. 包涵体的制备和溶解

细菌破碎后,离心收集沉淀,制得粗制包涵体。与包涵体一起沉淀的有可溶性杂蛋白、脂质、细菌外膜蛋白、核酸、肽聚糖和脂多糖等,用 TE 缓冲液反复洗涤以除去可溶性蛋白和核酸。在包涵体溶解前,为使其杂质含量降至最低,加入 4mol/l 的尿素(低浓度的变性剂),在室温下磁力搅拌 30min,溶解脂质和外膜蛋白,离心收集沉淀,制得较纯包涵体。

制备的 rIL-2 包涵体需在高浓度变性剂条件下溶解,常用的变性剂是盐酸胍、SDS 和尿素等。对溶解液离心收集上清,制得 rIL-2 粗提液。通常在变性剂溶解 rIL-2 包涵体时加入 10mMDTT。DTT 的作用是保持 rIL-2 处于还原状态,避免氧化。还原型 rIL-2 的-SH 极易被空气氧化,而在高浓度变性剂和高浓度蛋白条件下,容易形成分子间二硫键。

3. rIL-2 粗提液的纯化

虽然在洗涤和溶解包涵体前,杂质已被大量除去,但要获得高纯度的重组 rIL-2,仍需对 rIL-2 粗提液进行纯化。将 rIL-2 粗提液先后上 Sephacyl S-200 和 Sephacyl S-100 层析柱,洗脱后,收集蛋白峰。

此步骤主要是除去多聚体和内毒素,在接近生理环境的缓冲液内,内毒素多为高的相对分子质量聚合物,脂膜或脂囊。因为接近重组蛋白分子质量的内毒素属极少数,所以凝胶过滤层析根据分子质量的大小进行分离,内毒素和聚合体先于目的蛋白被洗脱下来,达到分离的目的,因而凝胶过滤是最合适的简单直接的去热原方法。

4. 还原型 rIL-2 的氧化复性

将收集的蛋白峰上 G-25 凝胶柱脱盐去除 DTT 还原剂,收蛋白样。加入硫酸铜,室温氧化复性,再加入一定浓度的 EDTA,中和多余的铜离子,4℃保存。

5. 反相高效液相纯化 rIL-2

具有生物活性的 rIL-2 样品用三氟醋酸和乙腈调 pH 至 2~3,上到已经平衡好的 C4 和 C8 柱中,用含 0.1% 三氟醋酸的水和乙腈进行梯度洗脱,乙腈浓度变化从 40%~64%。收集 rIL-2 活性蛋白峰。通过反相色谱可以去除部分折叠、不完全和错误折叠的部分。然后将纯化的样品倒入旋转减压蒸发仪球形瓶中,在真空 0.09MPa 下温度 40℃,进行低温蒸发,当感觉球形瓶中样品发稠时即可,加入适量溶液溶解,即为 rIL-2 原液。

五、rIL-2 的质量控制

rIL-2 的质量控制与干扰素的差不多,具体见第五节重组蛋白类药物质量控制的案例 1。

第五节　重组蛋白类药物质量控制

重组蛋白类药物分子量较大,有复杂的结构,用量极微,任何质和量的偏差都可贻误病情造成严重危害。绝大部分的重组蛋白类药物(如细胞因子等)都归类于生物制品,放在了《中国药典》的第三部,其质量控制极其严格。

一、生产环境的要求

重组蛋白类药物的生产对环境的要求比生化药品和抗生素要高得多,生产工艺流程及环境区域划分示意见图 4-2。

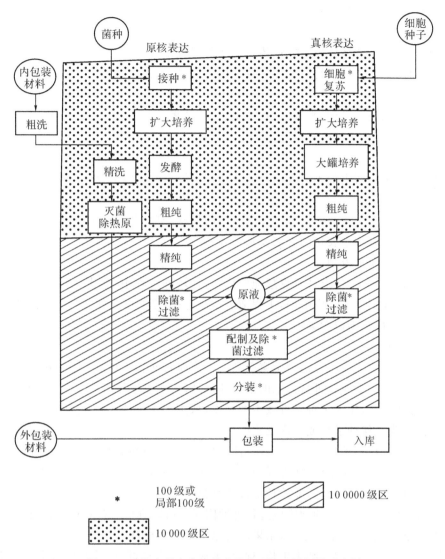

图 4-2　重组产品生产工艺流程及环境区域划分示意图

二、生产过程中的质量控制

此外，重组蛋白类药物是利用活细胞作为表达系统，在生产过程中会产生一些传统生产方法不存在的有害物质。宿主细胞中表达的外源基因，在转录、翻译、精制、工艺放大过程中都可能发生变化，故从原料以及制备全过程都必须严格控制条件和鉴定质量。

1. 原材料的质量控制

原材料的质量控制是确保编码药品的 DNA 序列的正确性，重组微生物来自单一克隆，所用质粒纯而稳定，以保证产品质量的安全性和一致性。根据质量控制要求应了解以下特性：

(1)目的基因

明确目的基因的来源、克隆经过，并以限制性内切酶酶切图谱和核苷酸序列予以确证；

证明基因结构的正确无误。

（2）表达载体

应提供表达载体的名称、结构、遗传特性及各组成部分（如复制子、启动子）的来源与功能，构建中所用位点的酶切图谱，抗生素抗性标记物等详细信息。

（3）宿主细胞

应提供宿主细胞的名称、来源、传代历史、检定结果及其生物学特性等资料，转化方法，载体在宿主内的状态，稳定性资料，启动表达的方法。

（4）转化

须阐明载体引入宿主细胞的方法及载体在宿主细胞与载体结合后的遗传稳定性。

（5）控制表达信息

提供插入基因与表达载体两侧端控制区内的核苷酸序列，详细叙述在生产过程中启动与控制基因在宿主细胞中表达的方法及水平等。

2. 培养过程的质量控制

在工程菌的贮存中，要求种子克隆纯而稳定；在培养过程中，要求工程菌所含的质粒稳定，始终无突变；在重复生产发酵中，工程菌表达稳定；始终能排除外源微生物污染。保证基因的稳定性、一致性和不被污染。

（1）生产用细胞

生产用工程菌株或细胞株需经国家药品监督管理局批准。原始工程菌株或原始细胞株的构建、来源、生物学特性应进行详细的描述和记录；从原始工程菌株或原始细胞株传代、扩增后用适当方法保存，作为主种子批或主细胞库；从主种子批或主细胞库传代、扩增后用适当方法保存，作为工作种子批或工作细胞库。

主种子批和工作种子批的菌种应进行菌落形态、革兰染色、对抗生素的抗性、电镜检查（应为典型菌落形态，无支原体、病毒样颗粒及其他微生物污染）、生化反应、表达量、质粒酶切图谱等项目的检定，结果应与原始种子批相符合。

主细胞库和工作细胞库的细胞应进行外源因子（细菌、真菌、支原体、病毒）检查、致瘤性实验、细胞鉴别实验、表达量测定等，结果应与原始细胞库相符。

对生产种子，应详细叙述细胞生长与产品生成的方法和材料，并控制微生物污染；提供培养生产浓度与产量恒定性数据，依据宿主细胞—载体系统稳定性，确定最高允许传种代数。

（2）培养过程

从工作细胞库来源的细胞复苏后，于含血清的培养液中进行传代、扩增，供转瓶或细胞培养罐接种用。生产用细胞培养液应不含血清和任何抗生素。发酵用培养基应不含任何抗生素，灭菌后接种适量种子液，在适宜的条件下进行发酵，发酵条件（如温度、pH 值、溶解氧、补料、发酵时间等）应根据该菌种批准的发酵工艺进行。

应建立材料和方法的详细记录、灵敏的检测措施控制微生物污染。在培养过程中，应测定被表达基因分子的完整性及宿主细胞长期培养后的基因型特征；依宿主细胞—载体稳定性与产品恒定性，规定持续培养时间，并定期评价细胞系统和产品。培养周期结束时，应监测宿主细胞—载体系统的特性，如质粒拷贝数、宿主细胞中表达载体存留程度，含插入基因载体的酶切图谱等。

3.纯化过程质量控制

直接用于生产的金属或玻璃等器具,应经过严格清洗及去热原处理或灭菌处理。所有原料及辅料应符合现行《中国生物制品规程》《中华人民共和国药典》及《中国生物制品主要原辅材料质量标准》的要求。未纳入上述标准的化学试剂,应不低于化学纯。生产用水源水应符合国家饮用水标准,纯化水及注射用水应符合现行《中华人民共和国药典》标准。

采用经过国家药品监督管理局批准的纯化工艺。在精制过程中能清除宿主细胞蛋白质、核酸、糖类、病毒、培养基成分及精制工序本身引入的化学物质,并有检测方法。保证微量 DNA、糖类、残余宿主蛋白质、带入的有害物质减少至允许量。

生产用水、层析柱填料要除去热原,亲和层析时,流出液中应检测不出配体,水用超纯水。尽量不引入对人体有害的物质。

制品分装后,应及时冰冻,采用适宜条件进行冻干,冻干过程制品温度一般不得超过 $3\sim5℃$,真空或充氮封口。分装及冻干必须保证在严格的无菌条件下进行。

三、产品的质量控制

1.原液

原液应按规程要求进行以下项目的检定:效价测定、蛋白质含量、比活性、纯度(SDS-PAGE 法、高效液相色谱法)、分子量、外源性 DNA 残含量、宿主菌蛋白质残留量、残余抗生素活性、细菌内毒素含量、等电点、紫外光谱、肽图(至少每半年测定 1 次)、N 末端氨基酸序列(至少每年测定 1 次)。

(1)生物学效价(活性)测定

根据产品的性质、药效学特点,活性测定可分为体外测定法、体内测定法和酶促反应测定法。受测定所用动物、细胞的批次差异影响大,需采用标准品进行校正。

(2)蛋白质纯度测定

这是重组蛋白质药物的重要指标之一。当用一种方法测定蛋白质纯度时,可能有两种或更多的蛋白质表现出相似的行为。这种类似的行为可能会得出本来是混合物的样品被认为是均一物质的错误结论。因此,只用一种方法作为纯度试验的标准是很不可靠的,事实上,还没有一个真正的检验纯度的方法,必须选择多种测定纯度的方法。因此,最好的纯度标准是建立多种分析方法,等电点、分子量、疏水性等从不同的角度证明了蛋白质样品的均一性。

按世界卫生组织规定必须用 HPLC 和非还原 SDS-PAGE 两种方法测定,其纯度都达到 95％以上,才能判为合格。某些重组药物的纯度要求更高,要达到 99％以上。

①非还原型 SDS-PAGE 法

用非还原型 SDS-PAGE 法,加样量不低于 $5\mu g$,用银染法染色(检测限在 $1\sim10ng$ 范围);或用考马斯亮蓝 R-250 染色(检测限在 $0.1\mu g$ 范围),加样量不低于 $10\mu g$。结果应无明显杂蛋白出现,经扫描仪扫描,蛋白质含量应不低于总蛋白质含量的 95％或 98％。

②HPLC 法

HPLC 法应根据不同的纯化工艺选择不同的方法。一般尽量采用与 SDS-PAGE 法原理不同的反相柱或其他离子交换柱进行分析,而不主张用分子筛分析。在质量标准中要说明采用的是什么性质的分析柱。如有些产品不适合用反相柱,要说明原因。

当用线性梯度离子交换法或体积排阻色谱试验样品时，如果制剂是纯的，应呈现出单一的峰，尤其是在凝胶色谱中更应如此。当然，有必要加大进样量，观察是否有杂质峰出现，若杂质峰与样品峰相差较远，有可能将含量 1‰～2‰ 的杂质检测出来。在成品的检测中可能由于含有氨基酸或其他保护剂，在色谱中也会出现色谱峰。

（3）蛋白质含量测定

在质量标准中设定此项目主要用于原液比活性计算和成品规格的控制。蛋白质含量可根据它们的物理化学性质采用 Folin-酚试剂（Lowry 法）、染色法（Bradforcd 法）、双缩脲法、紫外吸收法、ELISA 法、HPLC 法和凯氏定氮等方法。其中 Lowry 法和 Bradforcl 法是在质量检定中经常使用的方法。

（4）蛋白质药物的比活力

药物的生物学活性与药物质量之间的比值，是蛋白质的纯度指标，比活性不符合规定的原料药物不允许生产制剂。

（5）相对分子量测定

分子量测定通常采用还原型 SDS-PAGE 法测定。

（6）等电点测定

在样品脱盐后用等电聚焦电泳法测定。重组蛋白质药物的等电点往往是不均一的，这可能与蛋白质的构型改变、N 端甲硫氨酸的有无或 C 端有无降解有关。但是，重要的是在生产过程中批与批之间的电泳结果应一致，以说明其生产工艺的稳定性。

均一的重组蛋白质只有一个等电点，有时因加工修饰等影响可出现多个等电点，但应有一定的范围。所以等电点测定是控制重组产品生产工艺稳定性的重要指标。

（7）肽图分析

肽图分析可作为与天然产品或参考品的蛋白质一级结构做精密比较的手段。与氨基酸组成和序列分析合并研究，可作为蛋白质一级结构的精确鉴别。蛋白质一般经化学裂解法（如溴化氰）及蛋白酶裂解（如胰蛋白酶）后用 HPLC、SDS-PAGE 电泳法、质谱法测定，同种产品不同批次的肽图的一致性是工艺稳定性的验证指标，因此，肽图分析在基因工程产品质控中尤为重要。至少每年测定 1 次。

（8）吸收光谱

对某一重组蛋白质来说，其最大吸收波长是固定的；在生产过程中每批产品的紫外吸收光谱应当是一致的。测定方法是以生理盐水为对照，在 200～350nm 范围内对待检样品溶液进行扫描。批与批之间的紫外吸收图谱应一致且最大吸收波长应与理论值相符。由于存在测定方法误差可确定一个标准范围，如 GM-CSF 最大吸收峰波长规定标准为（279±3）nm。

（9）氨基酸组成

采用微量氨基酸自动分析仪测定重组蛋白质的氨基酸组分，结果应与标准品一致。这在试生产的头三批或工艺改变时应当进行测定。

氨基酸组成分析目前用氨基酸自动分析仪进行测定，包括蛋白质水解、自动进样、氨基酸分析、定量分析报告等内容。

（10）N 末端和 C 末端氨基酸测序

作为重组蛋白质和肽的重要鉴别指标，一般要求至少测定 15 个氨基酸。中试头三批产品应当测定;C 端测定 1～3 个;但在我国现有法规中 C 端不一定要测定。有的蛋白质如 TNK-tPA 以单链和从中间断裂后形成双链,这种情况就会测出两个不同的 N 末端,所以在质量标准中根据理论值可设定两个 N 末端为标准。

(11)杂质的测定

残余杂质可能具有毒性,引起安全性问题;可能影响产品的生物学活性和药理作用或使产品变质;也可反映产品生产工艺的稳定性。因此,除了对生物技术产品本身进行广泛的定性检查之外,还有必要检查终产品中可能潜在的危险污染物。可分为外来污染物和与产品相关的杂质两大类。外来污染物包括:微生物污染、热原、细胞的成分(例如细胞的蛋白质,DNA 其他的组分)、培养基中的成分、来自生产过程各步骤中的物质、来自产品纯化步骤中的物质(亲和柱中的抗体,其他试剂)。与产品相关的杂质包括:突变物、错误裂解的产品、二硫化物异构体、二聚体和多聚体和化学修饰的形态(包括脱去酰氨基的或氧化的形态、其他降解产物等)。

根据 WHO 颁布的有关规定,在生物制品的成品和原液检定中应该至少列入外源 DNA、外源蛋白质等检测项目,并且建议对内毒素、蛋白质加合物等进行检测。另外,WHO 还建议通过对生产过程的严格管理和认证消除最终产品中病毒、支原体、细菌、有害物质等致病原的潜在威胁。

对某些不应存在的污染物的检测应十分严格,例如已知的能引起人类不良反应的微生物和热原就应严格控制。通过使用可靠的而且灵敏的检测方法,应该能够获得终产品中与产品相关的杂质和其他外来痕量污染物的种类和含量的信息。作为样品每批测试的规定标准,有必要设定终产品中某些污染物的允许限度。一般设定的控制标准限度要根据杂质是否具有生物活性,不能高于已确定的安全范围。

①宿主蛋白

如在临床使用中需要反复多次注射的药品,则需要做残余菌体蛋白质含量测定,所用方法以双抗体夹心 ELISA 为宜。所选用的抗体应能与上述所有菌株的主要菌体蛋白质发生免疫印迹反应,从而降低了制品中菌体蛋白质漏检的可能性。一般认为 CHO 细胞蛋白质比大肠杆菌菌体蛋白质危较大。所以不同表达体系对菌体蛋白质含量标准不同,如来自大肠杆菌的产品为不大于 0.19%;来自 CHO 细胞表达产品为不大于 0.05%。

②目的蛋白转化的杂蛋白

目的蛋白转化的杂蛋白也要严格控制。

③残余 DNA

我国生物制品规程规定在每一剂量中来自宿主细胞的残余 DNA 含量应小于 100pg。因为即使宿主细胞 DNA 有致癌性,含量在 100pg 以下也是安全的。

④鼠原型 IgG 含量

如在纯化过程中有用到单克隆抗体亲和柱,则半成品应有鼠 IgG 含量检测;在采用鼠单抗进行纯化时,必须测定 IgG 残留量。一般认为每剂量小于 10ng 是安全的。

⑤蛋白 A 含量

如所用亲和柱含有蛋白 A(protein A),则必须设定蛋白 A 的测定项目,采用 ELISA 方法测定原液中的残留量,应不高于规定值。

⑥残余抗生素

原则上不主张使用抗生素，如果在生产工艺中使用了抗生素，不仅要在纯化工艺中除去，而且要对终产品进行检测。

⑦其他杂质

生产和纯化过程中加入的其他物质，如铜离子、锌离子、抗生素、甲醛、SDS等杂质，应进行检测。对其他在生产工艺的提取、纯化过程中加入的有机化学物质，其限度规定应参考ICH关于杂质的规定，原则上要有毒理学资料的支持。

经验表明许多与产品相关的杂质是均匀的和非免疫原性的。

2. 半成品

半成品应按规程要求进行细菌内毒素检测、无菌试验。需立即分装时可在除菌后留样做无菌试验。

(1)无菌实验

注射用制品需经过滤除去菌体。无菌实验按《中国生物制品规程》(现行版)进行，有平皿法和滤膜法。口服或外用制剂菌检实验按《中国药典》进行，检测项目有需氧菌、厌氧菌、霉菌和支原体。

(2)细菌内毒素

参照抗生素质量控制。

3. 成品

每批成品应按规程要求抽样作全面检定：鉴别试验、外观、pH值、水分、效价测定、无菌试验、异常毒性试验、热原试验。

(1)热原实验

热原测定一般采用家兔法进行，每只家兔耳静脉注射人用最大量的3倍量，共3只，静脉注射判定标准为每只家兔体温不得超过0.6℃，3只总和不得超过1.6℃。

(2)异常毒性实验

主要检查生产工艺中是否含有目标产品以外的有毒物质。方法按《中国生物制品规程》(现行版)进行。常用小鼠和豚鼠，注射量一般要求按WHO关于生物制品的注射量—小鼠1ml和豚鼠5ml进行。

(3)水分、装量、pH检测

冻干是保证产品在有效期内稳定性的重要工艺。水分检测主要针对冻干制剂的要求，控制制品的水分不超过规定的标准，目前国际上公认的标准为不超过3.0%。所采用的方法有化学法(K. Fischer)和称量减重法。在生物技术产品的制剂中固体成分的含量低，以K. Fischer法最常用。

【药典链接】

2010版《中国药典》对注射用重组人白介素-2的规定

本品系由高效表达人白细胞介素-2(简称人白介素-2)基因的大肠杆菌，经发酵、分离和高度纯化后冻干制成。含适宜稳定剂，不含防腐剂和抗生素。

1　基本要求

生产和检定用设施、原料及辅料、水、器具、动物等应符合"凡例"的要求。

2　制造

2.1　工程菌菌种

2.1.1　名称及来源

重组人白介素-2工程菌株系由带有人白介素-2基因的重组质粒转化的大肠杆菌菌株。

2.1.2　种子批的建立

应符合"生物制品生产检定用菌毒种管理规程"的规定。

2.1.3　菌种检定

主种子批和工作种子批的菌种应进行以下各项全面检定。

2.1.3.1　划种LB琼脂平板

应呈典型大肠杆菌集落形态,无其他杂菌生长。

2.1.3.2　染色镜检

应为典型的革兰阴性杆菌。

2.1.3.3　对抗生素的抗性

应与原始菌种相符。

2.1.3.4　电镜检查(工作种子批可免做)

应为典型大肠杆菌形态,无支原体、病毒样颗粒及其他微生物污染。

2.1.3.5　生化反应

应符合大肠杆菌生物学性状。

2.1.3.6　人白介素-2表达量

在摇床中培养,应不低于原始菌种的表达量。

2.1.3.7　质粒检查

该质粒的酶切图谱应与原始重组质粒相符。

2.1.3.8　目的基因核苷酸序列检查(工作种子批可免做)

目的基因核苷酸序列应与批准序列相符。

2.2　原液

2.2.1　种子液制备

将检定合格的工作种子批菌种接种于适宜的培养基(可含适量抗生素)中培养。

2.2.2　发酵用培养基

采用适宜的不含任何抗生素的培养基。

2.2.3　种子液接种及发酵培养

2.2.3.1　在灭菌培养基中接种适量种子液。

2.2.3.2　在适宜的温度下进行发酵,应根据经批准的发酵工艺进行,并确定相应的发酵条件,如温度、pH值、溶氧、补料、发酵时间等。发酵液应定期进行质粒丢失率检查(附录ⅨG)。

2.2.4　发酵液处理

用适宜的方法收集处理菌体。

2.2.5　初步纯化

采用经批准的纯化工艺进行初步纯化,使其纯度达到规定的要求。

2.2.6 高度纯化

经初步纯化后,采用经批准的工艺进行高度纯化,使其达到 3.1 项要求,即为重组人白介素-2 原液。加入适宜稳定剂,除菌过滤后保存于适宜温度,并规定其有效期。

2.2.7 原液检定

按 3.1 项进行。

2.3 半成品

2.3.1 配制与除菌

2.3.1.1 稀释液配制

按经批准的配方配制稀释液。配制后应立即用于稀释。

2.3.1.2 稀释与除菌

将检定合格加稳定剂的重组人白介素-2 原液用 2.3.1.1 项稀释液稀释至所需浓度。除菌过滤后即为半成品,保存于 2~8℃。

2.3.2 半成品检定

按 3.2 项进行。

2.4 成品

2.4.1 分批

应符合"生物制品分批规程"规定。

2.4.2 分装及冻干

应符合"生物制品分装和冻干规程"及附录ⅠA 的有关规定。

2.4.3 规格

应为经批准的规格。

2.4.4 包装

应符合"生物制品包装规程"及附录ⅠA 的有关规定。

3 检定

3.1 原液检定

3.1.1 生物学活性

依法测定(附录ⅩD)。

3.1.2 蛋白质含量

依法测定(附录ⅦB 第二法)。

3.1.3 比活性

为生物学活性与蛋白质含量之比,每 1mg 蛋白质应不低于 1.0×10^7 IU。

3.1.4 纯度

3.1.4.1 电泳法

依法测定(附录ⅣC)。用非还原型 SDS-聚丙烯酰胺凝胶电泳法,分离胶胶浓度为 15%,加样量应不低于 10μg(考马斯亮蓝 R250 染色法)或 5μg(银染法)。经扫描仪扫描,纯度应不低于 95.0%。

3.1.4.2 高效液相色谱法

依法测定(附录ⅢB)。色谱柱以适合分离分子质量为 5~60kD 蛋白质的色谱用凝胶为填充剂;流动相为 0.1mol/L 磷酸盐－0.1mol/L 氯化钠缓冲液,pH7.0(含适宜的表面活性剂);上样量不低于 20μg,于波长 280nm 处检测,以人白介素-2 色谱峰计算理论板数应不低于 1500。按面积归一化法计算,人白介素-2 主峰面积应不低于总面积的 95.0%。

3.1.5　分子量

依法测定(附录ⅣC)。用还原型 SDS-聚丙烯酰胺凝胶电泳法,分离胶胶浓度为 15%,加样量应不低于 1.0μg,制品的分子质量应为 15.5kD±1.6kD。

3.1.6　外源性 DNA 残留量

每 1 次人用剂量应不高于 10ng(附录ⅨB)。

3.1.7　宿主菌蛋白残留量

应不高于总蛋白质的 0.10%(附录ⅨC)。

3.1.8　残余抗生素活性

依法测定(附录ⅨA),不应含有残余氨苄西林或其他抗生素活性。如制品中含有 SDS,应将 SDS 浓度至少稀释至 0.01% 进行测定。

3.1.9　细菌内毒素检查

每 100 万 IU 应小于 10EU(附录ⅫE 凝胶限量试验)。如制品中含有 SDS,应将 SDS 浓度至少稀释至 0.0025% 进行测定。

3.1.10　等电点

主区带应为 6.5～7.5,且供试品的等电点与对照品的等电点图谱一致(附录ⅣD)。

3.1.11　紫外光谱

用水或生理氯化钠溶液将供试品稀释至约 100μg/ml～500μg/ml,在光路 1cm、波长 230nm～360nm 下进行扫描,最大吸收峰波长应为 277nm±3nm(附录ⅡA)。

3.1.12　肽图

依法测定(附录ⅧE),应与对照品图形一致。

3.1.13　N-末端氨基酸序列(至少每年测定 1 次)

用氨基酸序列分析仪测定,N-末端序列应为:

(Met)-Ala-Pro-Thr-Ser-Ser-Ser-Thr-Lys-Lys-Thr-Gln-Leu-Gln-Leu-Glu。

3.2　半成品检定

3.2.1　细菌内毒素检查

每 100 万 IU 应小于 10EU(附录ⅫE 凝胶限量试验)。如制品中含有 SDS,应将 SDS 浓度至少稀释至 0.0025% 进行测定。

3.2.2　无菌检查

依法检查(附录ⅫA),应符合规定。

3.3　成品检定

除水分测定外,应按标示量加入灭菌注射用水,复溶后进行其余项目的检定。

3.3.1　鉴别试验

按免疫印迹法(附录ⅧA)或免疫斑点法(附录ⅧB)测定,应为阳性。

3.3.2　物理检查

3.3.2.1　外观

应为白色或微黄色疏松体,加入标示量注射用水后应迅速复溶为澄明液体。

3.3.2.2 可见异物

依法检查(附录ⅤB),应符合规定。

3.3.2.3 装量差异

依法检查(附录ⅠA),应符合规定。

3.3.3 化学检定

3.3.3.1 水分

应不高于3.0%(附录ⅦD)。

3.3.3.2 pH值

应为6.5~7.5(附录ⅤA)。如不含SDS,应为3.5~7.0。

3.3.3.3 渗透压摩尔浓度

依法测定(附录ⅤH),应符合批准的要求

3.3.4 生物学活性

应为标示量的80%~150%(附录ⅩD)。

3.3.5 残余抗生素活性

依法测定(附录ⅨA),不应含有残余氨苄西林或其他抗生素活性。如制品中含有SDS,应将SDS浓度至少稀释至0.01%进行测定。

3.3.6 无菌检查

依法检查(附录ⅫA),应符合规定。

3.3.7 细菌内毒素检查

每1支应小于10EU(附录ⅫE凝胶限量试验)。如制品中含有SDS,应将SDS浓度至少稀释至0.0025%进行测定。

3.3.8 异常毒性检查

依法检查(附录ⅫF小鼠试验法),应符合规定。

3.3.9 乙腈残留量

如工艺中采用乙腈,则照气相色谱法(附录ⅢC)进行,色谱柱采用石英毛细管柱,柱温45℃,汽化室温度150℃,检测器温度300℃,载气为氮气,流速为每分钟4.0ml,用水稀释乙腈标准溶液使其浓度为0.0004%,分别吸取1.0ml上述标准溶液及供试品溶液顶空进样400μl,通过比较标准溶液和供试品溶液的峰面积判定供试品溶液乙腈含量。乙腈残留量应不高于0.0004%。

4 保存、运输及有效期

于2~8℃避光保存和运输。自生产之日起,按批准的有效期执行。

5 使用说明

应符合"生物制品包装规程"规定和批准的内容。

【药典链接】

2010年版《中国药典》对注射用重组链激酶的规定

本品系由高效表达链激酶基因的大肠杆菌,经发酵、分离和高度纯化后冻干制成。含适宜稳定剂,不含防腐剂和抗生素。

1 基本要求

生产和检定用设施、原料及辅料、水、器具、动物等应符合"凡例"的有关要求。

2 制造

2.1 工程菌菌种

2.1.1 名称及来源

重组链激酶工程菌株系由带有链激酶基因的重组质粒转化的大肠杆菌菌株。

2.1.2 种子批的建立

应符合"生物制品生产检定用菌毒种管理规程"的规定。

2.1.3 菌种检定

主种子批和工作种子批的菌种应进行以下各项全面检定。

2.1.3.1 划种 LB 琼脂平板

应呈典型大肠杆菌集落形态,无其他杂菌生长。

2.1.3.2 染色镜检

应为典型的革兰阴性杆菌。

2.1.3.3 对抗生素的抗性

应与原始菌种相符。

2.1.3.4 电镜检查(工作种子批可免做)

应为典型大肠杆菌形态,无支原体、病毒样颗粒及其他微生物污染。

2.1.3.5 生化反应

应符合大肠杆菌生物学性状。

2.1.3.6 链激酶表达量

在摇床中培养,应不低于原始菌种的表达量。

2.1.3.7 质粒检查

该质粒的酶切图谱应与原始重组质粒相符。

2.1.3.8 目的基因核苷酸序列检查(工作种子批可免做)

目的基因核苷酸序列应与批准序列相符。

2.2 原液

2.2.1 种子液制备

将检定合格的工作种子批菌种接种于适宜的培养基(可含适量抗生素)中培养,供发酵罐接种用。

2.2.2 发酵用培养基

采用适宜的不含任何抗生素的培养基。

2.2.3 种子液接种及发酵培养

2.2.3.1 在灭菌培养基中接种适量种子液。

2.2.3.2 在适宜的温度下进行发酵,应根据经批准的发酵工艺进行,并确定相应的发酵条件,如温度、pH 值、溶氧、补料、发酵时间等。发酵液应定期进行质粒丢失率检查(附录 Ⅸ G)。

2.2.4 发酵液处理

用适宜的方法收集处理菌体。

2.2.5　初步纯化

采用经批准的纯化工艺进行初步纯化,使其纯度达到规定的要求。

2.2.6　高度纯化

经初步纯化后,采用经批准的工艺进行高度纯化,使其达到 3.1 项要求,即为链激酶原液。加入适宜稳定剂除菌过滤后,保存于适宜温度,并规定其有效期。

2.2.7　原液检定

按 3.1 项进行。

2.3　半成品

2.3.1　配制与除菌

2.3.1.1　稀释液配制

按经批准的配方配制稀释液。配制后应立即用于稀释。

2.3.1.2　稀释与除菌

将检定合格加稳定剂的链激酶原液用 2.3.1.1 项稀释液稀释至所需浓度。除菌过滤后即为半成品,保存于 2~8℃。

2.3.2　半成品检定

按 3.2 项进行。

2.4　成品

2.4.1　分批

应符合"生物制品分批规程"规定。

2.4.2　分装及冻干

应符合"生物制品分装和冻干规程"规定。

2.4.3　规格

应为经批准的规格。

2.4.4　包装

应符合"生物制品包装规程"规定。

3　检定

3.1　原液检定

3.1.1　生物学活性

依法测定(附录ⅩI)。

3.1.2　蛋白质含量

依法测定(附录ⅥB 第二法)。

3.1.3　比活性

为生物学活性与蛋白质含量之比,每 1mg 蛋白质应不低于 9.00×10^4 IU。

3.1.4　纯度

3.1.4.1　电泳法

依法测定(附录ⅣC)。用非还原型 SDS-聚丙烯酰胺凝胶电泳法,分离胶胶浓度为 10%,加样量应不低于 $10\mu g$,用考马斯亮蓝 R250 染色。经扫描仪扫描,纯度应不低于 95.0%。

3.1.4.2　高效液相色谱法

依法测定(附录ⅢB)。色谱柱采用十八烷基硅烷键合硅胶为填充剂;以 A 相(三氟乙酸—水溶液:取 1.0ml 三氟乙酸加水至 1000ml,充分混匀)、B 相(三氟乙酸—乙腈溶液:取 1.0ml 三氟乙酸加入色谱纯乙腈至 1000ml,充分混匀)为流动相,在室温条件下,进行梯度洗脱(0～70%B 相)。上样量不低于 $10\mu g$,于波长 280nm 处检测,以链激酶色谱峰计算理论板数应不低于 2000。按面积归一化法计算。链激酶主峰面积应不低于总面积的 95.0%。

3.1.5　分子量

依法测定(附录ⅣC)。用还原型 SDS-聚丙烯酰胺凝胶电泳法,分离胶胶浓度为 10%,加样量应不低于 $1.0\mu g$,制品的分子质量应为 47.0kD±4.70kD。

3.1.6　外源性 DNA 残留量

每 1 支应不高于 10ng(附录ⅨB)。

3.1.7　宿主菌蛋白残留量

应不高于总蛋白质的 0.050%(附录ⅨC)。

3.1.8　残余抗生素活性

依法测定(附录ⅨA),不应有残余氨苄西林或其他抗生素活性。

3.1.9　细菌内毒素检查

每 1mg 蛋白质应小于 3EU(附录ⅫE 凝胶限量试验)。

3.1.10　等电点

主区带应为 4.6～5.6,供试品的等电点与对照品的等电点图谱一致。(附录ⅣD)。

3.1.11　紫外光谱扫描

用水或生理氯化钠溶液将供试品稀释至约 $100\mu g/ml$～$500\mu g/ml$,在光路 1cm、波长 230nm～360nm 下进行扫描,最大吸收峰波长应为 277nm±3nm(附录ⅡA)。

3.1.12　肽图

依法测定(附录ⅧE),应与对照品图形一致。

3.1.13　N-末端氨基酸序列(至少每年测定 1 次)

用氨基酸序列分析仪测定,N-末端序列应为:

(Met)-Val-Lys-Pro-Val-Gln-Ala-Ile-Ala-Gly-Ser-Glu-Trp-Leu-Leu-Asp。

3.2　半成品检定

3.2.1　细菌内毒素检查

每 1mg 蛋白质应小于 3EU。(附录ⅫE 凝胶限量试验)。

3.2.2　无菌检查

依法检查(附录ⅫA),应符合规定。

3.3　成品检定

除水分测定外,应按标示量加入灭菌注射用水,复溶后进行其余各项检定。

3.3.1　鉴别试验

按免疫印迹法(附录ⅧA)或免疫斑点法(附录ⅧB)测定,应为阳性。

3.3.2　物理检查

3.3.2.1　外观

应为白色或微黄色疏松体,加入标示量注射用水后应迅速复溶为澄明液体。

3.3.2.2　可见异物

依法检查(附录ⅤB),应符合规定。

3.3.2.3　装量差异

按附录ⅠA中装量差异项进行,应符合规定。

3.3.3　化学检定

3.3.3.1　水分

应不高于3.0%(附录ⅧD)。

3.3.3.2　pH值

应为6.9~7.9(附录ⅤA)。

3.3.3.3　渗透压摩尔浓度

依法测定(附录ⅤH),应符合批准的要求。

3.3.4　生物学活性

应为标示量的80%~150%(附录ⅪI)。

3.3.5　残余抗生素活性

依法测定(附录ⅨA),不应有残余氨苄西林或其他抗生素活性。

3.3.6　无菌检查

依法检查(附录ⅫA),应符合规定。

3.3.7　细菌内毒素检查

每1支应小于15EU(附录ⅫE凝胶限量试验)。

3.3.8　异常毒性检查

依法检查(附录ⅫF小鼠试验法),应符合规定。

4　保存、运输及有效期

于2~8℃避光保存和运输。自生产分装之日起,按批准的有效期执行。

5　使用说明

应符合"生物制品包装规程"规定和批准的内容。

【合作讨论】

1.详细介绍一种重组蛋白类药物的研发与生产的发展过程。

2.根据细胞因子的研究历程,说明发展基因工程技术的重要意义,展望细胞因子的生产前景。

3.请介绍重组干扰素-α的制备工艺及原理。

4.请介绍一种集落刺激因子的制备工艺及原理。

5.请介绍重组肿瘤坏死因子的制备工艺及原理。

6.举例说明提高目的基因在大肠杆菌中表达的措施有哪些?

【延伸阅读】

人用重组 DNA 制品质量控制技术指导原则

一、引言

由于分子遗传学、核酸化学及重组 DNA(rDNA)技术的迅速发展,现已能够确定和获得许多天然活性蛋白的编码基因,将其插入表达载体或引入某种宿主细胞后,能有效地表达该基因产物,再经分离、纯化和检定,可得到用于预防和治疗某些人类疾病的制品,诸如现有的乙型肝炎疫苗、胰岛素、生长激素、干扰素等。

用不同于常规方法的 rDNA 技术生产的制品,是近年来出现的新产品,评价其安全性和有效性亦不同于常规方法。这一领域中的知识和技术还在不断发展,为了有利于这类制品在我国的研究和发展,并为这类制品的审评提供依据,有必要制定一个原则性指导文件,以保证在人群中试验或应用时安全有效。

本"人用重组 DNA 制品质量控制技术指导原则"(以下简称《指导原则》)不可能面面俱到,可能有许多专门技术问题会出现,对于这类问题或某一特定制品,则应视具体问题具体研究决定。本《指导原则》亦将随科学技术发展和经验积累而逐步完善。

二、总则

(一)本《指导原则》适用于 rDNA 技术生产并在人体内应用的蛋白质、肽类制品。

(二)凡属与一般生物制品有关的质量控制,均按现行版《中国药典》有关规定执行。有关生产设施的要求应参照国家药品监督管理局《药品生产质量管理规范》执行。

三、质量控制要求

(一)原材料的控制

1. 表达载体和宿主细胞

应提供有关表达载体详细资料,包括基因的来源、克隆和鉴定,表达载体的构建、结构和遗传特性。应说明载体组成各部分的来源和功能,如复制子和启动子来源,或抗生素抗性标志物。提供至少包括构建中所用位点的酶切图谱。应提供宿主细胞的资料,包括细胞株(系)名称、来源、传代历史、检定结果及基本生物学特性等。

应详细说明载体引入宿主细胞的方法及载体在宿主细胞内的状态(是否整合到染色体内)及拷贝数。应提供宿主和载体结合后的遗传稳定性资料。

2. 克隆基因的序列

应提供插入基因和表达载体两侧端控制区的核苷酸序列。所有与表达有关的序列均应详细叙述。

3. 表达

应详细叙述在生产过程中,启动和控制克隆基因在宿主细胞中的表达所采用的方法及表达水平。

4. 原辅料

原辅料应按照国家药品监督管理局有关规定执行。动物源性原料的使用应提供来源及质控检测资料;发酵用培养基不能添加。

(二)生产的控制

1. 主细胞库(MCB)

rDNA 制品的生产应采用种子批系统。从已建立的主细胞库中,再进一步建立生产细胞库(WCB)。

含表达载体的宿主细胞应经过克隆而建立主细胞库。在此过程中,在同一实验室工作区内,不得同时操作两种不同细胞(菌种);一个工作人员亦不得同时操作两种不同细胞或菌种。

应详细记述种子材料的来源、方式、保存及预计使用寿命。应提供在保存和复苏条件下宿主载体表达系统的稳定性证据。采用新的种子批时，应重新作全面检定。

真核细胞用于生产时，细胞的鉴别标志，如特异性同功酶或免疫学或遗传学特征，对鉴别所建立的种子是有用的。有关所用传代细胞的致癌性应有详细报告。如采用微生物培养物为种子，则应叙述其特异表型特征。

一般情况下，在原始种子阶段应确证克隆基因的 DNA 序列。但在某些情况下，例如传代细胞基因组中插入多拷贝基因。在此阶段不适合对克隆基因作 DNA 序列分析。在此情况下，可采用总细胞 DNA 的杂交印染分析，或作 mRNA 的序列分析。对最终产品的特征鉴定应特别注意。

种子批不应含有外源致癌因子，不应含有感染性外源因子，如细菌、支原体、真菌及病毒。

有些细胞株含有某些内源病毒，例如逆转录病毒，且不易除去。但当已确知在原始细胞库或载体部分中污染此类特定内源因子时，则应能证明在生产纯化过程可使之灭活或清除。

2. 有限代次生产

用于培养和诱导基因产物的材料和方法应有详细资料。对培养过程及收获时，应有敏感的检测措施控制微生物污染。

应提供培养生长浓度和产量恒定性方面的数据，并应确立废弃一批培养物的指标。根据宿主细胞/载体系统的稳定性资料，确定在生产过程中允许的最高细胞倍增数或传代代次，并应提供最适培养条件的详细资料。

在生产周期结束时，应监测宿主细胞/载体系统的特性，例如质粒拷贝数、宿主细胞中表达载体存留程度、含插入基因的载体的酶切图谱。一般情况下，用来自一个原始细胞库的全量培养物进行监测，必要时应做一次目的基因的核苷酸序列分析。

3. 连续培养生产

基本要求同 2 项。应提供经长期培养后所表达基因的分子完整性资料，以及宿主细胞的表型和基因型特征。每批培养的产量变化应在规定范围内。对可以进行后处理及应废弃的培养物，应确定指标。从培养开始至收获，应有敏感的检查微生物污染的措施。

根据宿主/载体稳定性及表达产物的恒定性资料，应规定连续培养的时间。如属长时间连续培养，应根据宿主/载体稳定性及产物特性的资料，在不同间隔时间作全面检定。

4. 纯化

对于收获、分离和纯化的方法应详细记述，应特别注意污染病毒、核酸以及有害抗原性物质的去除。

如采用亲和层析技术，例如用单克隆抗体，应有检测可能污染此类外源性物质的方法，不应含有可测出的异种免疫球蛋白。

对整个纯化工艺应进行全面研究，包括能够去除宿主细胞蛋白、核酸、糖、病毒或其他杂质以及在纯化过程中加入的有害的化学物质等。

关于纯度的要求可视制品的用途和用法而确定，例如，仅使用一次或需反复多次使用；用于健康人群或用于重症患者；对纯度可有不同程度要求。

(三) 最终产品的控制

应建立有关产品的鉴别、纯度、稳定性和活性等方面的试验方法。检测的必要性和纯度要求取决于多种因素：产品性质和用途、生产和纯化工艺及生产工艺的经验。一般说来下列试验对控制产品质量是可以采用的。新的分析技术及对现有技术的改进正在不断进行，适当时应使用这些新的技术。

1. 物理化学鉴定

（1）氨基酸组成

使用各种水解法和分析手段测定氨基酸的组成，并与目的蛋白基因序列推导的氨基酸组成或天然异构体比较。如需要时应考虑分子量的大小。多数情况下，氨基酸组成分析对肽段和小蛋白可提供有价值的结构资料，但对大蛋白一般意义较小。在多数情况下，氨基酸定量分析数据可用于确定蛋白含量。

（2）氨基酸末端序列

氨基酸末端分析用于鉴别 N-端和 C-端氨基酸的性质和同质性。若发现目的产品的末端氨基酸发生改变时，应使用适当的分析手段判定变异体的相应变异数量。应将这些氨基酸末端序列与来自目的产品基因序列推导的氨基酸末端序列进行比较。

（3）肽谱

应用合适的酶或化学试剂使所选的产品片段产生不连续多肽，应用 HPLC 或其他适当的方法分析该多肽片段。应尽量应用氨基酸组成分析技术，N-末端测序或质谱法鉴别多肽片段。对批签发来说，经验证的肽谱分析经常是确证目的产品结构/鉴别的适当方法。

（4）巯基和二硫键

如果依据目的产品基因序列存在半胱氨酸残基时，应尽可能确定巯基和/或二硫键的数量和位置。使用方法包括肽谱分析（还原和非还原条件下）、质谱测定法或其他适当的方法。

（5）碳水化合物结构

应测定糖蛋白中碳水化合物含量（中性糖、氨基糖、唾液酸）。此外尽可能分析碳水化合物的结构、寡糖形态（长链状）和多肽的糖基化位点。

（6）分子量

应用分子筛层析法、SDS-PAGE（还原和/或非还原条件下）、质谱测定法、和/或其他适当技术测定分子量。

（7）等电点

通过等电聚焦电泳或其他适当的方法测定。

（8）消光系数（或克分子吸光度）

多数情况下，可取目的产品于 UV/可见光波长处测定消光系数（或克分子吸光度）。消光系数的测定为使用 UV/可见光或分光光度计检测已知蛋白含量的溶液，蛋白含量应用氨基酸组成分析技术或定氮法等方法测定。

（9）电泳图型

应用 PAGE 电泳、等电聚焦、SDS-PAGE 电泳、免疫印迹、毛细管电泳法或其他适当的方法，获得目的产品/药物的一致性，同一性和纯度的电泳图谱和数据。

（10）液相层析图谱

应用分子筛层析、反相液相层析、离子交换液相层析、亲和层析或其他适当方法，获得目的产品/药物的一致性、同一性和纯度的层析图谱和数据。

(11)光谱分析

适当时，应用紫外或可见光吸收光谱法测定，使用圆二色谱、核磁共振(NMR)、或其他适当的方法检测制品的高级结构。

2.杂质检测

(1)工艺相关杂质

工艺相关杂质来源于生产工艺，可分三大类：①来源于细胞基质的杂质包括源于宿主生物体的蛋白/多肽；核酸(宿主细胞/载体/总 DNA)；多糖及病毒。对于宿主细胞蛋白，一般应用能检测出较宽范围蛋白杂质的灵敏的免疫检测方法。应用不含目的基因的生物体粗提物，即不含产品编码基因的生产用细胞，制备上述试验使用的多克隆抗体。可通过对产品的直接分析方法(如杂交技术法)检测宿主细胞的 DNA 水平，和/或通过标记实验(实验室规模)检测证实通过纯化工艺能去除核酸。对于有意导入的病毒，应验证生产工艺中去除/灭活病毒的能力。②来源于培养基的杂质包括诱导剂(多核苷酸，病毒)、抗生素、血清及其他培养基组分。③来源于下游工艺产生的杂质包括酶、化学/生化处理试剂(如溴化氰、胍、氧化剂和还原剂)、无机盐(如重金属、砷、非有色金属离子)、溶剂、载体/配体(如单克隆抗体)，及其他可滤过的物质。

(2)产品相关杂质

以下为最常见的目的产品的分子变异体，并列出了相应的检测方法：①化学修饰类型：应考虑脱酰胺、异构化、错配 S-S 连接和氧化形式的分离和鉴别。对这些变异体的分离和鉴别，可应用层析法和/或电泳法(如 HPLC、毛细管电泳、质谱法、圆二色谱)。②降解物和聚合物：聚合体包括二聚体和多聚体：可用分子筛层析法(如 SE-HPLC)进行定量；降解物：应建立降解物的判定标准，并对稳定性试验产生的降解产物进行监测。

3.生物学测定

(1)鉴别试验

应用免疫印迹法，或者在可能情况下，应用参考品将 rDNA 制品与天然产品通过生物学比较试验，确定其与天然产品是一致的。

(2)效价测定

采用国际或国家参考品，或经过国家检定机构认可的参考品，以体内或体外法测定制品的生物学活性，并标明其活性单位。

(3)特异比活性测定

在测定生物学活性的基础上，对有些制品还应用适当方法测定主药蛋白含量，测定其特异比活性，以活性单位/重量表示。

(4)热原质试验

应采用家兔法或鲎试验法(LAL)作热原质检测，控制标准可参照天然制品的要求。

(5)无菌试验

参照现行版《中国药典》有关规定进行，应证实最终制品无细菌污染。

(6)抗原性物质检查

必要时，如制品属大剂量反复使用者，应测定最终制品中可能存在的抗原性物质，如宿主细胞、亚细胞组分及培养基成份等。患者反复接受大剂量的这类制品时，应密切监测由这些抗原可能产生的抗体或变态反应。

（7）异常毒性试验

可参照现行版《中国药典》有关规定进行。

4. 其他

根据产品剂型，应有外观（如固体、液体、色泽、澄明度等方面的描述）、水分、pH 值、装量等方面的规定，可参照现行版《中国药典》相关规定执行。

四、临床前安全性评价

临床前安全性试验的目的主要是确定新制品是否会对人体引起未能预料的不良反应。但是，用于一般化学药物的传统安全性或毒性试验对 rDNA 产品不一定适用，用传统毒性试验来评价 rDNA 产品往往有困难，并受多种因素的影响。例如，某些蛋白质，如干扰素，具有高度种属特异性，这种人的蛋白质对人的药理学活性远高于对动物的活性，而且人的蛋白质氨基酸序列，常常与来自其他种系的蛋白质不同，例如糖基就不一样。因而由基因工程技术所制备的蛋白质或肽类往往会在人体以外的其他宿主中产生免疫应答，其生物学效应有所改变，并可能因形成免疫复合物而导致有毒性反应，而这样产生的毒性反应与人体安全性显然无关。

（资料来源：国家食品药品监督管理局，2003 年发布，http://www.sda.gov.cn/WS01/CL0237/15706.html）

重组蛋白类药物的研发趋势

近年来，重组蛋白类药物研究在寻找新药用蛋白的同时，着重改变已上市的重组蛋白类药物结构，使其活性更强，在体内半衰期延长，从而达到减小剂量和减少注射次数的目的。目前已批准几种新的改变结构的重组蛋白类药物上市，市场前景很好，在研的改构重组蛋白类药物更多。

1. 重组蛋白类药物结构中活性强的片段相联

美国 Amgen 公司详细分析了干扰素结构中活性强的氨基酸片段，再用蛋白工程的方法把这些片段反复相连，正好也是 165 个氨基酸组成结构全新的复合干扰素，取名"干复津"，其活性比原干扰素强了 10 倍，这样注射剂量减小 10 倍，副反应减少，在临床应用上很受欢迎，并已进入我国市场。

我国也有多家单位正在研制复合干扰素，如四川生物工程中心、三元基因、双鹭、辽宁卫星、海王生物等。大都进入中试申报阶段，双鹭的复合干扰素已进入Ⅱ期临床，还没有一家获准生产。国内干扰素市场已经供大于求。

2. 重组蛋白类药物的 PEG 修饰

PEG 是一种无毒性、无抗原性和强生物相容性的蛋白修饰好材料。经修饰过的蛋白质稳定性提高，在人体的保留时间延长；免疫原性降低，减少抗体产生，而且蛋白溶解度增加。被 PEG 掩盖后，酶解机会减少，药物半衰期延长，注射次数减少，使重组蛋白类药物变成长效制剂。美国首先批准了 PEG-IFN 2a 上市，其后又批准 PEG-G-CSF，PEG-Somatropin antagonist 等。PEG-G-CSF 商品名 Peg-Filgrastim，中文名"非格司亭"，上市当年销售额超过 10 亿美元，这种业绩是其他生物技术药物所达不到的，而且据最新统计其销售额已超过原型。

我国也开展了 PEG 修饰重组蛋白类药物的研究，如 PEG-IFN-2a，PEG-G-CSF，PEG-

GM-CSF 等,但处于研发阶段,格兰伯克公司的 PEG-G-CSF 已申报,均未获准上市。

3. 重组蛋白类药物的改构化研究

改变重组蛋白类药物的结构,如将单链变成双链和增加结构中活性基团的数量,使其抗酶能力增强或本身活性增加,在体内的半衰期延长,达到减小剂量和减少注射次数的目的。美国已上市的 tPA 改变成 TNK-tPA,将 EPO 变成 ARANESP,这些新型重组蛋白类药物的市场均很好。我国改构的重组 TNF 已批准生产,主要对 TNF 的 N 端进行了改变,使其毒性降低。长春博泰生物技术公司将两个 EPO 分子联在一起,注射后在体内停留时间延长,活性增加,已获国家专利,并已进入中试阶段。

4. 新的重组蛋白类药物将会产生

现在已经进入人类后基因组时代,从人类基因组中发现与疾病相关的基因,克隆出 cDNA 全序列。我国已经克隆了 1000 多个,从中找出有药用价值的序列克隆表达。我国现在已经立项研究的有趋化素样细胞因子(cKLF1)、神经分化因子(NDF)、骨髓细胞活性因子(CX1)等。这些正在研发之中,要成为新型重组蛋白类药物为时尚早。

总之现在临床上应用最多的是重组蛋白类药物,它的疗效确切。世界生物技术药物市场上销售前五名的也是重组蛋白类药物。对于重组蛋白类药物的研究方兴未艾。我国相对在这方面的研究比较落后,上市的新重组蛋白类药物很少。对于我国来说是挑战与机遇并存,应该尽快制定相应的政策,集中人力、物力和资金,改变这种落后的面貌。

(资料来源:百拇医药网,http://www.100md.com/html/DirDu/2005/05/23/57/09/27.htm)

国际重组蛋白药物市场和研发趋势的分析

本文所提及的重组蛋白药物也称 rDNA 药物,不包括重组疫苗、单克隆抗体药物(抗体药物的市场和研发趋势见另文)、检测用重组蛋白和生化提取的天然蛋白,也不包括仿制药物。

重组蛋白药物虽然仅占全球处方药市场的 7%～8%,但是发展非常迅速,尤其在新世纪,更是进入其发展的黄金时节。1989 年重组蛋白药物的销售额为 47 亿美元,2001 年为 285 亿美元,2004 年达到 347 亿美元,而 2005 年约 410 亿美元,是 1989 年的 9 倍。虽然相对于小分子药物而言,重组蛋白药物的生产条件苛刻、服用程序复杂且价格昂贵,但它们对某些疾病具有不可替代的治疗作用。绝大部分重组蛋白药物是人体蛋白或其突变体,以弥补某些体内功能蛋白的缺陷或增加人体内蛋白功能为主要作用机理,其安全性显著高于小分子药物,因而具有较高的批准率;同时,重组蛋白药物的临床试验期要短于小分子药物,专利保护相对延长,给了制药公司更长的独家盈利时间。这些特点成为重组蛋白药物研发的重要动力。从重组蛋白药物市场的地理分布来看,美国和欧洲占有全球市场的 81%。重组蛋白药物研发的 6 强公司(Amgen,Biogen IDEC,Johnson & Johnson,Eli Lily,Novo Nordisk 和 Roche)全部来自美欧,占有 75% 的市场份额。从新药上市的数量和速度来看,美国居首位,这与美国拥有较自由的药物价格环境,以及医生接受新药的需求和高速度有明显关系。欧洲近几年的发展也较快,率先批准上市了转基因动物(羊)生产的重组人抗凝血酶(美国 GTC 生物治疗公司,以及第一个重组蛋白药物的仿制药物(Biosimilar,通用名生物药,以下通称重组药物仿制药),后者结束了多年来重组蛋白药物是否能有仿制药的争论。鉴于美国和欧洲实际上主导着全球市场,分析其市场和研发趋势,也就能准确把握重组蛋白药物整体发展的脉搏。专家们对"新"重组蛋白药物的定义不尽相同,所以不同文献中的新重组蛋白药物统计数量可能存在较大的差别。我们以在美国和(或)欧洲新上市的重组蛋白药物注册品名为准(以下通称重组药物),计有82个,包括15个"重磅炸弹",后者2005年的销售额即达278亿美元(图1),占重组药物销售总额的66%。目前的研发重点在于解决生产能力不足、更加合理地改变重组药物结构和给药途径的多样化。尽管重组药物发展面临着种种挑战,但我们认为该市场会持续发展,并在2020年前后到达峰值,那时将可能有新的替代治疗大量获准上市。剩下短短的十几年也许是我们发展重组药物的最后和最佳机会。

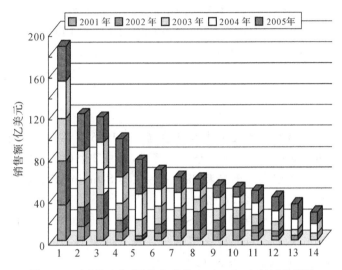

图1　15个"重磅炸弹"重组药物2001—2005年销售情况

注1:美元汇率按2005年12月31日计算;

注2:Amgen年报只列出Neulasta和Neupogen联合销售额,但均为"重磅炸弹";

注3:PEG-Intron A、Intron A和利巴韦林组合销售,所以其销售额是经过减去利巴韦林的销售额后的结果,PEG-Intron A/Intron A可算1组"重磅炸弹"。

1　上市重组药物的销售情况分析

我们借用经济学市场细分的方法,从重组药物不同种类的销售入手,比分析适应症的市场规模能更直观地反映市场发展趋势。根据其功能和性质,可将重组药物分为8类16种。促红细胞生成素Procrit最为畅销,近5年的销售额近180亿美元;融合蛋白Enbrel的销售增长最快,2005年的销售额是2001年的4.3倍,达36.5亿美元。(注:后文中药物商品名后的括号中为制药公司及与药物商品名对应的重组蛋白化学名称)

1.1　多肽类激素药

人胰岛素,适应症为糖尿病。1982年第一个重组人胰岛素Humulin(Eli Lilly)上市,目前共有12种制剂(Novo Nordisk的8个速效、中效和长效重组胰岛素突变体在此仅计为1个),包括3个"重磅炸弹",即Humulin(野生型胰岛素)、Humalog(Eli Lilly,胰岛素突变体)、Lantus(Anvents,胰岛素突变体),2005年重组人胰岛素的销售额至少达75亿美元。

人生长激素,适应症为生长激素缺陷、发育障碍和AIDS相关耗竭病。1985年第一个重组人生长激素Protropin(Genetech)上市,现有8个品种。重组人生长激素的主要产品Nutropin/Protropin等在2005年的销售总额约为13亿美元。

卵泡刺激激素(3个)和其他激素(7个),适应症为不育症、调节排卵、更年期骨质疏松等,尚未形成很大的市场。

1.2　人造血因子

重组人促红细胞生成素,适应症是贫血。1989年上市第一个重组人促红细胞生成素Epogen(Amgen),现有的5个产品中4个是"重磅炸弹",Aranesp(Amgen,Epoetin α 突变体)、Neorecormon(Roche,野生型 Epoetin β)、Procrit(Johnson & Johnson,野生型 Epoetin α)和 Epogen(野生型 Epoetin α),2005年销售合计为91.5亿美元。

粒细胞/单核细胞集落刺激因子 GM-CSF,适应症是癌症或癌症化疗引发的感染预防和治疗。仅有的3个产品2个是"重磅炸弹",Neulasta(Amgen,PEG 化的 GM-CSF)和 Neupogen(Amgen,GM-CSF 突变体),2005年销售总额为35亿美元。

其他造血相关因子(5个),适应症主要是儿童发育不良及恶性血液病或糖尿病的并发症。

1.3　人细胞因子

α 干扰素,适应症为慢性病毒性肝炎和某些癌症。1986年第一个重组人 α 干扰素 Roferon(Huffman-La Roche)上市,现有5个同类产品,其中2个(组)为"重磅炸弹",一是 Pegasys(Roche,PEG 化的重组人 α 干扰素-2a),另一组是 Schering Plough 的 PEG-Intron A/Intron A,2005年销售额合计约21.6亿美元。

β 干扰素,适应症为多发性硬化症(MS)。3个产品都是重磅炸弹,Rebif(Serono,野生型 β 干扰素 1a)、Avonex(Biogen,野生型 β 干扰素 1a)和 Betaferon/Betaseron(Schering AG,β 干扰素 1a 突变体),销售额合计40亿美元。

其他细胞因子(4个),包括白细胞介素1、2和11的突变体,适应症为肿瘤化疗引起的血小板减少症、肾细胞癌和慢性肉芽肿疾病等。

1.4　人血浆蛋白因子

重组人凝血因子Ⅷ,适应症是血友病 A。最早上市的为 Recombinate(Baxter 和 Genetics,野生型),现有5个同类产品,最畅销的是 Kogenate(Bayer,野生型)及 Advate(Baxter,野生型),2005年销售额分别为8亿和6亿美元。

重组人凝血因子Ⅶ,仅上市 NovoSeven(Novo Nordisk),适应症是血友病和止血,2005年的销售额近10亿美元,2006年上半年销售额增长19%。

重组人凝血因子Ⅸ,仅 Renefix(Genetics)1个,适应症是血友病 B。

组织血浆酶原激活物 tPA,最早上市的为 Activase(Genetech),现有4个品种,适应症是急性心肌梗死,2005年市场规模为6亿~8亿美元[23]。

C 反应蛋白,适应症是严重败血症,仅 Xigris(Eli Lilly)1个。

重组人抗凝血酶(ATryn)是2006年批准的、第一个由转基因动物(羊)生产的重组药物。

1.5　人骨形成蛋白

仅有2个,是最年轻的一组,第一个产品2001年批准上市。Wyeth 的成骨蛋白2005年销售额达2.4亿美元,适应症为急性胫骨骨折、脊椎愈合和促进骨愈合等。

1.6　重组酶

适应症为先天性酶缺陷的替代治疗。1993年第一个重组酶 Pulmozyme(Genetech)上市,适应症是肺纤维化,2005 年的销售额 6 亿美元,共有 8 个不同重组酶产品。

1.7　融合蛋白

这是为数很少的以抑制为作用机理的重组药物,仅有 3 个。1998 年批准的 Enbrel (Amgen)是 TNF 受体和 IgG 的 Fc 片段的融合蛋白,含 934 个氨基酸,适应症为风湿性关节炎,为"重磅炸弹",近 5 年的销售额约 100 亿美元。1999 年上市的免疫毒素 Ontak(Ligand)[24],适应症是皮肤 T 细胞淋巴瘤(CTCL),是缺失细胞结合域的白喉毒素与 IL-2 的 N 端 133 个氨基酸的融合蛋白。2003 年上市的 Amevive(Biogen Idec)[25]是 LEF-3 的 CD2 与 IgG 的 Fc 片段的融合蛋白,适应症是牛皮癣。

1.8　外源重组蛋白

外源蛋白能够用于人的疾病治疗,这在单克隆抗体药物发展过程中已经得到了验证。但是,至今批准上市的只有 1 个重组水蛭素(hirudin),适应症为血栓性疾病。

重组药物中最大的一类是重组人促红细胞生成素,近 5 年的销售总额近 430 亿美元;之后依次为重组胰岛素(除"重磅炸弹"外,总销售额用 Novo Nordisk 的相应产品的销售额进行调整,因为该公司占有胰岛素市场近 50% 的份额)、β 干扰素、GM-CSF、融合蛋白 Enbrel 以及 α 干扰素(图 2)。由于重组血浆蛋白中没有单一"重磅炸弹",所以没有列入"重磅炸弹"中进行比较,但其在 2005 年的总销售额已达到 30 亿美元。

时隔 5 年,占市场前 3 位的重组药物名次没有发生变化,只是由于 Enbrel 的快速增长导致各自的份额有所下降,Enbrel 在 2005 年已上升至与 GM-CSF 并列第四名,α 干扰素降至第六位(图 3)。重组人促红细胞生成素的适应症已经从肾衰性贫血扩大至癌症或癌症化疗引起的贫血,并已有大量临床证据说明重组人促红细胞生成素能够提高癌症病人的生活质量,其领头羊位置在未来 5 年将更加稳固。重组胰岛素的市场份额下降,但今年上市的肺吸入型胰岛素,以及长效胰岛素和基础胰岛素等会支持市场不会下滑。β 干扰素治疗 MS 将受到抗体药物和小分子药物的挑战,其发展可能会受到抑制。GM-CSF 在临床使用中能够有效防止癌症化疗导致的中性粒细胞下降引发的感染,长效 GM-CSF Neulasta 在 1 个化疗疗程中仅使用 1 次,医生和患者的接受程度很高,市场份额增长将进一步加快。Enbrel 近 5 年的增长幅度较大,但会受到抗体药物的有力挑战。α 干扰素与利巴韦林联合治疗慢性病毒性肝炎疗效显著,在获得肝炎大国日本批准后,其必会有更大的增长空间。明年,NovoSeven 有望成为"重磅炸弹",会带领重组血浆蛋白使整体市场份额的格局有较大调整。其他类重组药物近 5 年内仍不会形成很大的市场。

2　研发趋势

重组药物的迅速发展有其必然性,但要持续发展,有几个问题必须得到解决或优化,包括生产载体与产量、基因工程改造和翻译后修饰以及用药途径。

2.1　生产载体与产量

生产能力不足已经成为重组药物发展的瓶颈。以 Enbrel 为例,在 1998 年上市 6 个月内仅美国销售就超过对全球整年需求的预计,生产规模缺口很大。又如,HIV 蛋白微球(microbicides)在局部使用可以防止 HIV 传播,但至今未进入临床研究,原因也是生产量不够。还有很多药物不仅发展中国家用不上,即便是发达国家也难以得到使用,如约有 80% 的血友病患者无药可用,主要原因仍是生产能力不足,并导致其价格不菲。

哺乳动物细胞和大肠杆菌是上市重组药物最主要的生产载体(图 4)。大肠杆菌用于表

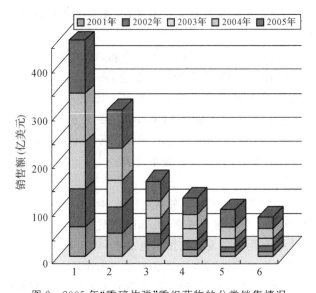

图 2　2005 年"重磅炸弹"重组药物的分类销售情况

1～6 依次为重组人促红细胞生成素、重组胰岛素、β 干扰素、GM-CSF、Enbrel 和 α 干扰素

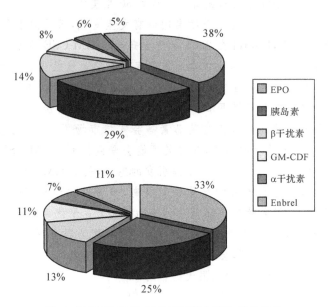

图 3　2001 和 2005 年重组药物分布比例的变化

上图为 2001 年,下图为 2005 年

达不需要翻译后修饰的重组药物,如胰岛素、生长激素、β 干扰素和白细胞介素等。糖蛋白重组药物除刚批准上市的 ATryn 以外,全部在哺乳动物细胞中表达。Activase 是第一个由哺乳动物细胞表达的上市重组药物,Epogen 是第一个由哺乳动物细胞表达的"重磅炸弹"药。CHO 细胞是最为常用的生产载体之一,其糖基化最近似于人的糖基化结构,但糖基化产物是不均一的混合物;其次就是 BHK 细胞。另外,NSO、HEK-293 和人视网膜细胞表达的蛋白也获得过批准。目前,哺乳动物细胞的产量亟待提高。20 世纪 80 年代,培养细胞密度最高为 2×10^6/ml,生产期 7d,50mg/L。2004 年的数据显示,细胞密度最大可达到 $10 \times$

10^6/ml,有效表达时间达到 3 周,表达量接近 5g/L,是 1980 年的 100 倍,现在世界上最大的细胞发酵罐达到 20000 升。哺乳动物细胞生产体系还需要解决的其他问题包括无血清培养基、延迟细胞凋亡和糖基化改进等。酵母细胞虽然能够糖基化,但与人的糖基化有很大的差别,为高度木糖醇型,表达的重组药物在体内半衰期很短并有潜在的免疫反应。因此,该领域最可能取得的突破是人源化毕赤巴斯德酵母,能生产均一、与人糖基化相同的糖蛋白,靶蛋白的产量可达到 50g/L,是哺乳细胞的 3 倍,对哺乳动物细胞表达体系形成有力挑战。

　　另一个正在取得突破的是植物表达体系(molecular farming)。植物糖基化免疫原性低,不易诱发过敏,但有可能改变一些糖蛋白的功能。植物表达体系目前已用于 10 多个重组药物候选者的表达,其中 1 个已进入 II 期临床。该体系尚须解决的问题有,进一步提高表达产量、通过人源化改造糖基化结构以及评价生产体系对环境的影响。已经有了突破的转基因动物生产方式至少在近期不会成为主流,其问题在于转基因高等哺乳动物乳液蛋白糖基化仍有别于人,可能导致抗原性的变化。欧盟人用医学制品委员会(CHMP)曾对 ATryn 上市提出过反对意见,理由是临床例数太少。美国 Genzyme 公司重组人酸性 α-葡萄糖酶(商品名 Myozyme)原本在转基因兔奶中生产,但最终换为 CHO 细胞生产并获得 FDA 批准上市。转基因鸡的蛋清也可高水平表达重组药物,但目前尚无任何一个转基因鸡制备的药物被批准,主要问题仍是糖基化问题。当然,如果药物是口服和局部使用,其抗原性问题将可能被忽略。

2.2　重组药物的基因工程改造和翻译后修饰

　　高度纯化的重组蛋白与人内源蛋白相同或高度相似,能避免出现免疫反应。但有 30% 左右的重组药物是经过基因工程改变或经过其他手段进行翻译后修饰的(图 5),也有文献指出现有上市重组药物中基因改造率达 38%。改变蛋白结构的目的是为了优化其药代动力学,但又不能弱化其生物功能及产生新的抗原性。

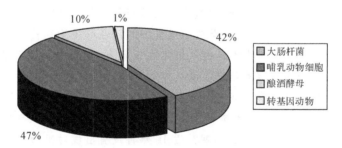

图 4　上市重组药物生产载体的比例

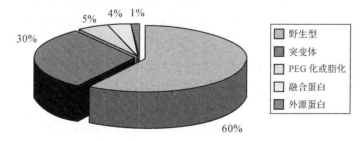

图 5　上市重组药物的基因改造或翻译后修饰的比例

以重组人胰岛素为例,有多种基因工程改变序列的产品,主要是 B28、B29 和 B30 位的氨基酸改变。第一个经基因工程改变的重组人胰岛素为 Lispro,是 B28、B29 之间的颠换,使其产生双聚体和多聚体的可能性降低至野生型的 1/300,可以更快地释放入机体,起到速效的作用。缺失突变体也比较常见,ReFacto(重组凝血因子Ⅷ,2005 年的销售额为 2.5 亿美元)就是缺失突变体,对体内出现因子Ⅷ抑制物的血友病患者有较好的疗效。最近的研究表明,锚蛋白重复序列(出现在红细胞等中,由 33 个氨基酸残基组成,有 β 折叠反向平行和 α 螺旋)有助于加强重组药物靶标识别、膜蛋白的朝向性和稳定性。但是,基因工程改变序列应非常谨慎,一些很小的变化就可能导致蛋白构象的较大变化,从而诱发免疫反应。翻译后修饰主要包括脂化和 PEG 化。脂化是指将脂肪酸共价定点连接在蛋白上,从而增加药物与血清白蛋白的亲和力,延长在血清中的循环时间,发挥长效作用。PEG 化分为单一 PEG化和多点 PEG 化,通过降低血浆清除率、降低降解和受体介导的摄入,也能达到长效的目的,同时屏蔽抗原表位,提高药物的安全性。PEG-干扰素 α(Pegasys 和 PEG-Intron)和PEG-GCSF 都是 PEG 化成功例子。融合蛋白是指将不同蛋白的不同功能域通过基因工程手段构建成一个蛋白,希望具有双功能或新的功能。虽然在这方面进行了大量的尝试,但25 年来仅有 3 个被批准,提示其难度之大。外源蛋白更是仅有 1 个成功的例子。

2.3　给药途径的变革

绝大多数重组药物是注射给药或静脉途径,仅有 2 个是喷雾剂,如 Pulmozyme 即是一种液体喷雾剂。有些疾病如糖尿病、肾衰性贫血等都需要长期使用药物,注射或静脉途径的方式非常不便利,从而促使人们在给药途径上进行了大量的尝试。2006 年终于有了重大突破,Pfizre 和 Avents 的肺吸入型胰岛素 Exubera 获得批准在美国和欧洲上市。作为干粉,肺吸入性剂型比液体喷雾剂稳定,剂量也好掌握。当然,Exubera 价格昂贵,以至英国有关部门拒绝使用,因为每周每个病人为此要多付出 18 美元。但无论怎样,这将改变众多糖尿病患者的治疗方式,减除他们的痛苦,也激发了其他药物替代注射途径的研究热潮。我国有几家科研机构和公司研究透皮给药和肺吸入给药方式已经取得了可喜的进展。但是应该指出,肺吸入型胰岛素在 1999 年就已经进入Ⅲ期临床研究,至今才获得批准,其难度可想而知。在这方面,最大的技术难点是给药剂量的精确度和药物稳定性等。

3　重组药物面临的问题和挑战

有分析家把重组药物市场喻为美丽的蝴蝶。但是,蝴蝶能飞多久呢？又会如何演变？换句话,重组药物市场是否进入了成熟期？近 10 年再没有出现对市场有较大影响的新产品类别,研发投入相对稳定(生物公司 2002—2004 年连续 3 年的 R&D 总额均稳定在 150 亿美元)都是市场过于成熟的表现,将使持续发展受到限制,这是来自其自身的挑战。客观分析其他治疗技术的发展,我们认为重组药物市场在近期不会遇上真正意义上的挑战,但潜在的威胁确实存在。

3.1　其他治疗药物或方法对重组药物市场的挑战

重组药物的很多适应症是由于单基因或明确的简单原因造成的某个蛋白的缺乏或功能丧失,如血友病和Ⅰ型糖尿病,非常适合基因治疗。设想一下,如果能在人体内可调控地表达重组药物的基因,重组药物市场将走向何处？基因治疗在短期内是否会较大地影响重组药物市场？事实是,从 1989 年起,约 1140 个基因治疗产品进入临床研究,仅有少数几个进入临床Ⅲ期研究,而且没有 1 个在美国和欧洲上市,并有许多因为临床研究出现意外死亡而终止。目前,世界上只有我国 2003 年 11 月批准上市了以人 p53 基因为基础的基因治疗"今又生"。美国同类产品早已进入 3 期临床,迟迟未能上市的原因是美国 FDA 批准的基础是5 年存活率的变化,而我国是以肿瘤变小为批准依据的。基因治疗要在以下关键领域取得突破才可能大批量进入市场:目标基因传送的特异性、稳定性、可控性和抗原性。可以预见,5~10 年内基因治疗难以对重组药物形成有力挑战。干细胞诱导生成胰岛(样)细胞的方法也没有得到预期的进展,走向临床的路可能比基因治疗更为遥远。抗体药物或适体(aptamer)是以特异靶向结合和抑制被结合物为作用机理的,而绝大多数重组药物是以补充蛋白(功能)为作用机理的,所以无论是抗体药物还是适体,仅会对以抑制作用为机理的重组药物如 Enbrel 和 β 干扰素产生严重挑战。

3.2　重组药物仿制药时代对重组药物市场格局的影响

目前药物市场的规则是:新药专利保护期过后,将有通用名药物上市,其价格是新药的15% 左右,极大影响药物利润。如连续 5 年的处方药销售亚军 Zocor(小分子降血脂药)的专利保护今年到期,其通用名药将不仅影响 Zocor 的价格也将使降血脂药物整体价格下滑。有几种上世纪 80 年代上市的重组药物已经丧失或即将丧失专利保护,预计未来 5 年将有价值 100 亿美元以上的重组药物失去专利,会不会涌现出一批重组药物仿制药颠覆重组药物市场?欧洲在 2006 年首次批准了 2 个重组药物仿制药上市,为人生长激素的 2 个不同版本,Omnitrope 和 Valtropin,这是否预示重组药物仿制药时代的到来?实际上,重组药物的情况远比小分子药物复杂。欧洲有生长激素、Epo、GM-CSF 和胰岛素仿制药物的指导原则,但是对结构和加工较为复杂的 PEG 蛋白和凝血因子还没有考虑。美国如何发展重组药物仿制药还存在很大争议,美 FDA 还没有发布有关的指导原则。最主要的考虑是安全性,与小分子药物不同,即使是同一个基因在同种细胞中表达并使用类似的加工方式,重组药物仿制药也难以保证与原创药完全相同。考虑生产成本和加工的复杂性,重组药物仿制药对现有市场的影响还不明显。但是,重组药物仿制药时代一定会到来,并会对重组药物市场格局产生重大影响。

3.3　临床安全存在风险因素

如同其他药物一样,重组药物也存在引发副作用的风险。首先,重组药物的功能并不是单一的,或者其作用程度很难精确控制,有可能导致严重的副作用。例如,有专家认为用重组促人红细胞生成素纠正癌症病人贫血的同时可能促进肿瘤的生长。类似的,重组人生长激素会刺激肿瘤生长、增加血脂升高和糖尿病发病的风险。而应用 tPA 治疗"中风"会引起出血倾向,有研究提示与血清基质代谢蛋白酶 9(MMP9)关系密切。其次,患者出现针对重组药物抗体,原因主要是糖基化差异和改构产生的新抗原表位(尤其是 T 细胞表位),其临床表现类型和程度难以预料。最为常见的是造成治疗效果不好甚至无效,严重时会出现致命合并症,如抗重组促人红细胞生成素抗体导致红细胞再障(RBCA),原因不明。临床安全风险是影响新药审批速度的直接因素,也势必会影响市场发展。

4　几点思考

虽然重组药物的发展面临挑战,但近期仍将以较快的速度发展,2020 年前后有可能成为重组药物发展的分水岭,具体时间取决于自身的瓶颈问题是否能解决,替代疗法是否能够出现。无论如何,我们现在面临的可能是最后的发展机遇。我国重组蛋白研究非常普遍,任何一个有规模的研究机构都有基因克隆和突变的平台。许多制药企业也都有大规模细胞培养和纯化的体系,具备研发和生产重组药物的条件。但是,要抓住这次机会,必须冷静地分析形势,高起点地开展工作。

4.1 客观选择重组药物种类作为研发起点

重组人促红细胞生成素、胰岛素、β干扰素、GM-CSF、α干扰素、某些重组血浆蛋白等占领了重组药物绝大部分市场,近10年仅有 Enbrel 突破了上述蛋白种类。应该强调的是,重组药物的特征决定了这些蛋白种类是市场的主宰,是临床疗效和安全性以及市场潜力和规模的集中体现,"重磅炸药"的销售额占有重组药物市场的比重连年增大就是佐证。所以,要想得到市场的较大份额,选择上述类别的蛋白作为药物研究起点是合理的。重组人蛋白酶也有较好的发展机会。融合蛋白是重组药物中少有以特异靶向结合以及抑制为作用机理的,符合癌症、免疫性疾病的治疗发展趋势,然而,25年的经验告诉我们,融合蛋白成为治疗性蛋白的难度较大。外源蛋白由于抗原性问题要等待给药途径的突破,否则机会很小。

4.2 以基因工程或其他修饰方法改造现有重磅炸弹为突破口

我们不难发现,"重磅炸弹"中一半以上是经过改造的,"重磅炸弹"存在新旧产品的转变,比如,Neupogen 向 Neulasta 转变;PEG-Intron A 正在迅速取代 Intron A,而 Pegasys 很快地遏制了 PEG-Intron A 的发展势头。这提示我们,尽管在市场相对成熟及饱和的情况下,"重磅炸弹"的突变体仍然有很大的机会。当然,这种机会源于我们对发病机理、蛋白质化学和生理功能的透彻理解,也必须有很好的技术平台对改变后的蛋白进行系统、准确的功能和安全评价。无疑的,改变"重磅炸弹"的给药途径,将站在重组药物市场的前沿,也会为未来的抗体药物市场提供平台。

4.3 在生产方式和效率上取得突破参与国际竞争

只有足够的生产能力才能够占领市场和使生产成本下降。但是,建一个大型哺乳动物细胞的生产基地,大约需要5年时间和2亿~4亿美元投资。所以,根据我国的具体条件,可以建立中等规模哺乳动物细胞培养基地,承包国际上"重磅炸弹"的生产,目前,承包加工占总生产能力的25%,也是一个大市场。同时,从酵母的糖基化改造、植物和转基因动物的表达体系构建入手,快速形成我国特有的优势,在国际竞争中脱颖而出。即使2020年前后重组药物被其他疗法所取代或部分取代,所建立的生产平台仍可用于新抗体药物和重组疫苗的生产,整体效益是显著的。

(资料来源:生物技术通讯,2006年第17卷第6期,第929-936页)

第五章 抗 体

【知识目标】

掌握多抗、单抗和基因工程抗体的概念、应用及优缺点；

掌握多抗和单抗的制备方法，了解基因工程抗体的制备方法；

了解基因工程抗体的种类及各自的优势。

【能力目标】

具备从事抗体生产及相关工作的能力；

培养学生抗体生产的质量控制意识、自学能力、分析问题能力；

培养学生的团结协作精神。

【引导案例】

"重磅药"阿达木单抗

辉瑞制药公司的降胆固醇药立普妥（Lipitor）及赛诺菲（Sanofi）与百时美施贵宝（Bristol-Myers Squibb）合作开发的血液稀释剂波立维（Plavix）专利分别已于 2011 年 11 月和 2012 年 5 月到期。自从 Lipitor 失去专利保护以来，其市场份额已跌至 40% 以下；Plavix 预计在专利到期后，也将遭受同样的命运。根据汤姆森路透医药（Thomson Reuters Pharma）预测，2012 年 Lipitor 和 Plavix 均将跌出药物销售排行榜前 10 名。随着上述二者的退居二线，雅培（Abbott）公司关节炎药物——阿达木单抗（Humira）将坐 2012 年药物销售排行榜头把交椅，销售额预计将达 90 亿美元。路透社指出，这不仅仅反映了专利到期对重磅药物销售迅速且极具破坏性的影响，也象征着全行业由"小分子世界"经典畅销药朝昂贵生物制剂的转变。

阿达木单抗是全球首个被批准的肿瘤坏死因子（TNF）-α 全人单克隆抗体，先后在美国和欧盟等地获批用于治疗类风湿关节炎、强直性脊柱炎、银屑病、银屑病关节炎、幼年特发性关节炎和克罗恩病等。阿达木单抗的研发和问世，代表了生物技术研发的前沿，它荣获 2007 年盖伦奖最佳生物技术产品奖，该奖项堪比药学界的诺贝尔奖。

2012 年 7 月，欧盟委员会（EC）已批准阿达木单抗（Humira）用于放射学阴性中轴脊柱关节炎（Non-radiographic Axial Spondyloarthritis，nr-axSpA）成人患者的治疗，Humira 是首个也是唯一一个获批用于治疗这一疾病的药物。该适应症的获批，使 Humira 自 2003 年首次推出以来，在欧盟的适应症达到了 8 种之多。

该药的专利保护期到 2016 年,预计到 2016 年,该药的年销售额将比现在增长两倍,达到 101 亿美元。

抗体作为药物用于人类疾病的治疗拥有很长历史。1891 年,德国医学家贝林首次用白喉抗毒素治疗了柏林诊所一个儿童患者,使之死里逃生,这一发现使人类首次认识了抗体的重要性,也拉开了抗体研究与发展的历史。至今,以破伤风抗毒素为首的抗体制剂仍是紧急预防和治疗某些疾病的有利武器。

但整个抗体药物的发展却并非一帆风顺。第一代抗体药物源于动物多价抗血清,主要用于一些细菌感染性疾病的早期被动免疫治疗。虽然具有一定的疗效,但由于异源性蛋白的存在,易引起较强的人体免疫反应,限制了这类药物的应用,逐渐被抗生素类药物所代替。

1975 年德国学者 Kohler 和英国学者 Milstein 等人首次利用 B 淋巴细胞杂交瘤技术制备出单克隆抗体,即第二代抗体药物。单克隆抗体具有纯度高、特异性强、可以提高检测的敏感性及特异性、可大量生产等特点,为抗体的制备和应用提供了全新的手段。

单抗最早被用于疾病治疗是在 1982 年,美国斯坦福医学中心 Ley 等人利用制备的抗独特型单抗治疗 B 细胞淋巴瘤,治疗后患者病情缓解,瘤体消失,这使人们对抗体药物产生了极大的期望。1986 年,美国 FDA 批准了世界上第一个单抗治疗性药物——抗 CD3 单抗 OKT3 进入市场,用于器官移植时的抗排斥反应,此时单克隆抗体的研制和应用达到了顶点。随着使用单抗进行治疗的病例数的增加,鼠单抗用于人体的毒副作用也越来越明显,同时因其相对分子质量过大,难以穿透实体肿瘤组织,一些抗肿瘤单抗未能显示出理想效果,人们的热情开始下降。80 年代末至 90 年代初,单克隆抗体研究进入低谷。

近年来,随着免疫学和分子生物学技术的发展以及抗体基因结构的阐明,DNA 重组技术开始用于抗体的改造,人们可以根据需要对鼠抗体进行相应的改造以消除抗体的不利性状或增加新的生物学功能。抗体药物的研发进入了第三代,即基因工程抗体时代。

自从 1984 年第一个基因工程抗体人－鼠嵌合抗体诞生以来,新型基因工程抗体不断出现,如人源化抗体、单价小分子抗体(Fab、单链抗体、单域抗体、超变区多肽等)及抗体融合蛋白(免疫毒素、免疫黏连素)等。各种形式基因工程抗体的成功制备和应用将抗体药物的研制带入一个快速发展的新时期。到目前为止,美国 FDA 已经批准了 16 个抗体治疗药物,其中 12 个均为基因工程抗体。

第一节　多克隆抗体

一、多抗与免疫血清

大多数抗原是由大分子蛋白质组成,往往具有多种不同的抗原决定簇。在机体淋巴组织内存在着千百种抗体形成细胞(即 B 细胞),每种抗体形成细胞只识别其相应的抗原决定簇,当受抗原刺激后可增殖分化为一种细胞群,这种由单一细胞增殖形成的细胞群体可称之为细胞克隆。

当一种天然抗原经各种途径免疫动物时,就可刺激机体产生多种细胞克隆,合成和分泌抗各种决定簇的抗体,然后分泌到血清或体液中,故在其血清中实际上是含多种抗体的混合物。一般称这种用体内免疫法所获得的免疫血清为多克隆抗体,即多抗,也是第一代抗体(图 5-1)。

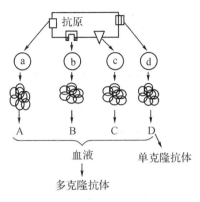

图 5-1 抗体产生示意图

根据免疫原不同,多抗制剂又分为抗毒素和抗血清,用细菌外毒素免疫动物获得的免疫血清一般称抗毒素,如破伤风抗毒素、白喉抗毒素等;而用动物毒素、病原体或病原体抗原免疫动物获得的免疫血清称抗血清,如抗蛇毒血清、抗炭疽血清和抗狂犬病血清。

二、多抗制剂的制备

一般来说,制备多抗相对简单,操作不算复杂,但是,欲获得特异性好、亲和力高的多克隆抗体常常并不容易,需考虑抗原的制备、免疫动物的选择、佐剂的应用、免疫途径和免疫程序、抗体的纯化等众多因素。

1. 动物的选择和管理

用于制备免疫血清的动物可以是同种或异种动物,一般制备抗菌血清和抗毒素多用异种动物,而抗病毒血清多用同种动物。总的来看,制备免疫血清比较常用的动物为马,因其血清渗出多,外观较好。

用于制备免疫血清的动物必须健康,来自非疫区,使用前应经必要的检疫。如有可能,最好自繁自养动物或购 SPF 动物及其他级别的动物。动物以体形较大、性情温驯、体质强健的青壮年动物为宜。由于动物存在个体免疫应答的差异,所以选定的动物要有一定的数量,不能只用一只。

作为免疫用的动物应由专人负责管理和喂养,饲料要营养丰富多汁,动物要适当运动,并保持清洁,随时观察动物状态,如有异常,及时治疗处理。

2. 免疫原

免疫原的免疫原性与制备的血清的质量和数量密切相关。要根据病原微生物的培养特性,采用不同的方法制备。

制备抗菌血清时,基础免疫多为疫苗或死菌苗,高度免疫时一般选择毒力较强的菌株。有时要用多品系、多血清型菌株。用最适生长的培养基按常规方法进行培养,在生长菌数高峰期(多为 16~18h 的培养物)收获新鲜菌液,经纯菌检验合格后即可作为免疫原。

抗病毒血清制备时,基础免疫用弱毒疫苗,高度免疫可用强毒疫苗。

抗毒素血清的免疫原可用类毒素、毒素或全培养物,但一般用类毒素作免疫原。

3. 免疫程序

免疫程序分为基础免疫和高度免疫两个阶段。

基础免疫用疫苗按预防剂量作第一次免疫,7d 或 2～3 周左右,用较大剂量疫苗或特制灭活抗原再免疫 1～2 次,即完成基础免疫。基础免疫抗原无须过多过强,否则会导致免疫耐受。

高度免疫在基础免疫 2 周左右进行,也有人认为至少应一个月左右。采用强毒抗原(一般毒力越强,抗原性越强),免疫剂量逐渐增加,间隔 3～10d,次数视血清抗体水平而定,1～10 次不等。

免疫途径一般采用皮下或肌肉注射。应采用多部位注射,每一注射点的抗原量不宜过多,油佐剂抗原更应注意。

4. 血液的采集

按照免疫程序完成免疫的动物,经检验血清抗体效价达到合格标准时,即可采血;不合格者,再度免疫,多次免疫仍不合格者淘汰。一般血清抗体的效价高峰出现在最后一次免疫后的 7～10d。采血可用全放血或部分采血,采用全放血法时,放血前应禁食 24h,但应饮水,以防血脂过高。采血须无菌操作。

5. 抗体制剂的制备

(1)原制免疫血清

将动物血直接收集于事先用灭菌生理盐水或 PBS 液润洗的玻璃筒内,置室温自然凝固,约 2～4h 后,当有血清析出时,玻璃筒内加入灭菌不锈钢砣,经 24h 后,用虹吸法将血清吸入灭菌瓶中,加入防腐剂。放置数日作无菌检验,合格后分装,保存于 2～15℃ 半成品库,经抽样检验合格后交成品库保存出厂。其产品由于保留了原血清中所有成分,极易造成人体的过敏反应,高达 40％～60％。目前该方法仅在实验室制备检测用抗血清时使用。

(2)浓制抗体

将免疫马血清(浆)用硫酸铵或其他中性盐分段沉淀以除去非活性蛋白,再透析脱盐。该法使抗体蛋白得以浓缩,提高了抗体的效价,质量有所提高。目前该方法也仅在实验室制备检测用多抗时使用。

(3)胃酶消化精制抗体

将免疫马原血清(浆)用胃蛋白酶消化,改变抗体球蛋白的结构和抗原性,再经加温变性,分段盐析,保留其活性部分,去除不耐热的非活性部分。采用此方法,制品的纯度有了很大的提高,接种过敏反应率仅为 1.5％～5.0％。胃酶消化硫酸铵分段沉淀法工艺操作简单、易控制、适合规模化生产,在许多国家广泛使用。

三、多抗的应用

尽管目前在生物医药领域应用中,多数多克隆抗体已被单克隆抗体所代替,但是由于多克隆抗体通常具有很高的亲和力,制备过程相对简单,在特殊情况下,利用免疫血清治疗仍具有单克隆抗体无法替代的优势,因此还存在较大的空间。如利用抗蛇毒血清治疗毒蛇咬伤,预防或治疗狂犬病、破伤风、肉毒中毒等多种疾病。

但是,用这种传统方法制备抗体效率低、产量有限,且这种抗体是不均一的,注入人体具有产生超敏、过敏、传播感染性病原体(包括朊病毒等)的危险,无论是对抗体分子结构与功能的研究或是临床应用都受到很大限制。

【知识拓展】

免疫血清使用的注意事项

1.尽早使用。因为抗体只能中和未结合细胞的毒素和病毒,而对已侵入细胞的毒素和病毒无效,故越早使用,效果越好。

2.足量多次。抗体在机体内会逐渐衰减,免疫力维持时间较短,足量多次使用才能保证效果。

3.防止过敏反应的发生。异种动物制备的免疫血清使用时可能会引起超敏反应,应备好抢救措施。

第二节　单克隆抗体

当一种天然抗原经各种途径免疫动物时,不同的抗原决定簇就会刺激相应的抗体形成细胞增殖分化为细胞克隆。同一克隆的细胞可合成和分泌在理化性质、分子结构、遗传标记以及生物学特性等方面都是完全相同的均一性抗体,亦可称之为单克隆抗体(McAb)。单克隆抗体与多克隆抗体的比较见表 5-1。

表 5-1　单克隆抗体与多克隆抗体的比较表

性　质	单克隆抗体	多克隆抗体
特异性	相对高	相对低
均一性	强	变异性大
抗体产量	不限	不易产生大量均一的抗体
对抗原的要求	可以相对的不纯	需要高度纯化的抗原
抗体的亲和力	相对的小	相对的高
沉淀和凝集反应	一般不能发生	容易发生
制备方法	复杂、费时、费工	比较容易
特异性亲和力的重复性	无变化	不同批号间有变化
与其他抗原的交叉反应	一般无	与带共同抗原决定簇的抗原有部分交叉

单克隆抗体理化性状高度均一,生物活性单一,与抗原结合的特异性强,便于人为处理和质量控制,可以克服很多多克隆抗体的缺点。但由于从免疫血清中分离单克隆抗体难以实现,单克隆抗体的制备一直是摆在科学家面前的难题,直到 1975 年德国学者 Köhler 和英国学者 Milstein 等人创立了杂交瘤技术(图 5-2)。

一、杂交瘤技术的原理

杂交瘤技术是在细胞融合技术的基础上,将具有分泌抗体能力的致敏 B 细胞和具有无

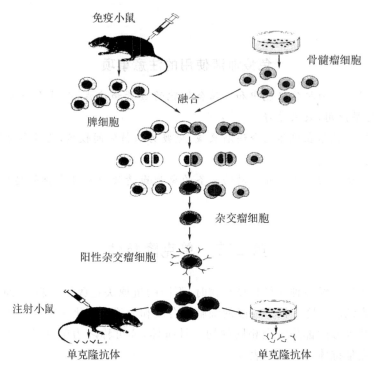

图 5-2 杂交瘤技术

限繁殖能力的骨髓瘤细胞融合为杂交瘤细胞,这种杂交瘤细胞具有两种亲本细胞的特性,即成为能够分泌抗体并能在体外长期繁殖的杂交瘤细胞。杂交瘤细胞经过克隆化后成为单个细胞克隆,分泌的抗体即为单克隆抗体。

1.亲本细胞的选择与融合

(1)免疫脾细胞

融合细胞一方必须选择经过抗原免疫的能分泌特异性抗体的 B 细胞,通常来源于免疫动物的脾脏。脾是 B 细胞聚集的重要场所,无论以何种免疫方式刺激,脾内皆会出现明显的抗体应答反应。

(2)骨髓瘤细胞

骨髓瘤细胞为 B 细胞系恶性肿瘤,具有在体外长期增殖的特性,并且和 B 淋巴细胞融合率较高。用于杂交瘤技术的骨髓瘤细胞应具备如下要求:①选择有次黄嘌呤-鸟嘌呤核苷酸转换酶(HGPRT)或胸腺嘧啶激酶(TK)缺陷的细胞株,此种骨髓瘤细胞不能在选择培养基中生长;②细胞能与 B 细胞杂交形成稳定的杂交瘤细胞,并分泌免疫球蛋白;③骨髓瘤细胞本身不分泌免疫球蛋白。目前常用的骨髓瘤细胞主要有 NS1 细胞株和 SP2/0 细胞株。

(3)细胞融合

细胞融合的原理见图 5-3,细胞融合的方法很多,如仙台病毒诱导融合、PEG 诱导融合和电冲击融合法。目前仍以小分子 PEG(分子量为 1000 的 PEG)最常用,其浓度在 30%～50%之间。

2.选择性培养

将致敏 B 淋巴细胞与有代谢缺陷的骨髓瘤细胞进行细胞融合,这种融合是随机的,除

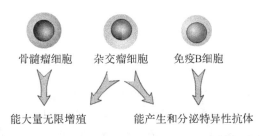

图 5-3　细胞融合原理

骨髓瘤细胞和脾细胞融合形成杂交瘤细胞外，还有骨髓瘤细胞之间和脾细胞之间的融合，以及一些未融合的细胞。这些细胞中，只有杂交瘤细胞能够在 HAT 培养基中存活，从而将杂交瘤细胞分离出来。

（1）HAT 培养基

HAT 培养基是一种选择培养基，其中含有次黄嘌呤（H）、氨基蝶呤（A）、胸腺嘧啶（T），它是根据细胞内嘌呤核苷酸和嘧啶核苷酸的生物合成途径设计的用于筛选杂交瘤细胞的特殊培养液。

（2）选择性培养基的作用原理

细胞 DNA 的合成有两条途径，一条是生物合成的主要途径，即由氨基酸及其小分子化合物合成核苷酸，进而合成 DNA。在这一合成途径中，叶酸作为重要的辅酶。另一途径为辅助途径，以次黄嘌呤和胸腺嘧啶为原料，在次黄嘌呤—鸟嘌呤核苷酸转移酶（HGPRT）和胸腺嘧啶激酶（TK）的催化作用下合成 DNA。HAT 培养基中含有氨基蝶呤（为叶酸拮抗剂），故所有细胞的 DNA 主要合成途径均被阻断，只能通过辅助进行 DNA 的合成，见图 5-4。

HGPRT 缺陷型或 TK 缺陷型的骨髓瘤细胞在 HAT 培养基中因不能通过辅助途径合成 DNA 而死亡。脾细胞虽有 HGPRT 和 TK，但不能在体外长期培养繁殖，一般在 2 周内死亡。而杂交瘤细胞因从脾细胞获得 HGPRT 和 TK，可通过辅助途径合成 DNA，同时又具备瘤细胞的特点，可以在体外长期增殖。

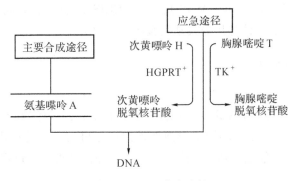

图 5-4　DNA 合成途径

3. 克隆化与阳性孔筛选

由于细胞融合是一个随机的过程，在已经融合的细胞中有相当比例的无关细胞的融合体，需经筛选去除。筛选过程一般分为两步进行：一是融合细胞的克隆化，二是在此基础上进行的阳性单克隆筛选。

（1）克隆化

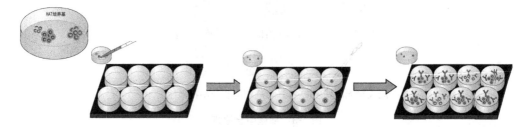

图 5-5　杂交瘤细胞的克隆化

　　将混合细胞分离成独立的单个细胞,再扩大培养形成各个克隆,见图 5-5。方法有有限稀释法、软琼脂培养法、显微操作法、应用荧光激活分选仪等。

　　有限稀释法是最常用的方法,通过充分稀释,使分配到培养板的每一孔中的细胞数为 1个细胞。方法为:①取出阳性孔内的细胞进行计数;②用培液将其稀释到例如每毫升内 10个细胞;③如果在 96 孔板内每孔加 0.1ml,其几率将为每孔内落入一个细胞;④加入一定数量的饲养细胞,经过 2～3 天后,可观察到有集落生长的孔,并标记单克隆。

（2）阳性孔筛选

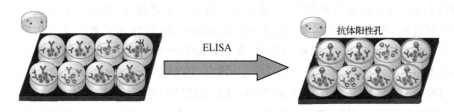

图 5-6　阳性孔筛选

　　将融合的细胞进行培养后取上清液用 ELISA 法选出抗体高分泌性的细胞,见图 5-6。将某一孔阳性细胞再进行克隆化至一个 96 孔板,用 ELISA 法检测,阳性率如为 100%,挑选抗体高分泌性细胞再克隆化至一个 96 孔板,用 ELISA 法检测,如此反复,直到 3 次阳性率 100%,增殖后进行冻存、体外培养或动物腹腔接种培养。

二、单克隆抗体的制备

1.免疫动物

　　选择纯系健康 8 周龄的 BALB/C 小鼠,采用皮下注射、腹腔注射等多种免疫方式,对细胞或微生物抗原可直接注入小鼠体内,可溶性蛋白抗原可与等量的福氏完全佐剂混合乳化后,注入到动物体内。一般包括初次免疫、加强免疫、冲击免疫三个过程。此外,也可采用脾内直接免疫法。

2.脾细胞的制备

　　脱臼处死免疫小鼠,无菌操作取脾脏,培养液清洗后,放在盛 10ml 培养液平皿中,用注射针头扎孔,内管挤压(剪碎)脾脏,得单细胞悬液,计数后将细胞液置于离心管中备用。

3.骨髓瘤细胞的制备

　　在融合前的两周,将冻存的 BALB/C 小鼠骨髓瘤细胞复苏,经过含 8-AG 的培养基筛选,防止细胞发生突变恢复 HGPRT 的活性(恢复 HGPRT 的活性的细胞不能在含 8-AG 的培养基中存活),再用 RPMI-1640 培养液培养健壮,保证融合时其处于对数生长期,收集计数。

4.细胞融合

融合是杂交瘤技术的关键一步,细胞融合应在无菌条件下,于室温或 37℃ 水浴中进行。将免疫脾细胞和小鼠骨髓细胞以 8~10∶1 的比例混匀于 50ml 锥形离心管内,1200rpm 离心 10 分钟,尽量吸净上清液,用手指轻击管壁,使管底沉淀的细胞铺展成薄层,在室温条件下边轻轻振摇离心管边在 60 秒钟内逐滴加入 50% 的 PEG 0.5ml,随后静置 90 秒,再于 5 分钟内,边振摇边逐滴加入 5~10ml 不含血清的培养液或盐水缓冲液,以终止 PEG 的作用,1000rpm 离心 10 分钟。

5.分装培养

离心后的混合细胞中加入含 20% 小牛血清的 HAT 培养液,按每孔 0.1ml 加入 96 孔培养板中,同时再加 0.1ml 的饲养细胞悬液,加盖后置 5% CO_2 培养箱 37℃ 培养。次日检查,若正常,换液(HAT 培养液),以后隔日一换。未融合的脾细胞和骨髓瘤细胞 5~6 天后逐渐死亡。

6.阳性克隆的筛选

阳性克隆的筛选应尽早进行。通常在融合后 10 天作第一次检测,过早容易出现假阳性。检测方法应灵敏、准确、而且简便快速。具体应用的方法应根据抗原的性质,以及所需单克隆抗体的功能进行选择,常用的方法有 RIA 法、ELISA 法和免疫荧光法等。其中 ELISA 法最简便,RIA 法最准确。阳性克隆的筛选应进行多次,均阳性时才确定为阳性克隆进行扩增。

7.杂交瘤细胞的克隆

检测到有抗体产生后尽早进行克隆化,目的是为了获得单一细胞系的群体。初期的杂交瘤细胞是不稳定的,有丢失染色体的倾向,一般情况下,需要作三次。反复克隆化后可获得稳定的单克隆抗体细胞株。克隆化的方法很多,而最常用的是有限稀释法。

(1)显微操作法

在显微镜下取单细胞,然后进行单细胞培养。这种方法操作复杂,效率低,一般实验室没有该设备,故不常用。

(2)有限稀释法

将对数生长期的杂交瘤细胞用培养液作一定的稀释后,按每孔 1 个细胞接种在培养皿中,细胞增殖后成为单克隆细胞系。第一次克隆化时加一定量的饲养细胞。由于第一次克隆化生长的细胞不能保证单克隆化,所以为获得稳定的单克隆细胞株需经 2~3 次的再克隆才成。应该注意的是,每次克隆化过程中所有有意义的细胞都应冷冻保存,以便重复检查,避免丢失有意义的细胞。

8.细胞的冻存与复苏

细胞冻存与复苏的总原则是缓慢冷冻和快速复苏,反之则容易导致细胞内的冰晶形成。细胞株用 5%~10% 甘油或二甲基亚砜(DMSO)为保护剂,并含有高浓度(40%~60%)的小牛血清,在液氮中保存。细胞悬液以 1~3℃/分的速度降温,15~20 分钟后放入液氮罐的气室中,以 100℃/分的速度降温至 −100~−150℃,3~4 个小时后快速放入液氮中。

复苏时,将存有冷冻细胞的试管直接放入 37～40℃的水浴中迅速解冻,然后在解冻的试管中快速加 10ml 的新鲜培养液,离心去除冷冻剂,再加含小牛血清的新鲜培养液进行培养。

9. 单克隆抗体的生产

大量生产单克隆抗体的方法可分为体内诱生法和体外培养法两大类,目前仍以体内诱生法为主。

（1）体内诱生法

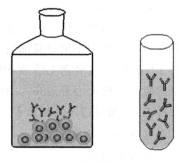

先给小鼠腹腔注射降植烷造成无菌性腹膜炎,7～14天后将 1×10^6 个杂交瘤细胞悬浮于 0.5ml 生理盐水中,并注入小鼠腹腔,使其以腹水瘤形式在小鼠腹腔内增殖,从而得到大量含单抗的腹水。

在接种后两周左右的时间内,经穿刺可得到 5～10ml的腹水,内含单克隆抗体的浓度 5～20mg/ml。

图 5-7　单克隆抗体的体外培养法

（2）体外培养法

将杂交瘤细胞置于培养瓶中加上适当的培养基进行培养,培养液中可分离单克隆抗体,见图 5-7。

10. 单克隆抗体的纯化与保存

（1）单克隆抗体的纯化

小鼠腹水在 4℃下,2000×g 离心 20 分钟,去除纤维蛋白、不溶性颗粒,以及表面的脂肪层。然后向上清中滴加等体积的 pH 7～8 的饱和硫酸铵溶液,进行沉淀;或用 DEAE-Sepharose CL6B 离子交换柱进行层析,收集第一峰。亲和层析法虽然获得的产品纯度高,但成本高,效率低,比较少用。

此外,还有凝胶过滤法和 Protein A-Sepharose CL4B 层析法,前者主要用于 IgM 类单克隆抗体的纯化,后者适用于 IgG1 和 IgM 类单克隆抗体的纯化。

（2）保存

纯化后的单克隆抗体最好保存在 0.3M NaCl-0.04% NaN$_3$-0.03M 6-氨基己酸的环境中。在此环境中,4℃下可保存数月。有条件时,可在上述环境中冷冻干燥保存。

三、单克隆抗体的应用

单克隆抗体问世以来,由于其独有的特征已迅速应用于医学很多领域。主要表现在以下几个方面。

1. 医学诊断试剂

作为检验试剂,单克隆抗体的抗原抗体反应特异性强,交叉反应少,结果可信度更大,便于质量控制和试剂盒的标准化、规范化。目前,应用单克隆抗体制作的商品化试剂盒广泛应用于:①病原微生物抗原、抗体的检测,诊断各种病原体,对 HIV 病毒、乙肝病毒、疱疹病毒等进行早期诊断;②肿瘤抗原的检测;诊断肿瘤,寻找各种恶性肿瘤细胞,甚至定位或分型,进而采取治疗措施;③免疫细胞及其亚群的检测;④激素测定;⑤细胞因子的测定。

2. 蛋白质的提纯

单克隆抗体是亲和层析中重要的配体。将单克隆抗体吸附在一个惰性的固相基质（如 Spehrose 2B、4B、6B 等）上,并制备成层析柱。当样品流经层析柱时,待分离的抗原可与固相的单克隆抗体发生特异性结合,其余成分不能与之结合。将层析柱充分洗脱后,改变洗脱液的离子强度或 pH,欲分离的抗原与抗体解离,收集洗脱液便可得到欲纯化的抗原。

3.肿瘤的导向治疗和放射免疫显像技术

将针对某一肿瘤抗原的单克隆抗体与化疗药物或放疗物质连接,利用单克隆抗体的导向作用,将药物或放疗物质携带至靶器官,直接杀伤靶细胞,称为肿瘤导向治疗。另外,将放射性标记物与单克隆抗体连接,注入患者体内可进行放射免疫显像,协助肿瘤的诊断。

单克隆抗体属于鼠源性,鼠源单克隆抗体如作为生物制剂应用于人体,会因是异性蛋白引起的过敏反应危及生命。经典的杂交瘤技术制备的单克隆抗体需经过改型增加其人源化成分才能用于人体。

四、单克隆抗体的优缺点

1.单克隆抗体的优点

单克隆抗体具有以下几个方面的优点:(1)高特异性,由于单克隆抗体只针对一个抗原决定簇,而一个抗原决定簇又很小,一般只有 4~7 个氨基酸,故单克隆抗体发生交叉反应的机会很少,即其特异性高;(2)高度的均一性和可重复性,只要长期保持杂交瘤细胞的稳定性,不发生突变,就可以长期获得同质的单克隆抗体;(3)可以用相对不纯的抗原,获得大量高度特异的、均一的抗体;(4)由于可能得到"无限量"的均一性抗体,所以适用于以标记抗体为特点的免疫学分析方法,如 IRMA 和 ELISA 等;(5)由于单克隆抗体的高特异性和单一生物学功能,可用于体内的放射免疫显像和免疫导向治疗。

2.单克隆抗体的局限性

单克隆抗体也有很大的局限性:(1)由于单克隆抗体不能进行沉淀和凝集反应,所以很多检测方法不能用单克隆抗体完成;(2)单克隆抗体的反应强度不如多克隆抗体;(3)制备技术复杂,而且费时费工,所以单克隆抗体的价格也较高;(4)目前单克隆抗体主要为鼠源性抗体,异种动物血清可引起人体过敏反应。此外,单克隆抗体分子量大,难被细胞吸收。因此,制备人—人单克隆抗体、人源化抗体和小分子抗体更为重要。

第三节 基因工程抗体

自 1975 年单克隆抗体杂交瘤问世以来,单克隆抗体在医学中被广泛应用于疾病的诊断治疗。最开始使用的单克隆抗体是鼠源的,临床重复给药时产生抗原鼠抗体,使临床疗效减弱或消失,目前已经较少使用。理想的临床应用单克隆抗体应是人源的,但人—人杂交瘤技术目前尚未突破,即使研制成功,也还存在人—人杂交瘤细胞体外传代不稳定,抗体亲和力低及产量不高等问题。较好的解决办法是研制基因工程抗体,以代替鼠源单克隆抗体用于临床。

基因工程抗体兴起于 20 世纪 80 年代早期。这一技术是将对抗体基因结构与功能的了解与 DNA 重组技术相结合,根据研究者的意图在基因水平对抗体分子进行切割、拼接或修饰,甚至是人工全合成且导入受体细胞表达,产生新型抗体,也称为第三代抗体。

一、抗体的结构

抗体是由抗原刺激机体后所形成的一类具有与该抗原发生特异性结合反应的免疫球蛋白(Ig)。已知有 IgG、IgA、IgM、IgD 和 IgE 等 5 类免疫球蛋白,它们普遍存在于生物体内的血液、体液、外分泌液及某些细胞(如淋巴细胞)的细胞膜上。

1963 年 Porter 对 IgG 的化学结构提出了一个由 4 条肽链组成的模式图。所有 IgG 的基本结构单位都是由 4 条多肽链组成的。两条相同的长链称为重链(H 链),通过二硫键连接起来,呈 Y 字形。两条相同的短链称轻链(L 链),通过二硫键连接在 Y 字的两侧,使整个 IgG 分子呈对称结构,见图 5-8。

在多肽链的羟基端(C 端),占轻链的 1/2 与重链的 3/4 区段,氨基酸的数量、种类、排列顺序及含糖量都比较稳定,称为不变区或稳定区(C 区),而在氨基端(N 端)轻链的 1/2 与重链的 1/4 区段,氨基酸的排列顺序可因抗体种类不同而有所变化,这部分称为可变区(V 区)。可变区决定抗体的多样性与特异性,与结合抗原的特异性有关。轻链的 C 区称作 C_L,V 区则称为 V_L;重链的 C 区称作 C_H,V 区则称为 V_H。

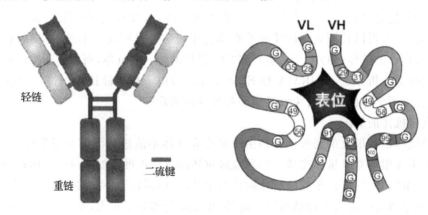

图 5-8　抗体的结构　　　　图 5-9　抗体可变区与抗原表位结合示意图

单抗分子的 V 区具有高变的结构特点,有与抗原特异结合的功能。其可变区与相应抗原决定簇在立体构型上互补吻合,决定单抗分子与抗原单一特异的结合,见图 5-9。单抗分子的 C 区是比较保守的,不同的单抗分子做比较,C 区变化很小。这使得 C 区行使一些特定的免疫活性成为可能。

二、人源化抗体

鼠单克隆抗体的人源化,就是为克服鼠源 McAb 的免疫原性而将其进行改造,使之和人体内的抗体分子具有极其相似的轮廓,从而逃避人免疫系统的识别,避免诱导人抗鼠免疫反应。进行鼠单克隆抗体人源化的发展过程见图 5-10。进行鼠单克隆抗体的人源化有两个基本的原则:保持或提高抗体的亲和力和特异性,大大降低或基本消除抗体的免疫原性。人源化有多种方案都必须遵循这两个原则,尤其不能丧失抗体特异结合的能力。

第一代人源化抗体是将鼠 McAb 的可变区和人抗体的恒定区组成嵌合抗体。但因为有鼠单抗可变区的存在,应用时仍有强烈的人抗鼠免疫反应(HAMA)。

在此基础上,进一步将鼠 McAb 可变区中相对保守的 FR 换成人的 FR,仅仅保留抗原

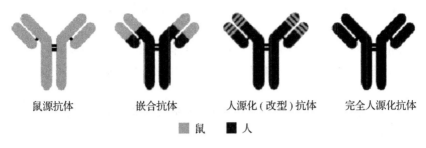

图 5-10　鼠抗体的人源化

结合部位 CDR(即 CDR 移植)这才是真正意义上的抗体人源化,该种抗体又称为 CDR 移植抗体或改型抗体。

人源化 McAb 基本上解决了鼠抗体的最重要问题——免疫原性,但是生物技术界对它并不完全满意。因为人源化过程仍很繁复且费用昂贵。它需要广泛的计算机模型设计,即使如此,大量反复试验仍不可避免,因为要试验各种氨基酸置换以测定对目标选择性和结合亲和力的有害作用。因此产生了一种新技术,它避免了把人序列嫁接到鼠序列的复杂性。它用鼠抗体作模板,产生全人 McAb。

下面对这三种形式的抗体予以分别介绍。

1. 人-鼠嵌合抗体

由于 HAMA 90%是针对 C 区的,因此设计用人 C 区替代鼠 C 区可能使鼠源性单克隆抗体的免疫原性明显减弱。第一代人源化抗体是将鼠 McAb 的可变区和人抗体的恒定区组成嵌合抗体。这样鼠源活性区域仍能够发挥活性,识别目标蛋白,其独特的抗原亲和力保持得很好。而新抗体 70%以上的区域均为人源抗体的稳定区域,这样可以大大降低抗体的异源性,使得嵌合抗体的效价更高。此外,嵌合抗体结合目标抗原以后,其人源保守区域能够被免疫系统识别,达到通过人体免疫来清除抗原的效果。

嵌合抗体的制备过程为:从分泌某种鼠单克隆抗体的杂交瘤细胞基因组中分离出鼠 IgV 区基因,经基因重组与人 IgC 区按一定方式拼接,克隆到表达载体中构建鼠/人嵌合的轻重链基因表达载体,并转入适当的宿主细胞表达并制备特异性嵌合抗体。

通过构建嵌合抗体,用人 C 区取代鼠 C 区,可以较好地解决鼠源性单克隆抗体诱发 HAMA 等不良反应,延长单克隆抗体的半衰期,改善单克隆抗体的药物动力学。嵌合抗体已经用于抗肿瘤、抗感染、抗自身免疫等疾病的治疗,并已显示出良好的治疗效果。

2. 人源化抗体(改型抗体)

尽管绝大多数 HAMA 反应是针对 C 区的,但有些单克隆抗体如 OKT3 用于人体时,其 HAMA 反应则主要是针对 V 区的。对抗体分子结构的研究指出,抗体与抗原结合的特异性和亲和力主要取决于其 V 区的 6 个互补 CDR 区。因此,将鼠源抗体基因中的 CDR 区活性片段转接到人源抗体的基因表达框中,这样表达出来的抗体人源化区域的比例更高,仅 CDR 区是鼠源的,这样的"重组"抗体(改型抗体)的人源化可达 97%。在保留鼠源性单克隆抗体亲和力的同时,又可大大降低单克隆抗体的免疫原性,发挥更佳效果。

改型抗体由于其 HAMA 的发生率明显低于嵌合抗体,而且其血浆半衰期明显延长,药物动力学要比嵌合抗体好,因此比嵌合抗体更有实际应用价值。目前,改型抗体已经用于临床上抗肿瘤、抗病毒及免疫抑制等的治疗,取得了较好的效果。

3. 完全人源化抗体

完全人源化抗体是指将人类抗体基因通过转基因或转染色体技术,将人类编码抗体的基因全部转移至基因工程改造的抗体基因缺失动物中,使动物表达人类抗体,达到抗体完全人源化的目的。

两种生产完全人 mAb 的主要方法——噬菌体显示技术和转基因小鼠。

(1)噬菌体显示技术

经基因工程处理的噬菌体颗粒整入了编码抗体蛋白的人抗体基因,噬菌体即可在其表面表达功能性人抗体片段。用这种方法,含有约 1000 亿个不同抗体的大量抗体库在体外产生,从而为快速分离对任何所给抗原具有高亲和力的抗体提供了可能性。分离出的抗体经工程化处理可制成全人抗体产品。

噬菌体显示技术发生于体外,因此,不依赖体内抗原识别和提呈系统,在理论上它可以产生抗任何物质(包括生物体内没有免疫原性的靶)的 McAb。

(2)转基因小鼠技术

1994 年,美国 Cell Genesys 公司和 Genpharm 国际公司几乎同时宣布,转基因小鼠作为生产全人抗体的载体问世。用人抗体基因对小鼠进行基因工程处理,鼠抗体生成基因被相应人基因所取代,当受到抗原刺激时,可产生人抗体而非动物自身的抗体。由于抗体是体内产生,经历正常装配和成熟过程,从而保证成品具有较高的靶结合亲和力。

人源化抗体和完全人源化抗体由于其副反应小、效价高,代表了未来单抗产品的发展趋势,表 5-2。目前处于研发过程中的单抗产品主要为人源化抗体,见图 5-11。通过通用名的后缀,我们就可以辨认出产品是属于哪种结构的抗体。

表 5-2　4 类单抗产品的比较分析

	鼠源抗体	嵌合抗体	人源化(改型)抗体	完全人源化抗体
通用名中文尾缀	一莫单抗	一昔单抗	一组(珠)单抗/一单抗	一木(人)单抗/一单抗
通用名英文尾缀	-momab	-ximab	-zumab	-umab/-mumab
人源成分	0%	60%～70%	90%	100%
特点	副作用大,特异性好,代谢快,常带放射性元素	降低副作用,保留与抗原结合的特异性	副作用小,但与抗原结合能力通常下降	基本没有副作用,功效好

三、小分子抗体

嵌合抗体和改型抗体都是完整的抗体分子,相对分子质量很大,难以穿过血管壁,影响了靶部位对其的摄取。特别是肿瘤细胞,血供本来就不丰富,对抗体的摄取量就更少了。因此,人源化抗体在导向诊断、导向治疗等方面的应用受到一定的限制。使之成为小分子抗体,是近几年来研究的热点。根据构建方法的不同,小分子抗体可分为 Fab 抗体、单链抗体、单域抗体、超变区多肽等四种。

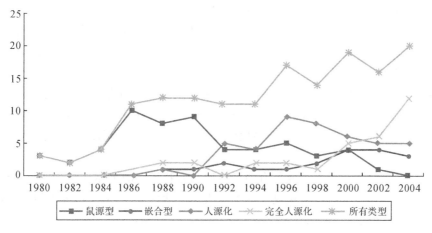

图 5-11 1980—2004 年每年进入临床试验的各类型单抗产品数量

1. Fab 抗体

用胃蛋白酶可将 IgG 的重链在铰链区的 C 端处裂解,获得两个完全相同的抗原结合片段(Fab),在 Fab 片段之间仍保留有铰链区与二硫键,为 Fab 双体,具有完整的双价抗体活性,可以表现出凝集反应或沉淀反应。但相对分子质量减少了 1/3,为 10000。因为将鼠源高保守的 Fc' 片段去除了,在人体内产生的抗鼠蛋白的排斥反应也相应地降低至 30%,由于仍保持抗体分子的立体构型,因此在人体内仍然很稳定。Fab 双体成为小分子抗体的雏形,称 Fab 抗体,偶联毒性物质后,可以起到杀伤歼灭抗原的功效。

Fab 抗体的制备方法为,将抗体分子的重链 V 区和 C_{H1} 功能区的 cDNA 与轻链完整的 cDNA 连接在一起,克隆到适当的表达载体后,在大肠杆菌等宿主中表达出有特异性抗原结合能力的 Fab 抗体。

2. 单链抗体

单链抗体(ScFv)是由免疫球蛋白的重链可变区(V_H)和轻链可变区(V_L)通过一段连接肽连接而成的重组蛋白,它是具有完全抗原结合位点的最小抗体片段,大小为完整抗体的六分之一,分子量约为 27KD。

(1)单链抗体的制备

首先从杂交瘤细胞、外周血淋巴细胞中提纯 mRNA,再经 RT-PCR 分别扩增抗体的重链可变区和轻链可变区编码基因,人工合成一条寡核苷酸序列(称为 Linker),将 V_L 的 C 端与 V_L 的 N 端或 V_H 的 C 端与 V_L 的 N 端相连接,构建成单链抗体基因,在一定的表达系统中得以表达。

(2)单链抗体的优点

单链抗体具有许多优点:①分子小,免疫原性低,用于人体不易产生抗异种蛋白反应;②容易进入实体瘤周围的微循环;③血循环和全身廓清快,半衰期短,肾脏蓄积很少;④无 Fc 段,不易与具有 Fc 受体的非靶细胞结合,成像清晰;⑤易于基因操作和基因工程大量生产。

(3)单链抗体的应用

单链抗体因其具有众多的优点,在肿瘤的临床诊断和治疗方面显示出了巨大的潜力,目前国外的一些抗肿瘤单链抗体已进入体内试验阶段。

在肿瘤诊断方面,目前已有[123]I标记的多种单链抗体用于肿瘤诊断。单链抗体用于放射性显影表现出很多优势:①能快速进入瘤体组织;②血循环和全身廓清快;③在肿瘤定位诊断时图像清晰。

单链抗体应用于肿瘤治疗主要利用抗体导向的原理,将药物选择性地投入到肿瘤组织部位,这样药物可区域特异性地在肿瘤组织内发挥抗肿瘤作用。一般采用将单链抗体基因C末端与毒素基因、细胞因子基因、药物代谢酶基因等药物基因相连,经表达后获 ScFv 与药物的融合蛋白。

此外,还可将抗体分子改造成具有两种抗原结合特异性的抗体分子,它的一个臂针对靶细胞的表面抗原,另一个臂针对免疫活性细胞表面的活性分子,从而将抗体的靶向性与激活免疫细胞的杀伤功能结合起来。

3. 单域抗体

研究发现,只有抗体的 V_H 或 V_L 一个功能结构域,也能保持原单克隆抗体的特异性,这种小分子抗体就称为单域抗体,其相对分子质量仅为完整抗体分子的 1/12。单域抗体仅有一个结构域,制备相当简单,而且可以在大肠杆菌等宿主中表达出有活性的抗体片段,因此也不失为一种有良好应用前景的基因工程抗体。

与 Fab、ScFv 相比,单域抗体的相对分子质量更小,更容易穿过靶组织,可以阻断病毒表面的"峡谷"部位,加强对实体瘤的渗透,得到分辨率更高的成像图谱。

但由于 V_H 单域抗体不含有 V_L 片段,V_H 的疏水面暴露较大面积,致使其抗原亲和力大幅度下降,非特异性吸附有所增加,因此将单域抗体作为一种治疗性抗体来应用还有许多问题要解决。在不久的将来,也许我们能看到它的广泛应用。

4. 超变区多肽

抗体结合抗原都要通过 CDR 来实现,因此可以说 CDR 是抗体结合抗原的最小结构单位。经晶体结构、NMR 等分析,发现抗体分子中 6 个 CDR 所起的作用是不同的。根据这个特点,可以设计出那些在抗原识别及亲和力方面有重要意义的 CDR 多肽,直接用于诊断或治疗,可望获得理想的结果。这种只含有一个 CDR 多肽的抗体,就称之为超变区多肽。

超变区多肽的氨基酸序列与 CDR 区完全一致,大小只有 16~30 个氨基酸,相对分子质量很小,对组织细胞具有极强的穿透性,能到达其他抗体不能到达的部位。超变区多肽可用同位素、萤光素标记或与毒素、药物等结合,用于疾病的诊断及治疗。

应该看到,超变区多肽由于只含有一个 CDR 区,它的结合抗原能力是不完全及不稳定的,其亲和力及非特异性吸附可能明显增加,而且由于其相对分子质量极小,在体内相当不稳定,可能还没有完全发挥其生物学效应时已被清除,因此限制了它的临床应用,但如果设计成 CDR 融合蛋白,则可望部分解决这个问题。

四、基因工程抗体的优点

与第二代单抗相比,基因工程抗体具有如下优点:①通过基因工程技术的改造,可以降低甚至消除人体对抗体的排斥反应;②基因工程抗体的分子量较小,可以部分降低抗体的鼠源性,更有利于穿透血管壁,进入病灶的核心部位;③根据治疗的需要,制备新型抗体;④可以采用原核细胞、真核细胞和植物等多种表达形式,大量表达抗体分子,大大降低了生产成本。

第四节 抗体的质量控制

体内用单抗的生产和质量控制方法必须符合国家的《药品生产质量管理规范》(GMP)和《生物制品制造及检定规程》(2000 年版第一部)。

一、杂交瘤技术制备的单克隆抗体

1. 亲本细胞

(1)骨髓瘤细胞

采用 SP2/0 或其他适宜的骨髓瘤细胞系。细胞应不合成或不分泌免疫球蛋白链型,具有符合骨髓瘤细胞的染色体特征,并有明确的来源历史及符合要求的保存条件。同时要按生物制品无菌试验规程要求对这些细胞进行细菌、真菌和支原体的检查,结果均应为阴性。

(2)免疫亲代细胞

采用经抗原免疫的鼠脾 B 淋巴细胞或外周血 B 淋巴细胞,用于免疫的动物应为无特异病原体 SPF 动物,应说明动物的品系,说明免疫原来源、性质及免疫原详细的制备过程,采用适宜的免疫方案及免疫淋巴细胞制备方法。

2. 细胞融合与克隆化

采用适宜的方法进行融合、筛选及克隆化,并有完整的杂交瘤细胞的生长记录。如果使用饲养细胞,其来源动物或细胞种子应证明无鼠病毒污染。

3. 杂交瘤细胞检定

(1)抗体分泌稳定性

连续克隆化后抗体阳性率达 100%,经体外连续传代 3 个月以上和反复冻存、复苏,细胞系能保持稳定分泌特异性抗体。

(2)细胞核学特征

检查细胞分裂中期染色体,应符合杂交瘤细胞特征。

4. 单克隆抗体的检定

(1)免疫球蛋白类及亚类

用免疫双扩散法或其他适宜的方法测定。

(2)亲和力

用可靠、准确的方法测定单克隆抗体(以下简称为单抗)的亲和常数或相对亲和力。一般情况下,对于免疫原为可溶性的单抗,测其亲和常数,对于免疫原为颗粒性抗原的单抗,测其相对亲和力。

(3)特异性

测定单抗对靶抗原的特异性;对多株单抗识别的抗原决定簇进行相关性分析。

(4)交叉反应

按附录要求。采用免疫组织化学法测定单抗与人体组织交叉反应,用冰冻及石蜡包埋的各种正常脏器组织测定。来源于肿瘤相关抗原的单抗应进行与各种肿瘤组织的交叉反应试验。

（5）效价测定

用适宜方法测定。

5.其他原材料

（1）细胞培养用小牛血清

支原体检测应为阴性。经小量试验适于杂交瘤细胞生长。

（2）培养液

应有培养液来源、质量指标。

（3）化学试剂

规格应达到分析纯以上。

二、基因工程抗体

参考《人用重组 DNA 制品质量控制技术指导原则》的有关要求。

三、细胞库的建立

应分别建立原始细胞库、主细胞库、工作细胞库的三级管理细胞库，一般情况下主细胞库来自原始细胞库、工作细胞库来自主细胞库。各级细胞库应有详细的制备过程、检定情况及管理规定等。

1.原始细胞库

单克隆抗体生产应采用种子批系统，应详细说明种子批的制备。应提供建立主细胞库所用的原始细胞系的建立、鉴定及克隆资料。如采用饲养细胞，应记述其来源。

2.主细胞库

在原始细胞库基础上，为单克隆抗体的生产建立主细胞库，对该细胞库的细胞应进行全面系统的检定。

（1）免疫特异性

采用合适的方法证实用来源于主细胞库的杂交瘤细胞制备的单克隆抗体其免疫特异性，应与原始细胞系保持一致。

（2）无细菌、真菌及支原体试验

对主细胞库的细胞进行细菌、真菌和支原体污染的检查，结果均应为阴性。由于支原体污染对长期传代细胞是一个极大威胁，一般生物制品无菌试验规程中对支原体的检查，只要求用直接培养法，但对细胞培养物这是不够的，必须同时用间接法即 DNA 荧光染色法来检查。

（3）病毒污染检查

应采用灵敏的方法对主细胞库的细胞进行病毒污染检查，若检查出出血热病毒、淋巴细胞脉络丛脑膜炎病毒、大鼠轮状病毒、3 型呼肠弧病毒、仙台病毒、脱脚病病毒、逆转录病毒等，该主细胞库不能用于生产。

3.工作细胞库

工作细胞库是主细胞库细胞经扩大培养冻存之细胞，每次生产时取出复苏、扩增及工作；除非作为存根以便以后查对，一般不再冻回。

若工作细胞库的制备不是在建立主细胞库的同一生产设施内进行的，则应按主细胞库的要求进行全面检定。

四、单抗生产

包括用小鼠腹水法和细胞培养法制备。

1. 小鼠腹水法

（1）小鼠

制备腹水必须使用合格的 SPF 级 BACB/C 小鼠或 BACB/C 小鼠和瑞士小鼠杂交子一代。

（2）动物实验设施

动物实验设施应有相关部门颁发的二级以上合格证。

（3）腹水制备

取适量扩增培养的杂交瘤细胞注射小鼠腹腔制备腹水，小鼠可以预先用液体石蜡或降植烷等处理。

2. 细胞培养法

可以采用发酵罐培养，亦可用细胞培养瓶培养收集上清液制备单克隆抗体。培养基用无牛血清或低牛血清培养基，不能用 β-内酰胺类抗生素。

3. 抗体纯化

可采用盐析法、分子筛层析、离子交换亲和层析等适宜的方法进行抗体纯化，尽可能选用一些不引起免疫球蛋白聚合、变性等的纯化方法及条件。应验证所用的纯化方法能去除可能存在的非目标产物污染，如不需要的免疫球蛋白分子、宿主 DNA、用于生产腹水抗体的刺激物、内毒素、其他热原质、培养液成分或层析柱析出成分等；还应验证所用的纯化方法能有效地去除/灭活病毒。连续产生的各批产品必须符合质检要求，批间具有良好的重复性。必要时对纯化后抗体采用适宜方法进行处理。

五、检定

包括原液（小鼠腹水、细胞培养上清液、纯化抗体）、半成品及成品的检定等。

1. 物理化学检测

（1）外观

液体制剂应为接近无色微带乳光的澄清液体，不应含有异物、浑浊或摇不散的沉淀。

（2）pH 值

电位法测定。

（3）蛋白质含量的测定

用 Lowry 法或其他适宜的方法测定。

（4）纯度测定

电泳法　用还原和非还原条件 SDS 聚丙烯酰胺凝胶电泳法。扫描后免疫球蛋白含量应达到 95% 以上，二聚体≤10%。

HPLC 法　纯度应≥95%。

多聚体测定　用 FPLC 或 HPLC 法，用适宜的分子筛层析，多聚体应≤10%。

(5)DNA 含量测定

用 DNA 分子杂交法。每一剂量残余鼠骨髓 DNA 含量不高于 100pg。

(6)水分

产品若为冻干制品,应进行残余水分测定,其含量应≤3%。

2. 生物学检定

应进行活性及效价、鼠源病毒、无菌、支原体、安全(用小白鼠和豚鼠)、热原、异常毒性等实验。采用家兔法测热原时,家兔注射剂量=(人用剂量/50)×20×家兔体重(kg);也可用鲎试剂法测热原,1mg/ml 蛋白浓度不应检测出有凝集活性。

3. 非免疫球蛋白杂质分析

包括来源于细胞基质、培养基和下游工艺的相关杂质,采用适当的技术和方法进行分析检测。

六、经修饰的单克隆抗体

为了提高单克隆抗体在治疗和体内诊断中的作用,常用单抗与毒素、药物、放射性核素或其他物质偶联形成免疫结合物,或构建包含非免疫球蛋白和免疫球蛋白序列的嵌合重组蛋白。研究者除对前面提到的有关未偶联单克隆抗体(未修饰单克隆抗体)的要求外,还应提供下列内容:

1. 免疫结合物的构建

应提供构建免疫结合物所用试剂和过程的详细资料,包括:(1)描述与单克隆抗体连接的成分(如毒素、药物、酶及细胞因子),包括所有成分的来源、结构、制法、纯度及特征。(2)制备免疫结合物所用化学试剂的描述,如连接剂和螯合剂。这些资料应该包括试剂来源、制备方法,以及合成或纯化时残留杂质的测定等内容。还应提供合成反应途径的图解,以及与免疫结合物中所用化学试剂毒性相关资料。(3)在确定成品的标准时应首先确定该原料与抗体的平均结合率及每个抗体被结合部分的数量,并揭示免疫球蛋白置换数量、效力和稳定性间的关系。(4)用重组 DNA 技术制备的制品(如重组免疫结合物)应提供构建和制备过程的全部资料。重组免疫结合物的稳定性应认真研究。因聚合物(如通过重组 Fvs 形成的"双抗")造成原可变区构形改变或变性而减弱了特异免疫反应性,可能导致药代动力学的改变和/或与非靶组织结合。

2. 免疫结合物的纯度

应采取特殊措施保证抗体尽可能无外源免疫球蛋白或非免疫球蛋白污染,因这些污染物质在构建免疫结合物过程中,能与核素、毒素或药物发生反应。应规定最终产品中游离抗体或游离组分的限量,活性中间体应被灭活或去除。

3. 免疫结合物的免疫反应性,效力及稳定性

毒素或药物偶联至抗体上会改变其中任一成分的活性,所以应采用适当的方法,评估偶联前后的免疫反应性。除了用于造影的放射性免疫结合物,免疫结合物非免疫球蛋白成分的活性应在适当的时候用效力试验来进行评估(例如毒素、细胞因子或酶等)。免疫结合物构建后,应确定免疫反应性变化的百分率限值,并作为产品规格的组成部分。

应通过在合并的人血清中 37℃无菌条件下孵育,来检测免疫结合物在体外的稳定性。假如所用抗凝剂不会影响免疫结合物的稳定性,血浆可以用来代替血清。经过规定间隔时

间分析样品中完整免疫结合物及分解产物的浓度。应详细说明评估产品的稳定性条件及所用阴、阳对照。

4. 与放射性核素偶联单克隆抗体的特殊问题

放免结合物应用标准化的、严格控制并经过验证的方法制备,应建立检测游离同位素、结合单克隆抗体、标记的非免疫球蛋白物质的放射性百分率的方法。

放射性标记单克隆抗体的初始研究用于新药申报,包含连续 3 次放射标记试生产的分析结果,应证明所制备的产品未改变免疫特异性、无菌、无热原质。放射性标记试生产应由在研究中对单克隆抗体进行放射性标记及使用试剂的同一组人员进行。

制备免疫结合物时应使用放射性药品及同位素,并应提供其无菌及无热原质的分析证书及横向参比的信函。在标记试生产过程中,应测定最终产品中共价结合的和游离的同位素的浓度,以及标记试剂及其分解产物的残留水平。适当的时候,应检测免疫结合物形成胶体的情况,并对其进行限定。有关单抗制备中放射性标记物的质控标准参考国家关于放射性药品规定。

七、产品稳定性

产品稳定性应满足临床方案制定的要求。加速稳定性试验资料可作为产品审批及标定用,但不能代替实际的稳定性资料。

应制定稳定性检定规划,包括在规定效期全过程中,每间隔一定时间进行制品的物理化学完整性试验(如断裂或聚合)、效力试验、无菌试验,以及水分、pH 和防腐剂的稳定性测定。

应确保制品生物活性的稳定性试验(例如定量体外效率试验)包括厂内参比品。如可能在试验的全过程中只使用一批试验抗原(如纯化的抗原、细胞或组织)。应用定量效力试验使对生物活性进行有意义的比较成为可能。

加速稳定性试验,即将制品储存在温度高于常规储存温度后的稳定性试验,可能有助于鉴定及建立稳定性指示试验。表示稳定性的特定参数应通过对每一批制品用趋向分析方法进行监测。

【药典链接】

2010 年版《中国药典》对抗五步蛇毒血清的规定

本品系由五步蛇毒或脱毒五步蛇毒免疫马所得的血浆,经胃酶消化后纯化制成的液体抗五步蛇毒球蛋白制剂,用于治疗被五步蛇咬伤者。

1　基本要求
生产和检定用设施、原料及辅料、水、器具、动物等应符合“凡例”的有关要求。
2　制造
2.1　抗原与佐剂
应符合“免疫血清生产用马匹检疫和免疫规程”的规定。
2.2　免疫动物及血浆
2.2.1　免疫动物

免疫用马匹必须符合"免疫血清生产用马匹检疫和免疫规程"的规定。

2.2.2 采血及分离血浆

按"免疫血清生产用马匹检疫和免疫规程"的规定进行。免疫血清效价用动物法或其他适宜的方法测定,达到 60U/ml 时,即可采血、分离血浆,加适宜防腐剂,并应做无菌检查(附录 XII A)。

2.3 胃酶

胃酶进行类 A 血型物质含量测定,应不高于 $4\mu g/ml$(附录 IX I)。

2.4 原液

2.4.1 原料血浆

原料血浆的效价(附录 XII I)应不低于 50U/ml。

血浆在保存期间,如发现有明显的溶血、染菌及其他异常现象,不得用于制备。

2.4.2 制备

2.4.2.1 消化

将免疫血浆稀释后,加入适量胃酶及甲苯,调整适宜 pH 值后,在适宜温度下消化一定时间。

2.4.2.2 纯化

采用加温、硫酸铵盐析、明矾吸附等步骤进行纯化。

2.4.2.3 浓缩、澄清及除菌过滤

浓缩可采用超滤或硫酸铵沉淀法进行。澄清及除菌过滤后,制品中可加入适量硫柳汞或间甲酚作为防腐剂。

纯化后的抗血清原液应置 2~8℃ 避光保存至少 1 个月作为稳定期。

2.4.3 原液检定

按 3.1 项进行。

2.5 半成品

2.5.1 配制

将检定合格的原液,按成品规格以灭菌注射用水准确稀释,调整效价、蛋白质浓度、pH 值及氯化钠含量,除菌过滤。

2.5.2 半成品检定

按 3.2 项进行。

2.6 成品

2.6.1 分批

应符合"生物制品分批规程"规定。

2.6.2 分装

应符合"生物制品分装和冻干规程"规定。

2.6.3 规格

每瓶 10ml,含抗五步蛇毒血清 2000U。

2.6.4 包装

应符合"生物制品包装规程"规定。

3 检定

3.1 原液检定

3.1.1 抗体效价

依法测定(附录 XII)。

3.1.2 无菌检查

依法检查(附录 XII A),应符合规定。

3.1.3 热原检查

依法检查(附录 XII D),应符合规定。注射剂量按家兔体重每 1kg 注射 3.0ml。

3.2 半成品检定

无菌检查

依法检查(附录 XII A),应符合规定。

3.3 成品检定

3.3.1 鉴别试验

每批成品至少抽取 1 瓶做以下鉴别试验。

3.3.1.1 动物中和试验或特异沉淀反应

按附录 XI I 进行,供试品应能中和五步蛇毒;或采用免疫双扩散法(附录 VIII C),应与五步蛇毒产生特异沉淀线。

3.3.1.2 免疫双扩散试验或酶联免疫吸附试验

用兔抗马血浆的 IgG 做免疫双扩散试验(附录 VIII C),应为马血清蛋白成分;或采用酶联免疫吸附试验(附录 IX M),供试品应与马 IgG 反应呈阳性。

3.3.2 物理检查

3.3.2.1 外观

应为无色或淡黄色的澄明液体,无异物,久置有微量可摇散的沉淀。

3.3.2.2 装量

按附录 I A 中装量项进行检查,应不低于标示量。

3.3.3 化学检定

3.3.3.1 pH 值

应为 6.0~7.0(附录 V A)。

3.3.3.2 蛋白质含量

应不高于 170g/L(附录 VI B 第一法)。

3.3.3.3 氯化钠含量

应为 7.5~9.5g/L(附录 VII G)。

3.3.3.4 硫酸铵含量

应不高于 1.0g/L(附录 VII C)。

3.3.3.5 防腐剂含量

如加硫柳汞,含量应不高于 0.1g/L(附录 VII B);如加间甲酚,含量应不高于 2.5g/L(附录 VI N)。

3.3.4 纯度

3.3.4.1 白蛋白检查

将供试品稀释至 2% 的蛋白浓度,进行琼脂糖凝胶电泳分析(附录ⅣB),应不含或仅含痕量白蛋白迁移率的蛋白质成分。

3.3.4.2　F(ab')₂ 含量

采用 SDS-聚丙烯酰胺凝胶电泳法测定(附录ⅣC),上样量 $25\mu g$,F(ab')2 含量应不低于 60%,IgG 含量应不高于 10%。

3.3.5　抗体效价

抗五步蛇毒血清效价应不低于 180U/ml(附录ⅪI)。每瓶抗五步蛇毒血清装量应不低于标示量。

3.3.6　无菌检查

依法检查(附录ⅫA),应符合规定。

3.3.7　热原检查

依法检查(附录ⅫD),应符合规定。注射剂量按家兔体重每 1kg 注射 3.0ml。

3.3.8　异常毒性检查

依法检查(附录ⅫF),应符合规定。

4　保存、运输及有效期

于 2~8℃ 避光保存和运输。自生产之日起有效期为 3 年。

5　使用说明

应符合"生物制品包装规程"规定和批准的内容。

【药典链接】

2010 年版《中国药典》对注射用抗人 T 细胞 CD3 鼠单抗的规定

本品系以杂交瘤技术由人 T 淋巴细胞免疫 BALB/c 小鼠后,取脾细胞与 BALB/c 小鼠骨髓瘤细胞融合,得到稳定分泌抗 CD3 特异性抗体的杂交瘤细胞,用小鼠体内法制备抗体,经纯化冻干制成。

1　基本要求

生产和检定用设施、原料及辅料、水、器具等应符合"凡例"的有关要求。

制备腹水应使用 SPF 的 BALB/c 小鼠或 BALB/c 小鼠和瑞士小鼠的杂交子一代。

2　制造

2.1　杂交瘤细胞

能稳定分泌鼠抗人 T 淋巴细胞 CD3 单克隆抗体的杂交瘤细胞系,并符合"生物制品生产用动物细胞基质制备及检定规程"的有关规定。

2.2　杂交瘤细胞库建立

应符合"生物制品生产用动物细胞基质制备及检定规程"的规定。

2.3　细胞库的细胞检定

主细胞库和工作细胞库的细胞应按照"生物制品生产用动物细胞基质制备及检定规程"的规定做全面检定。除此之外,主细胞库细胞应进行以下项目的检定。

2.3.1　细胞核型检查

可采用染色体检查法进行,检查 100 个细胞分裂中期的染色体,应符合鼠鼠杂交瘤特征。

2.3.2 抗体分泌稳定性

杂交瘤细胞体外传代培养 3 个月以上能稳定分泌特异性抗体。液氮保存的细胞应能复苏、扩增培养和稳定分泌特异性抗体。

2.3.3 特异性

包括抗体相应靶抗原分子量的测定,与人的组织和细胞如胸腺、扁桃体、脾脏等以及人外周血各细胞成分的反应性,与 T 白血病细胞系、B 白血病细胞系的反应性;也可用已知单克隆抗体进行竞争抑制试验。应符合抗人 T 淋巴细胞 CD3 分化抗原单克隆抗体的特异性。

2.3.4 免疫球蛋白类及亚类

用抗小鼠 Ig 类和亚类的特异性抗血清进行琼脂双扩散试验。

2.3.5 亲和力

应不低于 107L/mol。

2.3.6 交叉反应性检查

采用冰冻组织切片染色法进行。检测与胸腺、扁桃体、淋巴结、脾脏、骨髓、血细胞、肺、肝、肾、膀胱、胃、肠、胰腺、腮腺、甲状腺、甲状旁腺、肾上腺、脑垂体、外周神经、卵巢、睾丸、皮肤、眼等人体组织器官的交叉反应性。

CD3 抗原单克隆抗体除与胸腺、扁桃体、淋巴结、脾脏、胃肠黏膜淋巴小结及散在淋巴细胞(如在骨髓和血细胞中)等相应靶细胞有反应外,与人体其他重要组织器官、细胞反应为阴性。

2.4 原液

2.4.1 抗体腹水制备

2.4.1.1 取工作细胞库中的杂交瘤细胞使其复苏并扩大培养。

2.4.1.2 取适量扩增培养的杂交瘤细胞接种小鼠腹腔,每只小鼠腹腔注射 5×10^5 左右杂交瘤细胞。小鼠可先用降植烷或液体石蜡等预处理。

2.4.1.3 无菌操作收集腹水,经适当处理后置 $-20℃$ 以下保存。

2.4.1.4 腹水检定

按 3.1 项进行。

2.4.2 抗体纯化

2.4.2.1 腹水预处理

腹水合并,滤纸过滤。

2.4.2.2 IgG 纯化

采用经批准的纯化工艺由腹水纯化 IgG。

2.4.3 纯化后处理

2.4.3.1 纯化的 IgG 经 56℃ 30 分钟处理,离心去沉淀。

2.4.3.2 病毒灭活

采用经批准的方法去除和灭活病毒。

2.4.3.3 除菌

病毒灭活后的 IgG 经除菌过滤后,即为原液。

2.4.4 原液检定

按 3.2 项进行。

2.5 半成品

2.5.1 半成品配制

按测定的蛋白质含量,将原液中的 IgG 用 0.02mol/L 的 PBS 稀释至 5mg/ml,加适宜稳定剂,除菌过滤后即为半成品。

2.5.2 半成品检定

按 3.3 项进行。

2.6 成品

2.6.1 分批

应符合"生物制品分批规程"规定。

2.6.2 分装及冻干

应符合"生物制品分装和冻干规程"规定。

2.6.3 规格

复溶后为每瓶 1ml,每瓶含单克隆抗体 5mg。

2.6.4 包装

应符合"生物制品包装规程"规定。

3 检定

3.1 腹水检定

3.1.1 效价测定

采用免疫荧光法测抗体对正常人外周血单核细胞的反应性,其正常值范围的参考指标为 66.0%±10%,抗体效价不低于 1:5000。

3.1.2 鼠源性病毒检查

依法检查(附录ⅫH),应无任何特定的鼠源性病毒。

3.1.3 支原体检查

依法检查(附录ⅫB),应符合规定。

3.2 原液检定

3.2.1 蛋白质含量

依法测定(附录ⅦB 第二法)。

3.2.2 pH 值

应为 6.5～7.5(附录ⅤA)。

3.2.3 等电点

依法测定(附录ⅣD),供试品的等电点与对照品的等电点图谱应一致。

3.2.4 纯度

3.2.4.1 电泳法

依法测定(附录ⅣC)。分离胶浓度为 10%,加样量应不低于 10μg(考马斯亮蓝 R250 染色法)或 5μg(银染法)。非还原法:应与对照品一致;还原法:经扫描仪扫描,免疫球蛋白重链和轻链的含量应不低于 95.0%。

3.2.4.2 高效液相色谱法

依法测定(附录Ⅲ B)。色谱柱以适合分离分子质量为 10～500kD 蛋白质的色谱用凝胶为填充剂;流动相为 0.1mol/L 磷酸盐－0.1mol/L 氯化钠缓冲液,pH7.0;上样量不低于 20μg,于波长 280nm 处检测,以免疫球蛋白色谱峰计算理论板数应不低于 1000。按面积归一化法计算,免疫球蛋白主峰面积应不低于总面积的 95.0%。

3.2.5 小鼠骨髓瘤细胞 DNA 残留量

依法检查(附录Ⅸ B),每 1 支应不高于 100pg。

3.3 半成品检定

无菌检查

依法检查(附录Ⅻ A),应符合规定。

3.4 成品检定

除复溶时间和水分测定外,应按标示量加入生理氯化钠溶液,复溶后进行其余各项检定。

3.4.1 鉴别试验

采用免疫荧光法测抗体对正常人外周血单核细胞的反应性,其正常值范围的参考指标为 66.0%±10%。

3.4.2 物理检查

3.4.2.1 外观

应为白色疏松体,复溶后为略带乳光的澄清液体。

3.4.2.2 复溶时间

加 1ml 生理氯化钠溶液后,应在 5 分钟内完全溶解。

3.4.2.3 可见异物

依法检查(附录Ⅴ B),应符合规定。

3.4.2.4 装量差异

按附录Ⅰ A 中装量差异项进行,应符合规定。

3.4.3 化学检定

3.4.3.1 水分

应不高于 3.0%(附录Ⅶ D)。

3.4.3.2 pH 值

应为 6.5～7.5(附录Ⅴ A)。

3.4.3.3 蛋白质含量

应为标示量的 90%～110%(附录Ⅵ B 第二法)。

3.4.4 效价测定

采用免疫荧光法测抗体对正常人外周血单核细胞的反应性,其正常值范围的参考指标为 66.0%±10%,抗体效价不低于 1∶10000。

3.4.5 无菌检查

依法检查(附录Ⅻ A),应符合规定。

3.4.6 异常毒性检查

依法检查(附录Ⅻ F),应符合规定。

3.4.7 热原检查

依法检查(附录Ⅻ D),注射剂量按家兔体重每 1kg 注射 2mg 单克隆抗体,应符合规定。

4 保存、运输及有效期

于 2～8℃避光保存和运输。自生产之日起有效期为 3 年。

5 使用说明

应符合"生物制品包装规程"规定和批准的内容。

【合作讨论】

1. 鼠单克隆抗体用于人体疾病治疗的现状。

2. 举例说明单克隆抗体检测的优势。

3. 举例说明基因工程抗体的优势。

4. 目前,艾滋病已是免费检测,你知道其检测原理吗?

5. 抗体药物的发展历史及现状。

【延伸阅读】

单抗的临床应用及国内外市场现状分析

一、单抗产品的临床应用

1. 应用领域

单克隆抗体在临床上主要应用于以下三个方面:肿瘤治疗、免疫性疾病治疗以及抗感染治疗,见图 1。其中肿瘤的治疗是目前单抗应用最为广泛的领域,也是未来发展的主要方向。目前已经进入临床试验和上市的单抗产品中,用于肿瘤治疗的产品数量占比大概为 50%。

目前单抗产品在肿瘤治疗中的主要应用领域为乳腺癌、卵巢癌、非小细胞肺癌、直结肠癌、急性白血病、非何杰金淋巴瘤和肝癌。2004—2006 年治疗肿瘤的单抗产品销售保持高速增长,年复合增长率近 40%,2006 年销售额达到了 97 亿美元。目前肿瘤治疗用单抗的明星产品有罗氏制药(基因泰克)的美罗华、赫赛汀、阿瓦斯汀,礼来的爱必妥等产品。

免疫性疾病的治疗是单抗产品应用的另一大领域,目前上市的抗体药物中用于免疫性疾病治疗的产品多达 8 种。肿瘤坏死因子(TNFa)作为细胞信号通路中的一个重要环节,是很多单抗产品的靶向目标。2002 年在美国批准上市的唯一一个完全人源化抗体药物 Humira 就是通过结合 TNFa 来治疗风湿性关节炎,2005 年的销售额即达到了 14 亿美元。目前国内的中信国健的益赛普也是针对风湿性关节炎的单抗产品。此外,单抗还能够应用到血液系统、器官移植等免疫系统领域。

单抗产品在抗感染方面的应用相对比较滞后,很大程度是因为疫苗和小分子药物的竞争压力。但目前单抗在抗感染方面的应用得到了更多的关注,用于治疗儿童呼吸道融合病毒感染的 palivizumab 在 2004 年全球销售额已经近 10 亿美元。

2. 单抗产品的优势

相对于小分子药物,单抗产品最大的优点就是"精确",能够针对特异性的靶点进行治疗,降低副反应的同时增强了功效。目前单抗产品的治疗机制大概分为两类,一类是通过单抗本身与靶点蛋白的结合,达到利用自身免疫系统清除目标蛋白的作用,代表性的产品有基因泰克的美罗华和赫赛汀;另一类是将单抗与治疗用的小分子药物或放疗药物耦合,单抗帮助治疗药物找到病灶,以此来达到特异性治疗的目的,代表性的产品有成都华神的碘[131I]

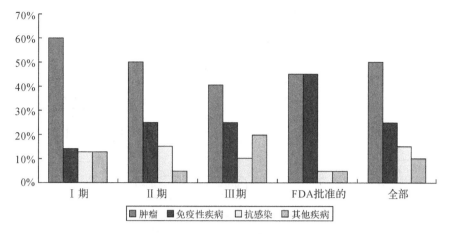

图1　目前在各治疗领域的单抗产品数量占比

美妥昔单抗皮试制剂,见图2。

　　以单抗产品使用最为广泛的肿瘤治疗为例。在传统的治疗中,肿瘤患者一般会接受化疗和放疗两种治疗,但是不论哪种方式都会对患者的身体造成极大的伤害。在化疗过程中,患者一般会出现肠胃功能紊乱,免疫力降低,造血功能受抑制等副作用;而放疗使患者本身就要受到辐射伤害。究其原因,是因为这两种传统治疗方法都是"广谱"治疗,也就是不论对肿瘤细胞还是正常细胞都会杀伤,这样造成效价较低。而单抗产品能够精确到细胞级别,针对病灶进行治疗,效价较高。

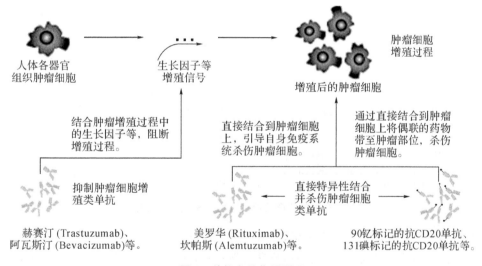

图2　单抗产品作用原理

二、国际单抗市场发展渐入佳境

1. 单抗产品进入高速增长阶段

　　治疗性抗体的发展经历了从多克隆抗体到单克隆抗体再到基因工程抗体三个阶段,在前期由于抗体制备技术还不够成熟,抗体产品尚未广泛应用。随着基因工程技术的成熟,单抗产品进入高速增长阶段,见图3、图4。

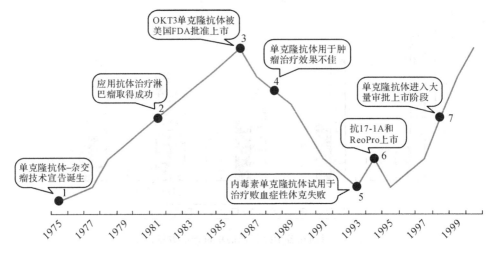

图 3 治疗性抗体发展历程和事件

单克隆抗体药物近几年增长迅速,单克隆抗体产品已经成为一个全球销售额突破 400 亿美元的大产业,目前单抗产品的销售额占生物制药的比例已经超过 30%,未来单抗产品将成为生物医药领域发展的主旋律。目前化学制药工业新药的推出速度已经逐步放缓,而随着新靶点的大量发现,单抗类药物的研发工作正在如火如荼进行,单抗类药品在未来有望成为主要的新药来源。

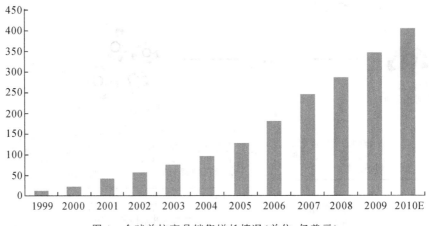

图 4 全球单抗产品销售增长情况(单位:亿美元)

2. 单抗产品主要集中在大型公司,产品线逐步升级

单克隆抗体研发的技术壁垒较高,研发周期较长,需要强大的资金和技术支持,因此在单抗技术方面大型企业具有明显的优势。目前国外重磅的单抗产品主要集中在罗氏(基因泰克)、安进、GSK 和强生等公司,这些公司构建了成熟的单抗研发平台,在靶位基因的筛选、基因的测序、抗体结构的构建,以及工业化生产等一系列流程上有着技术优势。从目前已经上市销售的品种来看,我们可以发现单抗产品已经由初期的鼠源性和嵌合性产品逐步转向了人源化和完全人源化产品,大型企业在蛋白结构重组方面也有自己的优势。

从产品列表(附表 1)我们也可以看出,目前单抗最为主要的应用还是集中在肿瘤和自身免疫性疾病的治疗。其中肿瘤的治疗集中在淋巴癌、乳腺癌和结直肠癌;在免疫性疾病的治疗上主要集中在类风湿性关节炎、银屑病、强直性脊柱炎以及红斑狼疮。

很多大型企业在早期就开始了对于生物制药的布局,目前很多大型企业的单抗产品线都是通过收购而获得的。强生公司早在 1999 年就收购了 Centocor,获得了其单抗技术平台;安进于 2002 年收购了 Immunex;礼来于 2008 年收购了 Imclone;罗氏在早期就控股基因泰克公司,在基因泰克因生物制品大获成功后,罗氏更是斥资 468 亿美元收购了基因泰克剩余的股份,不断的并购表明生物制药产业正在吸引越来越多的投资,见表 1。

罗氏(基因泰克)无疑是单抗产品的领军企业,拥有最多的 7 个上市产品,其中包括了阿瓦斯汀、赫塞汀、美罗华等重磅炸弹产品,见表 2,其次是强生、安进公司和 GSK。依托强大的生物技术平台,强生、安进公司和 GSK 在近几年推出了新产品,并且在研产品储备丰富,未来有望持续推出新的单抗类产品。

表 1　国外生物制品企业并购事件列表

年　份	交易价格(美元)	买　方	卖　方
1999 年	—	强生 Johnson&Johnson	Centocor
2000 年 1 月 17 日	759.6 亿	葛兰素—威康 Glaxo Wellcome	史克必成 Smithkline Beecham
2002 年 7 月 16 日	169.0 亿	安进 Amgen	Immunex
2003 年 7 月 10 日	64.0 亿	艾迪克 IDEC	生物基因 Biogen
2004 年 2 月 26 日	10.0 亿	生物科技公司 Genzyme	Ilex Oncology
2007 年 6 月 4 日	156.0 亿	阿斯利康 AstraZeneca	MedImmune
2008 年 10 月 10 日	65.0 亿	礼来 Eli Lilly	英克隆 ImClone
2009 年 3 月 12 日	468.0 亿	罗氏 Roche	基因泰克 Genentech
2009 年 10 月 15 日	680.0 亿	辉瑞 Pfizer	惠氏 Wyeth

表 2　基因泰克公司主要单抗产品全球销售情况　　　　(单位:百万美元)

产　品	2010	2009	2008	2007	2006
AVASTIN(阿瓦斯汀)	6,216	5,747	4,823	3,425	2,365
RITUXAN(美罗华)	6,115	5,622	5,487	4,601	3,864
HERCEPTIN(赫赛汀)	5,223	4,864	4,717	4,047	3,136
LUCENTIS	2,936	2,339	1,775	1,220	401
XOLAIR(乐无喘)	986	911	730	613	531
合　计	21,476	19,483	17,532	13,906	10,297

3. 各大公司在研品种众多,新靶点和新适应症将是未来创新的关键

目前各大公司都有众多进入了 II、III 期临床的产品,在研产品主要还是以肿瘤治疗和自身免疫性疾病的治疗为主(见附表 2)。肿瘤疾病的治疗类型较现有产品有所拓展,增加了

针对实体瘤、黑色素瘤等肿瘤的治疗产品,但主要还是以淋巴癌、乳腺癌等疾病为主。自身免疫性疾病的治疗仍然主要以关节炎,哮喘和皮肤疾病为主,新增了针对老年痴呆症和糖尿病的治疗产品。

总体看来相比较于现有产品,在研产品新增疾病数量有限。我们认为主要原因在于新发现的疾病靶点有限,新增的针对实体瘤、黑色素瘤、老年痴呆症和糖尿病的产品都是作用于新靶点,而大多数的在研产品仍然是以传统的 CD 系列、IL 系列和 EGFR 靶点为主,针对的疾病类型也与之前已经上市针对相同靶点的产品一样,因此新型靶点的发现对于治疗性单抗产品的创新至关重要。

同时我们也不应忽略针对同一靶点的产品对于不同适应症的开发,以 GSK 的在研产品 Otelixizumab 为例,虽然靶点也是 CD 系列中的 CD3,但公司为其分别申请了针对 I 型糖尿病、重症肌无力和风湿性关节炎三个不同适应症的临床试验,最大限度地挖掘了其新药价值。一般来说,同一个靶点在人的不同细胞中都存在,并且可能发挥不同的作用,因此充分发掘一个靶点在不同细胞通路中的作用,对于扩大一个单抗产品的适应症有重要的意义。

目前在研产品基本以人源化和完全人源化产品为主,鼠源性的产品基本已经淘汰,这也表明随着基因工程技术的进步,单抗类产品的类型也开始升级。

二、国内单抗产业含苞待放

1.国内治疗性单抗产品仍以进口为主,国产产品线还有待升级

目前国内主要的治疗性单抗产品市场仍然被进口产品所占据,进口产品主要以国外畅销产品为主。国产单抗产品正处在起步阶段,早期产品以鼠源性产品为主,随着中信国健和百泰生物推出自己的人源化产品,我国单抗产品类型也开始升级,但是还没有国产的完全人源化产品,见表3。可以预见未来国内主流的单抗产品将以人源化和完全人源化产品为主。

2.国内单抗产业初具规模,兰生国健为国内领军企业

目前全球化学制药的创新已经进入瓶颈期,而生物制药的创新则层出不穷,随着新靶点的发现和现有产品适应症的不断扩大,治疗性单抗产品的应用范围不断拓展。由于基因工程技术兴起的时间并不长,在研发技术上国内外的差距并不是很大,目前国内的单抗产品研发也逐步进入了一个高潮。

目前国内主要的单抗制品研发和生产企业有:兰生国健、百泰生物、美恩生物、张江生物和上海亚联等公司,此外在上市公司中一致药业、健康元和丽珠集团也计划加大在单抗产品上的研发投入,进军单抗产业。

兰生国健成立于 2000 年,注册资本 12000 万元。公司为典型的研发型企业,其中兰生股份持有公司 34.65% 的股份,而核心研发人员持有公司 57.75% 的股权。兰生国健控股有四家子公司分别是:上海中信国健药业有限公司、上海国盛药业有限公司、上海张江生物技术有限公司和上海国健生物技术研究院。

这四家子公司均涉及单抗类药物产业,其中产业化最为成功的是中信国健,其治疗类风湿关节炎和银屑病的产品益赛普为我国第一款人源化的治疗性单抗产品,该产品 2009 年的销售额已经达到 2.8 亿元。2010 年,中信国健的销售收入已经达到 4 亿元,兰生国健的净利润达到 8138 万元,其中大部分的利润来自中信国健。

表 3　国内进口和国产治疗性单抗产品列表

单抗名称	商品名	厂　家	抗体类型	国内上市时间	适应症
进口产品					
Muromonab-CD3	爱欧山	古巴分子免疫学中心	鼠源	1999	急性器官移植排斥
Daclizumab	赛尼哌	罗氏	人源化	2000	肾移植中的急性器官排斥
Rituximab	美罗华	罗氏	嵌合	2000	B细胞非霍奇金淋巴瘤
Trastuzumab	赫赛汀	罗氏	人源化	2003	HER2-阳性的乳腺癌
Basiliximab	舒莱	诺华	嵌合	2004	肾移植中的急性器官排斥
Cetuximab	爱必妥	礼来	嵌合	2005	转移性结肠直肠癌
Infliximab	类克	强生	嵌合	2006	克罗恩病
Bevacizumab	安维汀	罗氏	人源化	2010	结、直肠转移癌治疗
Adalimumab	修美乐	雅培	人源化	2010	类风湿关节炎
Etanercept	恩利	安进	全人源化	2010	慢性类风湿性关节炎、强直性脊柱炎、银屑病
国产产品					
注射用鼠抗人T淋巴细胞CD3抗原单克隆抗体	—	武汉生物制品研究所	鼠源	2002	器官移植排异反应
抗人白细胞介素-9单克隆抗体乳膏	恩博克	大连亚维药业有限公司	鼠源	2003	银屑病
注射用重组人Ⅱ型肿瘤坏死因子受体—抗体融合蛋白	益赛普	上海中信国健药业有限公司	人源化	2005	类风湿关节炎、强直性脊柱炎、银屑病
碘[131I]肿瘤细胞核人鼠嵌合单克隆抗体注射液	唯美生	上海美恩生物技术有限公司	嵌合	2006	肺癌治疗
碘[131I]美妥昔单抗注射液	利卡汀	成都华神生物技术有限责任公司	鼠源	2006	肝癌治疗
尼妥珠单抗注射液	泰欣生	百泰生物药业有限公司	人源化	2008	结直肠癌

　　中信国健目前为兰生国健四个子公司里面唯一有成熟单抗产品的公司,主打产品益赛普销售收入稳步增长,其与安进公司的 Enbrel 类似,主要用于类风湿关节炎、银屑病和强直性脊柱炎,2010 年 Enbrel 在北美的销量已经接近 35 亿美元。随着我国老龄人口比例逐步提高,类风湿关节炎的发病率呈上升趋势,国内单抗治疗类风湿关节炎的市场潜力巨大。2010 年 2 月 Enbrel 获得药监局批准进入中国市场,经销商为辉瑞公司,虽然人源化的益赛普较完全人源化 Enbrel 在应用性上有一定差距,但辉瑞公司会通过自己强大的营销网络来培育相关市场,国产的益赛普有望分享市场成长带来的收益。

　　除了益赛普,中信国健的新产品健尼哌(重组抗 CD25 人源化单克隆抗体注射液)也于近期获得了国家药监局的批准,用于器官移植免疫抑制领域。目前国际上已经应用于预防器官移植中的免疫排斥的单抗产品有强生的 Orthoclone-Okt(1986 年获批)、罗氏的 Zenapax14(赛尼哌,1997 年获批)以及诺华的 Simulect(舒莱,1998 年获批),这三个产品都是于 1998 年以前获批,在此之后再也没有新的针对器官移植免疫排斥的单抗产品出现。主要是由于器官移植市场相对较小,单抗产品主要的研发方向还是肿瘤及自身免疫性疾病的治疗。

　　噻普汀(注射用重组抗 HER2 人源化单克隆抗体)也是该公司重点的在研品种之一,该产品于 2004 年 7 月获批进入临床试验阶段,该产品与罗氏公司的重磅炸弹产品 Herceptin (赫赛汀)作用于相同靶点,用于治疗乳腺癌,2010 年 Herceptin 的全球销售已经突破了 50 亿美元。目前乳腺癌已经成为我国妇女最常见的恶性肿瘤之一,并且发病率有年轻化的趋势。该产品如果能够成功上市,将有望成为公司的重磅产品。

　　除了子公司中信国健的产品,目前兰生国健其他子公司张江生物和国健研究院也有丰富的在研品种,为公司后续发展提供了丰富的产品链,见表 4。

表 4　兰生国健主要在研单抗产品线

子公司	产品名称	抗体类型	临床批准时间	适应症
中信国健	人鼠嵌合抗 CD20 单克隆抗体注射液	嵌合	2004/2/25	B 细胞非霍奇金淋巴瘤
	噻普汀(重组抗 HER2 人源化单抗)	人源化	2004/7/2	HER 阳性乳腺癌
	注射用重组人 CTLA4－抗体融合蛋白	人源化	2006/5/10	类风湿关节炎
	健尼哌(抗 CD25 人源化单抗注射液)	人源化	已经获批上市	器官移植免疫排斥
张江生物	注射用重组人 LFA3-抗体融合蛋白	人源化	2006/4/21	银屑病
	重组抗 CD52 人源化单克隆抗体注射液	人源化	2006/6/23	B-细胞慢性淋巴细胞白血病患者
	重组抗 CD3 人源化单克隆抗体注射液	人源化	2007/5/26	器官移植免疫排斥
	重组抗 EGFR 人鼠嵌合单克隆抗体注射液	嵌合	2007/6/25	结直肠癌
	注射用重组抗 IgE 人源化单克隆抗体	人源化	2008/2/5	哮喘
国健研究院	注射用重组抗 CD11a 人源化单克隆抗体	人源化	2005/10/13	银屑病

　　2.产业蓬勃发展,百家争鸣

　　生物技术属于新兴技术,国内外技术差距尚未被拉开,随着单抗产品在全球范围内得到认可,国内企业也纷纷投入到单抗产品的研发与生产中,国产治疗性单抗产品线不断得到丰富。

　　(1)百泰生物

　　百泰生物药业有限公司成立于 2000 年 8 月,为中国和古巴合资生物医药企业。2008 年公司推出自己第一个单抗产品——泰欣生(尼妥珠单抗),用于 EGFR 过表达的鼻咽癌治疗,这也是国内第一个针对肿瘤治疗的人源化单抗产品,目前该产品针对非小细胞肺癌、结直肠癌等病种的临床研究也在积极展开。目前公司的在研品种还有治疗非小细胞肺癌的 EGF 疫苗和治疗自身免疫性疾病以 CD6 为靶点的单抗产品。

　　(2)美恩生物

　　美恩生物技术有限公司成立于 2001 年,美国 Medipharm Biotech pharmaceutical 公司占 95% 股份。公司目前上市产品为唯美生(碘[131I]肿瘤细胞核人鼠嵌合单克隆抗体注射液)，用于治疗晚期肺癌，但是由于该产品带有放射性，在临床上的使用受到了一定的限制。

（3）华神集团

2001年，华神集团与第四军医大签署合同，以总金额3650万元受让了第四军医大的"碘[131I]美妥昔单抗注射液"项目。美妥昔单抗是专门用于治疗原发性肝癌的单抗导向同位素药物，于2007年上市。目前该产品已经完成临床IV期试验，效果确切，同样是由于放射性的原因，推广受到一定限制，目前公司正在开发小放射剂量产品，以便于市场的开拓。

除了上述三个在国内有上市产品的公司，国内上市公司中还有一致药业、健康元和丽珠集团在筹备单抗业务。一致药业持股的深圳万乐药业计划与韩国Celltrion公司合作引进9个单抗药物，而Celltrion公司为亚太地区最大的单抗类药物生产商之一，如果未来能够成功引进成熟产品，市场前景将会非常广阔；健康元与丽珠集团也于2010年共同成立了单抗技术公司，重点进行单抗产品的研发，目前研发团队已经基本成型，公司将持续加大对单抗产品的研发投入。

在非上市公司中，上海亚联抗体医药有限公司、成都康弘生物技术有限公司和深圳龙瑞药业有限公司等均有进入临床研究的单抗产品。未来国内的单抗产品市场有望进入百花齐放的时期。

3. 目前国内外治疗性单抗产业的差距还体现在工业化生产水平

目前国内外治疗性单抗产品除了研发水平和产品线的差距，还体现在工业化的生产水平上。在先进的生物技术公司，往往采用的是较为先进的哺乳动物细胞表达系统，抗体的表达水平已经达到g/L的水平；而国内大部分企业的表达系统还局限在μg/L与mg/L的水平。

此外，国内的哺乳动物细胞培养放大工艺尚未解决。在发达国家，哺乳动物细胞培养发酵罐往往在2000L以上，甚至达15000L。而我国动物细胞培养规模普遍在1000L以下。目前中信国健、百泰生物和张江生物的设计生产规模均已经达到千升的级别，走在国内企业的前列，中信国健的发酵罐容量更是已经达到了近3000L。在未来同质化仿制产品逐步上市的情况下，发酵罐系统的容量大小决定企业的生产规模和成本，意义重大。

附表1 国外已经上市的单抗类治疗药物列表

药品名	通用名	生产厂家	抗体类型	靶点	批准日期	适应症
Orthoclone-Okt	Muromonab-CD3（莫罗单抗）	强生	鼠源	CD-3	1986	预防肾移植中的急性器官排斥
Reopro	Abciximab（阿昔单抗）	强生	嵌合	CD-41	1993	急性心肌缺血并发症
Rituxan（美罗华）	Rituximab（利妥昔单抗）	基因泰克	嵌合	CD-20	1997	B细胞非霍奇金淋巴瘤
Zenapax（赛尼哌）	Daclizumab（达利珠单抗）	罗氏	人源化	CD-25	1997	预防肾移植中的急性器官排斥
Simulect（舒莱）	Basiliximab（巴利昔单抗）	诺华	嵌合	CD-25	1998	预防肾移植中的急性器官排斥

续表

药品名	通用名	生产厂家	抗体类型	靶点	批准日期	适应症
Synagis	Palivizumab（帕利珠单抗）	阿斯利康	人源化	RSV	1998	预防幼儿 RSV 感染
Enbrel（恩利）	Etanercept（依那西普）	安进	全人源化	TNF-α	1998	慢性类风湿性关节炎、强直性脊柱炎、银屑病
Remicade（类克）	Infliximab（英夫利昔单抗）	强生	嵌合	TNF-α	1998	克罗恩病
Herceptin（赫赛汀）	Trastuzumab（曲妥珠单抗）	基因泰克	人源化	HER-2	1998	过表达 HER2 蛋白的乳腺癌治疗
Campath（坎帕斯）	Alemtuzumab（阿仑单抗）	Genzyme	人源化	CD-52	2001	B 细胞慢性淋巴细胞白血病
Zevalin（泽娃灵）	Ibritumomab（替伊莫单抗）	SPECTRUM PHARMS	鼠源	CD-20	2002	B-细胞非霍奇金淋巴瘤
Humira（修美乐）	Adalimumab（阿达木单抗）	雅培	人源化	TNF-α	2002	类风湿样关节炎
Xolair（乐无喘）	Omalizumab（奥马珠单抗）	基因泰克	人源化	lgE-25	2003	中重度、顽固哮喘
Bexxar（百克沙）	Tositumomab（托西莫单抗）	GSK	鼠源	CD-20	2003	治疗 CD20 阳性、滤泡性非霍奇金淋巴瘤
Erbitux（爱必妥）	Cetuximab（西妥昔单抗）	礼来	嵌合	EGFR	2004	EGFR-表达，转移性结肠直肠癌患者
Avastin（阿瓦斯汀）	Bevacizumab（贝伐单抗）	基因泰克	人源化	VEGF	2004	结、直肠转移癌治疗
Tysabri	Natalizumab（那他珠单抗）	BIOGEN IDEC	人源化	Integrinα4	2004	治疗多发性硬化症
Lucentis	Ranibizumab（雷珠单抗）	基因泰克	人源化	VEGF	2006	治疗黄斑变性
Vectibix（维克替比）	Panitumumab（帕尼单抗）	安进	完全人源化	EGFR	2006	EGFR-表达，转移性结肠直肠癌
Soliris	Eculizumab（依库珠单抗）	ALEXION PHARM	人源化	C5 补体	2007	阵发性、睡眠性血红蛋白尿症
Cimzia	Certolizumab（赛妥珠单抗）	UCB INC	人源化	TNF-α	2008	中度、严重活动性克罗恩病
Simponi	Golimumab（戈利木单抗）	强生	人源化	TNF-α	2009	类风湿样关节炎、银屑病、强直性脊柱炎
Ilaris	Canakinumab	诺华	完全人源化	IL-1β	2009	隐热蛋白相关周期综合症（CAPS）
Stelara	Ustekinumab	强生	人源化	IL-12/23	2009	中、重度斑块性银屑病
Arzerra	Ofatumumab	GSK	完全人源化	CD-20	2009	慢性淋巴性白血病

续表

药品名	通用名	生产厂家	抗体类型	靶　点	批准日期	适应症
Actemra	Tocilizumab	基因泰克	人源化	IL-6	2010	类风湿性关节炎
Prolia	Denosumab	安进	完全人源化	RANKL	2010	治疗骨质疏松
Xgeva	Denosumab	安进	完全人源化	RANKL	2010	实体瘤骨转移患者中骨骼相关事件的预防
Benlysta	Belimumab	GSK	完全人源化	Blys	2011	系统性红斑狼疮
已经退市的产品						
Mylotarg (麦罗塔)	Gemtuzumab (吉妥珠单抗)	惠氏	人源化	CD-33	2000	CD33 阳性急性髓性白血病
Raptiva (瑞体肤)	Efalizumab (依法利珠单抗)	基因泰克	人源化	CD-11	2003	中、重度斑块性银屑病

附表 2　国外主要在研单抗产品列表

公　司	通用名/代码	作用位点	抗体类型	研发进度	适应症
Roche	Pertuzumab	HER2	人源化	Ⅲ期临床	HER2-阳性转移性乳腺癌
	Trastuzumab-DM1	HER2	人源化	Ⅲ期临床	HER2-阳性转移性乳腺癌
	Lebrikizumab	IL-13	人源化	准备Ⅲ期临床	哮喘
	Ocrelizumab	CD-20	人源化	Ⅲ期临床	多发性硬化症(RRMS 和 PPMS)
	RG7159 (GA101)	CD-20	—	Ⅲ期临床	慢性淋巴细胞性白血病,非霍奇金淋巴瘤
	RG3638 (MetMAb)	c-Met	—	准备Ⅲ期临床	实体瘤
GSK	Ofatumumab	CD-20	完全人源化	上市申请中	弥漫性大 B 细胞淋巴瘤、囊泡性淋巴瘤
		CD-20	完全人源化	Ⅲ期临床	多发性硬化症、风湿性关节炎
	Otelixizumab	CD-3	人源化	上市申请中	Ⅰ型糖尿病
		CD-3	人源化	Ⅲ期临床	重症肌无力
		CD-3	人源化	Ⅱ期临床	Graves 眼病、风湿性关节炎
	Mepolizumab	IL-5	人源化	Ⅲ期临床	重症哮喘、鼻息肉病
	933776	A?	—	Ⅱ期临床	老年痴呆症
	1070806	IL-18	—	Ⅱ期临床	代谢病
	1223249	NOGO-A	—	Ⅱ期临床	肌萎缩性侧索硬化症、多发性硬化症
	249320	MAG	—	Ⅲ期临床	中风
	315234	OSM	—	Ⅲ期临床	风湿性关节炎

续表

公　司	通用名/代码	作用位点	抗体类型	研发进度	适应症
Biogen IDEC	Ocrelizumab	CD-20	人源化	Ⅲ期临床	多发性硬化症(RRMS 和 PPMS)
	Volociximab	a5β1 整合素	嵌合	Ⅱ期临床	实体瘤
	Galiximab	CD-80	嵌合	Ⅱ期临床	囊泡性非霍奇金淋巴瘤
	Lumiliximab	CD-23	嵌合	Ⅲ期临床	难治性慢性淋巴细胞白血病
Amgen	Ganitumab	IGF-1	完全人源化	Ⅲ期临床	胰腺癌
	Conatumumab	DR-5	完全人源化	Ⅱ期临床	多种癌症类型
	Rilotumumab	HGF	完全人源化	Ⅱ期临床	多种癌症类型
Novartis	Secukinumab	IL-7	完全人源化	Ⅱ期临床	风湿性关节炎、强制性关节炎、牛皮癣关节炎、牛皮癣、非传染性葡萄膜炎
Astra Zeneca	Motavizumab	RSV	人源化	上市申请中	预防婴儿 RSV 感染
Pfizer	Bapineuzumab	A?	人源化	Ⅲ期临床	老年痴呆症
	Inotuzumab Ozogamicin	CD-22	人源化	Ⅲ期临床	非霍奇金淋巴瘤
	Tanezumab	NGF	人源化	Ⅲ期临床	骨关节炎
	Fezakinumab	IL-22	完全人源化	Ⅱ期临床	风湿性关节炎、牛皮癣
	Ozaralizumab	—	人源化	Ⅱ期临床	风湿性关节炎
	Ponezumab	—	人源化	Ⅱ期临床	老年痴呆症
	Tremelimumab	CTLA-4	完全人源化	Ⅱ期临床	泌尿生殖道癌、胃肠道癌、黑色素瘤、肾细胞癌
Eli Lilly	Necitumumab	EGFR	完全人源化	Ⅲ期临床	非小细胞肺癌
	Ramucirumab	VEGFR	完全人源化	Ⅲ期临床	乳腺癌、胃癌
	Solanezumab	A?	人源化	Ⅲ期临床	老年痴呆症
	Teplizumab	CD-3	人源化	Ⅲ期临床	Ⅰ型糖尿病
UCB INC	Epratuzumab	CD-22	人源化	Ⅲ期临床	系统性红斑狼疮
	Olokizumab	IL-6	人源化	Ⅱ期临床	风湿性关节炎

分析师介绍

乔洋,长江证券研究部分析师;

邹朋,武汉大学细胞生物学硕士/生物技术学士毕业,从事生物制药与医疗器械行业研究;

(资料来源:长江证券研究部"单抗类药物行业深度报告",2011 年 3 月)

单抗药物增长强劲,中国企业奋起直追

　　近年来,我国的单抗技术受到越来越多的关注和重视,但就整体水平而言,与欧美等发达国家相比还有较大差距。在由欧美医药企业主导的单抗药物市场,中国如何破题值得

关注。

日前，2011 首届抗体工程高峰会暨抗体药物成果展在上海举行。高峰会聚集了抗体研发、生产等领先企业代表，共同探讨单克隆抗体(亦称"单抗")行业的研发进展和实际应用情况，并特设单抗药物成果展示专场，直击"新医改"环境下单抗药物相关企业所面临的重大挑战、主要进展和应对方案、全球趋势以及当前国内生产和应用市场分析等。与会专家普遍认为，单抗药物增长强劲将成为生物医药产业重要增长点。

据相关资料显示，单抗药物的发展经历了鼠源性单抗、嵌合型单抗、人源化单抗和全人源化单抗等 4 个阶段。目前，我国已经在人源化单抗领域取得了突破。2008 年，我国首个人源化单抗药物泰欣生获得国家食品药品监督管理局批准正式上市，填补了国内在人源化单克隆抗体领域的空白。2011 年，上海中信国健药业有限公司自主研发的抗体类新药"注射用重组人 Ⅱ 型肿瘤坏死因子受体—抗体融合蛋白"获得国家食品药品监督管理局颁发的药品 GMP 证书并成功上市。在单抗药物研发方面我国正在加速前进。

一、市场规模急剧扩大

2010 年，全球治疗用单抗药物的销售总额达到 440 亿美元，如果加上 100 亿美元的单抗诊断和研究试剂，单抗药物的市场总量将达到 550 亿美元。而此前的 2009 年和 2008 年分别为 400 亿美元和 370 亿美元。

据业内人士介绍，强势抗体药物品种的销售持续攀升，加上跨国药企对抗体药物研发方面的重金投入，使得新的抗体药物品种不断上市，成为推动全球抗体药物市场快速增长的主要原因。

迄今为止，单抗主要用于诊断试剂以及治疗药。以目前单抗治疗药物开发比较集中的癌症治疗领域为例，保守估计销售额将以复合年增长率 16.3% 的速度增长，到 2010 年，用于癌症治疗的单抗将占其销售总额的 54.7%。

单抗药物之所以受到各方追捧，主要是因为其作用机理是通过激活和加强人体自身免疫系统来抵御病毒入侵，这是目前业界比较推崇的肿瘤和免疫系统疾病的治疗方法。如对癌症的治疗，抗体药物实际上就是运用人工培养的单抗来加强人体自身免疫系统的机能，因为人工培养与人体自身产生的单抗在抗击癌细胞的功能上一致。如果说传统的化疗是对恶性肿瘤进行"地毯式轰炸"的话，那么，单抗则是征服癌症的"精确制导导弹"。在相关药物的配合下，单抗靶向性更强；且与传统化疗相比，单抗只是将癌细胞作为靶体，副作用小很多。

卫生部部长陈竺此前曾指出，虽然化学合成药物在今后很长一段时间内仍然是疾病治疗的主导产品，但随着生命科学技术的迅速发展，基因工程药物、抗体药物等必定是未来 10 年国际生物医药领域开发的热点。

二、欧美药品主导市场

虽然单抗药物市场发展很快，但目前，主要是欧美医药企业的产品在市场上占有绝对主导地位。近年来，Remicade 一直是单抗药物市场的领头羊，紧随其后的为阿瓦斯汀、Rituxan、Humira 和赫赛汀，前 5 名的销量都超过 50 亿美元。癌症和关节炎单抗药物占据着整个单抗药物市场 75% 以上的份额，主要针对癌症和类风湿性关节炎相关的适应症。例如，罗氏拥有 5 种"重磅炸弹级"单抗产品，在该领域处于领先地位。其新上市的治疗慢性疾病如哮喘和骨质疏松症的单抗药物也呈现快速增长势头。

据了解，当前几乎所有大型制药公司都有单抗研发项目。2010 年，并购和单抗研发交易都在增加,有两个产品 Actemra 和 Prolia 分别获得美国食品和药物管理局(FDA)、欧洲药品管理局(EMA)批准。在 2009 年,FDA 和 EMA 则分别批准了 4 只和 7 只新的单抗药物,创造了新的审批纪录。不久前,通过Ⅲ期试验的 Belimumab 获得了 FDA 咨询委员会的推荐,有望成为首个治疗系统性红斑狼疮抗体药物。今年 3 月,美国 FDA 批准 ipilimumab 用于治疗晚期黑色素瘤。

目前,至少有 6 只新的单抗药物处于评估之中,处于Ⅲ期阶段的有 25 只单抗和 5 只单克隆融合蛋白(2008 年和 2009 年分别共有 32 只和 26 只),处于Ⅱ期阶段的有 100 多只。在 457 项Ⅲ期单抗试验中,有 185 项有效并对新的患者开放使用。

资料显示,在当下市场上,以罗氏公司及其分别在美国及日本控股的基因泰克公司等为首的跨国公司掌握了治疗性单抗产品市场的主要份额。基因泰克公司与罗氏公司手中握有 2004 年最畅销的三大单抗产品中的两个,其市场份额达到 44.9%,是引领产业发展方向的旗舰。

三、国内企业加速前进

近年来,我国的单抗技术已经受到越来越多的关注和重视。目前,单克隆抗体药物研究已被列入 863 计划和国家重点攻关项目。

北京百泰生物药业公司是一家研发单抗药物的企业,其产品 H-R3 在 2010 年 4 月获得一类新药证书,并于今年正式上市。据了解,H-R3 是继用于治疗结肠癌淋巴转移的 Panorex 和用于治疗转移性乳腺癌的 Herceptin 之后,又一个面世的单抗实体瘤治疗药物,与美国的同类药物 Erbitux 相比,人源化程度更高。此外,第四军医大学研制的全球首个专门用于治疗原发性肝癌的单抗导向同位素药物碘[131I]美妥昔单抗注射液也于 2010 年 5 月获得了生产批件,即将上市。

此前,武汉生物制品研究所的抗肾移植单抗 OKT3 最早获批上市。OKT3 具有免疫抑制作用,可逆转对移植器官的排斥反应;东莞宏远逸士生物技术药业开发的生物制品一类新药“恩博克乳膏”已于 2001 年 6 月获准生产。

据不完全统计,目前,我国已有 4 个自行研发治疗性单抗产品获准生产上市,几十个诊断和治疗性产品处在临床试验阶段或临床前研究阶段,初步形成了北京、上海和西安 3 大研发中心,单抗药物产业化正在起步。

尽管国内现在有很多研究机构和企业在搞单抗药物的研发和生产,但就整体水平而言,与欧美发达国家相比还有较大差距。相比跨国药企单抗药物在国内外市场上攻城略地,国内的产业化才刚刚开始:不但创新治疗用抗体药物少,而且多数处于实验室研究阶段,研发规模较小,特别是中试阶段的资金、技术、人才方面特别缺乏。

日前,国家发改委对外透露了生物产业“十二五”发展路线图。其中,“生物医药产业发展路线图”提出,在“十二五”期间,我国要组织实施重大新药创制、肝炎艾滋病防治等重大传染病防治科技重大专项,组织实施自主知识产权化学药、基因工程药物、单克隆抗体药物、疫苗、诊断试剂等品种的产业化专项等。

中投顾问医药行业研究员许玲妮指出,单抗研究一直是生物医药领域的重点研究内容,其发展备受世界各国的重视,我国也不例外。有了国家政策的支持和引导,预计未来单抗药物将有望成为我国生物医药产业取得快速发展的突破点。

(资料来源:中国高新技术产业导报,2011 年 8 月)

免疫血清生产用马匹检疫和免疫规程

本规程适用于抗毒素及抗血清生产用马、骡的检疫、免疫与饲养管理。

马匹的饲养管理中免疫区及检疫区应严格划分,其设备、用具应固定专用,禁止外来人员与牲畜进入该区。马匹的检疫、饲养管理、治疗及剖检等工作的一切技术事宜应由经过专业培训的兽医负责。

一、马匹选购

1. 马匹的选购

(1)马匹应无任何传染病,体质健康、营养程度中等以上,年龄以 4~15 岁为宜。不得采购青毛、全白等淡色的马匹用于生产治疗和预防制品。

(2)不得在疫病流行的地区采购马匹。

(3)在采购当地,应对马匹进行鼻疽菌素点眼试验。条件允许时可进行布氏杆菌病及马传染性贫血等检查。

(4)使用过青霉素及人血液制品的马匹不得购入。

2. 选好的马匹应予隔离,可进行破伤风预防接种。

3. 运输马匹应有专人护送,注意安全。车运时应先检查和消毒车厢。

二、马匹检疫

1. 新马的检疫

(1)新马直接进入检疫区应进行编号、烙印、检疫、调教及进行必要的预防接种。

(2)检疫期为 90 天。在检疫期间,除做系统临床观察外,还需进行下列各项检查,方法及判定标准按中华人民共和国农业部颁布的有关检疫规定执行。

①鼻疽采用鼻疽菌素点眼试验。必要时可作其他变态反应试验或补体结合试验。

②马传染性贫血采用补体结合试验或琼脂扩散试验,亦可采用荧光抗体试验。

③布氏杆菌病采用试管凝集试验。

④条件允许时可进行马副伤寒性流产检查,采用试管凝集试验。必要时做其他传染病检查及一般常规检查。

2. 免疫马匹每年检查鼻疽 1~2 次,检查马传染性贫血至少 2 次(蚊蝇活动季节前后各 1 次)。必要时也应做其他传染病及恶性肿瘤检查。

3. 检疫结果为可疑或阳性的马匹,应立即采取有效处理措施,不得用于生产。

三、马匹免疫及采血

1. 免疫用马匹

(1)用于免疫采血的马匹必须符合本规程一、二项规定。

(2)马匹一经发现有传染病或其他严重疾患时,必须立即停止免疫采血。

(3)免疫不成功的马匹可转用于其他种类抗原免疫或予以淘汰。

(4)用于抗毒素或抗血清生产的马匹不得使用青霉素或链霉素。

2. 抗原与佐剂

(1)免疫用抗原应选用免疫原性好的细菌抗原、病毒抗原及精制类毒素或毒素,必要时也可用脱毒不完全或未经脱毒的抗原或抗原聚合体免疫。

(2)种类不同的抗原应有明显的标记,予以严格区分。

（3）抗原应妥善保存于 2～8℃避光处，分装和配制应在无菌操作下进行，凡发现染菌者应予废弃。

（4）凡装过脱毒不完全或未经脱毒抗原的容器和注射器等须经消毒处理后再洗刷。

（5）免疫用佐剂应优质、安全、高效、无抗原性，并不得含人体大分子成分。

3. 免疫及采血

操作时应严格进行核对，采血应尽可能在无菌条件下进行。

（1）基础免疫

马匹在超免疫前应给予基础免疫，可根据不同抗原及各自的条件和经验制定实施计划进行。

（2）超免疫

根据基础免疫和前程免疫的具体情况，制定有效的超免疫及采血计划。

（3）采血

免疫成功的马匹可进行采血，其血清的效价应不低于各论要求。采血量应根据马匹体重及健康状况确定，一般每 1kg 体重采血 14～20ml。所采血液应含适宜的抗凝剂。

采血马匹应于采血前至少 6 小时以内不喂精料。黄疸严重及其他患重病马均不得采血。

四、血浆分离

1. 血浆分离应在无菌操作下进行，尽量做到每匹马的血浆单独分离。血浆应做效价检测并抽样做无菌检查。血浆中可加适宜的防腐剂，保存于冷暗处。

2. 分离血浆时，应注意不混入血细胞。发现严重溶血或严重黄疸者应予废弃。

3. 发现患传染性贫血的马匹应追查，前次检疫以后的血浆及被该血浆污染的半成品及成品应予废弃。患恶性肿瘤或马鼻疽的马匹应追查，发现患病前 3 个月内的血浆及被该血浆污染的半成品及成品应予废弃。

4. 凡与血液及血浆直接接触的器皿、用具及溶液等均应无菌，并应注意不染有热原或含有毒性物质。

5. 加入血液或血浆中的化学试剂，应符合本版药典（二部）或国家其他相关标准。

6. 马匹免疫血清及血浆的效价可采用适宜的方法测定，其结果应与附录中各有关抗毒素或抗血清效价测定法的测定结果相符合。

五、马匹管理

1. 应给予免疫马匹富含蛋白质和维生素的饲料，每马日料量含可消化蛋白不得低于720g（约需精料 4kg）。马匹应适当运动。马厩、运动场、饲槽、水槽及马匹体表应保持清洁卫生。马厩、运动场等定期消毒。定期称体重及削蹄。工作人员要爱护马匹，注意马匹的健康状况。

2. 应注意马匹饲养管理区的安全。饲草贮存场地禁止烟火。注意防止草料霉烂。

3. 马匹患非传染性疾病时，须经兽医检查同意后方可进行免疫或采血。

4. 发现马匹有传染病时，依下列原则处理，并制定详尽的防治措施。

（1）早期检出病马、阳性马应立即处理；对可疑马进行隔离观察；阴性马进行有效的预防。

（2）改善马群营养，加强管理。

（3）凡属烈性传染病，阳性马尸体应予焚烧或深埋，其粪便和环境应严格进行消毒，搜索疫源，杜绝传染。并应立即上报及与当地兽医机关联系，按农业部颁布的有关规定处理。

5. 凡属下列情况的免疫马匹可予全采血：

（1）免疫反应严重、体质衰弱不能持续免疫者；

（2）非传染性疾病救治无效者；

（3）肝脏破裂者；

（4）其他特殊情况者。

6. 剖检

全采血马匹或病死马匹（不包括传染病），均须分别于专设解剖室内经兽医剖检后处理，必要时作病理检查。凡经剖检证实有传染病或恶性肿瘤等马匹的血液或血浆应予废弃。马匹尸体的处理应按中华人民共和国农业部、卫生部等部委颁布的《肉品卫生检验试行规程》中的有关规定执行。

（资料来源：2010 年版《中国药典》第三部通则）

第六章　疫　苗

【知识目标】

掌握灭活苗、弱毒苗、类毒素等传统疫苗的概念及制备工艺流程；

掌握基因工程疫苗的种类及代表产品的生产；

了解新型疫苗的种类。

【能力目标】

具备从事疫苗生产及相关工作的能力；

培养学生的质量控制及无菌操作意识；

培养学生的自学能力、分析问题能力；

培养学生的团结协作精神。

【引导案例】

卡介苗的研制及推广

结核病是一种严重威胁人体健康的传染病。这种病是结核杆菌侵入人体而引起的。20世纪初期，肺结核是死亡率很高的疾病。

当时用杀死了的结核菌做疫苗，接种在人身上后并不能产生有效的抵抗力，而应用活的结核菌疫苗却会使接种人患上可怕的结核病。1907年，卡默德和介兰开始培养一株从患结核病牛的乳汁内分离出来的致病力甚强的结核菌。他们将该菌在含有50％甘油、胆汁、马铃薯培养基中培养，每隔3周传代一次，该菌株在传代过程中毒力开始下降。在培养传代过程中，用动物进行了多次试验，传到230代，该菌株才对各种动物丧失引发疾病能力。整整耗费了13年的光阴，卡默德和介兰的愿望终于实现了，他们制成了减毒活菌苗即卡介苗。

1921年卡介苗开始以口服剂型给新生儿和婴幼儿服用，预防结核病。1929年瑞典Mantous制备出皮内接种卡介苗，一直沿用至今。为了纪念这两位为疫苗付出了艰苦劳动的科学家卡默德和介兰，人们把这种疫苗叫做"卡介苗"。

1933年我国学者王良博士从法国巴斯德研究院带回卡介苗菌种，在重庆建立我国第一个卡介苗研制机构，并在我国推广使用卡介苗预防结核病。

20世纪70年代，WHO提出扩大计划免疫（EPI），将卡介苗实施普遍接种列为EPI四种扩大免疫接种的疫苗之一。

国产艾滋疫苗已开展二期临床研究

中国疾控中心邵一鸣研究小组研制的艾滋病疫苗是一种复制型多价活病毒重组疫苗，该疫苗采用复制型天坛株痘苗病毒作为疫苗载体，经过基因操作技术将其 4 个毒力基因剔除，用 4 个 HIV-1 CRF-07 株（目前中国流行最广的 HIV 毒株）的抗原成分基因（gag、pol、env 和 nef 基因）取代。

该病毒载体是自 1926 年从天花患者的疱痂中分离出来的病毒，经连续传代减毒而获得。它具有宿主范围广、繁殖滴度高、温度稳定性好、无致癌性、易于基因工程操作等优点。而且痘苗病毒基因组容量大，非必需区多，适合于多个外源基因插入和蛋白质的正确合成、加工和翻译。

该病毒曾广泛应用于中国的天花疫苗，安全性得到多年的充分验证。副作用小，据资料显示，一般副作用 80% 以上发生于 5 岁以下的儿童，而高危艾滋病人群不是儿童，可以规避大部分的副作用。

中国具有自主知识产权的艾滋病疫苗研究临床试验第Ⅰ阶段结果显示疫苗"非常安全，效果非常好"，参与国产艾滋病疫苗临床研究Ⅱ期一阶段的共 30 名广西志愿者接受了疫苗接种，无一例发生严重不良反应，国产艾滋病疫苗的安全性再次得到验证。Ⅱ期又分为 3 个阶段。在第一阶段研究中，考察的是疫苗在人体中的耐药剂量，以优化疫苗的最佳剂量。第二、第三阶段为随机、盲法、安慰剂对照研究，对免疫程序和联合免疫剂量进行探索，检验疫苗的免疫能力有多强，能否为人体提供保护。

（资料来源：生物谷，http://www.bioon.com/industry/biotech/428361.shtml，经编者整理）

第一节　疫苗概述

疫苗是一种使用抗原通过诱发机体产生特异免疫反应以预防和治疗疾病为目的的生物制剂。目前，疫苗的主要作用是预防。疫苗保留了病原菌刺激动物体免疫系统的特性。当动物体接触到这种不具伤害力的类似于病原菌的抗原后，免疫系统便会产生一定的保护物质，如免疫激素、活性生理物质、特殊抗体等；当动物再次接触到这种病原菌时，动物体的免疫系统便会依循其原有的记忆，制造更多的保护物质来阻止病原菌的伤害。

一、疫苗的起源与发展

疫苗的起源可以追溯到我国古代。早在 4 世纪初，东晋葛洪所著《肘后方》中，已有关于防治狂犬病的记载："杀所咬犬，取脑敷之，后不复发。"

在宋真宗时代（公元 1000 年左右）宰相王达之子患了天花，四处请医无效，最后请来了峨眉山的道人，取其患处的结痂，处理后进行自体接种而治愈，这应当是最早的自身免疫治疗。后来，逐渐发展成了预防天花的人痘接种法，即从感染天花后的恢复期病人或症状比较轻的病人身上，挑取水泡、脓疱和痘痂内容物并保存 1 个月左右待其干燥，然后将其研磨成粉末，给健康人的鼻腔吸入，以预防天花，取得了很好的保护效果。这是人类史上最早使用疫苗来预防疾病的记录，较英国医生琴纳发明牛痘苗早了几百年。

15 世纪中期我国的人痘苗接种法传至中东，后经改革进行皮下接种。1721 年英驻土耳其的大使夫人,将此法又传至英与欧洲各国。人痘的发明是中国人民对世界医学的一大贡献。2000 年,美国疾病控制与预防中心(Centers for Disease Control and Prevention,CDC)出版了《疫苗可预防疾病的流行病学与预防学》第 6 版,在这本被誉为疫苗学权威手册首页的"疫苗接种的里程碑"中,第一项即是"12 世纪中国开始用人痘接种预防天花"。这是对中国首先开始使用人痘接种预防天花为最早的免疫接种形式的肯定。

1796 年,英国乡村医生爱德华·琴纳(Edward Jenner)进行了人类历史上的第一次疫苗接种试验。琴纳从一位感染了牛痘的年轻挤奶农妇的手上挑取了痘苗接种到一名 8 岁男孩的手臂上。经过几个月的严密观察,发现小男孩获得了免疫保护,一直没有感染天花。1798 年 9 月,琴纳发表了接种"牛痘"预防天花的论文,虽然当时全然不知天花是由天花病毒感染所致,但这一划时代的发明,开创了人工自动免疫的先河。随后,种痘技术传遍了欧洲,后又传到北美和亚洲。为纪念琴纳的这一伟大贡献,法国科学家路易斯·巴斯德(Louis Pasteur)将疫苗称为 Vaccine(拉丁文 *vacc* 是"牛"的意思)。由于长期和广泛地使用牛痘苗,全世界从 1977 年以后再也没有发现过天花病人。世界卫生组织(WHO)于 1979 年 10 月 26 日庄严宣布,天花已在全球绝迹。这是人类历史上第一个使用疫苗消灭的传染病。

19 世纪 70 年代,巴斯德有关减毒鸡霍乱菌的研究,是继琴纳之后的重大进步。他认为使用减毒的病原体来预防其导致的疾病,比使用相关的动物病原体来预防人类疾病理当更加有效。巴斯德建立了现代意义上的预防接种,即通过实验室内研制的疫苗来预防传染病。随后的羊炭疽减毒活疫苗的试验成功,尤其是 1885 年首次在人体使用减毒狂犬病疫苗的成功,标志人类进入了一个预防接种的科学新纪元。基于安全原因,正式生产的均为狂犬病灭活疫苗,质量上也在不断改进。巴斯德在疫苗研制领域的先锋作用和卓越贡献引起了第一次疫苗革命。

到 19 世纪末,人类在疫苗学领域里已经取得了辉煌的成就,包括 2 个人用病毒减毒活疫苗(琴纳的牛痘、巴斯德的狂犬病),3 个人用细菌灭活疫苗(美国 Salmon 和 Smith、法国 Chamberlai 和 Roux 的伤寒、霍乱和鼠疫),以及疫苗学的一些基础概念,如 Metchnikoff 的的细胞免疫(1884 年),Ehrlich 的受体理论(1897 年)及毒素—抗毒素作用。

进入 20 世纪前 30 年,疫苗学在三个方面取得了重大进展:第一,法国科学家 Calmette 和 Guerin 在 1906 年从牛体分离到 1 株结核菌,经过 13 年在牛胆汁中传递 230 代,获得 1 株减毒株,制成疫苗,于 1927 年上市,即所谓卡介苗(BCG)。第二,在 20 年代,巴斯德研究所的 Ramon 应用化学灭活方法获得白喉和破伤风类毒素并研制成疫苗。第三,Wilson Smith 和 Thomas Francis 分别在禽胚中研制成功 2 种灭活甲型流行性感冒(流感)疫苗。

表 6-1　人用疫苗的发展历程

时　　期	减毒活疫苗	灭活全菌(病毒)疫苗	纯化蛋白或多糖疫苗	基因工程疫苗
18 世纪	天花			
19 世纪	狂犬病	伤寒,霍乱,鼠疫		
20 世纪前期	卡介苗,黄热病	百日咳(全细胞),流感,立克氏体	白喉,破伤风	
二次大战后	脊灰(口服),麻疹、腮腺炎、风疹、腺病毒、伤寒(Ty21a)、水痘、轮状病毒(重配)	脊灰(注射)、狂犬病(新)、乙脑,甲肝,森林脑炎	肺炎球菌,脑膜炎球菌, 伤寒(Vi), Hib(PRP),乙肝(血源)、Hib(PRP-蛋白),无细胞百日咳	乙肝(重组、酵母或中国仓鼠卵巢细胞)、百日咳类毒素

二次大战后,疫苗研究进入了突飞猛进的发展阶段。波士顿的 Enders 及其同事发展了病毒的体外细胞培养技术,促进了多种减毒和灭活病毒疫苗的研制。50 年代,先有 Salk 的 3 价灭活脊髓灰质炎(脊灰)疫苗(IPV),后有 Sabin 的 3 价减毒脊灰疫苗(OPV),为人类渴望在地球上消灭脊灰提供了有力武器。同一时期还研制了在鸡胚细胞中培养减毒的麻疹疫苗。60 年代研制了在鸡胚中减毒的流行性腮腺炎疫苗。70 年代研制了在细胞中培养的风疹疫苗,细菌夹膜多糖的纯化技术促进了多个侵袭性细菌疫苗的研制成功。同一时期的病毒蛋白纯化技术也促进了血源性乙型病毒性肝炎(乙肝)疫苗的研制成功,见表 6-1。

表 6-2 新技术对疫苗研制和开发的作用及影响

学科领域	生物技术	作用和影响
遗传学	基因工程和 DNA 重组(包括基因克隆和表达,DNA 测序,DNA 合成,核酸内切酶和工具酶,PCR,全基因图谱)	抗原鉴定和抗原分离 测定抗原的可变性 蛋白质抗原的基因工程 基因突变和减毒 重组微生物作为载体
化 学	多肽合成	鉴定抗原表位 研制多肽疫苗
化 学	蛋白质结构	计数及估测 T 和 B 细胞表位
化 学	糖结构	多糖疫苗
化 学	基础研究	佐剂,多糖和蛋白质偶联疫苗
免疫学	单克隆抗体	抗原鉴定和抗原分离 鉴定抗原表位
免疫学	抗同种异型	模拟非蛋白质表位
免疫学	免疫调控	新型佐剂
免疫学	基础研究	细胞和分子免疫机理 粘膜免疫

20 世纪 80 年代,现代分子技术的应用推动了又一代疫苗的研制,引发了疫苗发展史上的第二次革命,其首要成果是基因重组乙肝疫苗,为人类在地球上消除乙肝提供了希望。与此同时,化学、生物化学、遗传学和免疫学的发展在很大程度上为新疫苗的研制和旧疫苗的改进提供了新技术和新方法,见表 6-2。

目前国内外上市的各种疫苗总计约为 36 种,见表 6-3。实际上就品种而言,远不止这些,因为预防一种传染病的疫苗就可能不止一种,有的达 3～4 种之多,加上一些多联、多价疫苗就更多了。

表 6-3 当前国内外已经使用的疫苗种类

病毒性疫苗	细菌性疫苗
轮状病毒疫苗	霍乱疫苗
流行性感冒疫苗	伤寒疫苗
狂犬病疫苗	痢疾疫苗
麻疹疫苗	百日咳疫苗

续表

病毒性疫苗	细菌性疫苗
甲型肝炎疫苗	钩端螺旋体疫苗
乙型肝炎疫苗	卡介苗
风疹疫苗	鼠疫疫苗
腮腺炎疫苗	布鲁菌病疫苗
水痘疫苗	炭疽疫苗
流行性出血热疫苗	b型流感嗜血杆菌疫苗
流行性乙型脑炎疫苗	肺炎多糖疫苗
森林脑炎疫苗	莱姆病疫苗
斑疹伤寒疫苗	流行性脑脊髓膜炎A群多糖疫苗
牛痘苗	流行性脑脊髓膜炎A+c群多糖疫苗
黄热病疫苗	白百破(DPT)联合疫苗
麻疹风疹腮腺炎联合疫苗	白喉类毒素疫苗
脊髓灰质炎疫苗	破伤风类毒素疫苗
腺病毒疫苗	DPT-HBV联合疫苗

二、我国的疫苗发展历程

我国自1919年开始建立专门的机构——中央防疫处(北京生物制品研究所前身)从事生物制品的研究、生产,这是我国第一所生物制品研究所。新中国成立后,我国政府重新组建和新建了北京、上海、武汉、长春、兰州、成都等六个生物制品研究所。

中国现有疫苗产品生产企业约30家,是世界上疫苗产品生产企业最多的国家(表6-4)。中国的疫苗产品年产量已经超过10亿个剂量单位,疫苗的种类和数量也达到世界之最,其中用于预防乙肝、脊髓灰质炎、麻疹、百日咳、白喉、破伤风的儿科常见病的疫苗生产量达到5亿人份,已经全部实现计划免疫接种。中国生产的疫苗产品已经能够满足防病、灭病的需要。

表6-4　中国主要疫苗种类和生产厂家

制品名称	用　途	生产厂家
重组酵母基因工程乙肝疫苗	预防所有已知亚型的乙肝病毒的感染	北京天坛生物、深圳康泰
重组(CHO)乙型肝炎疫苗	预防乙型肝炎病毒感染	长春所、兰州所、华北制药
甲型肝炎纯化灭活疫苗(VAQTA)	VAQTA适用于接触前的主动免疫,以预防甲型肝炎病毒引起的肝炎,但不能预防由非甲型肝炎病毒引起的肝炎。首次免疫应在预计接触前至少2周进行。	巴斯德-梅里厄-康纳公司、北京科兴

续表

制品名称	用　途	生产厂家
甲型肝炎减毒疫苗	预防甲型肝炎	史克必成公司、长春所、长春高新
风疹减毒活疫苗	年龄为 8 个月以上的风疹易感者	巴斯德—梅里厄—康纳公司、兰州所、天坛生物、上海所
麻疹减毒活疫苗	预防麻疹病	兰州所、长春所、上海所
森林脑炎灭活疫苗	预防森林脑炎	长春所
乙型脑炎灭活疫苗	本疫苗免疫接种后,刺激机体产生抗乙型脑炎病毒的免疫力,用于预防乙型脑炎	兰州所、长春所、天坛生物、上海所
Ⅰ型肾综合征出血热纯化疫苗	预防流行性出血热	兰州所、上海所
Ⅱ型肾综合征出血热纯化疫苗	预防Ⅱ型出血热	长春所
流行性感冒灭活疫苗	6 岁以上所有希望预防流感的健康人群	巴斯德—梅里厄—康纳公司、史克必成公司、兰州所、长春所、长春高新
腮腺炎减毒活疫苗	8 月龄以上的腮腺炎易感者	兰州所、上海所
口服脊髓灰质炎减毒活疫苗	预防脊髓灰质炎	天坛生物
口服轮状病毒活疫苗	预防小儿秋季腹泻	兰州所
水痘减毒活疫苗	12 月龄以上的水痘易感者	长春生物制品研究所、史克必成公司、长春所、上海所
人用狂犬病纯化疫苗	预防狂犬病	巴斯德—梅里厄—康纳公司、兰州所、长春所、成都所
黄热减毒活疫苗	预防黄热病	天坛生物
吸附白喉、破伤风、百日咳和脊髓灰质炎疫苗	该联合疫苗适用于儿童预防白喉、破伤风、百日咳和脊髓灰质炎的基础免疫及加强免疫	巴斯德—梅里厄—康纳公司
麻疹、流行性腮腺炎和风疹疫苗	预防麻疹、流行性腮腺炎、风疹	默沙东公司、史克必成公司
甲乙肝联合疫苗	预防甲肝和乙肝	史克必成公司、北京科兴

【知识拓展】

世界卫生组织的扩大计划免疫措施

世界卫生组织于 1974 年在全球发起了 EPI(expanded pro-gramme on immunization)扩大计划免疫运动。EPI 计划包括给婴幼儿接种的卡介苗、白喉、破伤风、百日咳、麻疹和口服脊髓灰质炎疫苗,还有给孕妇接种的破伤风类毒素以预防新生儿破伤风感染。

EPI 的内容包括两个方面:一是要求不断扩大免疫接种的覆盖面,使每一个儿童在出生后都有获得免疫接种的机会;二是要求不断扩大免疫接种的疫苗,除了 EPI 推荐的四种疫苗外,各国可根据情况增加疫苗的种类。

三、疫苗的分类

1. 传统疫苗

传统疫苗是指用人工变异(或从自然界筛选)获得的减毒(或无毒)的活的病原微生物制成的制剂及用理化方法将病原微生物杀死(或将细菌毒素脱毒)制备的生物制剂,用于人工自动免疫以保护人产生免疫力,这些制剂被称为疫苗(多用于预防),即疫苗是由病原体制成的。

人类使用的传统疫苗主要有三大类:一类是经灭活处理的病原体,即灭活疫苗;一类是经减毒处理的病毒或细菌(不再能使人体致病),即减毒病苗;还有一类是利用微生物的亚单位(亚结构)或代谢产物制成的疫苗,即亚单位疫苗。此外,还有一些寄生虫疫苗、联苗和多价苗。

国内常将细菌制作的人工主动免疫生物制品称为菌苗。将病毒(Virus)、立克次氏体(Rickettia)、螺旋体(Spiral coil)等微生物制成的生物制品称为疫苗。现在国际上一般将细菌性制剂、病毒性制剂以及类毒素统称为疫苗(vaccine)。

(1)灭活疫苗

灭活疫苗又称死疫苗,是指利用加热或甲醛等理化方法将人工大量培养的完整的病原微生物杀死,使其丧失感染性和毒性而保持其免疫原性,并结合相应的佐剂而制成的疫苗。疫苗液中除含有灭活的病毒颗粒外,还含有细胞成分和培养病毒时加入的牛血清等蛋白类物质,多次接种疫苗容易发生过敏反应。

灭活疫苗免疫效果良好,在 $2\sim8℃$ 下一般可保存一年以上,没有毒力返祖的风险;但灭活疫苗进入人体后不能生长繁殖,对人体刺激时间短,要获得强而持久的免疫力,一般需要加入佐剂,且需多次、大剂量注射。

(2)活疫苗

活疫苗又称弱毒苗,是利用人工诱变获得的弱毒株、筛选的天然弱毒株或失去毒力的无毒株制成的疫苗。接种人体后类似一次轻型的感染过程,但不会发病,在体内有生长繁殖能力。活疫苗用量较小,可激发机体对病原的持久免疫力,往往只需接种一次,免疫效果优于死疫苗。但减毒活疫苗须在低温条件下保存及运输,有效期相对较短,存在毒力返祖的风险。

(3)亚单位疫苗

利用细菌、病毒外壳的特殊蛋白结构,即抗原决定簇或代谢产物制成的疫苗称为亚单位疫苗。这类疫苗不是完整的病原体,是病原体的一部分物质,故称亚单位疫苗。此疫苗没有微生物的遗传信息,免疫动物能产生针对此微生物的免疫力,并且可免除微生物非抗原成分引起的不必要的副作用,保证疫苗的安全性。如用脑膜炎球菌夹膜多糖等制成亚单位疫苗。

将细菌的外毒素用适当浓度(质量分数为 $0.3\%\sim0.4\%$)的甲醛溶液处理,使之脱毒而制成的生物制品,称为类毒素,也是一种亚单位疫苗。类毒素尽管失去毒性,但仍保留抗原性,而且比外毒素本身更稳定。经盐析后加入适量的氢氧化铝胶成为吸附精制类毒素,可延缓在机体内的吸收,免疫效果更持久。

灭活疫苗、活疫苗和亚单位疫苗的异同点,见表6-5。

表6-5 灭活疫苗、活疫苗和亚单位疫苗三类疫苗的比较表

	灭活疫苗	减毒活疫苗	亚单位疫苗
制备方法	通过化学或物理方法使病原体失活	通过非正常培养选择减毒株或无毒株	以化学方法获得病原体的某些具有免疫原性的成分
免疫机理	病原体失去毒力但保持免疫原性,接种后产生特异抗体或致敏淋巴细胞	接种后病原体在体内有一定生长繁殖能力,类似隐性感染,产生细胞、体液和局部免疫	接种后能刺激机体产生特异性免疫
疫苗稳定性	相对稳定	相对不稳定	稳定
毒力回升	不可能	有可能	不可能
免疫接种	多次免疫接种	一般为一次性	多次免疫接种
安全性	较安全	对免疫缺陷者有危险	安全性好
常用疫苗	乙脑、脊髓灰质炎灭活疫苗	麻疹、脊髓灰质炎减毒活疫苗	白喉、破伤风类毒素,A群脑膜炎球菌多糖疫苗

(4)寄生虫疫苗

寄生虫多有复杂的生活史,抗原成分非常复杂而多变,因此尽管寄生虫病对动物危害很大,迄今为止仍无理想的寄生虫疫苗。目前,国际上推出并收到良好免疫效果的有胎生网尾线虫疫苗、丝状网尾线虫疫苗和犬钩虫疫苗,中国市场上的球虫卵囊疫苗,效果也较好。

(5)联苗和多价苗

联苗是指不同种微生物或其代谢产物组成的疫苗,如百日咳、白喉、破伤风联合疫苗三联苗。多价苗是指同种微生物不同型或株所制成的疫苗,如大肠杆菌多价苗。联苗和多价苗可简化接种程序,减少机体应激反应的次数。但应注意制备和使用的原则,即不加重接种副反应,不发生干扰现象,能提高各个制剂或其中之一的免疫效果。

2.基因工程疫苗

基因工程疫苗指使用重组DNA技术克隆并表达保护性抗原基因,利用表达的抗原产物或重组体本身制成的疫苗,主要包括基因工程亚单位疫苗、基因工程活载体疫苗、核酸疫苗、基因缺失疫苗及蛋白工程疫苗等五种。

(1)基因工程亚单位疫苗

将微生物的保护性抗原基因重组于载体质粒后导入受体菌或细胞,使该基因在受体菌或细胞中高效表达,产生大量的保护性抗原肽段,提取该抗原肽段,加佐剂即为亚单位疫苗。

用基因工程表达的抗原产量大、纯度高、免疫原性好,不但可用来替代常规方法生产的亚单位疫苗,还可以用于那些病原体难于培养或有潜在致癌性,或有免疫病理作用的疫苗研究。此类疫苗因需解决表达的高效、蛋白质分泌、免疫原性不如传统疫苗好等问题,目前尚未推广,商品化比较成功的有乙型肝炎表面抗原和去毒的百日咳毒素。

(2)基因工程活载体疫苗

基因工程活载体疫苗又称重组活病毒疫苗,将微生物保护性抗原基因即目的基因插入载体病毒,如痘病毒、疱疹病毒等的特定位置上,使载体病毒转染细胞,在细胞中复制的同时表达外源基因产物即抗原。一个载体病毒中可同时插入多个外源基因,表达多种病原微生物的抗原,同时起到预防多种传染病的效果。在诸多载体病毒中,以痘病毒作为载体最具优势,是目前研究最多最深入的一种。

这种疫苗多为活疫苗,重组体用量少,抗原不需纯化,免疫接种后靠重组体在机体内繁殖产生大量保护性抗原刺激机体产生特异免疫保护反应,载体本身可发挥佐剂效应增强免疫效果。

其缺点是有些人(或动物)曾感染过腺病毒或某种沙门氏菌,或者接种过痘苗,从而对载体微生物已具有免疫力,使之接种后不易繁殖,因而影响免疫效果。

(3)基因缺失疫苗

活疫苗是最有效的一种疫苗,应用传统的活疫苗如痘苗已经消灭了天花,应用脊髓灰质疫苗正在全世界消灭脊髓灰质炎(小儿麻痹),如何有效地减弱苗株的毒力并防止其毒力恢复(返祖现象)是一个重大课题。

基因缺失活疫苗就是利用基因工程技术切去病毒致病基因,使其失去致病力,但仍保留其免疫原性及复制能力,成为基因缺失株。与自然突变株(多数为点突变毒株)相比,基因缺失突变株具有突变性状明确、比较稳定、不易返祖的优点,因而是研究安全有效的新型疫苗的重要途径。

(4)核酸疫苗

核酸疫苗,又称基因疫苗,其本质是含有编码某种抗原蛋白的外源基因的真核表达载体,将该重组体直接导入动物体细胞后,可通过宿主细胞的表达系统表达病原体的抗原蛋白,诱导宿主产生对该抗原蛋白的免疫应答,以达到预防和治疗疾病的目的。

关于核酸疫苗诱导免疫反应的机理目前了解得还不十分清楚。一般认为核酸疫苗通过肌肉注射或基因枪(一种将 DNA 吸附于细微的金颗粒表面通过高压气流将 DNA 导入机体皮下的方式)导入机体后,或是被局部的上皮细胞、肌细胞通过内吞的方式将质粒 DNA 摄入胞内表达,或是 DNA 直接被组织局部的抗原提呈细胞(APC)吞入。未被摄取的游离DNA 多数可被降解,少数可能随循环系统而进入淋巴结或脾中,被那里的 APC 摄取进入下一步的表达、加工和抗原提呈阶段。

(5)蛋白工程疫苗

蛋白工程疫苗指将抗原基因加以改造,使之发生点突变、插入、缺失、构型改变,甚至进行不同基因或部分结构域的人工组合,以期达到增强其产物的免疫原性,扩大反应谱,去除有害作用或副反应的一类疫苗。由于一个关键性氨基酸的改变有时可引起蛋白功能的根本改变,蛋白构型或抗原表位的氨基酸序列又常与抗原特异性密切相关,因此对蛋白工程抗原应用的效果和安全性考虑必须十分周全。

3.其他新型疫苗

除了前面介绍的传统疫苗、基因工程疫苗外,近年来也出现了一些其他新型疫苗,如合成肽疫苗、抗独特型疫苗、遗传重组疫苗及微胶囊疫苗等。

(1)合成肽疫苗

按照病原微生物保护性抗原决定簇的氨基酸序列,人工合成含有保护性抗原决定簇的短肽,该多肽制成的疫苗,能够诱发机体产生免疫保护,称为合成肽疫苗。使用化学方法合成研制这类疫苗的前提是对目的蛋白一级和高级结构进行分析,预测该蛋白的抗原表位,并通过筛选确定有保护性抗原作用的肽段。该疫苗稳定、安全,且不需低温保存,可制成多价苗,但工艺复杂,免疫原性较差,故尚未推广。

（2）抗独特型疫苗

每一种抗体分子与抗原结合的高变区有其独特结构称为独特型。抗体可变区既可表现抗体的活性,与特定抗原表位相结合,同时又有抗原的特性,能刺激机体产生针对该独特型抗原决定簇的抗体(抗抗体),即抗独特型抗体。抗独特型抗体在结构上与刺激机体的抗原相似,因此利用抗独特型抗体代替抗原免疫动物可激发机体产生对相应病原体的免疫力。利用抗独特型抗体制备的疫苗称为抗独特型疫苗。

（3）遗传重组疫苗

遗传重组疫苗指使用经遗传重组方法获得的重组微生物制成的疫苗。

通常是将人体无致病性的弱毒株与强毒株(野生株)混合感染,弱毒株与强毒株间发生基因组片段交换造成重组,然后采用特异方法筛选出对人体不致病的但又含有强毒株强免疫原性基因片段的重组毒株。

（4）微胶囊疫苗

微胶囊疫苗也称可控缓释疫苗,指使用微胶囊技术将特定抗原包裹后制成的疫苗。微胶囊是由丙交酯和乙交酯的共聚物制成,可干燥成粉末状颗粒,不需稳定剂和冷链。用微胶囊包裹的疫苗,由于两种酯类的比例不同,颗粒大小和厚薄不同,注入机体后可在不同时间有节奏地释放抗原,释放时间持续数月,高抗体水平可维持两年。因此,微胶囊疫苗是改进的疫苗新剂型,可起到初次接种和加强接种的作用,是简化免疫程序和提高免疫效果的新型疫苗。

目前新型疫苗的研究主要集中在改进传统疫苗和研制传统技术不能解决的新疫苗两个方面,包括肿瘤疫苗、避孕疫苗及其他非感染性疾病疫苗的研究,其中发展治疗性疫苗已成为新型疫苗研究的重要组成部分。

【知识拓展】

避孕疫苗

提起避孕,许多人都会想到女性,因为女性的避孕方式多种多样。相比之下,目前男性的避孕方式似乎只有避孕套、输精管结扎和体外排精这几种。

为了增加男性避孕方式的种类和提高性生活质量,1980 年—2008 年以来,科学家们一直在研究适用于男性的避孕疫苗。其主要原理就是在男性身上接种疫苗,使其体内形成可以抑制精子活性的生理反应系统,从而达到避孕的目的。2008 年底,这一努力取得了重大突破。据最新一期的《科学》杂志报道,美国北卡罗来纳大学的生殖学专家迈克尔·欧兰德和同事进行了男性避孕疫苗的研究。他们以 9 只公猴为对象,每隔 3 周为它们注射一种名为 EPPIN 的人体蛋白质,这种物质能够附着在精子的外层。接受注射后,其中 7 只猴子体内产生了大量的 EPPIN 蛋白质抗体,当它们与母猴交配后,都达到了避孕效果。

欧兰德解释说,公猴在接种疫苗后生成的抗体与 EPPIN 蛋白质牢牢结合在一起,阻止了精子的正常活动,从而达到避孕效果。他们认为,这可以成为一种适用于男性的避孕方法。

加拿大蒙特利尔麦克吉尔大学男性生殖学专家贝纳德·罗拜尔指出,时至今日,全世界研制男性避孕疫苗的努力都"遭遇了失败"。其中一个关键的难点在于,疫苗生成的蛋白质抗体会影响到其他细胞,从而引发炎症。第二个难点是男性避孕疫苗必须完全有效。这意味着在接种疫苗后必须产生足够的抗体,每次射精时都能有效抑制数以千万计的精子的活性。

第二节　传统疫苗的生产

疫苗是一种特殊的生物制品,用于健康人的免疫预防,且使用的多是致病性的病原体,其生产必须合法、安全、有效,同时又要防止病原微生物的传播和扩散,故生产的各个环节都必须严格按规程进行。各类传统疫苗的制造程序分述如下。

一、细菌性灭活苗的制备

1. 工艺流程及环境区域划分

细菌灭活苗生产工艺流程及环境区域划分示意见图 6-1。

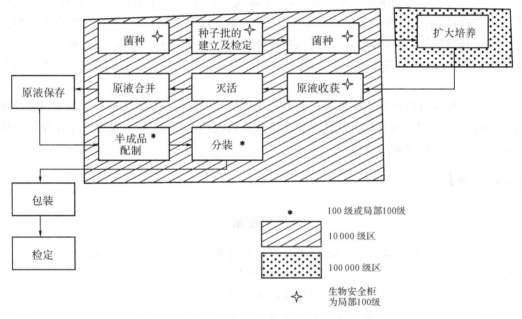

图 6-1　细菌灭活苗生产工艺流程及环境区域划分示意图

2. 菌种

菌毒种是决定疫苗质量的关键因素之一,因此必须按要求进行严格的选择。中国药典中《生物制品生产鉴定用菌毒种管理规程》规定,菌毒种(直接用于制造和检定生物制品的细菌、立克次氏体或病毒等)必须由国家药品检定机构或国务院药品监督管理部门认可的单位保存、检定及分发。各生产单位自行分离或收集的菌毒种,均须经国家药品检定机构审查、国务院药品监督管理部门认可,生产厂家及任何其他单位不经批准不得分发和转发生产用的菌毒种。菌种要来源清楚、资料完整,任何来历不明或传代历史不清的菌毒种,不能用于疫苗生产。

生产细菌性灭活苗要选择毒力强、免疫原性优良的菌株,按规定定期复壮,并进行形态、培养特性、菌型、抗原性等的鉴定,合格后作为疫苗生产用菌种。

3.种子批的建立

应建立原始种子批,记录种子的历史、来源及生物学特性;以原始种子批建立主种子批,从主种子批制备工作种子批,保持主种子批、工作种子批与原始种子批各种特性的一致;应进行种子批的检定,包括培养特性、血清学特征、毒力试验、毒性试验、免疫力试验、抗原性试验。

4.扩大培养

符合标准的菌种用规定的培养基增殖培养,并进行纯粹性检验、活菌计数,达标后为种子,于 $2\sim8℃$ 保存备用。

5.菌液培养

菌苗生产需要大量的细菌抗原,可选择的细菌培养的方法有固体表面培养法、液体静置培养法、液体深层通气培养法、透析培养法及连续培养法等。固体培养法多为手工式,主要用于诊断液的生产;而在疫苗生产中菌液的大量培养,主要选择液体培养法,其中机械自动化的方法更适于大量生产。收获的原液,进行镜检查杂菌、效价或活性测定、无菌试验、浓度测定、免疫力试验等检查。

6.灭活

灭活是指破坏微生物的生物学活性,破坏微生物的繁殖能力及致病性,但尽可能地不影响或少影响其免疫原性。灭活的方法包括物理灭活和化学灭活。物理法如加热、射线照射等,化学法是目前常用的灭活方法,常用的灭活剂包括甲醛、苯酚、结晶紫、烷化剂等。甲醛是最古典也是目前应用最广的灭活剂,商品为 $36\%\sim40\%$ 的甲醛水溶液,称为福尔马林。

灭活剂的灭活效果与灭活剂本身的性质特点、灭活剂的浓度、微生物的种类、灭活的温度和时间、酸碱度等因素有关。无论何种灭活剂,用于何种微生物,灭活剂的浓度和处理时间均需由实验的结果来确定,通常以用量小、处理时间短而有效为原则。甲醛用量一般在 $0.05\%\sim1\%$ 之间,灭活时间2天到半个月不等。灭活后进行无菌检查。

7.浓缩与纯化

培养所得的菌液中含有大量培养基成分,有必要对菌体进行浓缩,使菌体与培养液中的杂质分开,菌体用生理盐水稀释后,得到纯化的菌液,一定程度上可降低疫苗的副反应。常用的方法有离心沉淀法、氢氧化铝吸附沉淀法和羧甲基纤维沉淀法。

8.配苗得半成品

灭活后的菌液,一般要用含防腐剂的生理盐水稀释至所需的浓度,再加入佐剂,增强其免疫原性。

佐剂是指单独使用时一般没有免疫原性,与抗原物质合并使用时,能增强抗原物质的免疫原性,增强机体的免疫应答,或者改变机体免疫应答类型的物质。灭活苗、类毒素、微生物亚单位苗、基因工程苗及合成肽苗等,免疫原性较差,必须在其中加入佐剂。

常用的灭活苗均含有油佐剂或氢氧化铝胶佐剂,其中氢氧化铝胶是一种无毒、具有良好吸附性能的佐剂,是人用生物制品中常用的佐剂。但铝胶佐剂也有使注射部位产生肉芽肿、无菌性脓肿及可能影响人和动物的神经系统等副作用,且还有冷冻易变性、主要诱导体液免疫等缺点。开发新型佐剂也是目前疫苗生产方面研究的热点。

根据佐剂的类型,可在灭活的同时或之后加入适当比例的佐剂,充分混匀。如一些氢氧化铝菌苗可在加入甲醛灭活的同时,加入氢氧化铝胶配苗;油佐剂苗常用的配苗程序是于灭菌的油乳剂中,边搅拌边加入适当比例的灭活菌液。

9. 分装与保存

充分混匀的菌液应及时在无菌条件下分装于合适的容器,加塞封口后、贴标签或印字,然后在 2～10℃ 保存。

二、细菌性活苗的制备

细菌性弱毒活苗的制备中,菌种来源、种子液培养、菌液培养、浓缩等环节类似于灭活苗的制备程序,经上述培养检验合格的菌液,按规定比例加入保护剂配苗。充分混匀后随即准确分装,一般活菌苗分装后还需冻干,以延长有效期。加塞、抽真空、封口后,于冷库保存,并送质检部门抽样检验。

需要特别说明的是,制备细菌性活苗时采用的菌种是免疫原性较好的弱毒株,因为不用灭活,免疫原性相对较好,不用添加佐剂,但为了保证在冻干时活菌的存活,要求在配苗时加入保护剂。

【案例】

卡介苗的生产制造

卡介苗系用减毒卡介菌株经培养后冻干制成,用于预防结核病。

1882 年德国学者 Koch 发现结核杆菌为人结核病的病原体,并确证了结核病传染性。结核病是古老而又危害性极大的传染病之一。据调查全世界人口中,由于开放性结核病人的传播,使全世界有 20% 左右的人群感染结核病。虽然结核病是可治之病,但每年仍有 300 万人死于结核。随着结核病人对链霉素和异烟肼等抗结核病药物耐药性比例增加(四川省耐药性比例增加高达 47.8%、上海为 35.2%、陕西省为 33.3%、山东省为 28.6% 等),给我国当前和未来结核病防治带来巨大困难。

1. 卡介苗生产工艺流程

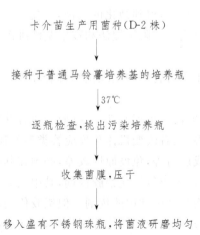

卡介苗生产用菌种(D-2 株)

↓

接种于普通马铃薯培养基的培养瓶

↓ 37℃

逐瓶检查,挑出污染培养瓶

↓

收集菌膜,压干

↓

移入盛有不锈钢珠瓶,将菌液研磨均匀

加入保护液,按菌体浓度稀释成原液

↓ 做纯菌试验、浓度测定

半成品

↓ 做纯菌试验、浓度测定

加稳定剂,冻干制成卡介苗成品

2. 卡介苗生产工艺控制要点

(1)卡介苗生产用菌

我国卡介苗生产用菌种 D-2 株系 20 世纪 40 年代末期从丹麦国立卫生试验所获得的 Calmette 和 Guerim 传代减毒的牛型结核菌减毒株。经中国药品生物制品检定所组织各生物制品研究所人员,进行实验室比较检定,生产制备和人体反应及免疫效果考核比较,于 1990 年经国家药品监督管理部门批准,全国卡介苗生产统一使用 D-2 株。国家还规定严禁使用通过动物传代的菌种制造卡介苗。

卡介苗生产用菌种按现行规程要求,要建立种子批系统,工作种子批用于生产卡介苗。

①培养特性在普通培养基上发育良好;抗酸染色为抗酸杆菌。

②毒力试验:用 1ml 卡介苗菌液(5mg/ml)腹腔注射 4 只 300～400g 同性豚鼠,5 周健康存活体重不减轻;内脏、肠系膜淋巴结无肉眼可见病变。

③无有毒分枝杆菌试验:用 1ml 卡介苗菌液(10mg/ml)股内侧皮下注射 6 只 300～400g 豚鼠,每两周称体重一次,体重不降低;6 周及 3 月解剖各脏器无肉眼可见结核病变。

④免疫力试验:用种子批制备菌苗,以 1/10 人份的剂量皮下免疫 300～400g 豚鼠 4 只,免疫 4～5 周,$10^3 \sim 10^4$ 强毒人型结核分枝杆菌感染,免疫组与对照组动物的病变指数及脾脏毒菌分离数的数值经统计学处理,应有显著性差异。

⑤冻干菌种 2～8℃保存备用。

(2)生产用培养基

用于卡介苗生产的普通马铃薯培养基,用于种子批传代的胆汁马铃薯培养基及液体普通培养基,都不得含有使人产生毒性反应或变态反应的物质。

(3)接种培养

卡介苗接种普通马铃薯培养基培养瓶,在培养过程中应每天逐瓶检查,将有污染、湿膜、混浊等情况的培养瓶废弃;单批收获培养物的总代数不得超过 12 代。

(4)原液收集和合并

收集的菌膜要压干,移入盛有不锈钢珠的瓶内。钢珠与菌体的比例应根据研磨机转速来定。转速低,钢珠比例高;转速高,钢珠比例低。尽可能在低温下研磨,以使卡介苗原液的菌体分散均匀,制成卡介苗原液。

(5)分装及冻干

分装过程中应使卡介苗半成品混合均匀;分装后应立即冻干,冻干后即进行真空或充氮封口,即成为卡介苗成品。

(6)卡介苗成品

按现行《中国生物制品规程》进行鉴别试验、物理检查、纯菌试验、无有毒分枝杆菌试验、活菌记数、热稳定试验、效力测定等项检定合格,并经国家药品检定机构国家批签发通过,发给国家批签发合格证,才能出厂销售使用。

三、类毒素的制备

类毒素的制造流程见下:

$$菌种 \longrightarrow 培养 \longrightarrow 毒素 \xrightarrow{脱毒} 类毒素 \xrightarrow{纯化} 精制毒素 \xrightarrow[吸附]{Al(OH)_3} 吸附精制类毒素$$

具体的环境要求与细菌性疫苗的类似。

1.菌种

不是所有的菌株都具有相同的产毒力,为了获得更多的毒素,菌种必须选择毒力强且稳定的菌种。此外,保持产毒菌株的产毒稳定性也至关重要。细菌变异能使产毒力丧失,经常连续传代不利于保持产毒的稳定性,应尽量避免,冷冻或冻干保存可使其比较稳定。产毒力一旦降低或丧失,可通过易感动物使其恢复。

2.培养条件

培养基成分对细菌产毒有较大影响,应选择适当的培养基,如铁对白喉毒素的产生至关重要。此外,糖类、维生素、氮源、pH等条件均应予考虑。培养温度及时间对毒素的产生也有重要影响,产毒最适温度一般要比生长最适温度低一些。

3.脱毒

自然地或人为地使毒素变为类毒素的过程称之脱毒,目前应用最广泛、最可靠的仍是甲醛法。目前常用浓度是甲醛最终浓度为 0.3～0.4%。

4.类毒素的精制

人工培养所制得的粗制类毒素,含有大量的非特异性杂质,而且毒素含量较低。因此,应对毒素进行浓缩精制,以期获得较纯的类毒素制品。浓缩的方法很多,如冷冻干燥、蒸发等除水浓缩,氢氧化铝等吸附剂吸附,酸、盐、有机溶剂沉淀,凝胶层析和离子交换层析等。可根据不同的目的和不同条件,进行适当选择。

【案例】

A 群脑膜炎球菌多糖灭活疫苗的生产制造

A 群脑膜炎球菌多糖灭活疫苗系用 A 群脑膜炎奈瑟球菌的培养液,经灭活、提纯获得多糖抗原,并加入适宜稳定剂冻干制成,供预防 A 群脑膜炎球菌引起的流行性脑脊髓膜炎用。其生产工艺流程如下:

流脑疫苗生产用菌株(A_4 株)

↓ 启开菌种、扩大培养

CO_2 罐培养 8～22h

↓

转种改良半综合大管及克氏瓶

转种于 50000ml 发酵罐、通气培养 3～4h

↓

种入 500000ml 发酵罐、通气培养 6～8h

↓

培养物用甲醛或加热杀菌，上清加入 Cetavlom，离心去上清，收集沉淀复合物

↓

加等量 2mol/L $CaCl_2$，使多糖解离

↓

加 25% 乙醇，提取多糖抗原原液

↓

用无水乙醇及丙酮洗涤各 2 次，收集沉淀多糖

↓

用冷酚提取 2～3 次，透析，再用无水乙醇及丙酮洗涤各 2 次，进行多糖精制

↓

加入乳糖作保护剂，冷冻干燥，使每人份含多糖抗原 30μg、乳糖 2.5mg

【知识拓展】

流脑及其疫苗的研制

流行性脑脊髓膜炎(以下简称流脑)是目前世界性的严重问题，该传染病常在世界范围内引起周期性流行。我国于 1938 年、1949 年、1959 年、1967 年、1977 年曾出现过五次全国性大流行，几乎每 8～10 年即出现一次流行高峰。我国 1967 年流脑大流行时，其发病数排国内传染病的第四位，而死亡数却占当年传染病死亡数的 60% 以上。

我国从 20 世纪 60 年代至今，以 A 群流脑为主要致病菌群，B 群和 C 群在欧洲及美洲为流脑发病主要菌群。

1944 年 Kabat 开始用流脑多糖抗原进行志愿者试验。1969 年 Gotschlich 提取流脑 A 群多糖抗原接种人群免疫力可维持数年之久。

我国 1967 年开始制造流脑全菌体疫苗，皮下注射 3 次副反应较大，且免疫效果差。

1972 年国内开始制造初步提纯的糖蛋白复合物，称之为流脑提纯疫苗，但其工艺简单，纯度较差，虽有一定免疫保护效果，但也有不少副反应。

1979 年我国制备出各项检测指示均符合 WHO 规程要求的 A 群流脑多糖疫苗，一次注射反应轻微，免疫效果良好，流行病学效果达 90% 以上。

四、病毒性细胞培养苗的制造

病毒性细胞培养苗生产工艺流程及环境区域划分示意见图 6-2。

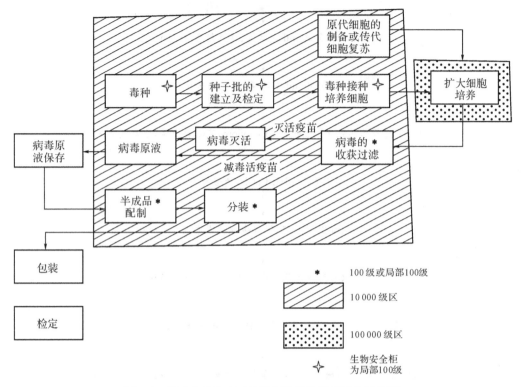

图 6-2 病毒疫苗生产工艺流程及环境区域划分示意图

1.毒种和细胞

用于制造疫苗的毒种由国家菌毒种保藏部门鉴定分发,按要求建立原始种子批、主种子批与工作种子批。按规定继代培养后,进行毒力、最小免疫量、安全性、无菌检验,符合标准后,作为生产用毒种。

制苗用的细胞大体可分为原代细胞和传代细胞两类。根据不同的病毒、疫苗性质、工艺流程等选择不同的细胞。细胞应来源清楚、历史明确,并进行细胞形态、细胞鉴定及外源因子检测。按要求将细胞培养成细胞单层,备用。

2.接毒与收获

可在细胞分装同时或分装不久后接种病毒,称同步接毒法;也可在细胞形成单层后接种病毒,即异步接毒法。培养时先用生长液再用维持液,生长液含血清 5~10%,目的使细胞分裂、贴壁,维持液含 2~4% 血清,维持单层细胞的存活,收获病毒前使用。

待出现 70~80% 以上细胞病变时即可收获。收获前,采用换液方法除去培养基中的牛血清,选用反复冻融或加 EDTA-胰酶液消化分散细胞等方法收取。细胞毒液经病毒纯度检查、无菌试验、毒价测定合格后供配苗用。

3.配苗

可配以下两种形式的疫苗:

①灭活疫苗 于细胞毒液内按规定加入适当的灭活剂,然后加入阻断剂终止灭活。一般需加入佐剂,充分混合、分装。

②冻干苗 于细胞毒液中按比例加入保护剂或稳定剂,充分混匀、分装,进行冻干。

【案例】

人用狂犬病毒纯化灭活疫苗生产制造

人用狂犬病毒纯化灭活疫苗系用狂犬病毒固定毒接种原代地鼠肾细胞或 Vero 细胞，培养后收获病毒液，经浓缩、灭活、精制纯化或经冻干而成，用于预防狂犬病。

原代地鼠肾细胞培养人用狂犬病疫苗，较原先生产的羊脑或鼠脑等脑组织的狂犬疫苗，接种人体后免疫效果较好，副反应较轻，在疫苗质量上是一大进步。但地鼠肾细胞培养的狂犬病灭活原制疫苗，因其所含有效抗原量低，疫苗效力仅为 1.3IU（国际单位）。为使该原制疫苗效力达到 2.5IU，20 世纪 80 年代初至 2000 年国家要求原制狂犬病疫苗须经 5 倍以上浓缩，浓缩后的人用狂犬病疫苗效力提高到 2.5IU，但由于该疫苗浓缩后，杂蛋白也增加，接种人体后副反应增多。

因此，我国政府规定 2000 年以后，无论是用原代地鼠肾细胞生产的，还是用 Vero 细胞生产的人用狂犬病疫苗，必须是精制纯化灭活疫苗，效力不得低于 2.5IU。

1. 人用狂犬病地鼠肾细胞纯化疫苗生产工艺流程

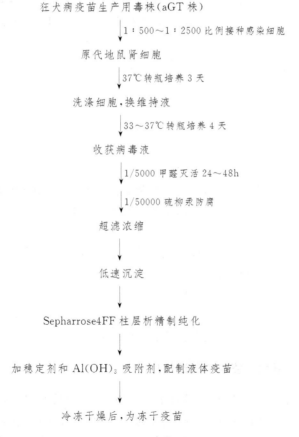

狂犬病疫苗生产用毒株（aGT 株）

↓ 1 : 500～1 : 2500 比例接种感染细胞

原代地鼠肾细胞

↓ 37℃ 转瓶培养 3 天

洗涤细胞，换维持液

↓ 33～37℃ 转瓶培养 4 天

收获病毒液

↓ 1/5000 甲醛灭活 24～48h

↓ 1/50000 硫柳汞防腐

超滤浓缩

↓

低速沉淀

↓

Sepharrose4FF 柱层析精制纯化

↓

加稳定剂和 Al(OH)₃ 吸附剂，配制液体疫苗

↓

冷冻干燥后，为冻干疫苗

2. 疫苗生产控制要点

（1）生产用毒株

为国家药品监督管理局批准的狂犬病毒固定毒——aGT 株，按《中国生物制品规程》规

定,生产用毒株须建立种子批系统。

种子批病毒株,须按现行《中国生物制品规程》要求,进行鉴别试验、无菌试验,小鼠脑内病毒滴定的滴度不低于 8.0 lg LD 50/ml。免疫原性试验,保护指数不低于 100、豚鼠脑内毒力连续传代不超过 5 代,并保持其特性稳定。

(2)原代地鼠肾细胞制备

选用 12～14 日龄健康金黄色地鼠,无菌取肾,经胰蛋白酶消化分散,以同一容器内制备的细胞为一个消化批。

(3)病毒接种

取无菌试验合格 aGT 株感染的豚鼠脑,捣碎经 2000r/min 离心 10min,取上清液与细胞按一定比例(1∶500～1∶2500)进行接种,置 35～37℃转瓶培养 3 天。

(4)洗涤细胞、维持培养

地鼠肾细胞制备时,用含有小牛血清的乳蛋白水解物、MEM199 或其他适宜培养液;在种毒后,吸附适当时间,倾倒掉含有小牛血清的培养液,用适宜液体洗涤细胞,换上不含牛血清的含适量人血白蛋白的 199 液作为细胞维持液。

(5)病毒收获

种毒后地鼠肾细胞培养数天,细胞发生相当病变后,即可收获病毒液。视细胞生长情况可以多次收获病毒液。收获的病毒液滴度不低于 5.5lg LD 50/ml。

(6)病毒灭活

可用 1/5000 甲醛或 β-丙内酯,在规定时间内进行病毒灭活。

(7)浓缩、纯化

灭活后病毒液,可将同一细胞产生的多瓶单次收获液,在无菌条件下合并成一批;经超滤浓缩法将病毒液浓缩为一定倍数;浓缩的病毒液经 Sepharrose 4FF 柱层析或其他适宜方法进行精制纯化。

(8)疫苗配制

经精制纯化的疫苗半成品,加入一定量适宜稳定剂和 Al(OH)₃ 吸附剂,配制成人用液体狂犬病疫苗;经冻干后成为人用冻干纯化狂犬病疫苗。

(9)疫苗规格

狂犬病疫苗每安瓶为 1.0ml,每次人用剂量 1.0ml 至少含 2.5IU。暴露前预防注射 3 剂为一疗程,暴露后治疗注射 5 剂为一疗程。

(10)狂犬病疫苗不是国家批签发产品

其成品由生产企业质检部门按现行《中国生物制品规程》,对产品进行鉴别试验、物理检查、效力测定、热稳定性试验、无菌试验、异常毒性试验合格后,即可出厂销售使用。

五、病毒性鸡胚培养疫苗的制造程序

鸡胚作为疫苗生产的原材料具有来源方便、质量较易控制,制造程序简单,设备要求较低,生产的疫苗质量可靠等特点。故迄今为止,某些病毒如禽流感病毒、痘病毒、正粘病毒、副粘病毒等的疫苗仍用禽胚(尤其是鸡胚)制备。制备工艺与环境区域划分类似病毒性细胞培养苗的制造。

1. 毒种与鸡胚

毒种要求如细胞培养苗,禽胚培养用的毒种多为弱毒。生产用的鸡胚应选择 SPF 鸡群或未用抗生素的非免疫鸡群的受精卵,按常规无菌孵化至所需日龄用于接种。

2. 接毒与收获

根据病毒的种类和疫苗的生产程序选择最佳的接种途径和最佳接种剂量。鸡胚接种的途径有尿囊腔接种、绒毛尿囊膜接种、卵黄囊接种和羊膜腔接种等。一般 5～8 日龄适用于卵黄囊接种,9～11 日龄适用于尿囊腔接种,11～13 日龄适用于绒毛尿囊膜接种。

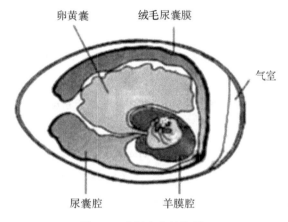

图 6-3 鸡胚发育结构图

3. 配苗

按规定收取胚液、胎儿和绒毛尿囊膜,经无菌检验合格后即可配苗。收获的毒液经无菌检验合格后,加入适当浓度的灭活剂,在适当条件下灭活后,加入佐剂,充分混匀后分装,做成灭活苗(佐剂苗);或加入保护剂,充分混匀、分装,冻干,做成冻干苗。

【知识拓展】

疫苗的冷链管理

疫苗大多为微生物或蛋白质,有的甚至是活的微生物。一般都怕热、怕光,有的怕冻,尤其是反复冻融不仅严重影响疫苗效力,而且增加了预防接种副反应的发生几率。为保证疫苗的质量,必须对疫苗实行冷链管理,冷链设备包括冷藏车、冷库、冷藏箱、冰箱、冷藏包等。

活苗可用带冰块的保温瓶运送,运送过程中要避免高温和阳光直射,北方地区要防止气温低而造成的冻结及温度高低不定引起的冻融。切忌于衣袋内运送疫苗。

疫苗需低温保存。灭活苗保存于 2～15℃,不能低于 0℃;冻干活疫苗多要求在 −15℃保存,温度越低,保存时间越长;而活湿苗,只能现制现用,在 0～8℃下仅可短期保存;冻结苗应在 −70℃以下的低温条件下保存。

【案例】

麻疹减毒活疫苗的生产制造

麻疹减毒活疫苗是扩大计划免疫（EPI）四种制品之一，是用麻疹减毒株接种鸡胚细胞，经培养、收获病毒液并加适宜稳定剂冻干制成，用于预防麻疹。麻疹减毒株是将分离获得的麻疹野病毒株，经一定方法减毒，使其对人的致病力明显下降，仍保留良好抗原性和免疫原性，作为疫苗株用于生产疫苗。

1. 麻疹减毒活疫苗生产工艺流程

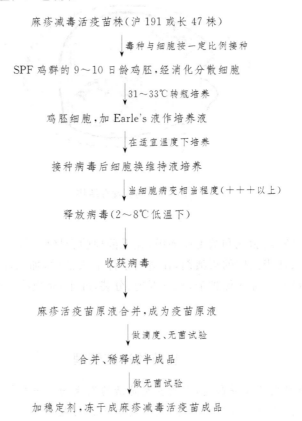

麻疹减毒活疫苗株（沪191或长47株）

↓毒种与细胞按一定比例接种

SPF 鸡群的9～10日龄鸡胚，经消化分散细胞

↓31～33℃转瓶培养

鸡胚细胞，加 Earle's 液作培养液

↓在适宜温度下培养

接种病毒后细胞换维持液培养

↓当细胞病变相当程度（＋＋＋以上）

释放病毒（2～8℃低温下）

↓

收获病毒

↓

麻疹活疫苗原液合并，成为疫苗原液

↓做滴度、无菌试验

合并、稀释成半成品

↓做无菌试验

加稳定剂，冻干成麻疹减毒活疫苗成品

2. 生产工艺控制要点

（1）疫苗生产用毒种

生产用毒种须用经国家食品药品监督管理局批准的沪191或长47麻疹病毒减毒株。由国家药品检定机构或国家指定单位检定、保管和分发。疫苗生产用毒株经检定证明确实为麻疹病毒减毒株，无外源因子污染，经临床证明安全有效，传代不应超过许可的代次。

疫苗生产毒种应建立病毒种子批系统，工作种子批用于疫苗生产。

病毒种子批，须按现行《中国生物制品规程》要求，进行无菌试验、病毒滴定（滴度不低于 4.5lg CCID 50/ml）、病毒外源因子检查、免疫原性检查、猴体神经毒力试验检定，检定合格方可生产使用。

通过上述各项检定合格的病毒主种子批，可以再传10代次。在此代次内的毒种，只须做无菌试验、病毒滴度及鉴别试验。生产用毒种不得通过任何传代细胞系。

（2）细胞制备

当前生产麻疹减毒活疫苗的细胞主要用鸡胚细胞，国外也有用人胚肺二倍体细胞。

取 9～10 日龄的健康鸡胚，鸡胚要来自无特定病原（SPF）健康鸡群。将鸡胚取出活胚，洗净后用剪刀剪切成小片，用胰蛋白酶消化分散细胞。将分散细胞分装于大立瓶或炮弹形转瓶，加入适量灭活小牛血清的乳蛋白水解物 Earle's 液或其他适宜培养液，置 37℃ 转瓶培养或静止培养，制备细胞。

（3）病毒接种

当前生产用鸡胚细胞在培养液中达到一定细胞浓度时，将麻疹减毒株种子液与细胞按一定比例接种于培养瓶内，静止或转瓶培养于 31～33℃，使病毒在鸡胚细胞内感染、复制。

（4）维持培养

病毒在鸡胚细胞中不断感染、复制，当出现特异性细胞病变时（一般细胞病变在"＋"以上），倾倒掉含有小牛血清的培养液，并充分洗涤细胞面，以除去残余牛血清含量，再换上不含牛血清的细胞维持液，于 31～33℃ 继续培养。

（5）病毒收获

在细胞维持培养过程中，麻疹病毒感染鸡胚细胞，使细胞病变到相当程度（细胞病变达"＋＋＋"以上时），将培养瓶转移至 2～8℃ 冷库数日，或低温冻结条件下，释放鸡胚细胞内的麻疹病毒。

（6）原液合并

同一细胞消化批所生产的多瓶单次病毒收获液，在严格无菌操作条件下可作为生产批。此合并的病毒收获液，即为疫苗原液。

（7）半成品

原液经病毒滴度滴定（冻干前病毒滴度不低于 4.5lg CCID 50/ml）、无菌试验检定合格后，根据病毒滴度水平作适当稀释，并按一定比例加入适宜稳定剂，即为半成品。半成品要作无菌试验检定。

（8）制备成品

麻疹疫苗半成品，在加入适量疫苗保护剂后，分装入安瓿或西林瓶中，置水浴中保冷，并在规定冻干条件下进行冻干，冻干后疫苗可用充氮或真空封口。封口时间不应超过 4h。冻干后即为成品麻疹减毒活疫苗。

（9）疫苗规格

麻疹疫苗的分装规格有 0.6ml、1.0ml、2.0ml；每次人用剂量为 0.2ml 所含病毒不低于 2.8lg CCID50。

（10）疫苗成品

须按现行《中国生物制品规程》，进行鉴别试验、物理试验、水分、病毒滴定、热稳定性试验、异常毒性试验、牛血清残余蛋白量等检定合格，并通过中国药品生物制品检定所国家批签发，发给批签发合格证，才能出厂销售使用。

第三节　基因工程疫苗的研制

　　起初,疫苗的研制主要是通过人体实验从经验与失败中获得。随着免疫学的进展,使人们可以通过是否产生中和抗体判定疫苗成功与否。几乎所有免疫保护机制明确,可以产生中和抗体,又易于培养的疫苗都已获得成功。甚至一些新出现的疾病,主要具备上述特点,也可以使用传统疫苗技术迅速研制成功。

　　但有些疫苗使用传统疫苗技术就很难研制成功。如:①病原体型别过多,且不断变异出现新的亚型,型号间的交叉免疫效果极差,如流感疫苗;②病原体的抗原性太弱,灭活后免疫性极差,如霍乱弧菌灭活疫苗;③病原体比较复杂,各有不同的生活周期,其抗原性也不同,导致疫苗难以制备,如疟疾疫苗;④对有些病原体至今不能进行人工培养,其研究工作受到限制,如乙肝病毒。此外,减毒疫苗还具有潜在的恢复感染的危险,每年总有少数儿童由于接种脊髓灰质疫苗而感染上脊髓灰质炎。

　　基因工程技术的出现和发展使疫苗的研究进入了崭新的阶段,它在一定程度上解决了上述问题和困难。基因工程疫苗开发途径见图 6-4。

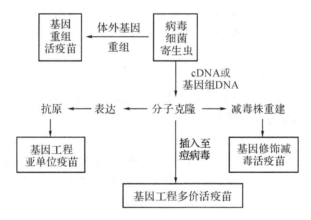

图 6-4　基因工程疫苗开发途径示意图

　　基因工程乙肝疫苗是我国 1991 年正式批准投放市场的第一种重组疫苗,其主要成分为重组乙肝表面抗原,属于基因工程亚单位疫苗。继乙肝疫苗之后,我国又批准上市了痢疾、霍乱等基因工程疫苗。基因工程霍乱疫苗是在免疫原性差的灭活霍乱弧菌菌体中加入了重组霍乱毒素 B 亚单位,是传统灭活苗与基因工程亚单位苗的结合。基因工程痢疾疫苗则与上述两种疫苗完全不同,其主要成分是可表达福氏 2a 和宋内氏痢疾双价菌体抗原的减毒痢疾菌体,属于基因工程活载体疫苗。

一、基因工程乙肝亚单位苗的制备

　　乙型肝炎是病毒性肝炎中最严重的一种,部分乙肝可发展成肝硬化或肝癌,危及生命。乙型肝炎病毒(HBV)具有高度的寄主专一性,只能感染人类和黑猩猩。由于它不能在离体的组织细胞中生长繁殖,因此制造疫苗就不可能用传统的方法进行。

1. 乙肝病毒及其表面抗原(HBsAg)

Dane 氏颗粒表面由一种蛋白质包裹,被称作乙肝病毒表面抗原(HBsAg)。HBsAg 具有较强的免疫原性,可用来制备疫苗。研究发现,HBsAg 含有三种蛋白成分,分别由三种不同基因编码:①小蛋白(S 蛋白):由 S 基因编码的由 226 个氨基酸残基组成的多肽,是 HBsAg 和 HBV 包膜的主要成分,也是 HBV 的主要蛋白;②中蛋白(M 蛋白):由 S 蛋白和前 S2 基因编码的 55 个氨基酸残基多肽(前 S2 蛋白)组成,它具有一个多聚人血清白蛋白(pHSA)受体位点;③大蛋白(L 蛋白):由 M 蛋白和前 S1 基因编码的 108～109 个氨基酸残基多肽(前 S1 蛋白)组成。

目前,国内生产的基因工程乙肝疫苗(HBsAg)是由 S 基因编码,但约有 10％的人对现有乙肝疫苗(仅含 S 抗原的疫苗)无反应。使用含前 S(主要是前 S1)的新一代乙肝基因工程疫苗,可使对现有 S 乙肝疫苗无反应的人群产生良好的免疫反应。目前,含前 S 的疫苗、新佐剂乙肝疫苗、乙肝抗原抗体复合物疫苗、治疗性乙肝疫苗是研究的热点。

2. 表达系统

在弄清 HBsAg 的基因后,起初将 S 基因在大肠杆菌中表达和提取蛋白质,但表达产量低,发酵液中浓度仅为 $20\pm5\mu g/L$,而且不形成颗粒、无糖基化,产品的免疫原性差,后转向酵母及中国仓鼠细胞(CHO)表达系统。国产基因工程乙肝疫苗主要有来自酵母表达系统和 CHO 细胞表达系统的两种疫苗,其中以基因工程酿酒酵母乙肝疫苗占主要地位。

(1)酵母表达系统

基因载体构建的过程为使用内切酶将乙肝病毒的 S 基因切出,前面加上甘油醛磷酸脱氢酶(GAPDH)Ⅰ基因作为启动子,后面加 ADH-1 基因作为终止子形成一个基因盒与 pBS322 质粒重组,该质粒上有细菌及酵母菌两者的 DNA 复制起点(即为穿梭质粒),它可以通过转化进入大肠杆菌或酵母菌,并在其中复制和表达。当上述表达载体进入酵母菌后,在发酵罐内酵母细胞达到高密度,并产生大量与天然物类似的病毒蛋白,大约占酵母总蛋白的 1％～2％。重组蛋白可形成与乙肝病人体内免疫原性聚集体样性质的蛋白质聚体。

重组酵母乙肝疫苗的制备是从母种库的建立开始的。将重组酵母细胞进行 1～2 次单细胞克隆。挑选抗原表达水平高、且在发酵时抗原表达稳定的克隆。扩增选出的克隆细胞,分装到多个小瓶中(如 25～100 个),于-70℃以下冻存。这些小瓶称为母种库。接着用 1 瓶或数瓶母种进行扩增,并分装到 100～500 个小瓶中,同样于-70℃以下冻存。这些小瓶称之为生产菌种库。用生产菌种进行扩大培养,逐步放大到发酵罐。所有生产用菌种都来自同一菌种库。如一批生产菌种库用尽,可从母种库中取出另一批生产菌种库。这种菌种系统制备方法可保证每个生产批基因的均一性。

将生产菌种库小瓶中的菌液按下列程序进行培养,先接种入琼脂平板或小摇瓶,然后转移到大摇瓶、种子罐,最后到发酵罐。

培养基的组分、发酵温度、pH、溶氧浓度对重组酵母的表达都有影响。培养基可以是化学合成、半化学合成或复合培养基。在碳源中降低葡萄糖浓度、补充甘油和蔗糖能明显地改善比活值和 HBsAg 的相对浓度。可用分批补料或连续补料以保证最优生长和维持细胞浓度、生长速度和营养供应之间的适当平衡。

发酵前期、中期和后期的温度分别控制在 27℃、33℃和 25℃;发酵从 pH4.5 开始,逐步上升到 pH6;维持溶氧浓度在最适水平(70％饱和度),都可以提高重组质粒的稳定性和

HBsAg 的产量。此外,应在发酵液中添加诱导剂以诱导可调节启动子的表达。HBsAg 的表达量一般多于 $50\mu g/ml$,但不能分泌到细胞外,必须将细胞破碎才能得到 HBsAg。

收集大规模培养的酵母细胞,破碎细胞,经硅胶吸附和疏水层析两步纯化,凝胶过滤,用福尔马林灭活和 $Al(OH)_3$ 吸附,即可制成乙肝疫苗。

用酵母表达 HBsAg,产量高,生产工艺自动化,质量控制更严格;HBsAg 颗粒大小与血源性乙肝疫苗一样,均为 22nm 球形颗粒。它与血源性乙肝疫苗具有同样的效力和保护效果,但不含任何血清成分,故更安全,更易为人们所接受。

(2)中国仓鼠卵巢细胞(CHO)表达系统

CHO(中国仓鼠卵巢细胞)细胞缺失二氢叶酸还原酶(DHFR),将编码乙肝病毒表面抗原(HBsAg)的基因插入含有 DHFR 的表达载体,转染 CHO 细胞后,通过甲氨蝶呤(MTX)培养筛选可克隆出表达 HBsAg 的重组 CHO 细胞。CHO 细胞属哺乳动物细胞类,它是基因工程表达系统中最高等的宿生细胞,其表达出的 HBsAg 大小和密度都与从人血中获得的 HBsAg 更类似,具有较强的免疫原性。而且抗原纯化简单等优点,适用于大规模工业化连续生产。

细胞先用含10%小牛血清的 Eagle 培养基培养,长成单层后转入含5%小牛血清的同种培养液,收集培养液上清,经细胞澄清、硫酸铵沉淀、CsCl 密度梯度离心获得纯度大于95%的 HBsAg。除菌过滤后,经吸附剂吸附等步骤,即可制成含有 S 蛋白的 CHO 细胞疫苗。

近几年,CHO 细胞生产乙肝疫苗还不太完善,曾因在细胞培养过程中不规范使用抗生素、乙肝抗原收获次数没有明确规定、无法控制细胞代次、原液和成品中没有内毒素限定指标等,在 2007 年 4 月一度被暂停批签发。

【知识拓展】

乙肝疫苗的生产历史

自 1981 年起,国际上乙肝疫苗生产供应已经商品化,当时生产的是血源性乙肝疫苗。

血源性乙肝疫苗是一种不同于其他传统生物制品的特殊免疫制剂,是从乙型肝炎病毒携带者血液中分离 HBsAg 制备的,在制备疫苗时,除采用能分离 HBsAg 的纯化技术和能灭活已知病毒的灭活步骤外,还需要系列化的综合性安全和效力检定程序,以控制疫苗质量。由于制备乙肝疫苗的原材料来自人血,且制造检定程序复杂,不可能提供足量的疫苗施行普遍接种。

重组酵母乙肝疫苗首先在美国默克公司研制成功,并于 1986 年被美国 FDA 批准通过。1991 年,我国自行研制的第一个基因工程疫苗——哺乳动物细胞生产乙肝疫苗获准生产。

我国当前已能大规模生产乙型肝炎表面抗原重组疫苗,分别称酵母重组和 CHO(中国仓鼠卵巢细胞)重组疫苗,免疫效果比同剂量的血源性疫苗优良,并且十分安全,可以放心使用。

目前使用的多为基因工程乙肝疫苗,血源性疫苗已基本淘汰(原因是有引起血源性疾病的嫌疑和浪费大量的血浆)。基因工程乙肝疫苗可以用于预防所有已知亚型的乙肝病毒感染。

二、基因工程疫苗开发现状

目前,病毒基因工程疫苗主要集中在研制常规技术不能或很难解决的新疫苗上(表 6-6)。对那些免疫保护效果差,或副反应较大,或成本较高,或使用不方便的传统疫苗(表 6-7),使用基因工程技术对其改造,或用基因工程疫苗取而代之,将具有极大的市场前景。

表 6-6　急需研制的基因工程病毒疫苗

疾病	预防性疫苗	治疗性疫苗
艾滋病	+(需要)	+
乙型肝炎	+	+
丙型肝炎	+	+
戊型肝炎	+	-(不需要)
EBV 肝炎	+	+
人乳头瘤病毒感染(宫颈癌)	+	+
单纯疱疹病毒感染(Ⅰ、Ⅱ型)	+	+
巨细胞病毒感染	+	+
呼吸道和细胞病毒感染	+	-
轮状病毒感染	+	-
登革热病毒感染	+	-
埃博拉病毒感染	+	-

表 6-7　值得使用基因工程技术进行改造的传统病毒疫苗

传统疫苗	可能使用的基因工程疫苗类型
流感	基因缺失活疫苗,遗传重组活疫苗
甲型肝炎	重组活疫苗,亚单位疫苗(病毒样颗粒)
乙型脑炎	基因缺失活疫苗
水痘	重组活疫苗,基因缺失活疫苗
麻疹	重组活疫苗,基因工程亚单位疫苗
黄热	重组活疫苗
狂犬(人和兽)	重组活疫苗,亚单位疫苗(病毒样颗粒)
出血热	基因缺失活疫苗
腺病毒	遗传重配活疫苗,重组活疫苗
轮状病毒	亚单位疫苗(病毒样颗粒)
联合疫苗	重组多价活疫苗,亚单位联合疫苗

目前已有 4 种基因工程乙肝疫苗投入生产,为基因工程疫苗的研制提供了成功经验。然而艾滋病疫苗的研制却并不顺利。艾滋病疫苗的研制工作已经有 20 年的历史,虽然科学家为此付出了艰辛的努力,但始终研发不出有效的疫苗。特别是 2007 年 9 月美国默克公司全球艾滋病疫苗人体试验的失败,使多位科学家非常悲观,甚至有人认为疫苗研制成功的希望"非常渺茫"。2009 年 9 月 24 日,美国和泰国研究人员在泰国首都曼谷联合宣布,一种新型试验疫苗可使人体感染艾滋病病毒的风险降低 31.2%。这是全球第一种确认有一定免疫效果的艾滋病疫苗,让人们重新看到未来艾滋病疫苗研究的希望。可喜的是,中国的艾滋病疫苗也已在一期临床试验证明其安全性的基础上,顺利进入二期临床,进一步验证其有效性。

此外,基因工程丙肝疫苗、戊肝疫苗、乳头瘤病毒疫苗、甲肝疫苗、麻疹疫苗、出血热疫苗、小儿轮状病毒疫苗等多种疫苗已进入临床研究或已开展研究,展现了良好的前景。

第四节　疫苗的质量控制

疫苗一般是用于健康人群,特别是儿童的免疫接种,其质量的优劣直接关系到千百万人的健康和生命安全,因此在制作中应特别注意控制其质量。

一、生产过程质量控制

生产过程质量控制是保证疫苗质量的重要环节,疫苗的生产需在 10 万级以上的洁净区进行,具体工序所需的洁净级别参见各类疫苗生产流程及环境要求示意图。

1. 原辅料及器具

疫苗生产用水、所有原料及辅料应符合现行《中国药典》、《中国生物制品规程》和《中国生物制品主要原辅料质量标准》的要求。对所有原辅料的供应商,要进行全面的审查,并对所提供的产品进行检定,合格后签订供货协议。必须制定严格的原辅料管理办法,并严格实施。直接用于生产的金属或玻璃器具,必须严格清洗及灭菌处理。

2. 细胞及菌毒种

生产及检定用动物小鼠、豚鼠及其他生产用动物、鸡胚应符合清洁级标准。生产用细胞株应在一定的代次之内,具有明显的该细胞生物学特性,并进行外源因子污染和内源因子的检测、致瘤性检测及细菌、真菌、支原体检查等。生产用菌毒种应无外源因子污染,并进行毒力、特异性、培养特性等实验,检查其生物学特性是否有异常改变。

3. 菌毒种的培养与收获

菌毒种的接种和培养应在专门的设备内进行,严格操作,防止污染。采用强毒菌株(鼠疫杆菌、霍乱弧菌、炭疽杆菌等)、芽孢菌、强毒病毒株生产疫苗时,需在国家认可的 P3、P2 实验室中进行,操作人员应有防护设施。生产用培养基应适合培养细胞的生长,不得使用人血清作为细胞培养液,所用牛血清应来源于无牛脑海绵体脑病流行地区的健康牛群,应检定成品中是否含有抗原和过敏原成分。消化细胞用胰蛋白酶应进行检测,证明其无细菌、真菌、支原体或病毒污染,特别应检测胰蛋白酶来源的动物可能携带的病毒,如细小病毒等。疫苗生产过程中不得加入青霉素或其他 β-内酰胺类抗生素。

收集的原液应作纯菌试验,合格后杀灭细菌,杀菌完毕应做无菌试验。合并后加适量苯酚或其他适宜防腐剂,保存于 $2\sim8℃$,原液自采集之日起至用于疫苗稀释不得少于 4 个月。

二、疫苗的质量检定

1. 原液检定

原液是指经过培养、分离纯化、浓缩、合并等一系列过程,制备的可通过配制制成半成品的药液。原液的检查项目非常多,包括鉴别、效力测定(病毒滴定)、无菌检查、支原体检查、特异性毒性检查、异常毒性、残余毒力、杂质测定、牛血清蛋白含量、细菌内毒素检查等,但大体可以归纳为四个方面。

(1)鉴别

一般采用免疫学方法,如免疫双扩法、免疫电泳、免疫印迹等。此外效价测定、生物学活性测定也能从侧面反映药物的真伪。

(2)安全试验

安全试验包括以下几种:

①外源性污染的检查

野毒检查　在病毒性疫苗的制备过程中,有可能通过培养病毒的细胞、鸡胚带入有害的潜在病毒,使制品污染,故应进行野毒检查。

热原检查　在原材料或在疫苗的制造过程中,有可能被细菌:1)外源性污染的检查;2)杀菌、灭活和脱毒检查;3)残余毒力和毒性物质的检查;4)过敏性物质的检查。其他物质污染,从而含有热原,所以,必须进行检查。

②杀菌、灭活和脱毒检查

一些死菌苗、灭活疫苗以及类毒素等制品,常用甲醛溶液或苯酚作为杀菌剂或灭活剂。这类制品的菌毒种多为致病性强的微生物,若未被杀死或解毒不完全,就会在使用时发生严重感染。

无菌试验　目的是检查有无生产菌种生长,故应采用适合本菌生长的培养基,同时先用液体培养基进行稀释和增殖再进行移种。

活毒检查　主要是检查灭活病毒性疫苗。须对原毒株敏感的动物进行试验,一般多用小白鼠。如果制品中残留未灭活的病毒,则能在动物机体内繁殖,使动物发病或死亡。

解毒试验　主要用于检查类毒素等需要脱毒的制品,需用敏感的动物检查。

③残余毒力和毒性物质的检查

残余毒力　指生产制品的菌毒株本身是活的减毒株或弱毒株,允许有轻微毒力的存在,能在接种的机体内表现出来。残余毒力检查目的是控制活疫苗的残余毒力在规定范围。按制品的不同,这种残余毒力的大小有不同的指标要求,测定和检验的方法也不同。

特异性毒性检查　有些疫苗如破伤风疫苗、白喉疫苗等,经杀菌、灭活、提纯等制造工艺后,其本身所含的某种成分可能具有毒性,当注射一定量时,可引起机体的有害反应,严重的可使动物死亡。这类疫苗须进行特异性毒性检查。

异常毒性检查　系非特异性毒性的通用安全试验,即一般安全试验,制品在没有明确规定的动物安全试验项目时,或不明了某制品是否会有不安全因素时,常采用较大剂量给小鼠或豚鼠作皮下或腹腔注射,观察动物有无不良反应。

④过敏性物质的检查

牛血清是一种异体蛋白,如制品中残留量偏高,多次使用能引起机体变态反应,故应进行检测。一般采用间接血球凝集抑制试验或反向血球凝集实验,含量不超过 $1\mu g/ml$。

(3)效力试验

主要效力试验包括:免疫力试验、活菌数和活病毒滴度测定、类毒素和抗毒素的单位测定、血清学试验等。

①免疫力试验

将制品和标准品分别对动物进行自动(或被动)免疫后,用活菌、活毒或毒素攻击,对比其存活率,从而判断制品的保护力强弱。该方法可用于多种疫苗的效价测定。

②活菌数和活病毒滴度测定

细菌性活疫苗多以制品中抗原菌的活菌数(率)表示其效力,而病毒性活疫苗常用病毒滴度表示其效力。

③类毒素单位测定

絮状单位是指能和一个单位抗毒素首先发生絮状沉淀反应的(类)毒素量,絮状单位数常用于表示类毒素或毒素的效价。根据类毒素与相应抗毒素在适当的含量、比例、温度、反应时间等条件下,可在试管中发生抗原抗体结合,产生肉眼可见的絮状凝集反应。根据抗毒素絮状反应标准品可测定供试品的絮状单位值。

④血清学试验

基于抗原和抗体的相互作用,常以血清学方法检查抗体或抗原的活性,并多在体外进行试验,包括沉淀试验、凝集试验、中和试验等。

⑤杂质检测

根据 WHO 颁布的有关规定,在生物制品的成品和原液检定中应该至少列入外源 DNA、外源蛋白质等检测项目。我国生物制品规程规定在每一剂量中来自宿主细胞的残余 DNA 含量应小于 100pg,对来自大肠杆菌的产品和来自 CHO 细胞表达的产品分别将宿主蛋白设定为不大于 0.19% 和不大于 0.05%。如生产过程中使用了小牛血清,还必须测定其残留量。原则上不主张使用抗生素,如果在生产工艺中使用了抗生素不仅要在纯化工艺中除去而且要对终产品进行检测。生产和纯化过程中加入的其他物质,如铜离子、锌离子、SDS 等杂质,应进行检测。如纯化过程用到了亲和层析,还要注意检查配体的残留量。目的蛋白转化的杂蛋白也要严格控制。

2.半成品鉴定

由适当含量的药用物质与适宜的保护剂混合制得半成品。一般仅进行无菌试验,有些还需进行纯菌实验、效价和细菌内毒素测定。

3.成品鉴定

制品在分装或冻干后,必须逐批进行出厂前的最后安全检查。除了像原液那样进行鉴别、安全性试验、效力试验外,还需进行外观、化学检定(pH 值、铝含量、硫柳汞含量、游离甲醛含量)、热稳定性和人体效果试验等。

(1)物理性状的检查

一般需检查疫苗的外观,外观可反映制品的安全和效力问题。冻干制品要检测其真空度及溶解速度,而且装量不少于标示量。

（2）化学检定

在生物制品的制造过程中，常加入苯酚、甲醛、氯仿、硫柳汞、氢氧化铝等试剂作为防腐剂或灭活剂或佐剂。防腐剂的含量应该控制在规定的限度以下，含量过高能引起制品有效成分的破坏，注射时也会引起疼痛等不良反应。

（3）稳定性试验

对制品的稳定性试验一般是将制品放置于不同温度，观察不同时间的效力下降情况。

【案例】

2010 年版《中国药典》对伤寒疫苗的规定

本品系用伤寒沙门菌培养制成悬液，经甲醛杀菌，用 PBS 稀释制成。用于预防伤寒。

1 基本要求

生产和检定用设施、原料及辅料、水、器具、动物等应符合"凡例"的有关要求。

2 制造

2.1 菌种

生产用菌种应符合"生物制品生产检定用菌毒种管理规程"的有关规定。

2.1.1 名称及来源

采用伤寒沙门菌 Ty2 株，CMCC50098。

2.1.2 种子批的建立

应符合"生物制品生产检定用菌毒种管理规程"的有关规定。

2.1.3 种子批的传代

主种子批菌种启开后传代次数不得超过 5 代；工作种子批菌种启开后至接种生产用培养基传代次数不得超过 5 代。

2.1.4 种子批菌种的检定

2.1.4.1 培养特性

将待检菌种接种于肉汤琼脂、马丁琼脂或其他适宜的培养基，置 37℃ 培养 18～20 小时，应为无色半透明、边缘整齐、表面光滑湿润的圆形菌落。

2.1.4.2 染色镜检

涂片染色镜检应为革兰阴性杆菌。

2.1.4.3 生化反应

发酵葡萄糖、麦芽糖、甘露醇均产酸不产气；不发酵乳糖、蔗糖（附录 ⅩⅣ）；氧化酶试验阴性。

2.1.4.4 血清学特性

（1）玻片凝集试验

待检菌种的新鲜培养物与 Vi 及 H-d 参考血清有强凝集反应（＋＋＋以上），与 O-9 参考血清不产生凝集反应或仅有较弱凝集。

（2）定量凝集试验

将待检菌的新鲜培养物，用 PBS 制成 6.0×10^8/ml 的菌悬液，与伤寒沙门菌参考血清做定量凝集试验。充分混匀后，置 35～37℃ 过夜。肉眼观察结果，以（＋）凝集之血清最高稀释度为凝集反应效价,凝集效价应不低于参考血清原效价之半。

　2.1.4.5　毒力试验

　用 $35\sim37\text{℃}$ 培养 $12\sim16$ 小时的琼脂培养物,以生理氯化钠溶液稀释成含菌 $6.0\times10^8/\text{ml}$,$3.0\times10^8/\text{ml}$,$1.5\times10^8/\text{ml}$ 及 $7.5\times10^7/\text{ml}$ 等浓度的菌液(根据菌种毒力情况稀释度可作更改)。每一稀释度的菌悬液腹腔注射至少 5 只体重 $14\sim16\text{g}$ 小鼠,每只 0.5ml,观察 3 天。小鼠感染后 3 天内全部死亡的最小剂量为 1 个最小致死量(MLD),1MLD 含菌应不高于 1.5×10^8。

　2.1.4.6　毒性试验

　将 $35\sim37\text{℃}$ 培养 $18\sim20$ 小时之琼脂培养物混悬于 PBS 内,56℃ 加温 1 小时(或其他方法杀菌),不加防腐剂。杀菌检查合格后稀释成 $6.0\times10^9/\text{ml}$,$3.0\times10^9/\text{ml}$ 及 $1.5\times10^9/\text{ml}$ 3 个浓度,每个浓度的菌悬液以 0.5ml 腹腔注射体重 $15\sim18\text{g}$ 小鼠 5 只,观察 3 天,注射含菌 7.5×10^8 之小鼠应全部生存,注射含菌 1.5×10^9 之 5 只小鼠可有 3 只死亡。

　2.1.4.7　免疫力试验

　将经 56℃ 30 分钟加温(或用其他方法杀菌)不加防腐剂的菌液稀释为 $2.5\times10^8/\text{ml}$。用该菌液免疫体重为 $14\sim16\text{g}$ 小鼠至少 30 只,每只皮下注射 0.5ml,注射 2 次,间隔 7 天,末次免疫后 $9\sim11$ 天进行毒菌攻击。免疫组小鼠每只腹腔注射 0.5ml 含 1MLD 的毒菌,同时应用同批饲养或体重与免疫组相同的小鼠 3 组(每组至少 5 只)作对照,分别于腹腔注射 2MLD、1MLD 及 1/2MLD 的毒菌(各含于 0.5ml 中)。观察 3 天,对照组小鼠感染 2MLD 及 1MLD 者应全部死亡,感染 1/2MLD 者有部分死亡。免疫组小鼠存活率应不低于 70%。

　免疫力试验也可用 LD_{50} 攻击法。将经 56℃ 30 分钟加温(或用其他方法杀菌)不加防腐剂的菌液稀释为 $2.5\times10^8/\text{ml}$。用该菌液免疫体重为 $14\sim16\text{g}$ 小鼠至少 30 只,每只皮下注射 0.5ml,注射 2 次,间隔 7 天,末次免疫后 $9\sim11$ 天进行毒菌攻击。用培养 $12\sim16$ 小时的菌苔,以 pH$7.2\sim7.4$ 的肉汤培养基或生理氯化钠溶液稀释至适当浓度,进行攻击。免疫组小鼠应感染 $100LD_{50}$ 以上的毒菌。同时应用同批饲养或体重与免疫组相同的小鼠 $3\sim4$ 组(每组至少 5 只),分别感染不同剂量毒菌作对照。免疫组及对照组分别腹腔注射 0.5ml,观察 3 天,计算 LD_{50}。免疫组小鼠存活率应不低于 70%。

　应同时用参考菌苗作对照。

　2.1.4.8　抗原性试验

　选用体重 2kg 左右之健康家兔至少 3 只,用经 56℃ 30 分钟加温(或其他方法杀菌)不加防腐剂之菌液静脉注射 3 次,每次 0.5ml,第一次注射含菌 7.0×10^8,第二次注射含菌 1.4×10^9,第三次注射含菌 2.1×10^9,每次间隔 7 天。末次注射后 $10\sim14$ 天采血做定量凝集试验测定效价,2/3 家兔血清之凝集效价应不低于 1∶12800。

　2.1.5　种子批的保存

　种子批应冻干保存于 8℃ 以下。

　2.2　原液

　2.2.1　生产用种子

　工作种子批检定合格后方可用于生产,将工作种子批菌种接种于改良半综合培养基或其他适宜培养基,制备生产用种子。

2.2.2 生产用培养基

采用 pH7.2～7.4 的马丁琼脂、肉汤琼脂或经批准的其他培养基。

2.2.3 菌种接种和培养

采用涂种法接种,接种后置 35～37℃培养 18～24 小时。

2.2.4 收获

刮取菌苔混悬于 PBS 中即为原液。逐瓶做纯菌检查,取样接种琼脂斜面 2 管,分别置 35～37℃培养 2 天,24～26℃培养 1 天,如有杂菌生长应废弃。

2.2.5 杀菌

纯菌检查合格的原液加入终浓度为 1.0%～1.2%的甲醛溶液,置 37℃杀菌,时间不得超过 7 天,杀菌后保存于 2～8℃。

2.2.6 杀菌检查

杀菌后,取样接种于不含琼脂的硫乙醇酸盐培养基及普通琼脂斜面各 1 管,置 35～37℃培养 5 天。如有本菌生长,可加倍量复试一次,如有杂菌生长应废弃。

2.2.7 合并

杀菌检查合格的原液按不同菌株或不同制造日期分别除去琼脂及其他杂质,进行合并。合并后应加入不高于 3.0g/L 的苯酚或其他适宜防腐剂,保存于 2～8℃。

2.2.8 原液检定

按 3.1 项进行。

2.2.9 保存及有效期

原液应保存于 2～8℃。原液自收获之日起至用于菌苗稀释不得少于 4 个月,自收获之日起有效期为 2 年 6 个月。

2.3 半成品

2.3.1 配制

稀释前应先将不同菌株所制之原液按菌数等量混合,但每个菌株所加的菌数与应加菌数在总菌数不变的原则下允许两个菌株之间在 40%范围内互有增减。用含不高于 3.0g/L 的苯酚或其他适宜的防腐剂的 PBS 稀释。稀释后浓度为每 1ml 含伤寒沙门菌 3.0×10⁸。

2.3.2 半成品检定

按 3.2 项进行。

2.4 成品

2.4.1 分批

应符合"生物制品分批规程"规定。

2.4.2 分装

应符合"生物制品分装和冻干规程"规定。

2.4.3 规格

每瓶 5ml。每 1 次人用剂量 0.2～1.0ml(根据年龄及注射针次不同),含伤寒沙门菌 $6.0×10^7$～$3.0×10^8$。

2.4.4 包装

应符合"生物制品包装规程"规定。

3　检定

3.1　原液检定

3.1.1　染色镜检

革兰阴性杆菌,不得有杂菌。

3.1.2　凝集试验

与相应血清进行定量凝集试验,其凝集效价应不低于血清原效价之半。

3.1.3　浓度测定

按"中国细菌浊度标准"测定浓度。

3.1.4　无菌检查

依法检查(附录ⅧA),应符合规定。

3.1.5　免疫力试验

无菌检查合格后进行本试验,抽检批数应不少于生产批数的1/5。按2.1.4.6项进行,每组小鼠至少15只,60%免疫小鼠存活为合格。

3.2　半成品检定

无菌检查

依法检查(附录ⅧA),应符合规定。

3.3　成品检定

3.3.1　鉴别试验

与相应血清做玻片凝集试验,应出现明显凝集反应。

3.3.2　物理检查

3.3.2.1　外观

应为乳白色悬液,无摇不散的菌块或异物。

3.3.2.2　装量

按附录ⅠA中装量项进行,应不低于表示量。

3.3.3　化学检定

3.3.3.1　pH值

应为6.8~7.4(附录ⅤA)。

3.3.3.2　苯酚含量

应不高于3.0g/L(附录ⅧM)。

3.3.3.3　游离甲醛含量

应不高于0.2g/L(附录ⅧL)。

3.3.4　菌形及纯菌检查

染色镜检,应为革兰阴性杆菌。至少观察10个视野,平均每个视野内不得有10个以上非典型菌(线状、粗大或染色可疑杆菌),并不应有杂菌。

3.3.5　无菌检查

依法检查(附录ⅧA),应符合规定。

3.3.6　异常毒性检查

依法检查(附录ⅧF),应符合规定。每只豚鼠注射剂量为1.5ml。

4　保存、运输及有效期

于 2～8℃避光保存和运输。自生产之日起有效期为 1 年 6 个月。如原液超过 1 年稀释，应相应缩短有效期（自原液收获之日起，总有效期不得超过 2 年 6 个月）。

5　使用说明

应符合"生物制品包装规程"规定和批准的内容。

伤寒疫苗使用说明（略）

【药典链接】

2010 年版《中国药典》对人用狂犬病疫苗(Vero 细胞)的规定

本品系用狂犬病病毒固定毒接种 Vero 细胞，经培养、收获、浓缩病、病毒灭活、纯化后，加入适宜的稳定剂后制成，用于预防狂犬病。

1　基本要求

生产和检定用设施、原材料及辅料、水、器具、动物等应符合"凡例"有关要求。

2　制造

2.1　生产用细胞

生产用细胞为 Vero 细胞。

2.1.1　细胞的管理及检定

应符合"生物制品生产和检定用动物细胞基质制备及检定规程"规定。各细胞种子批代次应不超过批准的限定代次。

取自同批工作细胞库的 1 支或多支细胞管，经复苏扩增后的细胞仅用于一批疫苗的生产。

2.1.2　细胞制备

取工作细胞库中的 1 支或几支细胞管，细胞复苏、扩增至接种病毒的细胞为一批。将复苏后的单层细胞用胰蛋白酶或其他适宜的消化液进行消化，分散成均匀的细胞，加入适宜的培养液混合均匀，置 37℃培养成均匀单层细胞。

2.2　毒种

2.2.1　名称及来源

生产用毒种为狂犬病病毒固定毒 CTN-1V 株、aGV 株或其他经 Vero 细胞适应的狂犬病病毒固定毒株。

2.2.2　种子批的建立

应符合"生物制品生产和检定用菌毒种管理规程"规定。各种子批代次应不超过批准的限定代次。狂犬病病毒固定毒 CTN-1V 株在 Vero 细胞上传代建立工作种子批传代次数应不超过 35 代，aGV 株在 Vero 细胞上传代建立工作种子批传代次数应不超过 15 代。

2.2.3　种子批的检定

主种子批应进行以下全面检定，工作种子批应至少进行 2.2.3.1-2.2.3.4 项检定。

2.2.3.1　鉴别试验

用小鼠脑内中和试验鉴定毒种的特异性。将毒种作 10 倍系列稀释，取适宜稀释度病毒液与等量狂犬病病毒特异性免疫血清混合，同时设立正常血清对照组，试验组与对照组的每个稀释度分别接种 11～13g 小鼠 6 只,每只脑内接种 0.03ml,观察 14 天,中和指数应不低于 500。

2.2.3.2　病毒滴定

取毒种作 10 倍系列稀释,每个稀释度脑内接种体重为 11～13g 小鼠至少 6 只,每只脑内接种 0.03ml,观察 14 天,病毒滴度应不低于 7.5 LgLD$_{50}$/ml。

2.2.3.3　无菌检查

依法检查(附录 VII A),应符合规定。

2.2.3.4　支原体检查

依法检查(附录 VII B),应符合规定。

2.2.3.5　病毒外源因子检查

依法检查(附录 VII C),应符合规定。

2.2.3.6　免疫原性检查

用主种子批毒种制备灭活疫苗,腹腔注射体重为 12～14g 小鼠,每只 0.5ml。7 天后重复接种 1 次作为试验组,未经免疫小鼠做对照组。第一次免疫后的第 14 天,试验组和对照组分别用 10 倍系列稀释的 CVS 病毒脑腔攻击,每只 0.03ml,每个稀释度 10 只小鼠。保护指数应不低于 100。

2.2.4　毒种保存

毒种应置-60℃以下保存。

2.3　原液

2.3.1　细胞制备

同 2.1.2 项。

2.3.2　培养液

培养液为含适量灭能新生牛血清的 MEM、199 或其他适宜培养液。新生牛血清的质量应符合规定(附录 VIII D)。

2.3.3　对照细胞外源因子检查

依法检查(附录 VII C),应符合规定。

2.3.4　病毒接种和培养

当细胞培养成致密单层后,毒种按 0.01～0.1 MOI(同一工作种子批应按同一 MOI 接种)接种,置适宜温度下培养一定时间后,弃去培养液,用 PBS 冲洗去除牛血清,加入适量维持液,置 33～35℃继续培养。

2.3.5　病毒收获

经培养适当时间,收获病毒液。根据细胞生长情况,可换以维持液进行多次病毒收获。同一细胞批的同一次病毒收获液检定合格后可合并为单次病毒收获物。

2.3.6　单次病毒收获液检定

按 3.1 项进行。

2.3.7　单次病毒收获液保存

于 2～8℃保存不超过 30 天。

2.3.8　单次病毒收获液合并、浓缩

同一细胞批生产的多个单次病毒收获液检定合格后可进行合并。合并后的病毒液,经

超滤或其他适宜方法浓缩至规定的蛋白质浓度范围

2.3.9 病毒灭活

于病毒收获液中按 1∶4000 的比例加入 β-丙内酯,置适宜温度、在一定时间内灭活病毒,并于适宜的温度放置适宜的时间,以确保 β-丙内酯完全水解。病毒灭活到期后,每个灭活容器应立即取样,分别进行病毒灭活验证试验。

2.3.10 纯化

灭活后的病毒液采用柱色谱或其他适宜的方法纯化,纯化后可加入适量人血白蛋白或其他适宜的稳定剂即为原液。

2.3.11 原液检定

按 3.2 项进行。

2.4 半成品

2.4.1 配制

用疫苗稀释液将原液按同一蛋白质含量及抗原量进行配制,配制后总蛋白质含量应不高于 $80\mu g$/剂,可加入适量硫柳汞作为防腐剂,即为半成品。

2.4.2 半成品检定

按 3.3 项进行。

2.5 成品

2.5.1 分批

应符合“生物制品分批规程”规定。

2.5.2 分装

应符合“生物制品分装和冻干规程”规定

2.5.3 规格

每瓶 1.0ml。每 1 次人用剂量为 1.0ml,狂犬病疫苗效价应不低于 2.5IU。

2.5.4 包装

应符合“生物制品包装规程”规定。

3 检定

3.1 单次病毒收获液检定

3.1.1 病毒滴定

按 2.2.3.2 项进行,病毒滴度应不低于 $6.0LgLD_{50}$/ml。

3.1.2 无菌检查

依法检查(附录ⅫA),应符合规定。

3.1.3 支原体检查

依法检查(附录ⅫB),应符合规定。

3.2 原液检定

3.2.1 病毒灭活验证试验

将病毒灭活后接种 25ml 供试品于 Vero 细胞上,每 $3cm^2$ 单层细胞接种 1ml 供试品,37℃吸附 60 分钟后加入细胞培养液,与供试品量比例不超过 1∶3,每 7 天传 1 代,将培养 21 天后的培养液混合取样,分别进行动物法和酶联免疫法检测,动物法为脑内接种体重为 11～13g 小鼠 20 只,每只 0.03ml,观察 14 天,应全部健存(3 天内死亡的不计,动物死亡数量应不超过试验动物总数的 20%)；采用酶联免疫法检查,应为阴性。

3.2.2　蛋白质含量

取纯化后未加入人血白蛋白的供试品,依法测定,应不高于 $80\mu g/ml$(附录Ⅵ B 第二法)。

3.2.3　抗原含量测定

采用酶联免疫法,应按批准的标准执行。

3.2.4　无菌检查

依法检查(附录Ⅶ A),应符合规定。

3.2　半成品检定

无菌检查

依法检查(附录Ⅶ A),应符合规定。

3.3　成品检定

3.3.1　鉴别试验

采用酶联免疫法检查,应证明含有狂犬病病毒抗原。

3.3.2　外观

应为澄明液体无异物。

3.3.3　装量

按附录Ⅰ A 装量项进行,应不低于标示量。

3.4.3　化学检定

3.4.3.1　pH 值

应为 7.2～8.0(附录Ⅴ A)。

3.4.3.2　硫柳汞含量

应不高于 $100\mu g/ml$(附录Ⅶ B)。

3.4.4　效价测定

应不低于 $2.5IU/$剂(附录Ⅺ A)。

3.4.5　热稳定性试验

疫苗出厂前应进行热稳定性试验。于 37℃ 放置 14 天后,按 3.3.4 项进行效价测定。如合格,视为效价测定合格。

3.4.6　无菌检查

依法检查(附录Ⅶ A),应符合规定

3.4.7　异常毒性检查

依法检查(附录Ⅶ F),应符合规定。

3.4.8　细菌内毒素检查

应不高于 $50EU/$剂(附录Ⅶ E 凝胶限量试验)。

3.4.9　牛血清白蛋白残留量

应不高于 $50ng/$剂(附录Ⅷ F)。

3.4.10　Vero 细胞 DNA 残留量

应不高于 $100pg/$剂(附录Ⅸ B)。

3.4.11 Vero 细胞宿主蛋白残留量测定

采用酶联免疫法测定,应不高于 4μg/ml,并不得超过总蛋白质含量的 5%。

3.4.12 抗生素残留量检查

细胞制备过程中加入抗生素的应进行该项检查,采用酶联免疫法,应不高于 10ng/ml。

4 保存、运输及有效期

于 2~8℃避光保存和运输。自生产之日起,按批准的执行。

5 使用说明(略)

【药典链接】

2010 年版《中国药典》对重组乙型肝炎疫苗(酿酒酵母)的规定

本品系由重组酵母菌表达的乙型肝炎(简称乙肝)病毒表面抗原(HBsAg)经纯化、加入铝佐剂制成,用于预防乙型肝炎。

1 基本要求

生产和检定用设施、原材料及辅料、水、器具、动物等应符合"凡例"有关要求。

2 制造

2.1 生产用菌种

2.1.1 名称及来源

生产用菌种为美国默克公司以 DNA 重组技术构建的表达 HBsAg 的重组酿酒酵母原始菌种,菌种号为 2150-2-3(pHBS56-GAP347/33)。

2.1.2 种子批的建立

应符合"生物制品生产和检定用菌毒种管理规程"规定。

由美国默克公司提供的菌种经扩增 1 代为主种子批,主种子批扩增 1 代为工作种子批。

2.1.3 种子批检定

主种子批及工作种子批应进行以下项目的全面检定。

2.1.3.1 培养物纯度

培养物接种于哥伦比亚血琼脂平板和酶化大豆蛋白琼脂平板,分别于 20~25℃和 30~35℃培养 5~7 天,应无细菌和其他真菌被检出。

2.1.3.2 HBSAg 基因序列测定

应与美国默克公司提供菌种的 HBSAg 基因序列保持一致。

2.1.3.3 质粒保有率

采用平板复制法检测。将菌种接种到复合培养基上培养,得到的单个克隆菌落转移到限制性培养基上培养,计算质粒保有率,应不低于 95%。

$$PR\% = [A/(A+L)] \times 100$$

式中:PR 为质粒保有率(%);

A 为在含腺嘌呤的基本培养基上生长的菌落数(CFU/皿);

A+L 为在含腺嘌呤和亮氨酸的基本培养基上生长的菌落数(CFU/皿)。

2.1.3.4 活菌率

采用血细胞计数仪器,分别计算每毫升培养物中总菌数和活菌数,活菌率应不低于 50%。

$$活菌率＝活菌数/总菌数×100\%$$

2.1.3.5 抗原表达率

取种子批菌种扩增培养,采用适宜的方法将培养后的细胞破碎,分别用 Lowry 法测定破碎液的蛋白质含量,并采用酶联免疫法或其他适宜方法测定 HBsAg 含量。抗原表达率应不低于 0.5%。

$$抗原表达率＝抗原含量/蛋白含量×100\%$$

2.1.4 菌种保存

主种子批和工作种子批菌种应于液氮中保存,工作种子批菌种保存于−70℃应不超过 6 个月。

2.2 原液

2.2.1 发酵

取工作种子批菌种,于适宜温度和时间经锥形瓶、种子罐和生产罐进行三级发酵,收获的酵母菌应冷冻保存。

2.2.2 培养物检定

2.2.2.1 培养物纯度

同 2.1.3.1 项。

2.2.2.2 质粒保有率

平板复制法测试的质粒保有率应不低于 90%。

2.2.3 培养物保存

于−60℃以下保存不超过 6 个月。

2.2.4 纯化

用细胞破碎器破碎酵母菌,除去细胞碎片,以硅胶吸附法粗提 HBsAg,疏水层析法纯化 HBsAg,经硫氰酸盐处理后,稀释和除菌过滤后即为原液。

2.2.4 原液检定

按 3.1 项进行。

2.2.5 原液保存

于 2～8℃保存不超过 3 个月。

2.3 半成品

2.3.1 甲醛处理

原液中按终浓度为 $100\mu g/ml$ 加入甲醛,于 37℃保温适宜时间。

2.3.2 铝吸附

每微克蛋白和铝剂按一定比例置 2～8℃吸附适宜的时间,用无菌生理氯化钠溶液洗涤去上清后再恢复至原体积,即为铝吸附产物。

2.3.3 半成品配制

蛋白质浓度为 $20.0～27.0\mu g/ml$ 的铝吸附后原液可与铝佐剂等量混合后,即为半成品。

2.3.3 半成品检定

按 3.2 项进行。

2.4 成品

2.4.1 分批

应符合"生物制品分批规程"规定。

2.4.2 分装

应符合"生物制品分装和冻干规程"规定。

2.4.3 规格

每瓶0.5ml、1.0ml。每1次人用剂量0.5ml(含HBsAg 5μg或10μg)或1.0ml(含HBsAg 10μg)。

2.4.4 包装

应符合"生物制品包装规程"规定。

3 检定

3.1 原液检定

3.1.1 无菌检查

依法检查(附录ⅫA),应符合规定。

3.1.2 蛋白质浓度

应为20.0~27.0μg/ml(附录ⅥB第二法)。

3.1.3 特异蛋白带

依法测定采用还原性SDS-聚丙烯酰胺凝胶电泳(附录ⅣC),分离胶浓度为15%,上样量为1.0μg,银染法染色。应有分子量为20~25kD蛋白带,可有HBsAg多聚体蛋白带。

3.1.4 N末端氨基酸序列测定(每年至少进行一次该项测定)

N末端氨基酸序列应为 Met-Glu-Asn-Ile-Thr-Ser-Gly-Phe-Leu-Gly-Dro-Leu-Leu-Val-Leu

3.1.5 纯度

采用免疫印迹法测定(附录ⅧA),所测供试品不得出现国家药品检定机构认可以外的酵母杂蛋白;采用高效液相色谱法(附录ⅢB),亲水硅胶高效体积排阻色谱柱;排阻极限1000kD;孔径45nm,流动相:pH7.0含0.05%叠氮钠,0.1%SDS的磷酸盐缓冲液;上样量:100μl;检测波长:280nm。杂蛋白应不高于1.0%。

3.1.6 细菌内毒素检查

应小于10EU/ml(附录ⅫE凝胶限量试验)。

3.2 半成品检定

3.2.1 吸附完全性

取供试品于6500g离心5分钟取上清,依法测定(附录ⅩA)参考品、供试品及其上清中HBsAg含量。以参考品HBsAg含量的对数对应其吸光度值(或响应值)对数进行直线回归,相关系数应不低于0.99,将供试品及其上清的吸光度值(或响应值)代入回归方程,计算其HBsAg含量,再按下式计算吸附率,应不低于95%。

$$P\% = (1 - \frac{C_s}{C_t}) \times 100$$

式中:P为吸附率(%);

Cs为供试品上清的HBsAg含量(μg/ml);

Ct 为供试品的 HBsAg 含量(μg/ml)。

3.2.2 化学检定

3.2.2.1 硫氰酸盐含量

将供试品于 6500g 离心 5 分钟,取上清。分别取含量为 1.0μg/ml、2.5μg/ml、5.0μg/ml、10.0μg/ml 的硫氰酸盐标准溶液、供试品上清、生理氯化钠溶液各 5.0ml 于试管中,每一供试品取 2 份,在每管中依次加入硼酸盐缓冲液(pH9.2)0.5ml,2.25%氯胺 T-生理氯化钠溶液 0.5ml,50%吡啶溶液(用生理氯化钠溶液配制)1.0ml,每加一种溶液后立即混匀,加完上述溶液后静置 10 分钟,以生理氯化钠溶液为空白对照,在波长 415nm 处测定各管吸光度。以标准溶液中硫氰酸盐的含量对应其吸光度均值进行直线回归,计算相关系数,应不低于 0.99,将供试品上清的吸光度均值代入回归方程,计算硫氰酸盐含量,应小于 1.0μg/ml。

3.2.2.2 Triton X-100 含量

将供试品于 6500g 离心 5 分钟,取上清。分别取含量为 5μg/ml、10μg/ml、20μg/ml、30μg/ml、40μg/ml 的 Triton X-100 标准溶液、供试品上清、生理氯化钠溶液各 2.0ml 于试管中,每一供试品取 2 份,每管分别加入 5%(V/V)苯酚溶液 1.0ml,迅速振荡,室温放置 15 分钟。以生理氯化钠溶液为空白对照,在波长 340nm 处测定各管吸光度。以标准溶液中 Triton X-100 的含量对应其吸光度均值进行直线回归,计算相关系数,应不低于 0.99,将供试品上清的吸光度均值代入回归方程,计算 Triton X-100 含量,应小于 15μg/ml。

3.2.2.3 pH 值

应为 5.5～7.2(附录 V A)。

3.2.2.4 游离甲醛含量

应小于 20μg/ml(附录 VI L)。

3.2.2.5 铝含量

应为 0.35～0.62mg/ml(附录 VII F)。

3.2.2.6 渗透压摩尔浓度

应为 280mOsmol/L±65mOsmol/L(附录 V H)。

3.2.3 无菌检查

依法检查(附录 XII A),应符合规定。

3.2.4 细菌内毒素检查

应小于 5EU/ml(附录 XII E 凝胶限量试验)。

3.3 成品检定

3.3.1 鉴别试验

采用酶联免疫法检测,应证明为 HBsAg。

3.3.2 外观

应为乳白色混悬液体,可因沉淀而分层,易摇散,不应有摇不散的块状物。

3.3.3 装量

按附录 I A 装量项进行,应不低于标示量。

3.3.4 化学检查

3.3.4.1 pH 值

应为 5.5～7.2(附录 V A)

3.3.4.2　铝含量

应为 0.35～0.62mg/ml(附录ⅫF)。

3.3.5　体外相对效力测定

应不低于 0.5(附录ⅩA)。

3.3.6　无菌检查

依法检查(附录ⅫA),应符合规定。

3.3.7　异常毒性检查

依法检查(附录ⅫF),应符合规定。

3.3.8　细菌内毒素检查

应小于 5EU/ml(附录ⅫE 凝胶限量试验)。

4　保存、运输及有效期

于 2～8℃避光保存和运输。自生产之日起,有效期为 36 个月。

5　使用说明(略)

【合作讨论】

1.巴斯德在疫苗发展史上,作出了哪些杰出贡献?

2.分析说明人用疫苗研究面临的挑战。

3.介绍一下艾滋病疫苗的研发现状,你认为应该怎样突破目前艾滋病研发的困境。

4.寄生虫疫苗研究生产现状如何?

5.举例说明细菌灭活苗的制备过程。

6.请介绍一下基因治疗与基因疫苗。

7.酶水解的多肽能否预防非典?

8.举例说明,怎样控制传染病。

【延伸阅读】

预防用以病毒为载体的活疫苗制剂的技术指导原则

一、前言

以病毒为载体的预防用活疫苗是指将外源目的基因片段构建在病毒载体中,重组后的病毒载体导入机体后可表达目的蛋白,目的蛋白通过刺激机体产生特异性免疫学反应而达到预防某种疾病的目的。该指导原则适用于以病毒为载体的预防用活疫苗制品。其目的是为该类制剂提供一个共同的原则,具体的方案应根据这些原则,确定具体的申报内容。其基本原则是:安全有效,质量可控,同时应鼓励创新,促进以病毒为载体疫苗的研究。对一些新的技术路线要建立相应的质控要求,可有一定的灵活性,应注意到以病毒为载体活疫苗只是处于研究的初级阶段,而且与常规生物制品相比有其本身的特点,需要不断积累经验。为此,申请者应加强咨询和论证,提出一个确保安全有效而又适合实际的申报资料。同时,对每个方案中各个阶段的操作过程、中间及最终产品的制备,务必制定标准操作规程及质控标准,并予严格实施。

二、疫苗构建的基本要求

（一）国内外研究现状、立题依据和目的及预期效果

1. 应了解所预防或治疗疾病的流行情况、疾病的危害程度等；包括国内及国外对该类疾病的预防和治疗手段。

2. 应了解国内外同类产品研究和开发等情况，其中包括所用的 DNA 载体、目的基因片段、生产工艺、临床前试验和临床试验的结果及进展，以及该类产品所面临的主要问题。

3. 对研制该类 DNA 制品用于预防疾病的有效性、安全性及必要性进行分析。

4. 应对该方案与国外内已批准的或正在进行的方案的不同之处、特点及其优越性等进行分析。凡属新的方案，应提供其优越性及安全性的依据。

5. 利益风险比。根据该预防方案可能达到的效果及可能出现的副作用或危害，对总体的利弊权衡进行评价，并提出拟采取避免或减少其危害性或副作用的措施。这种评价将是该方案能否获得批准的重要依据之一。

（二）病毒载体及宿主细胞的有关内容

1. 目前所用的病毒载体主要包括逆转录病毒载体、腺病毒载体、腺相关病毒载体以及痘苗病毒载体等。为此，应明确病毒载体的来源、结构，并进行必要的专利查询，其中包括载体 DNA 的限制性内切酶图谱。若有特殊的元件，如启动子、增强子以及 PolyA 位点等，应提供详细资料。若改变结构（如丢失片段或插入片段），须对相应片段进行测序分析。若属新的或改变结构的病毒载体，须对组建的材料、方法、组建步骤及鉴定进行详细的研究。

2. 生产用细胞：来源、传代历史以及质控的材料。包括细胞形态学、染色体组型、支原体、细菌、病毒等外源因子的检测结果。若需用其他辅助病毒，须明确来源、分离的方法步骤等。

（三）目的基因

1. 明确目的基因来源的病原体及其他相关生物分子的基因序列及结构，并与我国主要流行株的核苷酸和氨基酸同源性进行分析以及明确其血清型、基因型和亚型，对该种基因型或血清型的流行情况进行分析，若存在不同的血清型或基因型，应对所选择的血清型或基因型与其他血清型或基因型交叉反应或交叉保护性进行分析和研究。

2. 对目的基因的序列、大小、来源以及表达产物的预计大小进行分析；明确目的基因选择的依据以及其表达蛋白在疾病预防中的作用。

3. 若对目的基因进行了修饰，应对其修饰后的基因序列以及修饰后基因与人类已知基因序列的同源性进行分析。若在表达的目的重组蛋白以外有其他氨基酸寡肽同时表达时，应对寡肽的作用和选择的依据进行分析。并对基因修饰或重组的利弊权衡进行分析。

（四）重组病毒的构建及种子细胞库的建立

1. 应对穿梭质粒与目的基因连接的详细步骤进行研究，并对构建以后的重组穿梭质粒进行检定和确证。对重组穿梭质粒的转化、扩增和纯化条件进行研究。

2. 对目的基因片段导入病毒的过程进行研究，建立切实可行的筛选和确证的方法。对含有目的基因片段的重组病毒的特征进行分析。

3. 对重组病毒的特性进行检定，必要时进行序列分析，研究必要的控制元件和选择标记基因有无变异以及对插入的目的基因序列进行分析，检查有无变异。

4. 应当对重组病毒感染细胞条件进行优化。对重组病毒的浓度、含量等进行分析。对

重组病毒的保存条件以及稳定性进行研究。应当建立重组病毒库。应对重组病毒库的外源因子进行分析。

5. 产生病毒的种子细胞库的组建：由病毒载体转染包装细胞或非包装细胞所组建的能复制并产生病毒的细胞系称为产病毒细胞系，即原始种子细胞库。该原始种子细胞库的组建过程必须予以详细说明，包括材料、方法、步骤、细胞系的鉴定。其中应当包括细胞形态学、染色体组型、传代次数、稳定性、病毒滴度的检测、病毒介导目的基因的表达活性以及外源因子的检查等。

6. 复制型病毒的检测：包括方法、技术可靠性及结果。

（五）对表达产物的分析

1. 将重组病毒感染合适的哺乳动物细胞，对感染条件进行优化。

2. 建立对表达产物的分析方法，包括表达产物的大小、特征等。

3. 建立对表达产物的免疫学反应的特征进行分析的方法。

三、生产工艺

（一）工作细胞库的建立及质控：须明确工作细胞扩增的方法、传代次数、倍增时间、可允许的传代次数（保持同样的病毒滴度及转导基因的活性）及工作细胞库的规模、保存条件。对以下内容进行研究：1. 细胞的均一性：包括细胞形态学、染色体组型、表型、导入基因的存在状态及其表达；2. 病毒滴度；3. 转导基因的活性；4. 外源因子的检测结果；5. 复制病毒的检测。所有以上的项目在自检的基础上，均须由中国药品生物制品检定所检定或由国家药品监督管理局指定的单位检定。

（二）种子细胞培养方法和扩增的步骤进行优化，建立培养过程中的质控指标。

（三）对重组病毒的分离、富集及纯化的工艺进行优化，并建立相应的质控指标。

（四）对原液稀释分装的工艺进行优化，并建立质控指标。

（五）添加物的质控：在细胞培养、制备过程中使用血清、生长因子、抗菌素等时，应对去除该类添加物的过程及效果进行研究，并应对保存液成分进行安全性研究。

四、制品的药理、毒理学研究

（一）安全性试验

1. 复制型病毒的检测，应严格检查复制型病毒并制定相应的标准。

2. 特种添加物：除细胞培养及保存所用的试剂外，如使用明胶、缝线或金属粒子等其他添加物，应对此类物质进行动物安全性研究。

3. 分子遗传学的评估：应对目的基因在体内的存在状态以及分布情况进行研究。

4. 目前用于载体的病毒有疫苗株和非疫苗株，对非疫苗株应进行严格的安全性研究。

（二）毒理反应的评估

这也是安全性试验的重要组成部分。除目的基因可能导致的毒性外，导入系统的安全性评价至为重要，其安全性评估应包括急性毒性（最大耐受量）及长期毒性试验。毒性试验所用的剂量，除包括相当于临床使用剂量（按体重或表面积计算）外，尚需有一个较大的剂量。给药途径应尽可能模拟临床给药或导入的形式。若改变途径须说明其原因及依据。毒性反应的观察，除常规检测项目外，应包括其他相关的检测指标。还应对局部刺激进行研究。

（三）免疫学的评估

应注意进入体内后的免疫反应有关的问题，包括过敏反应、排斥反应以及机体的自身免疫反应等。应对这些问题进行研究并提出相应的监控及处理措施。

五、质量控制及检定的要求

（一）生产过程中质量监控标准的建立及要求

在生产工艺的各个环节和步骤中对其产品均应建立相应的监控标准，以便后续工艺的进行。由于各申报者所选择的工艺不同，所制定的监控标准和在何步骤进行监控可能不同，但其原则是保证产品的质量、工艺的连续性和稳定性。

（二）产品的质量检定与要求

1.外观检查：根据样品的特征建立外观检查的质量标准。

2.pH值检测，可根据一般生物制品的要求建立标准，一般为 7.2 ± 0.5。

3.鉴别实验，主要包括对病毒载体的鉴别和对表达产物的鉴别试验，对病毒载体的鉴别主要通过免疫学方法检测病毒蛋白、检测病毒核酸的大小或限制性内切酶对重组病毒的核酸进行酶切分析。对表达产物的分析主要用免疫反应检测基因表达产物和用 PCR 方法检测插入基因。

4.建立适当的方法对病毒的滴度及含量进行检测。

5.体外效力实验：检测其体外表达量，需建立定量检测表达抗原的方法以及表达抗原的定量标准，并对该检测方法的敏感性以及定量的准确性进行验证；还应检测表达抗原的图谱，其各表达目的抗原的大小应与预计大小相同，应建立相应的方法并进行验证。制定各表达抗原的量和图谱的质量控制标准。

6.建立适当的方法检测复制型病毒，并制定相应的质控标准。

7.无菌实验：应检测需氧菌、厌氧菌以及支原体等，制品中应无该类微生物的污染。

8.热原试验：主要检测制品中有无热原物质，可用鲎试剂检测细菌的内毒素，并制定相应的质控标准。

9.异常毒性实验：主要用小鼠和豚鼠进行试验，一般小鼠腹腔接种一个人用剂量，豚鼠接种 5 个人用剂量。该试验是控制该类制品质量的重要指标，由于该制品与一般生物制品相比又有其特殊性，应根据病毒的特征建立不同的病毒特异性毒性反应，如可将以痘苗病毒为载体的制剂接种在兔背皮下观察毒性反应。

10.属逆转录病毒的导入系统，应特别注意复制型病毒的检测。检测范围，包括前述种子细胞库、工作细胞库及最后病毒制品。细胞上清液的取样应相当于培养上清液的 5%。细胞须用共培养法，产病毒细胞取样量须达到每批中 1%。检测方法，须用 S＋/L-法、标记挽救法或 RT/PCR 中的两种方法。必须用阳性对照（COS4070A 上清液）及阴性对照作严格定量标化，证明其敏感性及可靠性。PCR 应利用放射同位素杂交或同样敏感的系统。

11.若最终制品为腺病毒，须补充以下资料：（1）腺病毒颗粒数及感染单位的测定：目前公认的腺病毒的定量，是腺病毒颗粒测定，以腺病毒基因组 DNA 定量为依据，以 1 个 OD260 单位作为 1.11012 颗粒；同时要测定感染滴度；（2）复制型腺病毒的检测：参考美国 FDA1996 的建议，在一个病人用的腺病毒的总量中，复制病毒不超过 1 个 PFU。在整个制备过程中，从种子细胞库、工作细胞库的建立以及以后制备用于临床的病毒制剂，均需检测复制型腺病毒。检测必须有阳性对照，感染分子比率（MOI）在 10～100 之间（过高 MOI 可抑制复制型病毒的生长）。

12. 对残余宿主细胞的蛋白进行检测并建立质控标准。

13. 生物效价：应评价其体液免疫和细胞免疫的生物效价。在评价体液免疫效价时，应选择实验动物的品系，建立检测动物血清抗体的方法，并对该方法进行验证，可以计算小鼠 ED50 以及抗体产生的滴度，如有必要和可行，还应当建立评价抗体质量的方法，对抗体的质量进行评价；在评价细胞免疫效价时，应当建立检测评价细胞免疫的方法（如特异性 CTL 反应的方法或 Elispot 方法等），也可通过对细胞因子的定量检测评价其细胞免疫情况，如属于常规检定项目，该类方法应稳定、重复性好、可操作性强，并制定相应的质量标准。

若已有蛋白类疫苗，其评价方法应参照有关蛋白类疫苗的评价方法。

若有动物模型，可进行动物保护性实验。

14. 佐剂或呈递物质的质量评价：如在最终重组 DNA 制品中含有佐剂或呈递物质，则应建立检测该类物质的量以及与重组 DNA 结合率的方法，并制定质量标准。

15. 添加物的质控：添加物指细胞培养、制备过程中所用的血清、生长因子等。应建立检测添加物的方法和质控标准。

六、临床研究用样品要求

（一）对申请 I 期临床试验的申报者，应在 GMP 条件下至少生产一批产品，其每批产量一般不少于 1000 人份。

（二）产品必须由中国药品生物制品检定所进行质量复核。

（三）完成每期临床研究后需及时总结材料并报国家药品监督管理局申请后续的临床试验。若效果明确，可以进行 III 期临床试验。申报者应当在 GMP 和正常规模化生产的条件下，并由中国药品生物制品检定所或国家药品监督管理局确定的药品检验机构进行质量复核。

（资料来源：国家食品药品监督管理局，2003 年发布，http://www.sda.gov.cn/WS01/CL0237/15714.html）

疫苗接种事故

一、发生事故的常见原因

在疫苗发展早期，由于经验不足、管理不善或其他差错等原因，历史上曾发生一些不幸的事故。随着生物制品事业的发展，这种差错已极罕见，一旦发生往往造成严重后果。发生这种事故的常见原因有以下几种。

1. 用错毒株

由于生产管理不善，用错毒株，可能造成严重事故。1930 年在德国不慎将一株强毒人型结核菌用来制造卡介苗，发生了历史上最大一次卡介苗接种事故。

2. 疫苗减毒不全

如历史上曾有狂犬病疫苗含有狂犬病活病毒，脊髓灰质炎疫苗甲醛灭活不全，白喉类毒素脱毒不够，布氏疫苗减毒不全和由于检定疏忽等而造成严重事故。

3. 毒株毒力过高

由于毒株毒力过高，接种后可能造成异常反应的增多，如 20 世纪 50—60 年代发生的种痘后脑炎的发生，有人认为可能与痘苗毒种的毒力有直接关系。

4. 疫苗污染

由于在制备过程中少数疫苗受污染亦有所见,如革兰阳性球菌、溶血性链球菌和真菌等的污染。疫苗生产中所用的原料,如动物器官组织、动物血清、酶制剂等可能带有野病毒株未被检查发现。

二、历史重大预防接种事故

1. 卡介苗事故

1930 年在德国 Liibdck 城,错将强毒结核菌当卡介苗使用,接种 249 名儿童,有 56% 患结核,27% 死亡。

2. 脊髓灰质炎疫苗事故

1935 年美国 Brodie 制造了一种脊髓灰质炎灭活疫苗,由于灭活不全,接种 11000 人,12 名注射后麻痹,6 人死亡。同年 Kolmor 所制造的疫苗又发生一起 10 人接种后患病的事故。1955 年 4 月 8 日—27 日在美国用 Cutter 厂制造的对 40 万左右儿童接种 Salk 灭活疫苗,由于两个批号混有 I 型脊髓灰质炎病毒,被接种儿童中有 260 人发病。

3. 鼠疫疫苗事故

1902 年使用一批 Haffkein 研究所生产的污染了破伤风杆菌的鼠疫疫苗,在印度的 Mulkowal 接种,结果有 19 人死于破伤风。

4. 伤寒疫苗事故

1916 年在哥伦比亚接种伤寒疫苗,因所用疫苗被葡萄球菌所污染,322 人接种,94 人有严重局部和全身反应,4 人死亡。

5. 黄热病疫苗事故

1942 年在美军中有 250 万人接种了用健康人血清作稀释液的黄热病疫苗,因血清中混有肝炎病人血清未能检出,使 28600 余人患黄疸型肝炎。

6. 免疫球蛋白事故

1978 年 7 月—9 月印度某医院工作人员及其家属 325 人接受免疫球蛋白注射,其中 123 人(38%)在注射后 78～172 天内发生黄疸,后证实是 HBsAg 污染免疫球蛋白所致的乙型肝炎感染。

7. 狂犬病疫苗事故

1960 年 11 月巴西在一次接种狂犬病疫苗事故中,因灭活不彻底造成 189 人死于狂犬病。

8. 乙型脑炎鼠脑疫苗事故

1956 年我国某学院接种乙型脑炎鼠脑疫苗,发生严重的变态反应脑脊髓炎,造成死亡及严重后遗症。

9. 破伤风类毒素事故

1945 年破伤风类毒素污染肝炎病毒,注射 119 人,结果 10 人发病,经追查系注射器经多次使用造成。

10. 白喉抗毒素事故

1932 年法国注射白喉抗毒素 172 人,因注射器消毒不严,污染了结核菌,造成 8 人发病,1 人死亡。

11. 白喉类毒素事故

(1)1926 年在中国用污染溶血性链球菌的蒸馏水稀释白喉类毒素,接种 89 人,38 人发病,死亡 5 人。

(2)1929 年在前苏联发生一起误将白喉毒素当作类毒素使用事故,注射 14 人,8 人 2 周死亡,4 人发生多发性神经炎,2 人发生一般症状。

(3)1931 年在哥伦比亚 Medllin 有 48 名儿童接种白喉类毒素 2 针后,第 3 针错将同一地点保存的白喉毒素当作类毒素使用,有 30 人死亡,其他人均患病。

(4)1932 年爱尔兰用污染结核菌的白喉类毒素注射 38 人,结果 24 人发病,1 人死亡。

(5)1938 年加拿大注射白喉类毒素 29 人,因注射棉球污染了溶血性链球菌,结果 12 人发病,1 人死亡。

(6)1942 年法国注射百白破混合制剂因注射器消毒不严,污染结核菌,530 人接种,58 人发病。

(7)1948 年在日本京都,用日赤研究所生产的明矾沉淀白喉类毒素,在第 2 次免疫后,于 1551 名婴儿和儿童中有 606 人发生接种局部红肿、水疱及坏死,68 人死亡,其中 9 人死于白喉麻痹。据调查,系 4 批疫苗中有 1 批因未完全脱毒而混入。更为不幸的是,这是经国家鉴定机构作为合格制剂发出而酿成的严重事故。

(8)1919 年美国 Texas 州接种白喉类毒素、抗毒素混合制剂,因抗毒素加量不足造成接种后 40 人患白喉,其中 5 人死亡。

(9)1921 年美国马萨诸塞州接种上述同类制品,因制品冻结后毒素游离而发生 44 人急性白喉毒素中毒。

(资料来源:湖北省疾病预防控制中心网,http://www.hbcdc.cn/EC_ShowArticle.asp? EC_ArticleID=513)

第七章　血液制品

【知识目标】

了解血液制品种类及应用；

掌握血浆成分制品的生产及质量控制方法；

掌握血液代用品的种类；

了解开展血液成分制品、血液代用品生产与研究的意义。

【能力目标】

具备从事血液制品的生产及相关工作的能力；

培养学生的质量控制意识、分析问题能力；

培养学生的团结协作精神。

【引导案例】

丙种球蛋白的使用

赵女士的女儿在出生后不久就频繁地患上呼吸道疾病和消化道疾病,赵女士夫妇三天两头地抱着孩子往医院里跑。后来,听朋友说注射丙种球蛋白可增强免疫力,预防和减少疾病的发生,有利于儿童健康成长。于是,不懂丙种球蛋白为何物的夫妻俩为了女儿的健康,咬咬牙在当地的基层医院为女儿注射了价值不菲的丙种球蛋白。果然,注射后孩子的身体比以前强壮了,病也少了,多年来夫妻俩还暗暗地庆幸当初的决定是正确的。怎料女儿在学校最近的一次身体检查中被发现转氨酶不明原因地升高,一周后,多项试验室检查结果提示赵女士女儿竟然患了丙型肝炎。

医生通过反复多次的问诊,排除了其他患上丙肝的因素,赵女士的女儿患上丙型肝炎很大程度上是由于年幼时注射了丙种球蛋白。

丙种球蛋白是由健康人血浆,经低温乙醇法分离提取并经病毒灭活处理的免疫球蛋白制品。现今,临床上使用丙球非常严格,不会随意应用于免疫,仅用于某些疾病的治疗。例如:治疗免疫缺陷病,如先天性丙球缺乏症、易变型免疫缺陷症、免疫球蛋白合成异常的细胞缺陷症;治疗大面积烧伤、严重创伤感染,以及败血症或内毒素血症。早期给予大剂量丙球可使死亡率显著下降。但是,毕竟丙种球蛋白是血制品,一旦制造的血源受污染,患者注射后感染传染病的几率极大,而且近年来临床中也陆续发现由于注射不洁血制品而感染的病例,所以,现代传染病学认为丙种球蛋白不能大量、广泛地在临床上应用于免疫预防。

（资料来源：39 健康网，http://www.39.net/drug/dzyy/ywcs/blfy/245408.html）

百时美施贵宝 Plavix 美国市场专利保护到期

波立维（氯吡格雷，Plavix）是百时美施贵宝公司（BMY）出品的抗凝血药物（血液稀释剂）。Plavix 2011 年全球销售额为 71 亿美元，是辉瑞制药公司的立普妥药物专利到期后美国医药市场上销售额排名第一的畅销药物，于 2012 年 5 月 16 日在美国失去专利保护。

一直以来许多制药商都试图生产出售 Plavix 的仿制药，以从其巨大利润中分一杯羹。FDA 于 5 月 15 日批准了一系列药企对氯吡格雷（Plavix 的通用名称）的供应申请。

将上市的 Plavix 仿制药来自以下公司：迈兰制药（Mylan）、梯瓦药业（Teva）、奥贝泰克（Apotex）、印度阿拉宾度制药（Aurobindo Pharma）、罗克珊（Roxane Laboratories）、印度太阳药业（Sun Pharmaceutical Industries）及洪流制药（Torrent Pharmaceuticals）将生产 75mg 剂量氯吡格雷；Teva，Mylan、瑞迪（Dr. Reddy's Laboratories）及盖特药业（Gate Pharmaceuticals）将出售 300mg 剂量氯吡格雷。Mylan 由于第一个通过 FDA 审批而获得 180 天的独家经营权，公司表示蓄势待发进军氯吡格雷市场。

美国心脏协会发言人 Gregg Fonarow 认为，氯吡格雷仿制药的上市将改善患者对该药物的顺应性。他还强调"这种药物已经帮助数百万患者避免了致命的和非致命的心脏病事件"，但其过高的价格导致"患者未按处方配药，以及过早停用氯吡格雷"。

为了尽量保住收益，BMS 及 Sanofi 称将推出促销计划——将 Plavix 的每月费用从 100 美元降至 37 美元。这与辉瑞（Pfizer）面对其降血脂药立普妥（Lipitor）的大量仿制药上市时采取的策略如出一辙，但却收效甚微。

（资料来源：由 Drug Future 药物在线的两篇文章整理，http://www.drugfuture.com/Article/fdainfo/Index.html）

血液制品是重要的生物制品，在医疗急救及某些特定疾病的预防和治疗上血液制品有着其他药品和生物制品不可替代的临床疗效。2010 年版《中国药典》将由健康人血液或经特异免疫的人血浆，经分离、提纯或由重组 DNA 技术制成的血浆蛋白组分，以及血液细胞有形成分统称为血液制品。

血液制品是在临床输血的基础上发展起来的，它通过将血液中的有效组分分离出来并用于治疗，较好地解决了全血不易运输和大量长期储存的问题。目前血液制品包括各种人血浆蛋白制品（如人血白蛋白、免疫丙种球蛋白、特异性免疫丙种球蛋白、凝血因子类）和血细胞制品（如红细胞浓缩液、血小板制剂和血浆制品），用于治疗和被动免疫预防。血液制品按其组成成分可分为全血、血液成分制品、血浆蛋白制品。

但是，目前主要的血液制品——人血白蛋白、静注人免疫球蛋白、纤维蛋白原等药品的供应，均出现不同程度匮乏。制备血液制品所必需的原料短缺，是制约血液制品供应的直接诱因。因为没有血浆来源，全国目前 33 家血液制品生产企业中，10 余家企业正处于停产或半停产状态。

此外，近年来肝炎和艾滋病等传染病的流行，使人们对血液及血液成分制品的安全性十分担心。目前，很多疾病特别是艾滋病病毒的感染有 5%～10% 是通过输血传播。能否开发出一些产品来替代血液或血液成分制品呢？血液代用品的研究引起了广泛重视。早在上世纪 40 年代末和 50 年代初,就已出现了用糖类蛋白类物质代替血液物质的尝试。如今研究的血液代用品有血浆代用品、血小板代用品和红细胞代用品。但是,目前尚无理想的血液代用品进入市场。

第一节　全血与血液成分制品

血液是人体的重要组成,血液的缺失有可能造成人体的重大伤害,甚至死亡。每年全世界约需要 3000 万单位(1500 万升)新鲜血液,但血液常常供不应求。据估计,在所有输用全血治疗中,至少 50% 只要输给红细胞已经足够,30% 输注其他血液成分可获得更满意的疗效。因此用血液成分进行治疗,不但可以提高疗效和安全性,对病人有利,而且可充分发挥并利用血液各种成分的各种功能。先进国家的血液成分输血率已达到输血总数的 80%。

一、全血

将血液采入含有抗凝剂或保存液的容器中,不作任何加工,即为全血。全血含有血液的全部成分,包括各种血细胞及血浆中各种成分,还有抗凝剂及保存液。

1. 全血种类与保存

全血有库存全血(保存全血)和新鲜全血两种。

(1)库存全血

全血一般保存在 $4\pm2℃$。根据保存液(抗凝剂)不同种类,其保存期也有所不同,例如:ACD(枸橼酸－枸橼酸钠－葡萄糖保存液)全血为 21 天,CPD(枸橼酸－枸橼酸钠－磷酸二氢纳－葡萄糖保存液)全血为 21～28 天,ADCA(ACD-腺嘌呤)和 CPDA(CPD-腺嘌呤)全血为 35 天。

通常血液成分变化随着保存期延长而增加。如全血在 4℃ 保存一天后,粒细胞功能已丧失,凝血因子Ⅷ和血小板活性下降 50%。保存 3～5 天,凝血因子 V 活性损失 50%。比较稳定的是白蛋白、免疫球蛋白和纤维蛋白原。故库存全血的有效成分主要是红细胞,其次是白蛋白和球蛋白,后者含量也不多。

(2)新鲜全血

在 4℃ 保存下,5 天以内的 ACD 全血或 10 天以内 CPD 全血均可视为新鲜全血。

2. 全血的功能及应用

全血具有运输、调节、免疫、防御及凝血止血功能,并能维持细胞内外平衡和起缓冲作用。因而,输血能改善血液动力学,提高携氧量,维持氧化过程;补充血浆蛋白,维持渗透压,保持血容量;改善凝血机制,达到止血目的;改善机体生化功能;提高免疫功能,增强抵抗疾病能力等。

但全血中红细胞约占全血体积的一半,白细胞与血小板数量有限,且其存活期甚短;血浆中主要是白蛋白和免疫球蛋白,还有少量的凝血因子,但其存活期均不长,因而全血的功能主要是红细胞与血浆的功能,也就是携氧和维持渗透压。

输全血广泛应用于:①急性大量失血需要补充红细胞及血容量时;②需要进行体外循环的手术时;③换血,特别是新生儿溶血病需要换血时。

输全血有很多缺点,如全血中所含血小板与白细胞引起的抗体,可在再输血时引起不良反应或输血无效;对血容量正常的人,特别是老人或儿童,易引起循环超负荷问题;患血小板减少的或粒细胞减少症,输全血很难提高血小板及白细胞数量,达不到治疗的目的。有时,对血液也是一种浪费。此外,血液的保存期短,在严格的低温条件下最长只能保存一个月。因此从 20 世纪 70 年代开始,全血输注已逐渐减少。

【知识拓展】

献血会影响健康吗?

一次献血 200ml,只占全身血量 5%,是不会影响健康的。

据科学测定,正常人体总血量约占体重的 8% 左右。一个 50 公斤体重的人约有血液 4000ml,在一般情况下,这些血液并不都参加血液循环,有 1/5～2/5 的血液是储存在肝、脾、肺和皮下毛细血管而不用的,人们习惯地把这称为人体的"小血库"。当人体从事剧烈活动或少量失血时,"小血库"中的血液会立即被释放出来;参与血液循环,以维持人体正常的生理功能。

血液本身具有旺盛的新陈代谢能力,即使不献血,血细胞也在不断地衰老死亡,同时也有大量的血细胞生成,以适应机体的需要。科学和实践已充分证明,一次献血 200～400ml,献血间隔不少于 6 个月是无损于身体健康的。

【知识拓展】

无偿献血的条件

年龄:18～55 周岁;体重:男 50 公斤以上,女 45 公斤以上;血压:12～20/8～12kPa(90～140/60～90mmHg);心、肺、肝、脾检查正常;乙肝、丙肝、艾滋病、梅毒检测阴性;没有传染病、血液病和医生认为不可以献血的其他疾病。

二、血液成分制品

由于输注血液成分具备许多优点(如提高疗效、减少反应、经济等),对于血液成分制品的研究迅速取得进展,并且在临床上日益受到重视和推广。

相对全血输注,成分输血具有很多优点:①提高疗效,患者需要什么成分,就补充什么,特别是将血液成分提纯、浓缩而得到高效价的制品;②减少反应,血液成分复杂,有多种抗原系统,再加上血浆中的各种特异抗体,更容易引起各种不良反应;③合理使用,将全血分离制成不同的细胞(红细胞、白细胞、血小板)及血浆蛋白(白蛋白、免疫球蛋白、凝血因子等)成分,供不同的目的应用;④经济,既可节省宝贵的血液,又可减少经济负担。

血液成分制品分为血细胞制品、血浆制品和血浆蛋白成分制品三大类。血细胞成分制品有红细胞制品、白细胞制品和血小板制品三类。

1.红细胞成分制剂

红细胞的主要生理功能:一是运输氧气和二氧化碳;二是对机体所产生的酸碱物质起缓冲作用。红细胞输注可补充缺少的红细胞,纠正缺氧状态,是治疗贫血的有效措施。

（1）红细胞悬液

经离心移除大部分血浆，再加入晶体盐保存液而制成。红细胞悬液具有较多的优点，具有补充红细胞和扩充血容量的双重作用；黏度低，输注容易，并可延长红细胞的寿命和保存期；因血浆基本移去，引起的不良输血反应比全血少；分出的血浆可用于临床或制备血浆蛋白制品。

（2）浓缩红细胞

经离心后移除大部分血浆得到的，其红细胞压积（红细胞在血液中所占的容积比值）达$70\%\sim90\%$（注：正常情况为$40\%\sim50\%$），其容量仅为全血的一半至三分之二，可减少输血后循环负荷过重；因移去了大部分血浆，可减少由血浆引起的发热、过敏等不良反应；此外，减少了血浆中钠、钾、氨、乳酸和枸橼酸盐的含量，适用于心、肝、肾疾病的患者。

（3）少白细胞红细胞

经离心后移除白膜层（离心后在血浆和红细胞间的一薄层白色的膜），移除白细胞70%以上，再加入原浆或生理盐水配制成的血液。因白细胞和血小板大部分去除，可明显降低输血不良反应，可减少输血传染病的发生（因白细胞是传染病毒的中间宿主）。此外，对长期或反复输血的患者可预防白细胞和血小板抗体的产生。

（4）去白细胞红细胞

用白细胞过滤器过滤红细胞，可过滤掉99%的白细胞。该制剂的特点同少白细胞红细胞，主要用于反复发热的非溶血性输血反应患者。特别是对长期或反复要输血的患者，可防止白细胞和血小板抗体产生而导致的输血无效。

（5）洗涤红细胞

一般用生理盐水反复洗涤红细胞$3\sim6$次，其$80\%\sim90\%$的白细胞、血小板和99%以上的蛋白已被洗除。由于大部分的血浆、白细胞、血小板已去除，可减少输血不良反应。制品中钠、钾、氨、乳酸和枸橼酸盐的含量低，适用于心、肝、肾疾病的患者，还适用于器官移植、尿毒症以及血液透析（高血钾症）的病人。洗涤红细胞已缺乏同种抗 A、抗 B 凝集素，因此洗涤的 O 型红细胞，可输给任何 A、B、O 血型的患者。

（6）冰冻红细胞

红细胞液中加入一定浓度的甘油，放于-85℃以下保存，在输用前洗去甘油。该制剂保存期长，可保存$3\sim10$年，主要用于稀有血型和自身血的贮存。

（7）年轻红细胞

根据年轻红细胞体积大、重量轻这一特性，采用离心方法制备，或用血细胞分离机进行采集。主要用于长期依赖输血的贫血患者，可延长输血间隔，减少铁的积累。

2. 白细胞悬液

由于输注白细胞可引起较多的临床副作用和疾病传播，现在临床上对白细胞的使用进行了严格的控制，主要用于中性粒细胞计数低而并发感染的患者。白细胞的种类主要有浓缩粒细胞悬液、机采粒细胞、机采淋巴细胞。浓缩粒细胞悬液可用于治疗因粒细胞减少而抗生素治疗无效的严重感染。

3. 血小板成分制剂

血小板的主要功能是生理性止血。临床输注血小板主要用于严重的再生障碍性贫血、体外循环心脏手术后血小板锐减以及其他导致血小板减少所引起的出血。其制品种类有以下几种：

（1）机采血小板

用血细胞分离机对单个献血者采集足量的血小板。特点：血小板数量足、纯度高，对已产生血小板抗体，导致血小板无效性输注的患者有较好的效果。

（2）富含血小板血浆

利用血小板比红细胞、白细胞轻的原理，经一次轻离心，分出上层血浆制备而成，可获得全血中 70% 以上的血小板。

（3）浓缩血小板

利用富含血小板血浆，经重离心使血小板下沉，分出上层少血小板血浆，即得下层浓缩血小板。

（4）洗涤血小板

浓缩血小板用生理盐水反复洗涤 3～6 次而成。由于去除了大部分的血浆，白细胞已去除，可减少输血不良反应。

（5）少白细胞血小板

用离心沉淀法或过滤法去除白细胞。绝大部分的白细胞已去除，可预防同种异体免疫反应，减少反复输血导致的不良反应。

（6）去白细胞血小板

用过滤法去除白细胞，可去除 99% 的白细胞。其特点同少白细胞血小板。

（7）冰冻血小板

在血小板悬液中加入一定浓度的抗冻剂，放于 −85℃ 以下保存，在输用前于 37～42℃ 的水温中快速解冻。该制品保存期长，可保存 1～3 年，主要用于临床急救。

4. 血浆制剂

血浆可用于抗休克、免疫、止血和解毒等治疗。临床主要用于严重肝病、凝血因子缺乏、烧伤等疾病。

（1）新鲜血浆

全血采集后 6 小时内分离出的血浆，或机采血浆。内含丰富的凝血因子（特别是不稳定的 V 和 Ⅷ 因子）、纤维蛋白原、白蛋白和球蛋白，适用于多种凝血因子的缺乏，如肝功能不全、DIC 和输大量库血后引起的出血倾向，也适用于免疫球蛋白缺乏感染性疾病的治疗。一般很难提供。

（2）普通血浆

全血采集后 6 小时后分离出的血浆，或新鲜血浆保存 6 小时后。内含少量的纤维蛋白原和部分血浆蛋白。

（3）新鲜冰冻血浆

新鲜血浆立即在 −20℃ 以下冰冻成块，在输用前于 37℃ 的水温中快速解冻，含有全部的凝血因子、纤维蛋白原、血浆蛋白。保存期长，可达 1 年。新鲜冰冻血浆保存一年后，可转为普通冰冻血浆。

（4）普通冰冻血浆

普通血浆在 −20℃ 以下冰冻成块或由新鲜冰冻血浆转变而来，在输用前于 37℃ 的水温中快速解冻。该制品保存期长，可达 5 年。适用于补充血容量，如在休克、烧伤和手术等情况中应用。一次输用量不宜超过 100ml，否则需加用新鲜冰冻血浆。

(5)病毒灭活血浆

用物理－化学方法，将血浆中的病毒灭活后供临床使用，可减少血浆输注后传染病的发生。

第二节　血浆蛋白制品

血浆蛋白制品是指从人血浆中分离制备的有明确临床疗效和应用意义的蛋白制品的总称，国际上将这部分制品称为血浆衍生物。血浆蛋白质种类繁多，如白蛋白、免疫球蛋白、纤溶酶原、凝血因子和纤维蛋白原等组分，近年来已知的血浆蛋白质有 200 多种。血浆蛋白质功能各异，如白蛋白具有维持血浆胶体渗透压、运输功能，免疫球蛋白具有提高机体免疫力功能，凝血因子具有促进凝血功能，而且很多蛋白质的功能尚未阐明。

国际上大规模生产和推广应用的主要有三类：白蛋白、各种免疫球蛋白（包括肌注、静注和各种特异性免疫球蛋白）和凝血因子制剂（主要为 FⅧ和 FⅨ浓制剂）。获得途径有两种：从健康人血浆或从特异免疫人血浆分离、提纯，用重组 DNA 技术制备重组血浆蛋白制剂。

一、血浆蛋白的种类

1. 白蛋白

人血白蛋白是一个高度可溶性的对称性蛋白质，其分子量约 66000～69000 道尔顿，含有 584 个氨基酸残基，黏度很低，25％浓度的白蛋白的黏度与血液相当。白蛋白分子量约为 66kd，等电点（pI）为 4.6～4.8。它是血浆蛋白中为数很少的不含糖的蛋白质之一，也是血浆中含量最高的蛋白质，占血浆总蛋白质量的 60％左右，易大量、高纯度地提取。

白蛋白可与多种内源性和外源性的物质形成可逆性物质，而且胶体渗透压的维持与溶液内大分子的数目成正比。因此，白蛋白的主要作用具有维持胶体渗透压及结合运输血液中小分子物质，是最有效的血容扩张剂，为组织提供营养及将有毒物质运送至解毒器官。

第一类白蛋白制剂是高纯度（95％以上）的白蛋白低盐溶液，即人血白蛋白制剂。临床常用的 5％溶液，除能提高血浆蛋白以外，尚可补充血容量。人血白蛋白是目前国际上使用最多的血液制品，是经低温乙醇蛋白分离法或经批准的其他分离方法，从健康人静脉血浆中提纯，并经 60℃10 小时加温灭活病毒后制成有液体和冻干两种剂型。

第二类白蛋白制剂是含白蛋白（83％以上）并含少量球蛋白的 5％溶液，即血浆蛋白成分制剂，是经低温乙醇或其他适当的方法提取的血浆蛋白制剂，其主要用途是补充血容量。

2. 免疫球蛋白

免疫球蛋白制剂的种类包括正常人免疫球蛋白、特异性球蛋白、静脉注射免疫球蛋白。

（1）正常人免疫球蛋白

正常人免疫球蛋白又称丙种球蛋白或多价免疫球蛋白（简称丙球），仅供肌肉注射用，所以又称肌注免疫球蛋白制剂。该制品是采用低温乙醇法从大量混合血浆（药典要求 1000 人份以上）中分离制得的免疫球蛋白浓缩剂，有液体剂型和冻干剂型两种。制剂中主要含 IgG，也有一定量的 IgA、IgM。

正常人免疫球蛋白主要用来预防一些病毒性感染，如甲肝、丙肝、麻疹等疾病的预防以及丙种球蛋白缺乏症的治疗。此外，还可与抗生素合用，以提高对某些细菌和病毒性感染的疗效。由于其针对单一抗原的抗体浓度不高，故对很多病毒性疾病的预防效果并不理想。另外,肌注免疫球蛋白使用剂量小,在体内吸收慢(24h,<10%)、易被降解,现已很少使用。

（2）静脉注射免疫球蛋白

我国目前生产的免疫球蛋白静脉注射制剂,大多采用低 pH 法工艺。产品中 90% 以上的 IgG 分子保持了结构和功能的完整性,使用时有较好的大剂量静脉注射耐受性,加之在生产工艺中增加了病毒灭活步骤提高了安全性,临床适应症不断增多,应用日趋广泛,是当今血液制品产业的主导产品。

但是国内滥用正常免疫球蛋白的现象比较严重。一些人认为经常使用静脉注射免疫球蛋白(静丙)可以"增强抵抗力"或"有益无害"。事实上滥用丙球不但无益,而且可能产生免疫依赖等副作用。

（3）特异性球蛋白

特异性球蛋白是指由对某些病原微生物具有高滴度抗体的血浆制备的特异性高效价免疫球蛋白。与正常免疫球蛋白不同,此类制剂必须具有至少一种高滴度抗体,用于临床上特定疾病的预防和治疗。

目前用于临床的特异性免疫球蛋白有十余种,较常用的如乙肝免疫球蛋白、甲肝免疫球蛋白、破伤风免疫球蛋白、狂犬免疫球蛋白、风疹免疫球蛋白、抗 Rh 免疫球蛋白、水痘免疫球蛋白等。如乙型肝炎免疫球蛋白(HBIG)是先用乙肝疫苗免疫供血浆者,然后采集富含高效价抗-HBs 的血浆,再经低温乙醇蛋白分离法或经批准的其他分离方法提纯,并经病毒灭活处理制成,有液体和冻干两种剂型,主要用于乙肝的预防,尤其在阻断母婴垂直传播中有明显的效果。

3.凝血因子制品

由于先天性遗传缺陷,可发生各种凝血因子缺乏症(质和量的缺陷)。最常见的是甲型血友病,缺乏凝血因子凝血Ⅷ;其次是乙型血友病,缺乏凝血因子Ⅸ,发病率约为甲型血友病的 1/4;丙型血友病,缺乏凝血因子Ⅺ;一些肝病疾患可引起继发性凝血因子缺乏,导致凝血机能障碍。这些疾患可选用相应的凝血因子制剂来治疗。

凝血因子制品有凝血因子Ⅷ类(AHF)、浓缩凝血酶原复合物(Ⅸ因子复合物)、浓缩凝血因子Ⅶ、抗凝血酶Ⅲ和纤维蛋白原制剂等,适用于血友病和各种有关凝血因子缺乏所引起的出血处理,其中浓缩凝血因子Ⅶ还能形成纤维蛋白聚合物,有利于促进伤口愈合;抗凝血酶Ⅲ则可用于抗凝血酶Ⅲ缺乏所引起的血栓栓塞症的防治。

（1）凝血因子Ⅷ

凝血因子Ⅷ(FⅧ)是由 5～10 个甚至 10 个以上的亚单位通过二硫键连接而成的 β-糖蛋白,由两部分组成,即促凝活性部分(FⅧ:C)和若干相关抗原ⅧR:Ag,后者也称为血管性血友病因子。由于血浆内缺乏而发生出血症状,临床表现分为重型、中型、轻型和亚临床型,需输用 FⅧ制剂进行治疗。

目前我国生产的凝血因子Ⅷ是将健康人新鲜冰冻血浆,经批准的生产工艺制得冷沉淀,然后分离、提纯,并经病毒灭活处理、冻干制成,称为"人凝血因子Ⅷ"。近年来,基因工程重组凝血因子Ⅷ的研发获得成功,在美国已有产品投放市场,用于甲型血友病的治疗。

（2）凝血因子Ⅸ

乙型血友病是先天性的 FⅨ质量缺陷所引起,多为男性患病。乙型血友病可用 FⅨ制剂进行治疗。

　　我国目前生产的凝血因子Ⅸ制剂主要是人凝血酶原复合物,是将健康人血浆经低温乙醇蛋白分离法或批准的其他分离方法分离纯化,并经病毒灭活处理、冻干制成。目前也有用基因工程方法制备的FⅨ用于临床。

【知识拓展】

凝血因子

　　凝血因子是参与血液凝固过程的各种蛋白质组分。它的生理作用是,在血管出血时被激活,和血小板粘连在一起并且补塞血管上的漏口。这个过程被称为凝血。它们部分由肝生成,可以为香豆素所抑制。为统一命名,世界卫生组织按其被发现的先后次序用罗马数字编号,有凝血因子Ⅰ、Ⅱ、Ⅲ、Ⅳ、Ⅴ、Ⅶ、Ⅸ、Ⅹ、Ⅺ、Ⅻ、Ⅷ等,因子Ⅷ以后被发现的凝血因子,经过多年验证,认为对于凝血功能,无决定性的影响,不再列入凝血因子的编号。因子Ⅵ事实上是活化的第五因子,已经取消因子Ⅵ的命名。

　　4.其他血浆蛋白制品

　　(1)组织型纤溶酶原激活剂(tPA)

　　组织型纤溶酶原激活剂(tPA)是一种丝氨酸蛋白酶,能激活纤溶酶原生成纤溶酶,纤溶酶水解血凝块中的纤维蛋白网,导致血栓溶解,主要用于治疗血栓性疾病。由于 tPA 只特异性地激活血栓块中的纤溶酶原,是血栓块专一性纤维蛋白溶解剂,对人体无抗原性,故它是一种较好的治疗血栓疾病物。

　　重组 tPA 已于 1987 年由美国 FDA 批准作为治疗急性心肌梗塞药物投放市场,1990 年 FDA 又批准用于治疗急性肺栓塞。为了延长 tPA 在体内的半衰期和进一步提高 tPA 的效力,应用蛋白质工程技术已经研究开发出第 2 代新型 γtPA。如通过将 tPA 分子中 EGF 功能域上的 Cys 改换为 Ser 而获得的 tPA 突变体,半衰期由原来的 6min 延长到 20min;后来,又获得另一种单链、无糖基化的 tPA 缺失突变体,其溶纤能力约是原 tPA 的 25 倍,而血浆清除率较 tPA 减慢了 77%。

　　(2)纤维蛋白原

　　纤维蛋白原是一种由肝脏合成的具有凝血功能的蛋白质。纤维蛋白是在凝血过程中,凝血酶切除血纤蛋白原中的血纤肽 A 和 B 而生成的单体蛋白质。

　　纤维蛋白原很容易用盐析法及低温乙醇法来提取,是最早开发的凝血制品。随着血液制品病毒灭活技术的发展,新一代纤维蛋白原类制品又开始受到重视。开发出了以纤维蛋白原为主,配合血浆中其他凝血因子制成的纤维蛋白黏合剂,在生产过程中经病毒灭活处理,提高了使用的安全性。该制品在整形外科等领域显示了良好的应用前景。

　　(3)蛋白酶抑制剂类

　　现已开发应用的蛋白酶抑制剂制品主要有 α_1-抗胰蛋白酶、抗凝血酶Ⅲ、α_2-巨球蛋白及 Ci-脂酶抑制剂。如 α_2-巨球蛋白是正常人血浆中的一种中等含量的血浆蛋白质,在血浆中的含量为 2～3g/L,是多种蛋白水解酶的抑制剂,具有促进造血组织受放射损伤后的恢复、抑制肿瘤生长和清除循环中的蛋白水解酶等重要生理功能。临床使用的 α_2-巨球蛋白是从健康血浆中制备的,蛋白浓度为 5%。

除了上述介绍的这些产品外,还有补体系统蛋白、血浆运载蛋白、血清胆碱酯酶、纤维结合蛋白等制品;此外,羧肽酶 N、高密度脂蛋白(HDL)等血浆中其他很多活性蛋白具有潜在的药用价值。随着基因重组技术的发展,使得原先一些因含量极低而难于应用的血浆蛋白也有望进入临床,为全面开发血浆蛋白制品提供了强有力的武器。

二、血液制品的生产

分离纯化血浆蛋白时应遵循的原则:(1)分离过程中,被分离提纯的血浆蛋白要尽可能地保留天然理化和生物学性质;(2)分离过程能够最大程度地避免或排除病原微生物及其代谢产物的污染;(3)所采用的技术工艺要适应工业化规模生产,分离步骤力求简便,并要求低消耗,高产出;(4)从血浆中可同时分离出多种蛋白成分,符合血浆综合利用的原则。

1. 低温乙醇沉淀法分离血浆蛋白

低温乙醇法是以合格血浆为原料,逐级降低酸度(pH 从 7.4 降至 4.0),提高乙醇浓度(从 0 升到 40%),同时降低温度(从 2℃ 降到 −2℃),各种蛋白在不同的条件下以组分(粗制品)的形式分步从溶液中析出,并通过离心或过滤分离出来,其工艺流程见图 7-1。根据粗制品沉淀的先后次序分别称为"冷沉淀"(新鲜血浆采集后 6h 内经 −30℃ 冻结,然后又在 0~8℃ 融化时产生的沉淀)、"组分Ⅰ"、"组分Ⅱ"、"组分Ⅲ"、"组分Ⅳ"和"组分Ⅴ"。分子量大、等电点高的先析出,分子量小、等电点低的后析出(表 7-1)。低温乙醇法操作方便、蛋白回收率高,但得到的各种组分均为粗制品,需经进一步超滤、层析、除菌、病毒灭活、调制等步骤制成最终产品。

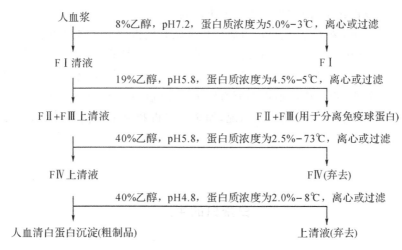

图 7-1 低温乙醇沉淀法分离血浆蛋白的工艺流程

表 7-1 低温乙醇沉淀法的各组分所含主要血浆蛋白成分

组分名称	主要血浆蛋白成分
冷沉淀	凝血因子Ⅷ、纤维蛋白原、纤维粘连蛋白
Ⅰ	纤维蛋白原、凝血因子Ⅸ、冷不溶性球蛋白
Ⅱ	丙种球蛋白、甲种球蛋白、乙种球蛋白、白蛋白

续表

组分名称	主要血浆蛋白成分
Ⅲ	甲种球蛋白、乙种球蛋白、纤溶酶原、铜蓝蛋白、凝血因子Ⅱ、凝血因子Ⅶ、凝血因子Ⅸ、凝血因子Ⅹ
Ⅳ	甲种球蛋白、乙种球蛋白、转铁蛋白、白蛋白、铜蓝蛋白、转钴蛋白
Ⅴ	白蛋白、甲种球蛋白、乙种球蛋白、垂体性腺激素

操作中,如温度控制不当,轻则会影响蛋白质的得率,重则引起蛋白质变性。乙醇加入溶液中,因乙醇的水合作用,会产生放热现象,所以在低温乙醇工艺中,整个过程均应控制在0~8℃。如沉淀组分Ⅱ时,当蛋白质溶液温度高出规定要求1.3℃时,蛋白质得率则降低37%,当温度提高3.6℃,可引起最终产品完全失活变性。

乙醇浓度每提高10%,白蛋白溶解度则以10倍幅度下降。所以在分离过程中有时需要适当稀释,以降低蛋白质浓度,从而减少蛋白质之间的相互作用,避免蛋白质共沉,提高蛋白质分离效果,提高蛋白质组分的回收率。但过分稀释,蛋白质易变性,同时增大分离的容量,也不可取。所以应选择适宜的浓度。在低温乙醇沉淀法工艺中,蛋白质浓度范围为:0.2%~6.6%。

2.层析法分离血浆蛋白

层析法是一种常用的蛋白分离方法。20世纪90年代大容量的层析设备问世后,层析法逐步被用于血浆蛋白制品的生产,主要对低温乙醇沉淀法产生的一些粗制品进行加工精制,特别适用于含量少而价值高的蛋白制品。

层析法生产步骤简单,产品纯度高,但前期投入较大,而且没有低温和乙醇的保护,制品比较容易受微生物的污染,因此生产工艺要求较高。

随着技术的发展,离子交换层析、凝胶层析和亲和层析越来越多地用于血液蛋白成分的分离。如1991年法国里尔血浆蛋白分离中心就开始采用离子交换层析法制备出高纯度的血管性血友病因子制剂,其纯度比原血浆提高了1万倍。此外,单克隆抗体亲和层析法因其具有特异性高的特点,更是广泛地用在凝血因子Ⅷ、凝血因子Ⅸ、tPA等制剂的生产。另外,也出现了将两种层析技术结合使用的情况,如亲和层析和离子交换层析结合可以从血浆中大批量分离高纯度FⅨ。

【案例】

白蛋白的生产

1.白蛋白纯化

用于制备人血白蛋白的血浆是通过单采血浆技术获得的,生产企业接收的人血浆应处于冰冻状态,温度在−20℃以下。通过复检的人血浆保存90天后(从采集日开始计算),未接到禁止使用的通知方可投入生产。

冰冻血浆经过外袋清洗、消毒处理后,就可以去掉外袋。去掉外袋的冰冻血浆通常放在夹层罐中融化,夹层中通入温水(水温一般控制在40℃以下),在搅拌状态下冰冻血浆就会逐渐融化,融化后的血浆输送到反应罐内进行分离。

我国血液制品行业中目前普遍采用低温乙醇法进行人血白蛋白的分离。通过向反应罐内加入缓冲液调节pH、加入乙醇调整乙醇浓度、在反应罐的夹层中通入冷却媒质(冷媒)控制物料的温度,放置一定的时间后就可以很好地完成某一个组分的沉淀反应,然后用管式离心机或过滤器将沉淀与清液分离。经过多步不同条件的沉淀反应将其他蛋白质除去,最后一步的沉淀反应将人血白蛋白粗品沉淀出来。将人血白蛋白粗品沉淀溶解后,经过精制步骤,进一步将杂蛋白去除,使人血白蛋白的纯度再次提高,达到成品的要求。至此人血白蛋白的分离纯化工作完成,再经过后续的处理就可完成人血白蛋白的制造过程。

2. 白蛋白的脱醇、浓缩

完成精制的人血白蛋白含有乙醇,必须去除,否则白蛋白会由于乙醇的存在而变性。去除乙醇的方法有多种,如透析、冻干及超滤等。这几种脱醇方法中,透析耗时、耗水,不利于控制微生物的生长,易污染,但是成本最低,操作简单;冻干则需要大型冻干机、大面积的洁净厂房,增加了工艺步骤,耗时、耗能;超滤需要低温环境(2~8℃即可),脱醇、浓缩工作可以一次完成,但是设备投资比较大。综合考虑各种因素后,血液制品企业目前普遍采用超滤技术来完成人血白蛋白的乙醇去除工作。

精制后的人血白蛋白溶液中乙醇的体积分数一般为 $10\% \sim 12\%$,在良好的混合情况下,采用透析过滤的方式,补加 6~7 倍体积(待脱醇人血白蛋白溶液的体积)的注射用水,就可以将人血白蛋白溶液中乙醇的含量降至 0.03% 以下。继续超滤就可以将人血白蛋白溶液浓缩到需要的浓度。

3. 白蛋白的病毒灭活

从献血员的筛选、原料血浆的采集到分离过程的控制,及临床使用时的种种实际情况对白蛋白提出更高的安全要求,病毒安全性是其中一个很重要的项目。白蛋白的病毒灭活工艺是巴氏灭活法,具体做法是:向白蛋白溶液中加入辛酸钠和乙酰色氨酸(也可以只用辛酸钠)作为保护剂,充分混合后,加热到60℃,在 $60℃ \pm 0.5℃$ 的温度范围内保温 10h。

4. 除菌过滤、灌封

人血白蛋白不含任何抑菌剂,而且分装入最终容器后无法再进行灭菌处理,因此白蛋白必须除菌后才能灌装入最终容器。对最终容器(包括胶塞)的要求是无菌、无热原,同时要保证灌装和封口过程的无菌。

制品的除菌过滤是一种精密过滤,所用滤材的绝对孔径为 $0.22\mu m$ 或更小。待组装的滤器要先除热原后再组装,组装完毕的滤器要进行高压蒸汽灭菌。滤器使用前要做完整性检测,使用完毕还要再做完整性检测,以确认除菌过程中滤材未破损。

白蛋白灌装时,从白蛋白溶液开始灌入制品瓶到制品瓶被盖上胶塞的过程并不是在密闭的容器或管道中进行的,所以灌装实际上是一种开放型操作,按国家药品监督管理局的规定必须采用自动灌封机完成从灌装到压胶塞、轧外盖的过程,此过程必须在百级洁净度的环境下进行,避免人为因素造成的污染。

5. 观察存放

尽管人血白蛋白的灌封是在极其严格的条件下进行的,灌封后的白蛋白还是需要在适宜的温度下存放一段时间,进行观察,目的是防止可能存在的单瓶染菌制品出厂。按照《中国生物制品规程》的要求,存放温度为 20~25℃ 时观察期不得少于 4 周,存放温度为 30~32℃ 时观察期不得少于 2 周。适宜的存放温度、足够的存放时间将会促使可能存在于制品中的微生物繁殖起来,在随后的逐瓶物理外观检查时可以十分容易地将其检出,避免了使用者所冒的风险。

第三节　血液代用品

由于输血存在安全性问题、血液短缺、人类红细胞储存时间短以及自然灾难和战争等原因，致使人们努力去寻找一种具有与血液相同功能的代用品——人工血液代用品。

世界上研究血液代用品已经有半个世纪了，国内也断断续续研究了二十几年。如今研究的血液代用品有血浆代用品、血小板代用品和红细胞代用品。其中以白蛋白、羟乙基淀粉、葡聚糖等溶液作为血浆代用品已被用于临床，其作用是维持血液的渗透压、酸碱平衡及血容量。血液在体内最重要的是红细胞的载氧功能，因此红细胞代用品是研究的重点。血小板代用品还处于研究初期。

一、血浆增量剂

血浆增量剂是天然或人工合成的高分子物质制成的胶体溶液，可以代替血浆扩充血容量，目前常用的且副作用较少的是右旋糖酐和羟乙基淀粉等。

1. 右旋糖酐

右旋糖酐是蔗糖经过肠膜状明串球菌合成的一种多糖类物质。临床上用来作为增加血容量的有下列两种：

(1) 中分子右旋糖酐

平均分子量 75000，胶体渗透压高，能从组织中吸收水分保持于循环内，因而有增加血容量的作用，能维持 6～12 小时。因为血小板和血管壁可能被右旋糖酐所覆盖而引起出血倾向，24 小时用量不宜超过 1000～1500ml。

(2) 低分子右旋糖酐

平均分子量为 40000 左右，输入后在血中存留时间短，增加血容量的作用仅维持 1.5 小时。低分子右旋糖酐有渗透性利尿作用，注入后 3 小时自肾排出 50%。其主要用于降低血液黏稠度和减少红细胞凝聚作用，因而可改善微循环和组织灌流量。

2. 羟乙基淀粉代血浆

羟乙基淀粉代血浆由玉米淀粉制成。羟乙基淀粉注射液为 6% 羟乙基淀粉等渗氯化钠溶液，近年来应用较多的是 6% 羟乙基淀粉的电解质平衡代血浆，其电解质与血浆相近，含有钠、钾、氯和镁离子，并含有碳酸氢根，能提供碱储备，是一种较好的血浆增量剂。

羟乙基淀粉注射液不仅具有补充血容量、维持胶体渗透压的作用，尚能补充功能性细胞外液的电解质成分，预防及纠正大量失血和血液稀释后可能产生的酸中毒，效果优于羟乙基淀粉氯化钠血浆。此外，羟乙基淀粉无毒性、抗原性和过敏反应，对凝血无影响。临床上多用于血液稀释疗法，治疗各种微循环障碍性疾病。

二、红细胞代用品

红细胞代用品是指在损伤和其他危急情况下可以临时替代人全血的氧载体总称。红细胞代用品保存、运输方便，能免除配血型，避免病毒交叉感染，同时可成为治疗心脑血管缺氧性疾病和辅助治疗肿瘤的新药。目前研制的红细胞代用品主要包括全氟碳化合物、修饰血红蛋白和万能红细胞等几大类，主要产品已进入Ⅲ期或Ⅱ期临床试验，取得了令人瞩目的成绩,有望在不久的将来加速发展并实现商品化。有关红细胞代用品的研究对解决世界范围内的血源紧张有着极其重要的意义。

1. 全氟碳化合物

全氟碳化合物是一类完全由化学合成的具有溶解氧功能的惰性物质,在分子结构上类似于碳氢化合物,只是氢原子被氟原子代替。这类物质具有极高的携带氧气和二氧化碳的能力,溶解于氟碳液体中的气体很容易被组织摄取。

虽然全氟碳化合物不溶于水,但与表面活化剂乳化后则可进行输注,对治疗呼吸困难综合症效果显著。目前,在欧洲,PFC 乳液已完成Ⅲ期临床实验,展现了良好的应用前景。

全氟碳化合物的优点是可以直接用化学方法合成,它的生产不依赖于过期的人血或其他生物来源的血液,可大量生产;而且还避免了异体输血导致的交叉感染。但全氟碳化合物释放氧的速度过快,易造成局部氧积累而其他部分氧缺乏的不平衡供氧,引起组织损伤,另外其存储不便,在体内代谢较慢,存在类似感冒症状的副作用,因此其应用具有一定局限性。

2. 血红蛋白氧载体

血红蛋白存在于红细胞中,由四个亚基单元构成,是负责氧气传递的主要蛋白质,占红细胞蛋白质的 90% 以上。与红细胞不同,血红蛋白溶液可以用巴斯德消毒、超滤和化学法等方式灭菌,从而能够除去引起 AIDS、乙型肝炎等的病原微生物。因为没有红细胞表面抗原决定簇,无需进行交叉验血,省时,也减少了对设备的要求。此外,产品可以进行真空冷冻干燥,并以干粉的形式长期贮存。

早在 1937 年,血红蛋白就被试验代替血液输血,但出现了严重的肾毒性,死亡率较高,最终停止试验。后来研究发现脱离了红细胞的血红蛋白存在以下问题:①人红细胞氧与血红蛋白的结合和释放主要由 2,3-二磷酸甘油酸调节,无基质血红蛋白由于缺少细胞内 2,3-二磷酸甘油酸,血红蛋白对氧的亲和力升高,影响氧向组织的释放。②游离血红蛋白在循环中存活期很短,其四聚体迅速分解成单体和二聚体。解聚体不但传递氧的能力下降,而且由于分子量很小,容易从肾脏滤出,形成血尿,其代谢产物还会在肾小管腔内产生毒性效应。③引起平均动脉血压升高,其原因可能是血红蛋白分子结合并带走血管扩张剂一氧化氮,使血管收缩、血压升高。④血红蛋白失去红细胞内还原酶系统调节,易氧化成高铁血红蛋白,失去携氧能力并产生自由基。因此,血红蛋白不能直接用作红细胞代用品。

人们对血红蛋白进行了化学修饰,主要有以下几种:①交联血红蛋白;②聚合血红蛋白;③共轭结合血红蛋白。

(1)交联血红蛋白

通过交联剂如琥珀酰阿司匹林、棉子糖、戊二醛等,将血红蛋白分子内的亚基联接起来,形成具有完整四亚基结构的四聚体或多聚体。交联血红蛋白半衰期随着其分子量的增大而延长,从而有较长的循环时间,克服游离血红蛋白半衰期短的缺点;且能够在正常的生理条件下工作,不需要提高氧分压,这点又优于全氟碳化合物。

但是,使用交联血红蛋白会导致体内生成—OH 自由基,对组织造成损伤,大分子的交联血红蛋白会导致血黏度升高。交联血红蛋白还不可逆地杀死神经元,特别是当蛛网膜出血、血脑屏障受损时其神经毒更为显著。另外,交联血红蛋白还导致恶心、呕吐、腹泻、语言障碍、腹痛、腹胀及烧心。

其制备方法一般是,从过期的人血或动物血(例如牛血)中提取血红蛋白,再用化学交联剂将提取的血红蛋白交联起来，成为天然血红蛋白的四个亚基结构的四聚体或多聚体。

（2）多聚血红蛋白

在游离血红蛋白中加入 5-磷酸吡哆酸，2,3-二磷酸甘油酸类似物，使对氧的亲和力降低到与全血相当，然后用硼氢化钠还原并稳定连接物，最后用组织固定剂戊二醛使邻近的分子发生聚合。目前用此方法研制并进入Ⅲ期临床试验的血液代用品有两个：PolyHeme（Northfield Laboratories. Chicago. 1L）和 Hemopure（Biopure Corp. Cambridge. MA）。

（3）偶联血红蛋白

将血红蛋白分子与其他可溶性的聚合物偶联制得偶联血红蛋白。聚乙二醇牛血红蛋白偶联物（PEG-bHb）是以牛血红蛋白为基质的携氧剂与血容量扩容剂，具有改变药代动力学、增加溶解度、提高稳定性、减少给药剂量、减低毒副作用等优点，主要用于治疗急性失血、贫血等。

3. 人工红细胞

用脂质体膜包裹天然血红蛋白或基因重组血红蛋白成为人工红血球，大小与红血球相似。目前正在研制的第三代红细胞代用品就是采用微囊化技术在血红蛋白外包裹一层半透性薄膜微囊化血红蛋白。对微囊化血红蛋白的研究主要集中在对微囊尺寸的控制、成膜材料通透性的调节以及膜表面性质与体内代谢途径的研究等方面。虽然微囊化血红蛋白的研究取得了很大进展，而且是目前为止最接近人天然红细胞的产品，但距离实际临床应用还有一定的距离，主要是因为工艺条件比较复杂，生产成本远高于人全血。

4. 万能红细胞

人类 ABO 血型系统是由红细胞表面抗原的糖链所决定的。用酶将 A、B 型红细胞表面糖链上比 O 型血红细胞多余的糖分子切除掉，人工制备出 O 型红细胞；或用甲基聚乙二醇等高分子聚合物将 A、B 型红细胞细胞膜上的抗原封闭，使其成为无免疫原性的万能型红细胞。这样，在紧急情况下无需配型即可应用。

三、血小板代用品

血小板是血液主要成分之一，主要参与止血、防御和组织创面的修复等过程。血小板极其脆弱，半衰期非常短，仅为 7～10 天。特别是离体后很容易被激活从而丧失止血活性，因此，很难在常温下长期稳定保存。而特殊的保存方法因其具有保存期过短、贮存温度控制要求过严或需要庞大、高耗能的冰冻设备等缺点，难以适应大的自然灾害及战争等极端条件下的急救之需要。加之，近年来对血小板的需求也越来越多，其供给已不能满足临床需要。因此，研发新的保存方法和新型血小板代用品势在必行。

研究证实，生理止血的一个关键步骤是血小板黏附、聚集在受损血管内皮下暴露的胶原上并激活凝血酶原，而参与这一过程的主要成分是血小板细胞膜表面的磷脂和糖蛋白。因此，开发血小板代用品的思路有二：其一，以血小板为原料从中分离细胞膜成分，单独或与其他物质合成具有一定止血功能的血小板代用品；其二，人工合成能够在一定程度上模拟血小板功能的代用品。自 20 世纪 80 年代末，美国、欧洲、日本等地区先后开展了血小板代用品的研制工作。目前大多数代用品均处在实验阶段，只有两项研究进入临床前和临床研究阶段。

人工合成的新型血小板代用品尽管缺乏完整血小板的许多功能特征，只能部分地代替或行使正常血小板的止血功能。但由于其具有易贮存、易运输、免疫原性低、可反复输入等优点,可望解决同种异型血反复输入后的血小板抵抗及潜在的血源性污染等问题,特别适应需反复输血的特殊病人和战争等极端条件下的输血需求。由此可见,新型血小板代用品有广阔的应用前景和巨大的经济效益,在我国开展此类研究十分紧迫和必要,有着重要的临床意义和军事意义。

第四节 血液制品的质量控制

一、生产环节的控制

血液制品的生产需在洁净度 10 万级以上的环境中进行。如人血白蛋白(低温乙醇法)各生产工序环境要求见图 7-2。

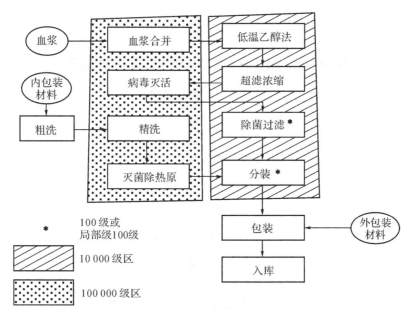

图 7-2 人血白蛋白(低温乙醇法)各生产工序环境要求

原料及辅料应符合《中华人民共和国药典》和《中国生物制品主要原辅材料质量标准》的要求。原料血浆的采集和质量须符合《原料血浆采集规程》要求,血浆采集必须在国家批准设立的采浆站,采集时应尽可能保持无菌。原料血浆应进行 HBsAg、HIV-1/HIV-2 抗体、HCV 抗体检测,应为阴性;胎盘血应进行 HBsAg、HIV-1/HIV-2 抗体、HCV 抗体、梅毒检测,应为阴性,不合格血浆严禁投入生产。检定合格的及时投料制造或置于 -20℃ 以下冰冻保存,保存期不超过 2 年。

生产用水源水应符合饮用水标准,纯化水、注射用水和灭菌注射用水应符合《中华人民共和国药典》的要求。直接用于生产的金属或玻璃等器具必须专用,并经过严格清洗及去热原处理或灭菌处理。

生产时,须按国家批准的生产工艺进行,凡未经国家批准的生产工艺严禁在生产中投产使用。血液制品生产企业在生产各种血液制品过程中,须按国家审核批准的病毒灭活工艺进行制品去除病毒/灭活病毒,灭活不彻底的血液制品严禁出厂销售使用。如人血白蛋白制备时,每批制品需经过 60±0.5℃连续加温至少 10 小时,以灭活可能残留的污染病毒。蛋白质透析和浓缩多采用超滤法。澄清及除菌过滤,应使用无石棉的介质。

二、产品的检测

原液应按规程要求进行以下项目的检测:残余乙醇含量、蛋白质含量、纯度、pH 值、热原试验,以上检定项目亦可在半成品中进行。半成品配制后应做无菌检验。每批成品应按规程要求抽样作全面检定,包括鉴别(免疫双扩散法、免疫电泳法)、物理检查(外观、可见异物、装量、热稳定性等)、化学检定(pH 值、蛋白质含量、纯度、糖含量、HBsAg、硫柳汞含量等)、抗体效价、无菌检查、异常毒性检查、热原检查等。所用的 HBsAg、HIV-1/HIV-2 抗体、HCV 抗体等检测试剂盒应经国家药品监督管理局批准。

【药典链接】

2010 年版《中国药典》对人血白蛋白的规定

本品系由健康人血浆,经低温乙醇蛋白分离法或经批准的其他分离法分离纯化,并经 60℃ 10 小时加温灭活病毒后制成。含适宜稳定剂,不含防腐剂和抗生素。

1　基本要求

生产和检定用设施、原料及辅料、水、器具、动物等应符合"凡例"的有关要求。

2　制造

2.1　原料血浆

2.1.1　血浆的采集和质量应符合"血液制品生产用人血浆"的规定。

2.1.2　组分Ⅳ沉淀为原料时,应符合本品种附录"组分Ⅳ沉淀原料质量标准"。

2.1.3　组分Ⅳ沉淀应冻存于−30℃以下,运输温度不得超过−15℃。低温冰冻保存期不得超过 1 年。

2.1.4　组分Ⅴ沉淀应冻存于−30℃以下,并规定其有效期。

2.2　原液

2.2.1　采用低温乙醇蛋白分离法或经批准的其他分离法制备。生产过程中不得加入防腐剂或抗生素。组分Ⅳ沉淀为原料时也可用低温乙醇结合柱色谱法。

2.2.2　经纯化、超滤、除菌过滤后即为白蛋白原液。

2.2.3　原液检定

按 3.1 项进行。

2.3　半成品

2.3.1　配制

制品中应加适量的稳定剂,按每 1g 蛋白质加入 0.16mmol 辛酸钠或 0.08mmol 辛酸钠和 0.08mmol 乙酰色氨酸钠。按成品规格以注射用水稀释蛋白质浓度,并适当调整 pH 值及钠离子浓度。

2.3.2　病毒灭活

每批制品必须在 60℃±0.5℃水浴中连续加温至少 10 小时,以灭活可能残留的污染病毒。该灭活步骤可在除菌过滤前或除菌过滤分装后 24 小时内进行。

2.3.3　半成品检定

按 3.2 项进行。

2.4　成品

2.4.1　分批

应符合"生物制品分批规程"规定。

2.4.2　分装

应符合"生物制品分装和冻干规程"规定。

2.4.3　培育

分装后,应置 20～25℃至少 4 周或 30～32℃至少 14 天后,逐瓶检查外观,应符合 3.3.2.1 和 3.3.2.2 项规定。出现浑浊或烟雾状沉淀之瓶应进行无菌检查,不合格者不能再用于生产。

2.4.4　规格

应为经批准的规格。

2.4.5　包装

应符合"生物制品包装规程"规定。

3　检定

3.1　原液检定

3.1.1　蛋白质含量

可采用双缩脲法(附录Ⅵ B 第三法)测定,应大于成品规格。

3.1.2　纯度

应不低于蛋白质总量的 96.0%(附录Ⅳ A)。

3.1.3　pH 值

用生理氯化钠溶液将供试品蛋白质含量稀释成 10g/L,pH 值应为 6.4～7.4(附录Ⅴ A)。

3.1.4　残余乙醇含量

可采用康卫扩散皿法(附录Ⅵ D)测定,应不高于 0.025%。

以上检定项目亦可在半成品中进行。

3.2　半成品检定

3.2.1　无菌检查

依法检查(附录Ⅻ A),应符合规定。如半成品立即分装,可在除菌过滤后留样做无菌检查。

3.2.2　热原检查

依法检查(附录Ⅻ D),注射剂量按家兔体重每 1kg 注射 0.6g 蛋白质,应符合规定;或采用"细菌内毒素检查法"(附录Ⅻ E 凝胶限量试验),蛋白质浓度分别为 5%、10%、20%、25% 时,其细菌内毒素限值(L)应分别小于 0.5EU/ml、0.83EU/ml、1.67EU/ml、2.08EU/ml。

3.3　成品检定

3.3.1　鉴别试验

3.3.1.1　免疫双扩散法

依法测定(附录ⅧC),仅与抗人血清或血浆产生沉淀线,与抗马、抗牛、抗猪、抗羊血清或血浆不产生沉淀线。

3.3.1.2 免疫电泳法

依法测定(附录ⅧD),与正常人血清或血浆比较,主要沉淀线应为白蛋白。

3.3.2 物理检查

3.3.2.1 外观

应为略黏稠、黄色或绿色至棕色澄明液体,不应出现浑浊。

3.3.2.2 可见异物

依法检查(附录ⅤB),应符合规定。

3.3.2.3 不溶性微粒检查

取本品1瓶,依法检查(附录Ⅴ),应符合规定。

3.3.2.4 装量

按附录ⅠA中装量项进行检查,应不低于标示量。

3.3.2.5 热稳定性试验

取供试品置57℃±0.5℃水浴中保温50小时后,用可见异物检查装置,与同批未保温的供试品比较,除允许颜色有轻微变化外,应无肉眼可见的其他变化。

3.3.3 化学检定

3.3.3.1 pH值

用生理氯化钠溶液将供试品蛋白质含量稀释成10g/L,pH值应为6.4~7.4(附录ⅤA)。

3.3.3.2 渗透压摩尔浓度

应为210~400mOsmol/kg(附录ⅥR)。

3.3.3.3 蛋白质含量

应为标示量的95.0%~110.0%(附录ⅦB第一法)。

3.3.3.4 纯度

应不低于蛋白质总量的96.0%(附录ⅣA)。

3.3.3.5 钠离子含量

应不高于160mmol/L(附录ⅦJ)。

3.3.3.6 钾离子含量

应不高于2mmol/L(附录ⅦI)。

3.3.3.7 吸光度

用生理氯化钠溶液将供试品蛋白质含量稀释至10g/L,按紫外可见分光光度法(附录ⅡA),在波长403nm处测定吸光度,应不大于0.15。

3.3.3.8 多聚体含量

应不高于5.0%(附录ⅥQ)。

3.3.3.9 辛酸钠含量

每1g蛋白质中应为0.140~0.180mmol。如与乙酰色氨酸混合使用,则每1g蛋白质中应为0.064~0.096mmol(附录ⅦK)。

3.3.3.10　乙酰色氨酸含量

如与辛酸钠混合使用,则每 1g 蛋白质中应为 0.064～0.096mmol(附录ⅥW)。

3.3.3.11　铝残留量

应不高于 200μg/L(附录ⅦK)。

3.3.4　激肽释放酶原激活剂含量

应不高于 35IU/ml(附录Ⅸ F)。

3.3.5　HBsAg

按试剂盒说明书测定,应为阴性。

3.3.6　无菌检查

依法检查(附录ⅫA),应符合规定。

3.3.7　异常毒性检查

依法检查(附录ⅫF),应符合规定。

3.3.8　热原检查

依法检查(附录ⅫD),注射剂量按家兔体重每 1kg 注射 0.6g 蛋白质,应符合规定。

4　保存、运输及有效期

于 2～8℃或室温避光保存和运输。自生产之日起,按批准的有效期执行。标签只能规定一种保存温度及效期。

5　使用说明

应符合"生物制品包装规程"规定和批准的内容。

6　附录

组分Ⅳ沉淀原料质量标准。

【附录】

组分Ⅳ沉淀原料质量标准

1　组分Ⅳ沉淀原料为采用低温乙醇蛋白分离法的血浆组分。所用血浆原料应符合"血液制品生产用人血浆"规定。

2　组分Ⅳ沉淀应尽可能保持无菌和低温冰冻保存,保存温度不得超过−30℃,保存期不超过 1 年。

3　组分Ⅳ沉淀的检定

准确称取组分Ⅳ沉淀 10g,用生理氯化钠溶液稀释至 100ml,在 1～3℃搅拌充分溶解后离心或过滤,取上清液进行以下项目检测。

3.1　鉴别试验

3.1.1　免疫双扩散法

依法测定(附录ⅧC),仅与抗人的血清或血浆产生沉淀线,与抗马、抗牛、抗猪、抗羊血清或血浆不产生沉淀线。

3.1.2　免疫电泳法

依法测定(附录ⅧD),与正常人血清或血浆比较,主要沉淀线应为白蛋白。

3.2　蛋白质含量

可采用双缩脲法(附录ⅥB第三法)测定,应不低于2.5%。

3.3　白蛋白纯度

应不低于蛋白质总量的20%(附录ⅣA)。

3.4　HBsAg

按试剂盒说明书测定,应为阴性。

3.5　HIV-1和HIV-2抗体

按试剂盒说明书测定,应为阴性。

3.6　HCV抗体

按试剂盒说明书测定,应为阴性。

3.7　细菌计数

取供试品3份,每1份取1ml上清液,加9ml营养肉汤琼脂培养基,置32~35℃培养72小时。平均每1ml上清液菌落数应不高于50CFU。

【合作讨论】

1. 在血浆蛋白成分制品生产中,病毒灭活的方法有哪些?

2. 请结合血液代用品发展的历程,介绍血液代用品研究的意义。

3. 请介绍血液代用品的基本要求与特点,血液代用品的研究现状。

【延伸阅读】

药品GMP指南2010年版附录4-血液制品

第一章　范围

第一条　本附录中的血液制品特指人血浆蛋白类制品。本附录的规定适用于人血液制品的生产、质量控制、贮存、发放和运输。

第二条　本附录中的血液制品生产包括从原料血浆接收、入库贮存、复检、血浆分离、血液制品制备、检定到成品入库的全过程。

第三条　生产血液制品用原料血浆的采集、检验、贮存和运输应当符合《中华人民共和国药典》中"血液制品生产用人血浆"的规定和卫生部《单采血浆站质量管理规范》。

第四条　血液制品的管理还应当符合国家相关规定。

第二章　原则

第五条　原料血浆可能含有经血液传播疾病的病原体(如 HIV、HBV、HCV),为确保产品的安全性,必须确保原料血浆的质量和来源的合法性,必须对生产过程进行严格控制,特别是病毒的去除和/或灭活工序,必须对原辅料及产品进行严格的质量控制。

第三章　人员

第六条　企业负责人应当具有血液制品专业知识,并经过相关法律知识的培训。

第七条　生产管理负责人应当具有相应的专业知识(如微生物学、生物学、免疫学、生物化学等),至少具有三年从事血液制品生产或质量管理的实践经验。

第八条　质量管理负责人和质量受权人应当具有相应的专业知识(如微生物学、生物学、免疫学、生物化学等），至少具有五年血液制品生产、质量管理的实践经验，从事过血液制品质量保证、质量控制等相关工作。

第九条　从事血液制品生产、质量保证、质量控制及其他相关人员（包括清洁、维修人员）应当经过生物安全防护的培训，尤其是经过预防经血液传播疾病方面的知识培训。

第十条　从事血液制品生产、质量保证、质量控制及其他相关人员应当接种预防经血液传播疾病的疫苗。

第四章　厂房与设备

第十一条　血液制品的生产厂房应当为独立建筑物，不得与其他药品共用，并使用专用的生产设施和设备。

第十二条　原料血浆、血液制品检验实验室应当符合国务院《病原微生物实验室生物安全管理条例》、国家标准《实验室生物安全通用要求》的有关规定。

第十三条　原料血浆检验实验室应当独立设置，使用专用检验设备，并应当有原位灭活或消毒的设备。如有空调系统，应当独立设置。

第十四条　原料血浆破袋、合并、分离、提取、分装前的巴氏灭活等工序至少在 D 级洁净区内进行。

第十五条　血浆融浆区域、组分分离区域以及病毒灭活后生产区域应当彼此分开，生产设备应当专用，各区域应当有独立的空气净化系统。

第十六条　血液制品生产中，应当采取措施防止病毒去除和/或灭活前、后制品的交叉污染，病毒去除和/或灭活后的制品应当使用隔离的专用生产区域与设备，并使用独立的空气净化系统。

第五章　原料血浆

第十七条　企业对每批接收的原料血浆，应当检查以下各项内容：

（一）原料血浆采集单位与法定部门批准的单采血浆站一致；

（二）运输过程中的温度监控记录完整，温度符合要求；

（三）血浆袋的包装完整无破损；

（四）血浆袋上的标签内容完整，至少含有供血浆者姓名、卡号、血型、血浆编号、采血浆日期、血浆重量及单采血浆站名称等信息；

（五）血浆的检测符合要求，并附检测报告。

第十八条　原料血浆接收后，企业应当对每一人份血浆进行全面复检，并有复检记录。原料血浆的质量应当符合《中华人民共和国药典》相关要求。复检不合格的原料血浆应当按照规定销毁，不得用于投料生产。

第十九条　原料血浆检疫期应当符合相关规定。

第二十条　投产使用前，应当对每批放行的原料血浆进行质量评价，内容应当包括：

（一）原料血浆采集单位与法定部门批准的单采血浆站一致。

（二）运输、贮存过程中的温度监控记录完整，温度符合要求。运输、贮存过程中出现的温度偏差，按照偏差处理规程进行处理，并有相关记录。

（三）采用经批准的体外诊断试剂对每袋血浆进行复检并符合要求。

（四）已达到检疫期所要求的贮存时限。

（五）血浆袋破损或复检不合格的血浆已剔除并按规定处理。

第二十一条　企业应当建立原料血浆的追溯系统，确保每份血浆可追溯至供血浆者，并可向前追溯到供血浆者最后一次采集的血浆之前至少3个月内所采集的血浆。

第二十二条　企业应当与单采血浆站建立信息交换系统，出现下列情况应当及时交换信息：

（一）发现供血浆者不符合相关的健康标准；

（二）以前病原体标记为阴性的供血浆者，在随后采集到的原料血浆中发现任何一种病原体标记为阳性；

（三）原料血浆复验结果不符合要求；

（四）发现未按规程要求对原料血浆进行病原体检测；

（五）供血浆者患有可经由血浆传播病原体（如 HAV、HBV、HCV 和其他血源性传播肝炎病毒、HIV 及目前所知的其他病原体）的疾病以及克—雅病或变异型新克—雅病（CJD 或 vCJD）。

第二十三条　企业应当制定规程，明确规定出现第二十二条中的任何一种情况的应对措施。应当根据涉及的病原体、投料量、检疫期、制品特性和生产工艺，对使用相关原料血浆生产的血液制品的质量风险进行再评估，并重新审核批记录。必要时应当召回已发放的成品。

第二十四条　发现已投料血浆中混有感染 HIV、HBV、HCV 血浆的，应当停止生产，用相应投料血浆所生产的组分、中间产品、待包装产品及成品均予销毁。如成品已上市，应当立即召回，并向当地药品监督管理部门报告。

第二十五条　质量管理部门应当定期对单采血浆站进行现场质量审计，至少每半年一次，并有质量审计报告。

第六章　生产和质量控制

第二十六条　企业应当对原料血浆、血浆蛋白组分、中间产品、成品的贮存、运输温度及条件进行验证。应当对贮存、运输温度及条件进行监控，并有记录。

第二十七条　用于特定病原体（HIV、HBV、HCV 及梅毒螺旋体）标记检查的体外诊断试剂，应当获得药品监督管理部门批准并经生物制品批签发检定合格。体外诊断试剂验收入库、贮存、发放和使用等应当与原辅料管理相同。

第二十八条　混合后血浆应当按《中国药典》规定进行取样、检验，并符合要求。如检验结果不符合要求，则混合血浆不得继续用于生产，应当予以销毁。

第二十九条　原料血浆解冻、破袋、化浆的操作人员应当穿戴适当的防护服、面罩和手套。

第三十条　应当定期对破袋、融浆的生产过程进行环境监测，并对混合血浆进行微生物限度检查，以尽可能降低操作过程中的微生物污染。

第三十一条　已经过病毒去除和/或灭活处理的产品与尚未处理的产品应当有明显区分和标识，并应当采用适当的方法防止混淆。

第三十二条　不得用生产设施和设备进行病毒去除或灭活方法的验证。

第三十三条　血液制品的放行应当符合《生物制品批签发管理办法》的要求。

第七章　不合格原料血浆、中间产品、成品的处理

第三十四条　应当建立安全和有效地处理不合格原料血浆、中间产品、成品的操作规程，处理应当有记录。

血液制品生产用人血浆

血液制品生产用人血浆系以单采血浆术采集的供生产血浆蛋白制品用的健康人血浆。

一、供血浆者的选择

为确保血液制品生产用人血浆的质量,供血浆者的确定应通过询问健康状况、体格检查和化验,由有经验的或经过专门培训的医师做出能否供血浆的决定,并对之负责。体检和化验结果符合要求者方可供血浆。

(一)供血浆者体格检查

1.年龄

18~55 周岁。

2.体重

男不低于 50kg,女不低于 45kg。

3.血压

90mmHg ~ 140mmHg(12.0kPa ~ 18.7kPa)/60mmHg ~ 90mmHg(8.0kPa ~ 12.0kPa),脉压差不低于 30mmHg(不低于 4.0kPa)

4.脉搏

节律规整,60 次~100 次/分钟,高度耐力的运动员脉搏低限不低于 50 次/分钟。

5.体温正常。

6.胸部

心肺正常,无病理性呼吸音及病理性心脏杂音,心率 60~100 次/分钟。初次申请供血浆者进行健康检查时,必须做 X 光胸片检查,重复供血浆者每年做一次胸片检查。

7.腹部

腹平软、无肿块、无压痛、肝脾不肿大。

8.皮肤

无黄染,无创面感染,无大面积皮肤病,浅表淋巴结无明显肿大。

9.五官

无严重疾病,巩膜无黄染,甲状腺不肿大。

10.四肢

无严重残疾、无严重功能性障碍及关节无红肿。无静脉注射药物痕迹。

(二)供血浆者血液检验

下列检测项中,除另有规定外,单采血浆站应在每次采浆时对供血浆者进行检测。新供血浆者(包括第一次供血浆及两次供血浆间隔超过半年以上者)应在供血浆前检测,对固定供血浆者(系指半年内按照规定采浆间隔供浆 2 次及 2 次以上的供血浆者)可在采浆后留样检测,检测时间应在供血浆后 48 小时内。

1.血型

用经批准的抗 A 抗 B 血型定型试剂测定。ABO 血型以正定型法鉴定。新供血浆者检测,以后每年检测一次。

2.血红蛋白

采用硫酸铜法,男不低于 1.0520,女不低于 1.0500(相当于男不低于 120g/L,女不低于

110g/L）。

3.丙氨酸氨基转移酶（ALT）

采用速率法应不高于 40 单位；采用赖氏法应不高于 25 单位。

4.血清蛋白含量

采用附录ⅥB第三法或折射仪法测定，血清蛋白含量应不低于 60g/L，血浆蛋白含量应不低于 50g/L。

5.乙型肝炎病毒表面抗原（HBsAg）

用经批准的试剂盒检测，应为阴性。

6.丙型肝炎病毒抗体（HCV 抗体）

用经批准的试剂盒检测，应为阴性。

7.艾滋病病毒抗体（HIV-1 和 HIV-2 抗体）

用经批准的试剂盒检测，应为阴性。

8.梅毒

用经批准的试剂盒检测，应为阴性。

9.血清/血浆电泳

白蛋白应不低于 50%，并与前次比较无明显变化。新供血浆者检测（可在采集血浆后检测），以后每年检测一次。

（三）有下列情况之一者不能供血浆

1.体弱多病，经常头昏、眼花、耳鸣、晕血、晕针、晕倒及有美尼尔氏病者。

2.有性病、麻风病、艾滋病，以及 HIV-1 和 HIV-2 抗体阳性者。

3.有肝病史、经检测乙型肝炎表面抗原阳性、HCV 抗体阳性。甲型肝炎临床治愈一年后，连续三次每次间隔一个月 ALT 化验正常者，可供血浆。

4.患反复发作过敏性疾病、荨麻疹、支气管哮喘、药物过敏者（患单纯性荨麻疹不在急性发作期者可以供血浆）。

5.肺结核、肾结核、淋巴腺结核、骨结核患者。

6.有心血管疾病及病史，各种心脏病、高血压、低血压、心肌炎、血栓性静脉炎者。

7.呼吸系统病（包括慢性支气管炎、肺气肿、支气管扩张、肺功能不全）患者。

8.消化系统疾病（如较严重的胃及十二指肠溃疡、慢性胃肠炎、慢性胰腺炎）患者。

9.泌尿系统疾病（如急慢性肾炎、慢性泌尿系统感染、肾病综合征以及急慢性肾功能不全等）患者。

10.各种血液病（包括贫血、白血病、真性红细胞增多症及各种出血凝血性疾病）患者。

11.内分泌疾患或代谢障碍性疾病（如甲亢、肢端肥大症、尿崩症、糖尿病等）患者。

12.器质性神经系统疾患或精神病（如脑炎、脑外伤后遗症、癫痫、精神分裂症、癔症、严重神经衰弱等）患者。

13.寄生虫病及地方病（如黑热病、血吸虫病、丝虫病、钩虫病、绦虫病、肺吸虫病、克山病、大骨节病等）患者。

14 恶性肿瘤及影响健康的良性肿瘤者。

15.已做过切除胃、肾、胆囊、脾、肺等重要脏器手术者。

16.接触有害物质、放射性物质者。

17.易感染人免疫缺陷病毒的高危人群,如有吸毒史者、同性恋及有多个性伙伴者。

18.克雅病(克罗依茨—雅克布病)和 vCJD 患者及有家族病史者、接受过人和动物脑垂体来源物质(如生长激素、促性腺激素、甲状腺刺激素等)治疗者。接受器官(含角膜、骨髓、硬脑膜)移植者。现在或曾处于 vCJD 疫区的人群,包括:1980 年至 1996 年底在英国累计居住或旅游达 3 个月以上(含 3 各月)者;1980 年至今在法国累计居住或旅游达 5 年以上(含 5 年)者。

19.慢性皮肤病患者,特别是传染性、过敏性及炎症性全身皮肤病(如黄癣、广泛性湿疹及全身性牛皮癣等)患者。

20.自身免疫性疾病及胶原性疾病(如系统性红斑狼疮、皮肌炎、硬皮病等)患者。

21.被携带狂犬病病毒的动物咬伤者。

22.医生认为不能供血浆的其他疾病患者。

(四)有下列情况之一者暂不供血浆

1.半月内曾作过拔牙或其他小手术者。

2.妇女月经前后 3 天,月经失调、妊娠期、流产后未满 6 个月,分娩及哺乳期未满 1 年者。

3.感冒、急性胃肠炎患者病愈未满 1 周,急性泌尿系统感染病愈未满 1 月,肺炎病愈未满半年者。

4.来自某些传染病和防疫部门特定的传染病流行高危地区的供血浆者。痢疾病愈未满半年,伤寒、布氏杆菌病病愈未满 1 年,3 年内有过疟疾病史者。

5.接受过输血治疗者,2 年内不得供血浆。

6.被血液或组织液污染的器材致伤者或污染伤口以及施行纹身术后未满一年者。

7.与传染病患者有密切接触史者,自接触之日起至该病最长潜伏期。

8.接受动物血清制品者于最后一次注射后 4 周内。

9.接受乙型肝炎免疫球蛋白注射者一年内。

(五)供血浆者接受免疫接种后供血浆的规定

除特异性免疫血浆制备时的免疫接种外,近期接受过免疫接种的无症状供血浆者,经下列期限后方可供血浆。

麻疹、腮腺炎、黄热、脊髓灰质炎、甲型肝炎减毒活疫苗免疫者最后一次免疫后 2 周,风疹活疫苗、狂犬病疫苗最后一次免疫后 4 周可供血浆。

二、血浆的采集

血浆采集应采用单采血浆术程序,并采用单采血浆机从供血浆者的血液中分离并收集血浆成分。

(一)单采血浆站要求

应符合中华人民共和国卫生部有关《单采血浆站质量管理规范》的要求。

(二)采集血浆器材要求

1.一切直接接触血液和血浆的一次性采血器材,均应保证无菌、无热原。每批器材需检查细菌内毒素含量,应符合要求(每批抽取一定数量进行检查,每套器材用 100ml 氯化钠注射液通过,用凝胶限量试验检查流过液细菌内毒素含量,应小于 0.5EU/ml)。每批器材应标明生产批准文号、批号、有效期及生产企业。使用前应逐袋检查,有损坏渗漏者不得使用。

2. 抗凝剂溶液应无菌、无热原，不应含有防腐剂和抗生素。一般采用 4% 注射用枸橼酸钠 $(C_6H_5Na_3O_7 \cdot 2H_2O)$，pH7.2～7.6 或其他适宜的抗凝剂。灭菌后抽取一定比例的成品检查装量，误差应不高于 5%；使用前应逐袋检查澄明度，不得有异物或浑浊；用凝胶限量试验检查细菌内毒素含量，应小于 5.56EU/ml。每批抗凝剂应标明生产企业、批准文号、批号及有效期。

3. 所用氯化钠注射液应符合本版药典(二部)要求，应有正式批准文号、批号和生产企业。

（三）采集血浆的频度及限量

每人每次采集血浆量不得多于 580ml（含抗凝剂溶液，以容积比换算质量比不超过 600g）。采浆间隔不得短于 14 天。

三、血浆检验

（一）单人份血浆

每一人份血浆投料生产前，应经如下检验并符合相应规定：

1. 外观

为淡黄色、黄色或淡绿色，无溶血、无乳糜、无可见异物。冰冻血浆应冻结成型、平整、坚硬。为淡黄色、黄色或淡绿色，无溶血、无可见异物。

2. 蛋白含量

采用双缩脲法（附录ⅥB 第三法）或折射仪法测定，应不低于 50g/L。

3. 丙氨酸氨基转移酶（ALT）

采用速率法应不高于 40 单位；采用赖氏法应不高于 25 单位。

4. HBsAg

用经批准的试剂盒检测，应为阴性。

5. 梅毒

用经批准的试剂盒检测，应为阴性。

6. HIV-1 和 HIV-2 抗体

用经批准的试剂盒检测，应为阴性。

7. HCV 抗体

用经批准的试剂盒检测，应为阴性。

（二）合并血浆

单份血浆混合后进行血液制品各组分的提取前，应于每个合并容器中取样进行以下项目的检测，检测方法及试剂应具有适宜的灵敏度和特异性。

1. HBsAg

用经批准的试剂盒检测，应为阴性。用于生产乙型肝炎人免疫球蛋白产品的合并血浆免做此项检测。

2. HIV-1 和 HIV-2 抗体

用经批准的试剂盒检测，应为阴性。

3. HCV 抗体

用经批准的试剂盒检测，应为阴性。

4.乙型肝炎表面抗体

用经批准的试剂盒检测,应不低于 0.05IU/ml。

5.如用于生产特异性人免疫球蛋白产品,需进行相应抗体检测,标准应符合各论要求。

四、血浆贮存

1.除另有规定外,血浆采集后,应在 6 小时内快速冻结,置－20℃或－20℃以下保存。用于分离人凝血因子Ⅷ的血浆,保存期自血浆采集之日起应不超过 1 年;用于分离其他血液制品的血浆,保存期自血浆采集之日起应不超过 3 年。

2.如果在低温贮存中发生温度升高,但未超过－5℃,时间未超过 72 小时,且血浆仍处于冰冻状态,仍可用于生产白蛋白和免疫球蛋白。

五、血浆运输

1.冰冻血浆应于－15℃以下运输。

2.如果在运输过程中发生温度升高的意外事故,按“四、血浆贮存”规定处理。

六、特异性免疫血浆制备及其供血浆者免疫的要求

(一)血浆

1.采用经批准疫苗或免疫原,(如甲型或乙型肝炎疫苗,吸附破伤风疫苗,狂犬病疫苗等)进行自动免疫,其抗体水平已达到要求的供血浆者血浆。

2.经自然感染后获得免疫,其抗体水平已达到要求的供血浆者血浆。

3.除另有规定外,单个供血浆者血浆及多个供血浆者的合并血浆,其抗体效价应分别制定明确的合格标准。

4.以上供血浆者的血浆采集及质量要求,应符合“一、供血浆者的选择”至“五、血浆运输”规定。

(二)供血浆者

1.供血浆者的健康标准应符合本规程“一、供血浆者的选择”规定。

2.对接受免疫的供血浆者,事先应详细告知有关注意事项,如可能发生的局部或全身性免疫注射反应等,并取得供血浆者的同意和合作或签订合同。

(三)供血浆者免疫

1.免疫用疫苗或其他免疫原须经批准。免疫程序应尽可能采用最少剂量免疫原及注射针次。

2.如需要对同一供血浆者同步进行 1 种以上免疫原的接种,应事先证明免疫接种的安全性。

3.对供血浆者的免疫程序可以不同于疫苗的常规免疫程序,但采用的特定免疫程序需证明其安全性,并经批准。

4.在任何一次免疫接种之后,应在现场观察供血浆者至少 30 分钟,确定是否有异常反应,以防意外。

5.用人红细胞免疫供血浆者,必须有特殊规定和要求,并经批准。

附　录

附录Ⅰ　生物制品术语及名词解释

为统一 2010 年版《中国药典》（三部）生物制品术语及名词，参照 WHO《生物制品术语汇编》、中国《药品生产质量管理规范》及 WHO 生物制品规程，制定本版《生物制品术语及名词解释》。

制造（Manufacturing）　药品、生物制品生产过程中的全部操作步骤。

生产单位（Production Unit；Manufacturer）　通指生产（制造）药品或生物制品的研究所、企业或公司等单位。

国务院药品监督管理部门（National Regulatory Authority，NRA）　主管全国药品监督管理工作的国家权威机构。

国家药品检定机构（National Control Laboratory，NCL）　隶属于国务院药品监督管理部门，承担依法实施药品审批和药品质量监督检查所需的药品检验工作。

生物制品（Biological Products）　以微生物、细胞、动物或人源组织和体液等为原料，应用传统技术或现代生物技术制成，用于人类疾病的预防、治疗和诊断。人用生物制品包括：细菌类疫苗（含类毒素）、病毒类疫苗、抗毒素及抗血清、血液制品、细胞因子、生长因子、酶、体内及体外诊断制品，以及其他生物活性制剂，如毒素、抗原、变态反应原、单克隆抗体、抗原抗体复合物、免疫调节剂及微生态制剂等。

联合疫苗（Combined Vaccines）　指两种或两种以上疫苗原液按特定比例配合制成的具有多种免疫原性的疫苗。如吸附百白破联合疫苗等。

双价疫苗及多价疫苗（Divalent Vaccines，Polyvalent Vaccines）　由单一型（或群）抗原成分组成的疫苗通称单价疫苗。由两个或两个以上同一种但不同型（或群）抗原合并组成的含有双价或多价抗原成分的一种疫苗，则分别称为双价疫苗或多价疫苗。如双价肾综合征出血热灭活疫苗等。

重组 DNA 制品（Recombinant DNA Products，rDNA Products）　采用遗传修饰，将所需制品的编码 DNA 通过一种质粒或病毒载体，引入适宜的微生物或细胞系，DNA 经过表达和翻译后成为蛋白质，再经提取和纯化而回收所需制品制得。转染载体前的细胞或微生物称为宿主细胞，用于生产过程中两者的稳定结合称为宿主－载体系统。

血液制品（Blood Products）　由健康人血浆或经特异免疫的人血浆，经分离、提纯或由重组 DNA 技术制成的血浆蛋白组分，以及血液细胞有形成分统称为血液制品。如人血白蛋白、人免疫球蛋白、人凝血因子（天然或重组的）。用于治疗和被动免疫预防。

生物标准品(Biological Standards)　见"生物制品国家标准物质制备和标定规程"。

生物参考品(Biological Reference Materials)　见"生物制品国家标准物质制备和标定规程"。

原材料(Raw Materials,Source Materials)　生物制品生产过程中使用的所有生物材料和化学材料,不包括辅料。

辅料(Subsidiary Materials)　生物制品在配制过程中所使用的辅助材料,如佐剂、稳定剂、赋形剂等。

包装材料(Packaging Materials)　指成品内外包装物料、标签、防伪标志和药品说明书。

血液(或称全血)(Blood,Whole Blood)　采集于含有抗凝剂溶液中的血液。抗凝溶液中可含或不含营养物,如葡萄糖或腺嘌呤等。

血浆(Plasma)　血液采集于含有抗凝剂的接收容器中,分离血细胞后保留的液体部分;或在单采血浆过程中抗凝血液经连续过滤或离心分离后的液体部分。

单采血浆术(Plasmapheresis)　用物理学方法由全血分离出血浆,并将其余组分回输给供血浆者的操作技术。

携载体(Carrier)　通常为一种蛋白质分子,以化学方法将其与一种微生物多糖偶联,以诱生 T 细胞免疫应答,改善对多糖的体液免疫应答。

载体(Vector)　系一种 DNA 片段,它可在宿主细胞内指导自身复制,其他 DNA 分子可与之连接从而获得扩增。很多载体是细菌质粒,在某些情况下,一种载体在导入细胞后可与宿主细胞染色体整合,并在宿主细胞生长和繁殖过程中保持其整合模式。

质粒(Plasmid)　一种能自主复制的环状额外染色体 DNA 元件。它通常携带一定数量的基因,其中有些基因可对不同抗生素产生抗性,该抗性常作为依据,以辨别是否含有此种质粒而识别生物体。

减毒株(Attenuated Strains)　一种细菌或病毒,其对特定宿主的毒力已被适当减弱或已消失。

原始种子批(Primary Seed Lot)　一定数量的已验明其来源、历史和生物学特性并经临床研究证明其安全性和免疫原性良好的病毒株(或菌株),或用于制备原疫苗(Original Vaccine)的活病毒(或菌体)悬液。该悬液应加工为单一批,以确保其组成均一,并经充分鉴定。原始种子批用于制备主种子批。由原始种子批移出的毒种无论开瓶与否,均不得再返回贮存。

主种子批(Master Seed Lot)　一定数量的来自原始种子批的病毒株(或菌株)或用于制备原疫苗(Original Vaccine)的活病毒(或菌体)悬液。该悬液应加工为单一批,以确保其组成均一,并经全面鉴定。主种子批用于制备疫苗生产用的工作种子批。由主种子批移出的毒种无论开瓶与否,均不得再返回贮存。

工作种子批(Working Seed Lot)　按国务院药品监督管理部门批准的方法,从主种子批传代而得到的活病毒或细菌的均一悬液,等量分装贮存用于生产疫苗。由工作种子批移出的毒种无论开瓶与否,均不得再返回贮存。

原疫苗(Original Vaccine)　按生产单位技术规范制备的疫苗,经由临床研究证明此疫苗安全并有免疫原性,即可称为原疫苗。

原代细胞培养物（Primary Cell Culture） 直接由组织制备的细胞培养物。

传代细胞系（Continuous Cell Lines，Established Cell Lines） 系在体外能无限繁殖的细胞群，但不具有来源组织的细胞核型特征和贴壁细胞依赖性。

细胞系（Cell Line） 系由系列传代培养的第一次培养或其中任何阶段培养制备的细胞群（非原始培养细胞）。该细胞群通常是非均质的。

细胞库（Cell Bank） 系通过培养细胞用以生产连续多批制品的细胞系统，这些细胞来源于经充分鉴定并证明无外源因子的一个原始细胞库（Primary Cell Bank，PCB） 和一个主细胞库（Master Cell Bank，MCB）。从主细胞库中取一定数量容器的细胞制备工作细胞库（Working Cell Bank，WCB）。在有限传代系统中，应对超过常规生产所达到的某一个传代水平或群体倍增的细胞进行验证。

原始细胞库（Primary Cell Bank，PCB） 系指来源于人、动物或其他来源的、经过充分鉴定的一定数量的细胞，这些细胞源自单一组织或细胞，将组成均一的细胞悬液分装于容器内，冻存于$-130℃$或以下保存，取其中的一支或几支用于制备主细胞库（Master Cell Bank，MCB）。由本细胞库移出的细胞无论开瓶与否，均不得再返回贮存。

主细胞库（Master Cell Bank，MCB） 由原始细胞库（Primary Cell Bank）的细胞制备而成，分装于容器内，组成应均一，保存于$-130℃$或以下，用于制备工作细胞库（Working Cell Bank，WCB）。本细胞库移出的细胞无论开瓶与否，均不得再返回贮存。

工作细胞库（Working Cell Bank，WCB） 由有限传代水平的主细胞库制备而来的均一性细胞悬液，分装适宜体积于多个容器中，冻存于$-130℃$或以下用于生产。由本细胞库移出的细胞无论开瓶与否，均不得再返回贮存。

封闭群动物（Closed colony animals） 是指一个动物种群在五年以上不从外部引进其他任何品种的新血缘，由同一血缘品种的动物进行随意交配，在固定场所保持繁殖的动物群。

外源因子（Adventitious Agents，Extraneous Agents） 存在于接种物、细胞基质及（或）生产制品所用的原材料及制品中的污染物，包括细菌、真菌、支原体和外源性病毒。

单次收获物（Single Harvest） 在单一轮生产或一个连续生产时段中，用同一病毒株或细菌株接种于基质（一组动物或一组鸡胚或细胞）并一起培养和收获的一定量病毒或细菌悬液。同一细胞批制备的病毒液经检定合格后合并为单次病毒收获液。

原液（Bulk） 系指用于制造最终配制物（Final Formulation）或半成品（Final Bulk）的均一物质。对于多价制品，其原液是由单价原液配制而成。同一细胞批制备的多个单次病毒收获液检定合格后合并为一批原液。

半成品（Final Bulk） 由一批原液经稀释、配制成均一的中间制品。

批（Batch） 在同一生产周期中，用同一批原料、同一方法生产出来的一定数量的一批制品，在规定限度内，它具有同一性质（均一性）和同一质量。

亚批（Sub lot） 一批均一的半成品分装于若干个中间容器中，即成为若干个亚批，而后再分装于最终容器；或一批均一的半成品，通过若干分装机分装于最终容器，即成为若干个亚批。亚批是批的一部分。

成品（Final Products） 半成品分装（或经冻干）、密封于最终容器后，再经目检、贴签、包装，并经全面检定合格后，签发上市的制品。

规格（Specifications）　指每支（瓶）主要有效成分的效价（或含量及效价）或含量及装量（或冻干制剂复溶时加入溶剂的体积）。

失效日期（Expiry Date）　指在特定条件下保存的制品，到此日期后一般已不可能继续符合相应规程的各项要求，特别是效价要求，故不应继续使用。失效日期应注明在成品容器标签上。

有效期（Validity Period）　指由国务院药品监督管理部门许可用以签发制品供临床使用的最大有效期限（天数、月数或年数）。该有效期是根据在产品开发过程中进行稳定性研究获得的贮存寿命而确定。

抗原性（Antigenicity）　指在适宜的体外免疫学试验中，某物质和相应抗体相互反应的能力，如絮状反应阳性、凝胶免疫扩散反应阳性或酶联免疫测定阳性等，即证明某物质具有抗原性。

免疫原性（Immunogenicity）　指某一制品接种人体后诱生免疫应答的能力。接种疫苗后，此种反应导致出现理想的特异体液免疫（由 B 细胞产生抗体）或细胞免疫应答（各种 T 细胞增殖）或二者兼有之，一般情况下使被接种个体获得保护，以免受相应传染原的感染。

同质性、均一性（Homogeneity）　某一制品或物质，就其中一种或多种特定性质而论，其组成和结构相同。

效价（效力）（Potency）　系指产品达到其目的作用的预期效能，它是根据该产品的某些特性，通过适宜的定量实验方法测定的。一般来讲，由不同实验室测定的生物制品的效价（效力），如果是根据一个适宜的标准品或参考品表达的，其结果应采用有效的方法进行比较。

药品生产质量管理规范（Good Manufacture Practice，GMP）　是保证药品依照质量标准稳定地生产并进行质量控制的体系，实施 GMP 旨在降低药品生产过程中通过成品检验不可能去除的风险，这些风险主要包括：产品意外污染，危害人体健康或导致死亡；药物容器标签错误，使得病人可能拿到错药；活性成分不足或过量，导致治疗无效或副反应。GMP涵盖生产的各个方面，从起始材料、厂房、设备到员工的培训和个人卫生。详细的书面操作细则对于可能影响成品质量的每个生产环节都是必要的。必须具有文件体系，证明在任何时间生产的制品，其每一步生产过程始终符合正确的操作细则。

附录Ⅱ　生物制品生产检定用菌毒种管理规程

一、总则

1. 本规程所称之菌毒种，系指直接用于制造和检定生物制品的细菌、立克次体或病毒等，以下简称菌毒种。菌毒种按《人间传染的病原微生物名录》为基础分类。

2. 生产和检定用菌毒种，包括 DNA 重组工程菌菌种，来源途径应合法，并经国家药品监督管理部门批准。菌毒种由国家药品检定机构或国家药品监督管理部门认可的单位保存、检定及分发。

3. 生物制品生产用菌毒种应采用种子批系统。原始种子批（Primary Seed Lot）应验明其记录、历史、来源和生物学特性。从原始种子批传代和扩增后保存的为主种子批（Master Seed Lot）。从主种子批传代和扩增后保存的为工作种子批（Working Seed Lot），工作种子批用于生产疫苗。工作种子批的生物学特性应与原始种子批一致，每批主种子批和工作种子批均应按各论要求保管、检定和使用。生产过程中应规定各级种子批允许传代的代次，并经国家药品监督管理部门批准。

4. 菌毒种的传代及检定实验室应符合国家生物安全的相关规定。

5. 各生产单位质量管理部门对本单位的菌毒种施行统一管理。

二、菌毒种登记程序

1. 菌毒种由国家药品检定机构统一进行国家菌毒种编号，各单位不得更改及仿冒。未经注册并统一编号的菌毒种不得用于生产和检定。

2. 保管菌毒种应有严格的登记制度，建立详细的总账及分类账。收到菌毒种后应立即进行编号登记，详细记录菌毒种的学名、株名、历史、来源、特性、用途、批号、传代冻干日期和数量。在保管过程中，凡传代、冻干及分发，记录均应清晰，可追溯，并定期核对库存数量。

3. 收到菌毒种后一般应及时进行检定。用培养基保存的菌种应立即检定。

三、生物制品生产用菌（毒）种生物安全分类（见本规程附录）

以《人间传染的病原微生物名录》为基础，根据病原微生物的传染性、感染后对个体或者群体的危害程度，将生物制品生产用菌（毒）种分为四类：

1. 第一类病原微生物，是指能够引起人类或者动物非常严重疾病的微生物，以及我国尚未发现或者已经宣布消灭的微生物。

2. 第二类病原微生物，是指能够引起人类或者动物严重疾病，比较容易直接或者间接在人与人、动物与人、动物与动物间传播的微生物。

3. 第三类病原微生物，是指能够引起人类或者动物疾病，但一般情况下对人、动物或者环境不构成严重危害，传播风险有限，实验室感染后很少引起严重疾病，并且具备有效治疗和预防措施的微生物。

4. 第四类病原微生物，是指在通常情况下不会引起人类或者动物疾病的微生物。

四、菌毒种的检定

1.生产用菌毒种应按各论要求进行检定。

2.所有菌毒种检定结果应及时记入菌、毒种检定专用记录内。

3.不同属或同属菌毒种的强毒株及弱毒株不得同时在同一洁净室内操作。涉及菌毒种的操作应符合国家生物安全的相关规定。

4.应对生产用菌毒种已知的主要抗原表位的遗传稳定性进行检测,并证明在规定的使用代次内其遗传性状是稳定的。减毒活疫苗中所含病毒或细菌的遗传性状应与原始种子批和/或主种子批一致。

五、菌毒种的保存

1.菌毒种经检定后,应根据其特性,选用冻干或适当方法及时保存。

2.不能冻干保存的菌毒种,应根据其特性,置适宜环境至少保存 2 份或保存于两种培养基。

3.保存的菌毒种传代或冻干均应填写专用记录。

4.保存的菌毒种应贴有牢固的标签,标明菌毒种编号、名称、代次、批号和制备日期等内容。

六、菌毒种的销毁

无保存价值的菌毒种可以销毁。销毁一、二类菌毒种的原始种子批、主种子批和工作种子批时,须经本单位领导批准,并报请国家卫生行政当局或省、自治区、直辖市卫生当局认可。销毁三、四类菌毒种须经单位领导批准。销毁后应在账上注销,做出专项记录,写明销毁原因、方式和日期。

七、菌毒种的索取、分发与运输

1.索取菌毒种,应按《中国医学微生物菌种保藏管理办法》执行。

2.分发生物制品生产和检定用菌毒种,应附有详细的历史记录及各项检定结果。菌毒种采用冻干或真空封口形式发出,如不可能,毒种亦可以组织块或细胞悬液形式发出,菌种亦可用培养基保存发出,但外包装应坚固,管口必须密封。

3.菌毒种的运输应符合国家相关管理规定。

附录 常用生物制品生产用菌(毒)种生物安全分类

1.细菌活疫苗生产用菌种

疫苗品种	生产用菌种	分类
皮内注射用卡介苗	卡介菌 BCGPB302 菌株	四类
皮上划痕用鼠疫活疫苗	鼠疫杆菌弱毒 EV 菌株	四类
皮上划痕人用布氏菌活疫苗	布氏杆菌牛型 104M 菌株	四类
皮上划痕人用炭疽活疫苗	炭疽杆菌 A16R 菌株	三类

2. 微生态活菌制品生产用菌种

生产用菌种	分 类	生产用菌种	分 类
青春型双歧杆菌	四类	粪肠球菌 CGMCC No.04060.3，YIT 0072 株	四类
长型双歧杆菌	四类	屎肠球菌 R-026	四类
长型双歧杆菌	四类	凝结芽孢杆菌 TBC169	四类
嗜热链球菌	四类	枯草芽孢杆菌 BS-3，R-179	四类
婴儿型双歧杆菌	四类	酪酸梭状芽孢杆菌 CGMCC No.0313-1	四类
保加利亚乳杆菌	四类	地衣芽孢杆菌 63516	四类
嗜酸乳杆菌	四类	蜡样芽孢杆菌 CGMCC No.04060.4，CMCC 63305	四类

3. 细菌灭活疫苗及纯化疫苗生产用菌种

疫苗品种	生产用菌种	分 类
伤寒疫苗	伤寒菌	三类
伤寒副伤寒甲联合疫苗	伤寒菌，副伤寒甲菌	三类
伤寒副伤寒甲乙联合疫苗	伤寒菌，副伤寒甲菌乙菌	三类
伤寒 Vi 多糖疫苗	伤寒菌	三类
霍乱疫苗	霍乱弧菌 O1 群，EL-Tor 型菌	三类
A 群脑膜炎球菌多糖疫苗	A 群脑膜炎球菌	三类
C 群脑膜炎球菌多糖疫苗	C 群脑膜炎球菌	三类
吸附百日咳疫苗	百日咳杆菌	三类
吸附破伤风疫苗	破伤风杆菌	三类
吸附白喉疫苗	白喉杆菌	三类
钩端螺旋体疫苗	钩端螺旋体	三类
b 型流感嗜血杆菌结合疫苗	b 型流感嗜血杆菌	三类
冻干母牛分枝杆菌制剂	母牛分枝杆菌	三类
短棒杆菌注射液	短棒杆菌	三类
注射用 A 群链球菌	A 群链球菌	三类
注射用红色诺卡氏菌细胞壁骨架	红色诺卡氏菌	三类
绿脓杆菌注射液	绿脓杆菌	三类
铜绿假单胞菌注射液	铜绿假单胞菌	三类
卡介菌多糖核酸注射液	卡介菌 BCGPB302 菌株	四类

4. 体内诊断制品生产用菌种

制品品种	生产用菌种	分　类
结核菌素纯蛋白衍生物	结核杆菌	二类
锡克试验毒素	白喉杆菌 PW8 菌株	三类
布氏菌纯蛋白衍生物	布氏杆菌牛型 104M 菌株	四类
卡介菌纯蛋白衍生物	卡介菌 BCGPB302 菌株	四类

5. 重组产品

重组产品生产用工程菌株按第四类病原微生物管理。

6. 病毒活疫苗生产用毒种

疫苗品种	生产用毒种	分　类
麻疹减毒活疫苗	沪－191.长－47 减毒株	四类
风疹减毒活疫苗	BRDⅡ减毒株.松叶减毒株	四类
腮腺炎减毒活疫苗	S79、Wm_{84} 减毒株	四类
水痘减毒活疫苗	OKA 株	四类
乙型脑炎减毒活疫苗	SA14-14-2 减毒株	四类
甲型肝炎减毒活疫苗	H_2 L-A-1 减毒株	四类
脊髓灰质炎减毒活疫苗	Sabin 减毒株、中Ⅲ2 株	四类
口服轮状病毒疫苗	LLR 弱毒株	四类
黄热疫苗	17D 减毒株	四类
天花疫苗	天坛减毒株	四类

7. 病毒灭活疫苗生产用毒种

疫苗品种	生产用毒种	分　类
乙型脑炎灭活疫苗	P3 实验室传代株	三类
肾综合征出血热疫苗	啮齿类动物分离株,未证明减毒	二类
肾综合征出血热双价疫苗	啮齿类动物分离株,未证明减毒	二类
狂犬病疫苗	狂犬病病毒(固定毒)	三类
甲型肝炎灭活疫苗	减毒株	三类
流感全病毒灭活疫苗	鸡胚适应株	三类
流感病毒裂解疫苗	鸡胚适应株	三类
森林脑炎灭活疫苗	森张株(未证明减毒)	二类

附录Ⅲ　生物制品分批规程

批号系用以区分和识别产品批的标志。为避免混淆和误差,各生物制品之成品均应按照本规程分批和编批。有专门规定者除外。

1.生物制品之批号由质量保证部门审定。

2.生物制品批号和亚批号的编制。

批号的编码顺序为"　年　月　年流水号"。年号应写公历年号4位数,月份写2位数。流水号可按生产企业所生产某制品批数编2位或3位数。某些制品还可加英文字母或中文,以表示某特定含义。

亚批号的编码顺序为"批号－数字序号"。如某制品批号为:200801001,其亚批号应表示为:200801001-1,200801001-2,……。

3.同一批号的制品,应来源一致、质量均一,按规定要求抽样检验后,能对整批制品作出评定。

4.批、亚批及批号确定的原则。

成品批号应在半成品配制后确定,配制日期即为生产日期。非同日或同次配制、混合、稀释、过滤、灌装的半成品不得作为一批。

制品的批及亚批编制应使整个工艺过程清晰并易于追溯,以最大限度保证每批制品被加工处理的过程是均一的。

单一批号的亚批编制应仅限于以下允许制定亚批的一种情况:

(1)半成品配制后,在分装至终容器之前,如须分装至中间容器,应按中间容器划分为不同批或亚批。

(2)半成品配制后,如采用不同滤器过滤,应按滤器划分为不同批(或亚批)号。

(3)半成品配制后直接分装至终容器时,如采用不同分装机进行分装,应按分装机划分为不同亚批。

(4)半成品配制后经同一台分装机分装至终容器,采用不同冻干机进行冻干,应按冻干机划分为不同亚批号。

5.同一制品的批号不得重复;同一制品不同规格不应采用同一批号。

附录Ⅳ　生物制品分装和冻干规程

本规程仅适用于生物制品的注射剂,而生物制品的胶囊剂、片剂、散剂、滴眼剂、栓剂及其他剂型的分装要求和实际装量等,均按"制剂通则"(附录Ⅰ)中有关规定执行。

一、质量保证部门认可

待分装、冷冻干燥(以下简称冻干)的半成品,须经质量保证部门审查或检定,对符合质量标准者,发出分装通知单后,方可进行分装或分装后冻干,有专门规定者除外。

二、分装、冻干用容器及用具

1. 分装、冻干制品的最终容器的原材料标准,应符合国家药品包装用材料和容器管理的标准。分装容器的灭菌处理工艺应经验证并确保达到灭菌效果。

2. 凡接触不同制品的分装容器及用具必须分别洗刷。血清类制品、血液制品、卡介苗、结核菌素等分装用具必须专用。

三、分装、冻干车间及设施

1. 分装、冻干车间应符合现行中国《药品生产质量管理规范》的要求。

2. 以下情况不得使用同一分装间和分装、冻干设施进行分装、冻干:
(1)不同给药途径的疫苗;
(2)预防类生物制品与治疗类生物制品;
(3)减毒活疫苗与灭活疫苗;
(4)血液制品进行病毒灭活处理前与灭活后处理。

3. 交替使用同一分装间和分装、冻干设施时,在一种制品分装后,必须进行有效的清洁和消毒,清洁效果应定期验证。

四、人员

直接参加分装、冻干的人员,每年至少应做一次健康检查。凡患有活动性结核、病毒性肝炎感染者或其他有污染制品危险的传染病患者,应禁止参加分装、冻干工作。

五、待分装半成品的规定

1. 除另有规定外,半成品自配制完成至分装的放置时间应不超过规定的检定时间。

2. 待分装制品的标签必须完整、明确,品名和批号须与分装通知单完全相符,容器口需包扎严密,瓶塞须完整,容器无裂痕,制品之外观须符合各论的要求。

3. 待分装制品的存放和运输必须采取严密的防污染措施。

六、分装要求

1. 分装前应加强核对,防止错批或混批。分装规格或制品颜色相同而品名不同不得在同室同时分装。

2.全部分装过程中应严格注意无菌操作。制品应尽量采用原容器直接分装(有专门规定者除外),同一容器的制品应当日分装完毕。同一容器的制品,应根据验证结果,规定分装时间,最长不超过 24 小时。不同亚批的制品不得连续使用同一套灌注用具。

3.液体制品分装于安瓿后应立即熔封。分装于玻璃瓶或塑料瓶者,须立即加盖瓶塞并用灭菌铝盖加封。除另有规定外,应采用减压法或其他适宜的方法进行容器检漏。

4.活疫苗及其他对温度敏感的制品,在分装过程中制品应维持在 25℃以下或对制品采取有效的降温措施。分装后之制品应尽快移入 2~8℃冷库贮存。(有专门规定者,按有关各论的要求进行。)

5.含有吸附剂的制品或其他悬液,在分装过程中应保持均匀。

6.分装所用最终容器及瓶塞,应不影响内容物的生物学效价、澄清度和 pH。

7.制品实际分装量。

瓶装制品的实际装量应多于标签标示量,分装 100ml 者补加 4.0ml;分装 50ml 者补加 1.0ml;分装 20ml 者补加 0.60ml;分装 10ml 者补加 0.50ml;分装 5ml 者补加 0.30ml;分装 2ml 者补加 0.15ml;分装 1ml 者补加 0.10ml;分装 0.5ml 者补加 0.10ml。保证每瓶的抽出量不低于标签上所标明的数量。

预充式注射器的实际装量应不低于标示量。

七、冻干要求

1.应根据制品的不同特性,制定并选择相适应的冻干工艺和参数,冻干过程应有自动扫描记录。不论任何制品,冻干全过程都要做到严格的无菌操作。

2.真空封口者应在成品检定中测定真空度。充氮封口应充足氮量,氮气标示纯度应不低于 99.99%。

八、分装、冻干卡片和记录

分装后之制品要按批号填写分装、冻干卡片,注明制品名称、批号、亚批号、规格、分装日期等,并应立即填写分装和冻干记录,并有分装、冻干、熔封、加塞、加铝盖等主要工序中直接操作人员及复核人员的签名。

九、抽样、检定

分装、冻干后制品应每批抽样进行全检,如分亚批,应根据亚批编制的情况确定各亚批需分别进行检测的项目。抽样应具有代表性,应在分装过程的前、中、后三个阶段或从不同层冻干柜中抽取样品。

附录Ⅴ 生物制品包装规程

一、总则

1.生物制品的包装应按国家药品监督管理部门颁布的《药品说明书和标签管理规定》有关规定执行。

2.包装车间的设施应符合现行中国《药品生产质量管理规范》要求。包装用材料应符合现行国家药品包装用材料、容器标准中有关要求。

3.同一车间有数条包装生产线同时进行包装时,各包装线之间应有隔离设施。外观相似的制品不得在相邻的包装线上包装。每条包装线均应标明正在包装的药品名称、批号。

二、透视检查(以下简称透检)

1.熔封后的安瓿,在透检前须经破漏检查。破漏检查可采用减压或其他方法。用减压法时,应避免将安瓿泡入液体中。

2.制品在包装前必须按照各论中的要求进行外观检查。制品透视要求和标准如下。

(1)透视灯光应采用日光灯(光照度应为1000~3000LX),其背景和光照度按制品的性状调整。

(2)透视人员视力应每半年检查一次,视力应在4.9或4.9以上,矫正视力应为5.0或5.0以上,无色盲。

(3)凡制品颜色、澄明度异常,有异物或摇不散的凝块,有结晶析出,封口不严,有黑头、裂纹等应全部剔除,有专门规定者应按各论执行。

三、标签

1.药品包装标签应符合《中华人民共和国药品管理法》及国家药品监督管理部门的有关规定,不同包装标签其内容应根据上述规定印制。

2.药品包装标签的文字表述应当以国家药品监督管理部门批准的药品说明书为依据,不得超出说明书内容,不得加入无关的文字和图案。

3.药品的内包装和外包装标签的内容、格式应符合国家药品监督管理部门的有关规定。

四、包装

1.包装前应按质量保证部门开出的包装通知单所载有效期准备瓶签或印字戳。瓶签上字迹要清楚。

2.在包装时要与质量保证部门发出的包装通知单仔细核对批号是否相符,防止包错包混。在包装过程中如发现制品的外观异常、容器破漏或有异物者应剔除。

3.包装制品应在25℃以下进行。有专门规定者应按各论执行。

4.瓶签要求贴牢,直接印字的制品要求字迹清楚,不易脱落或模糊,瓶签内容不得用粘贴、剪贴的方式进行修改或补充。

5.不同制品及同一制品不同规格制品的瓶签及使用说明,应用不同颜色或式样,以资识别。

6.外包装箱标签内容必须直接印在包装箱上。批号的号码和有效期限应用打码机直接打印在包装箱上,字迹应清楚,不易脱落和模糊。

7.包装结束后应彻底清场,并写清场记录。

8.制品包装全部完成后,在未收到产品合格证前,应在待检区封存。收到合格证后,方可填写入库单,交送成品库。

9.每个最小包装盒内均应附有药品说明书。

五、药品说明书

1.药品说明书应符合《中华人民共和国药品管理法》及国家药品监督管理部门对药品说明书的规定,并根据国家药品监督管理部门批准的内容编写。

2.人血液制品说明书应注明相关警示语:因原料来自人血,虽然对原料血浆进行了相关病原体的筛查,并在生产工艺中加入了去除/灭活病毒的措施,但理论上仍存在传播某些已知和未知病原体的潜在风险,临床使用时应权衡利弊。

3.生产过程使用抗生素时,应在制品的说明书中注明对所用抗生素过敏者不得使用的相关警示语。

附录Ⅵ　生物制品贮藏和运输规程

为保证产品质量的稳定性,生物制品在生产过程、待检过程、待销售及分发过程中,均应按本规程要求进行贮藏和运输。

1.按中国《药品生产质量管理规范》要求,各生产单位应有专用的冷藏设备,供贮存收获物、原液、半成品及成品之用。

2.下列收获物、原液、半成品及成品须分别贮存。贮存库应设有隔离设施,以免混淆。

(1)尚未或正在加工处理的收获物及原液,由制造部门分别贮存。

(2)已经完成加工的原液、半成品,在尚未得出检定结果前,仍由制造部门分别贮存。

(3)待分装半成品及分装后待检或检定合格尚未包装之制品,由分装和包装部门分别贮存。

(4)已经检定合格和包装后之制品,应交成品库贮存。

3.贮存收获物、原液、半成品、成品的容器应贴有明显标志,注明制品名、批(亚批)号、规格、数量以及贮存日期。

4.贮存的原液、半成品和成品应设有库存货位卡及分类账,由专人负责管理、及时填写进出库记录并签字。

5.各种原液和半成品瓶口须严密包扎或封口。

6.各种原液、半成品和成品应按各论所规定的温度、湿度及避光要求贮存,应定时检查和记录贮存库的温度和湿度。贮存温度通常为 2~8℃,有专门规定者除外。

7.应指定专人负责管理原液、半成品和成品贮存库。

8.凡未经检定的原液、半成品或成品,须贴有"待检"明显标志。

9.检定不合格的原液、半成品或成品,应贴有"不合格"明显标志,并及时按有关规定处理。

10.凡检定合格的原液、半成品或成品,应贴有"合格"明显标志,并及时按有关规定处理。

11.生物制品在运输期间应遵守下列原则:

(1)采用最快速的运输方法,缩短运输时间;

(2)一般应用冷链方法运输;

(3)冬季运输应注意防止制品冻结。

附录Ⅶ 生物制品生产和检定用动物细胞基质制备及检定规程

本规程适用于人用生物制品生产/检定用动物细胞基质,包括具有细胞库体系的细胞及原代细胞。细胞基质系指可用于生物制品生产/检定的所有动物或人源的连续传代细胞系、二倍体细胞株及原代细胞。

生产非重组制品所用的细胞基质,系指来源于未经修饰的用于制备其主细胞库的细胞系/株和原代细胞。生产重组制品的细胞基质,系指含所需序列的、从单个前体细胞克隆的转染细胞。生产的细胞基质,系指通过亲本骨髓瘤细胞系与另一亲本细胞融合的杂交瘤细胞系。

一、对生产用细胞库细胞基质总的要求

用于生物制品生产的细胞系/株均须通过全面检定,须具有如下相应资料,并经国务院药品监督管理部门批准。

(一)细胞系/株历史资料的要求

1. 细胞系/株来源资料

应具有细胞系/株来源的相关资料,如细胞系/株制备机构的名称,细胞系/株来源的种属、年龄、性别和健康状况的资料。这些资料最好从细胞来源实验室获得,也可引用正式发表文献。

人源细胞系/株须具有细胞系/株的组织或器官来源、种族及地域来源、年龄、性别及生理状况的相关资料。

动物来源的细胞系/株须具有动物种属、种系、饲养条件、组织或器官来源、地域来源、年龄、性别、病原体检测结果及供体的一般生理状况的相关资料。

如采用已建株的细胞系/株,应从具有一定资质的细胞保藏中心获取细胞,且应提供该细胞在保藏中心的详细传代过程,包括培养过程中所使用的原材料的相关信息,具有细胞来源的证明资料。

2. 细胞系/株培养历史的资料

应具有细胞分离方法、细胞体外培养过程及建立细胞系/株过程的相关资料,包括所使用的物理、化学或生物学手段,是否有外源添加序列,以及细胞生长特征、生长液成分、选择细胞所进行的任何遗传操作或选择方法等。同时还应具有细胞鉴别、检定、内源及外源因子检查结果的相关资料。

应提供细胞培养液的详细成分,如使用人或动物源成分,如血清、胰蛋白酶、水解蛋白或其他生物学活性的物质,应具有这些成分的来源、制备方法及质量控制、检测结果和质量保证的相关资料。

(二)细胞库的建立

细胞库的建立可为生物制品的生产提供已标定好的、细胞质量相同的、能持续稳定传代的细胞种子。

1. 原材料的选择

建立细胞库的各种类型细胞的供体均应符合本规程"细胞的检定"中相关规定。神经系

统来源的细胞不得用于生物制品生产。

细胞培养液中不得使用人血清，如需使用人血白蛋白，则须使用有批准文号的合格制品。

消化细胞用胰蛋白酶应进行检测，证明其无细菌、真菌、支原体或病毒污染。特别应检测胰蛋白酶来源的动物可能携带的病毒，如细小病毒等。

用于生物制品生产的培养物中不得使用青霉素或β-内酰胺(β-Lactam)类抗生素。配制各种溶液的化学药品应符合《中国药典》(二部)或其他相关国家标准的要求。

2.细胞操作的环境要求

细胞培养的操作应符合中国《药品生产质量管理规范》的要求。生产人员应定期检查身体。在生产区内不得进行非生产制品用细胞或微生物的操作；在同一工作日进行细胞操作前，不得操作或接触有感染性的微生物或动物。

3.建立细胞库

细胞库为三级管理，即原始细胞库、主细胞库及工作细胞库。如为引进的细胞，可采用主细胞库和工作细胞库组成的二级细胞库管理。在某些特殊情况下，也可使用 MCB 一级库，但须得到国务院药品监督管理部门的批准。

(1)原始细胞库(PCB)

由一个原始细胞群体发展成传代稳定的细胞群体，或经过克隆培养而形成的均一细胞群体，通过检定证明适用于生物制品生产或检定。在特定条件下，将一定数量、成分均一的细胞悬液，定量均匀分装于安瓿，于液氮或-130℃以下冻存，即为原始细胞库，供建立主细胞库用。

(2)主细胞库(MCB)

取原始细胞库细胞，通过一定方式进行传代、增殖后均匀混合成一批，定量分装，保存于液氮或-130℃以下。这些细胞必须按其特定的质控要求进行全面检定，应合格。主细胞库用于工作细胞的制备，每个生产企业的主细胞库最多不得超过两个细胞代次。

(3)工作细胞库(WCB)

工作细胞库的细胞由 MCB 细胞传代扩增制成。由 MCB 的细胞经传代增殖，达到一定代次水平的细胞，合并后制成一批均质细胞悬液，定量分装于安瓿或适宜的细胞冻存管，保存于液氮或-130℃以下备用，即为工作细胞库。每个生产企业的工作细胞库必须限定为一个细胞代次。冻存时细胞的传代水平须确保细胞复苏后传代增殖的细胞数量能满足生产一批或一个亚批制品。复苏后细胞的传代的水平应不超过批准的该细胞用于生产限制最高限定代次。所制备的 WCB 必须经检定合格(见本规程"细胞检定"中有关规定)后，方可用于生产。

4.细胞库的管理

每种细胞库均应分别建立台账，记录放置位置、容器编号、分装及冻存数量，取用记录等。细胞库中的每支细胞安瓿或细胞冻存管均应注明细胞系/株名、代次、批号、编号、冻存日期，储存容器的编号等。

冻存前细胞活力应在90%以上，复苏后细胞存活率应不低于85%。冻存后的细胞，应至少作一次复苏培养并连续传代至衰老期，检查不同传代水平的细胞生长情况。

主细胞库和工作细胞库分别存放。非生产用细胞应与生产用细胞严格分开存放。

（三）细胞检定

细胞检定主要包括以下几个方面：细胞鉴别、外源因子和内源因子的检查、致瘤性检查等。必要时还须进行细胞染色体核型检查。这些检测内容对于 MCB 细胞和 WCB 细胞及生产限定代次细胞均适用。

细胞检定的基本要求见下表 1。细胞库建立后应至少对 MCB 细胞及生产终末细胞进行一次全面检定。每次从 MCB 建立一个新的 WCB，均应按规定项目进行检定。

表 1　细胞检定项目要求

检测项目			MCB	WCB	生产终末细胞*
细胞鉴别			＋	＋	＋
无菌检查			＋	＋	＋
支原体检查			＋	＋	＋
病毒污染检查	外源病毒	体外培养法	＋	＋	＋
		体内接种法	＋	＋	＋
	种属特异性病毒		＋	－	＋
	逆转录病毒		＋	－	＋
细胞致瘤性			＋	－	＋

＊生产终末细胞：是指按生产规模制备的终末代次细胞。

1.细胞鉴别试验

新建细胞系/株、细胞库（MCB 和 WCB）和生产终末细胞应进行鉴别试验，以确认为本细胞，无其他细胞的交叉污染。细胞鉴别试验方法有多种，包括细胞形态、生物化学法（如同工酶试验）、免疫学检测（如 HLA、种特异性抗血清）、细胞遗传学检测（如染色体核型、标记染色体检测）、遗传标志检测（如 DNA 指纹图谱、STR 图谱、基因组二核苷重复序列）等。

可选其中一种或几种方法，但均须经国家药品检定机构认可。细胞表型特征与遗传学特征相结合来判断，更有利于细胞鉴别。

2.无菌检查

取混合细胞培养上清液样品，依法检查，应符合要求（附录ⅦA）。

3.支原体检查

取细胞培养上清液样品，依法检查，应符合要求（附录ⅦB 进行），应为阴性。

4.细胞内、外源病毒因子检查

应注意检查细胞系/株中是否有来源物种中潜在的可传染的病毒，以及由于操作带入的外源性病毒。细胞进行病毒检查的种类及方法，须根据细胞的种属来源、组织来源及细胞特性决定。

（1）细胞形态观察及血吸附试验

取混合瓶细胞样品，接种至少 6 个细胞培养瓶或培养皿，待细胞长成单层后换维持液，持续培养两周。如有必要，可以适当换液。每日镜检细胞，细胞应保持正常形态特征。

如为贴壁细胞或半贴壁细胞，细胞至少培养 14 天后，分别取 1/3 细胞培养瓶或培养皿，用 0.2%～0.5% 豚鼠红细胞和鸡红细胞混合悬液进行血吸附试验。加入红细胞后置 2～

8℃ 30 分钟,然后置 20～25℃ 30 分钟,分别进行镜检,观察红细胞吸附情况,结果应红细胞吸附为阴性。

新鲜红细胞在 2～8℃ 保存不得超过 7 天,且溶液中不应含有钙或镁离子。

（2）不同细胞传代培养法检测病毒因子

将待检细胞分别接种下列三种单层细胞,包括猴源细胞、人源二倍体细胞和同种属同组织类型来源的细胞。每种单层细胞接种至少 10^7 个含有原细胞培养上清液的活细胞悬液或细胞裂解物,每种细胞至少接种 2 瓶。接种供试品量应占维持液的 1/4 以上,培养至少 14 天。试验应设立病毒阳性对照,包括可观察细胞病变的病毒阳性对照、血凝阳性对照及血吸附阳性对照。如细胞裂解物对单层细胞有干扰,则应排除干扰因素。

在培养第 7 天时,分别取每种接种的单层细胞上清液各一瓶,分别接种于新鲜制备的相应的单层细胞上,继续培养 7 天,观察细胞病变并进行细胞形态观察及血吸附试验。每种接种的单层细胞不得出现细胞病变,血吸附试验应均为阴性。

若待检细胞已知可支持人巨细胞病毒（CMV）的生长,则应在接种人二倍体细胞后至少观察 28 天,应无细胞病变。同时,应进行血吸附试验,应为阴性。

（3）接种动物和鸡胚法检测病毒因子

MCB 或 WCB 细胞、增殖到或超过生产用体外细胞龄限制代次的细胞须采用动物体内接种法进行外源病毒因子检测。选用乳鼠、成鼠和鸡胚（两组不同日龄）共计 4 组,按表 2 所列方法进行试验和观察。接种细胞后,任何动物出现异常或疾病均应进行原因分析。观察到期时,应至少有 80% 以上接种动物或鸡胚健存,视为试验有效。接种动物未显示有外源病毒感染,则细胞判定为合格。

对于新建细胞系/株,还应接种豚鼠和家兔（表 2）。豚鼠主要用于检查细胞内结核分支杆菌,在注射前观察 4 周,结核菌素试验为阴性者方可用于试验。家兔主要用于检测猴来源细胞中是否存在 B 病毒污染,也可用兔肾细胞培养法代替。

表 2　动物体内接种法检测外源病毒因子

动物组	要　求	数　量	接种途径	细胞浓度（个活细胞/ml）	接种细胞液量（ml/只）	观察天数	结果判定
乳鼠	24 小时内	10(2 窝)	脑内腹腔	$>1\times10^7$	0.01 0.1	21	应健存
成鼠	15～20g	10	脑内腹腔	$>1\times10^7$	0.03 0.5	21	应健存
鸡胚*	9～11 日龄	10	尿囊腔	$>1\times10^7$	0.2	3～4	尿液血凝试验阴性
鸡胚	5～6 日龄	10	卵黄囊	$>1\times10^7$	0.5	5	应存活
豚鼠	350～500g	5	腹腔	$>1\times10^7$	5.0	42	应健存,解剖无结核病变
家兔	1.5～2.5kg	5	皮下皮内**	$>1\times10^7$	9.00.1X10	21	无异常,健存

* 经尿囊腔接种的鸡胚,在观察末期,应用豚鼠和鸡红细胞混合悬液进行直接红细胞凝集试验。

** 每只家兔于皮内注射 10 处,每处 0.1ml。

（4）逆转录病毒及其他内源性病毒或病毒核酸的检测

可采用下列方法对 MCB 或 WCB 细胞、增殖到或超过生产用体外细胞龄限制代次的细胞进行逆转录病毒的检测。

①逆转录酶活性测定：采用敏感的方法，如产品增强的逆转录酶活性测定法（PERT）法或其他灵敏度相当的检测逆转录酶的方法检测细胞培养液上清中逆转录酶活性。

②透射电镜检查：收集待检细胞，低速离心后，弃上清，沉淀中应含有 1×10^7 个细胞，且细胞存活率应不低于 99%。在沉淀中加入固定剂，于 4℃ 保存或直接包埋后制备超薄切片，置于铜网上染色后透射电镜观察。

③感染性试验：将待检细胞感染逆转录病毒敏感细胞，培养后检测。根据待检细胞的种属来源，须使用不同的敏感细胞进行感染性试验。

这三种方法具有不同的检测特性及灵敏度，因此应采用不同的方法联合检测。若逆转录酶活性检测阳性时，建议进行透射电镜检查及感染性试验，以确证是否有感染性逆转录病毒颗粒存在。

小鼠来源和其他啮齿类来源的细胞系或其杂交瘤细胞系有可能携带潜在的逆转录病毒。因此，对于人－鼠杂交瘤细胞系则应进行特异性逆转录病毒检测。如用于单克隆抗体生产的小鼠细胞系，则可不检测特异性的逆转录病毒，但在生产工艺中应增加病毒灭活程序。

（5）特殊外源病毒因子的检测

应对 MCB 或 WCB 的细胞进行特殊病毒的检测。检测病毒的种类应根据细胞系/株种属、组织来源等确定。

如鼠源的细胞系，可采用小鼠、大鼠和仓鼠抗体产生试验检测其种特异病毒。人源的细胞系/株，则应检测如人鼻咽癌病毒、人巨细胞病毒、人逆转录病毒、人乙型肝炎病毒、人丙型肝炎病毒。在某些情况下，也可能进行转化病毒的检测，如人乳头瘤病毒、腺病毒及人单纯疱疹病毒。这些病毒的检测可采用适当的体外检测技术。

5. 致瘤性检查

某些传代细胞系已证明具有致瘤性，如来源于啮齿类的细胞系 BHK21，CHO，C127 细胞等，或细胞类型属致瘤性细胞，如杂交瘤细胞，则可不必作致瘤性检查。

某些传代细胞系已证明在一定代次内不具有致癌性，而超过某代次则具有致癌性，如 VERO 细胞，则必须进行致瘤性检查。

人上皮细胞系、人二倍体细胞株及所有用于活病毒疫苗生产的细胞系/株应进行致瘤性检查。另外，新建细胞系/株必须进行致瘤性检查。

在某些情况下，用于人体细胞治疗及基因治疗的细胞也须进行致瘤性检查。

将 MCB 或 WCB 的细胞增殖到或超过生产用体外细胞龄限制代次，再进行致瘤性试验。"

下述两种致癌性试验方法可任选其一：

①裸鼠至少 10 只，将细胞悬浮于适量无血清培养基中，使细胞浓度为 5×10^7 个细胞/ml，每只裸鼠皮下或肌内注射 0.2ml；同时用 Hela 或 Hep-2 细胞设立阳性对照，阳性对照组至少 10 只，每只注射 0.2ml 含 10^6 个细胞；可用人二倍体细胞株作为阴性对照，阴性对照组至少 10 只，每只注射 0.2ml 含 10^6 个细胞。

②新生小鼠(3～5 日龄),8～10g 小鼠 10 只,在出生后第 0 天、2 天、7 天和第 14 天,分别用 0.1ml 抗胸腺血清(ATS)或球蛋白处理,然后同上每只皮下接种 10^7 活细胞。并设立阳性对照组,对照组至少接种 10 只。

结果判定:

①定期观察并触摸注射部位有无结节形成,且形成的任何结节均应进行双向测量并记录。

②阳性对照组应至少有 9 只有进行性肿瘤生长时,试验视为有效。

③如试验组动物有进行性生长的结节或可疑病灶,应观察至少 1～2 周;若出现的结节在观察期内开始消退,则应在结节完全消退前,处死动物并进行解剖作病理及组织学检查。

④未发生结节的动物半数应观察 21 天,剖检,另外半数动物应观察 12 周,进行病理检查,剖检接种部位,观察各淋巴结和各器官有无结节形成,如有怀疑,进行病理组织检查,不应有转移瘤形成。

除上述体内法外,也可采用软琼脂克隆形成试验或器官培养试验等体外法检测,特别适用于在低代次时在动物体内无致瘤性的传代细胞系。

(四)生产用细胞培养

生产用原材料的选择和细胞操作环境应符合本规程"细胞库的建立"中有关规定。

从冻存的 WCB 中取出一支或多支安瓿,混合后培养,传至一定代次后供生产用。其代次不得超过该细胞用于生产的最高限定代次。生产用细胞的最高限定代次应根据研究结果确定,但不得超过国际认可的最高限定代次。从 WCB 取出的细胞种子增殖的细胞不得再回冻保存后而再用于生产。

体外培养细胞龄的计算:

二倍体细胞龄以细胞群体倍增(Population Doubling)计算,以每个培养容器细胞群体细胞数为基础,每增加一倍作为一世代,即一瓶细胞传二瓶(1:2 分种率),再长满瓶为一世代;一瓶传四瓶(1:4)为二世代;一瓶传八瓶(1:8)则为三世代。生产用细胞龄限制在细胞寿命期限的前 2/3 内。

传代细胞系则以一定稀释倍数进行传代,每传一次为一代。

二、连续传代细胞系的特殊要求

传代细胞系一般是由人或动物肿瘤组织或正常组织传代或转化而来,可悬浮培养或采用载体培养,能大规模生产。这些细胞可无限传代,但到一定代次后,致瘤性会增强。所以对生产用传代细胞系应进行严格检查。应按本规程"细胞的检定"的规定进行细胞库的检查。对生产过程中细胞培养的要求如下:

1.用于生产的细胞代次

用于生产的传代细胞系,生产代次应有一定限制。用于生物制品生产的细胞最高限定代次,须经批准。

2.生产过程中细胞培养物检查

对于病毒类制品,在生产末期,应按照本规程中的三.6(2)、(3)、(4)和(5)对生产对照用细胞进行检查,并合格。对于在不同时间收集合并的培养物,应在每次收集时检测对照细胞培养物。

三、人二倍体细胞株的特殊要求

新建的人二倍体细胞必须具有以下资料:建立细胞株所用胎儿的胎龄和性别、终止妊娠的原因、所用胎儿父母的年龄、职业及健康良好的证明(医师出具的健康状态良好、无潜在性传染病和遗传性疾患等证明),以及胎儿父系及母系三代应无明显遗传缺陷疾病历史的书面调查资料。

人二倍体细胞株应在传代过程的早期,选择适当世代水平(2~8世代)增殖出大量细胞,定量分装后,置液氮中或-130℃下冻存,供建立PCB之用,待全部检定合格后,即可正式定为PCB,供制备MCB用。

1.染色体检查及判定标准

新建人二倍体细胞株及其细胞库必须进行染色体检查。对于已建株的人二倍体细胞株,如WI-38、MRC-5、2BS、KMB17等,在建立MCB时可不必进行细胞染色体检查。但如对细胞进行了遗传修饰,则须按新建细胞株进行染色体检查。

(1)染色体检查

新细胞建株过程中,每8~12世代应作一次染色体检查,一株细胞整个生命期内连续培养过程中,至少应有4次染色体检查结果。

每次染色体检查,应至少随机取1000个分裂中期细胞,进行染色体数目、形态和结构检查,并作记录以备复查。其中至少选择50个分裂中期细胞进行显微照相,作出核型分析,并应粗数500个分裂中期细胞,检查多倍体的发生率。

每次染色体检查,应从同一世代的不同培养瓶中取细胞,混合后进行再培养,制备染色体标本片。染色体片应长期保存,以备复查。

可用G分带或Q分带技术检查50个中期细胞染色体带型,应用照相图片作出带型分析。

(2)判定标准

对1000个和500个中期细胞标本异常率进行检查,合格的上限(可信限90% Poison法)如表3。

表3 人二倍体细胞染色体分析标准

异 常	检查细胞数		
	1000	500	100
染色单体和染色体断裂	47	26	8
结构异常	17	10	2
超二倍体	8	5	2
亚二倍体*	180	90	18
多倍体**	30	17	4

* 亚二倍体如超过上限,可能因制片过程人为地丢失染色体,应选同批号标本重新计数。

** 一个中期细胞内超过53条染色体即为一个多倍体。

2.无菌检查

每8~12世代细胞培养物,应进行无菌检查,依法检查,应符合规定(附录ⅧA)。

3.支原体检查

每 8~12 世代细胞培养物,应进行支原体检查,依法检查,应符合规定(附录Ⅻ B)。

4.病毒检查

二倍体细胞株传代过程中,至少对 2 个不同世代水平进行病毒包含体、乙型肝炎、丙型肝炎、EB 病毒、艾滋病病毒进行检查等,结果应均为阴性。

5.致瘤性检查

每 8~12 世代应作一次致瘤性检查(方法见本规程"致瘤性检查"),结果应无致癌性。

6.生产过程细胞培养检查

(1)染色体检查

可根据制品特性及生产工艺,确定是否进行生产过程中细胞培养的染色体检查。通常含有活细胞的制品或下游纯化工艺不足的制品,应对所用细胞培养进行染色体检查及评价(见本规程"染色体检查及判定标准")。但如采用已建株的人二倍体细胞生产,则不要求进行染色体核型检查。

(2)细胞鉴别试验

按本规程"细胞检定"中细胞鉴别试验进行。对于每个制品生产用细胞每年应至少进行一次该项检定。

(3)无菌检查

依法检查,应符合规定(附录Ⅻ A)。

(4)支原体检查

依法检查,应符合规定(附录Ⅻ B)。

(5)正常细胞外源病毒因子检测

制备病毒类制品时,于接种病毒的当天或在连续传代的最后一次接种病毒时,留取此批细胞的 5%(或不少于 500ml)的细胞不接种病毒,换维持液作为正常细胞对照。与接种病毒的细胞在相同条件下培养,并按附录Ⅻ C 生产用细胞外源因子检查项进行检测。

四、重组细胞的特殊要求

重组细胞系通过 DNA 重组技术获得的含有特定基因序列的细胞系,因此重组细胞系的建立应具有细胞基质构建方法的相关资料,如细胞融合、转染、筛选、集落分离、克隆、基因扩增及培养条件或培养液的适应性等方面的资料。细胞库细胞的检查应按本规程"细胞的检定"的规定进行,但还应进行下述检查:

1.细胞基质的稳定性

生产者须具有该细胞用于生产的目的基因的稳定性资料,包括:重组细胞的遗传稳定性、目的基因表达稳定性、目的产品持续生产的稳定性,以及一定条件下保存时细胞生产目的产品能力的稳定性等资料。

2.鉴别试验

除按本规程"细胞鉴别试验"进行外,还应通过检测目的蛋白基因或蛋白进行鉴别试验。

3.重组细胞产物的外源病毒因子检测

应按本规程"细胞形态观察及红细胞吸附试验"和"不同细胞传代培养法检病毒因子"的要求对细胞裂解物或收获液及生产用培养基进行外源病毒因子的检测。

五、原代细胞的要求

原代细胞应来源于健康的动物脏器组织或胚胎,包括猴肾、地鼠肾、沙鼠肾、家兔肾、狗肾或动物的胎儿和其他组织以及鸡胚和鹌鹑胚等正常组织,以适当的消化液消化、分散组织细胞进行培养,原代细胞不能建立细胞库,只能限于原始培养的细胞或传代少数几代内(一般1~5代内)使用,无法事先标定。因此,只能严格规范管理和操作措施,以保证以原代细胞为基质所生产的制品质量。

(一)动物组织来源和其他材料

1.动物组织来源

应符合"凡例"的有关要求。对各种动物都应有明确健康状况和洁净级别要求。

2.生产或检定用猴

多采用非洲绿猴、恒河猴等,我国以恒河猴为主。应为正常健康猴,以笼养或小群混养。动物用于制备细胞前,应有6周以上的检疫期,检疫期中出现病猴或混入新猴,应重新检疫。从外面新引入猴群应作结核菌素试验及猴疱疹Ⅰ型病毒(B病毒)的检查。

胎猴肾可用于生产,对其母猴应进行检疫。

(二)原代细胞培养物的检查

用于细胞制备的动物剖检应正常,取留的器官组织亦应正常,如有异常,不能用于制备细胞。

1.细胞培养原材料检查及细胞培养操作按本规程"原材料的选择"及"细胞培养操作的环境要求"进行

2.细胞培养物的检查

(1)细胞形态检查

细胞在接种病毒或用于生产前,其培养物均应进行外观检查和镜检,应无任何可疑、异常和病变,否则不得用于生产。

(2)对照细胞检查

每批消化所得原代细胞留取5%(或至少500ml)悬液,不接种病毒,细胞浓度和处理均与生产制品过程相同,至少观察14天,并作下列各项检查,结果均应为阴性。

①无菌检查

依法检查,应符合规定(附录ⅦA)。

②支原体检查

依法检查,应符合规定(附录ⅦB)。

③外源病毒污染的检查

对观察到期的细胞,按本规程4(1)项"细胞形态观察及血吸附试验"和4(2)项"不同细胞传代培养法检测病毒因子"项进行外源病毒污染检测。

④原代细胞培养物特定病毒检查

原代猴肾细胞培养应检查SV40病毒、猴艾滋病毒和B病毒。应用Vero或原代绿猴肾细胞、兔肾细胞检查。地鼠肾原代细胞应用BHK21细胞培养检查,观察细胞形态,如有可疑应在同种细胞上盲传一代继续观察。

六、检定用细胞的要求

检定用细胞是指用于生物制品制造过程中检定所使用的细胞,包括原代细胞、连续传代细胞或二倍体细胞,也有的是经过特定基因修饰过的细胞。检定用细胞的质量将会对检定结果的判定具有重要的影响,因此,为保证检定结果的有效性、可靠性及真实性,国家药品检定机构和生物制品生产企业检定部门所用的检定用细胞应符合下列要求。

（一）细胞资料

检定用细胞应有明确的合法来源,并具有相关的来源证明资料。如使用传代细胞系/株,应建立细胞库体系,即主细胞库及工作细胞库,如细胞使用量较少,可建立单一细胞库。应根据供试品的特性在确保检测结果可靠的基础上,在允许的最高限定代次内,规定相应检定用细胞的代次范围,应为规定代次的±1代。检定时从工作细胞库复苏的细胞,不能再回冻保存。

应详细记录检定用细胞建库的过程,包括细胞培养所用原材料的来源、批号,细胞生长液的配制方法、使用浓度等,记录细胞的传代及冻存过程,并建立细胞冻存及使用台账。

（二）细胞检定

生物制品检定用细胞应至少进行以下1～3项检定,根据检定用细胞用途的不同,还应按照4项下的有关要求进行相关的检定。

1.细胞鉴别试验

按本规程一（三）1项进行,或其他相适应的方法,应确认为本细胞而无其他细胞的交叉污染。

2.无菌检查

依法检查,应符合要求（附录ⅦA）。

3.支原体检测

依法检查,应符合要求（附录ⅦB）。

4.外源病毒污染检查

用于待检样品外源病毒污染检查所用的细胞,应采用本规程一（三）4（2）项及4（3）项鸡胚接种检查,应无外源病毒污染。

5.其他检测

（1）致瘤性检查

对于待检样品致瘤性检查时所用的阳性对照细胞,应采用本规程一（三）5项进行检查,应具有致瘤性。

（2）病毒敏感性检查

用于病毒类待检样品病毒效价测定的检定用细胞,应进行病毒敏感性检查,证明所用细胞具有足够的相应病毒敏感性。

（3）细胞功能检查

用于待检样品生物学活性、效力或效价测定的检定用细胞,应进行此项检查,证明所用细胞能够有效评价待检样品质量。

参考文献

[1] 国家药典委员会. 中国药典(2010 年版). 北京:化学工业出版社,2010.

[2] 周国安,唐巧英. 生物制品生产规范与质量控制. 北京:化学工业出版社,2004.

[3] 吴梧桐. 生物制药工艺学(第二版). 北京:中国医药科技出版社,2006.

[4] 夏焕章,熊宗贵. 生物技术制药(第 2 版). 北京:高等教育出版社,2006.

[5] 马清钧. 生物技术药物. 北京:中国医药科技出版社,2002.

[6] G. 沃尔什著,宋海峰译. 生物制药学(原著第 2 版). 北京:化学工业出版社,2006.

[7] 李家洲. 生物制药工艺学. 北京:中国轻工业出版社,2007.

[8] 何建勇. 生物制药工艺学. 北京:人民卫生出版社,2007.

[9] 陈电容,朱照静. 生物制药工艺学. 北京:人民卫生出版社,2009.

[10] 齐香君. 现代生物制药工艺学. 北京:化学工业出版社,2004.

[11] 吴晓英. 生物制药工艺学. 北京:化学工业出版社,2009.

[12] 达恩 J. A. 克罗姆林,罗伯特 D. 辛德拉尔编,吉爱国译. 制药生物技术(原著第 2 版). 北京:化学工业出版社,2005.

[13] 郭葆玉. 基因工程药学. 北京:第二军医大学出版社,2000.

[14] 周东坡,赵凯,马玺. 生物制品学. 北京:化学工业出版社,2007.

[15] 阳光. 生物制药分离纯化技术与生产规范及产品质量控制. 北京:中国科技文化出版社,2006.

[16] 金雨,李康群. 现代生物制药工艺技术、质量监控、新药开发与制药设备实务全书. 北京:当代中国音像出版社,2004.

[17] 贺浪冲. 工业药物分析. 北京:高等教育出版社,2006.

[18] 李秀玲,王建华,章以浩. 疫苗和预防接种. 中国临床医生,2006,34(4):5—6.

[19] Luis Barreto,Shawn Gilchrist. 人用疫苗研究及应用趋势. 中华医学杂志,1998,78(4):364—364.

[20] 舒俭德. 人用疫苗:回顾与展望. 中国计划免疫,2000,6(2):117—122.

[21] 史久华编译. 全人单克隆抗体与人源化单克隆抗体.《国外医学》预防、诊断、治疗用生物制品分册,2002,25(1):28—33.

[22] 吴永强. 人源化单克隆抗体研究进展. 微生物学免疫学进展,2008,36(2):73—78.

[23] 杜海洲. 有希望的全人单克隆抗体. 生物技术通报,1999,4:44—45.

[24] 刘景汉,卢发强. 血液保存与血液代用品的研究进展与展望. 解放军医学杂志,2007,9,32(9):991—994.

[25] 王春玲. 人工血液代用品及其应用进展. 国外医学输血及血液学分册,2005,38(3):260—264.

[26] 王红梅,王保龙,姚萍等. 血液代用品的研究进展. 临床输血与检验,2005,7(4):314—318.

图书在版编目（CIP）数据

生物药物的制备与质量控制 / 王素芳等主编. —杭州：浙江大学出版社，2013.2（2025.1重印）

ISBN 978-7-308-11124-9

Ⅰ.①生… Ⅱ.①王… Ⅲ.①生物制品－制备－教材②生物制品－质量控制－教材 Ⅳ.①TQ464

中国版本图书馆 CIP 数据核字（2013）第 022582 号

生物药物的制备与质量控制

王素芳等　主编

责任编辑	周卫群
封面设计	俞亚彤
出版发行	浙江大学出版社

（杭州市天目山路 148 号　邮政编码 310007）

（网址：http://www.zjupress.com）

排　　版	杭州青翊图文设计有限公司
印　　刷	浙江新华数码印务有限公司
开　　本	787mm×1092mm　1/16
印　　张	20.25
字　　数	493 千
版 印 次	2013 年 2 月第 1 版　2025 年 1 月第 7 次印刷
书　　号	ISBN 978-7-308-11124-9
定　　价	38.00 元
